Didier Willery

WAS WÄCHST WO?

Geschickt ausgewählte Pflanzen bilden eine eigenständige Komposition, die kaum Pflege braucht. Der Wollige Schneeball (*Viburnum lantana* 'Aurea') bringt Licht in diese halbschattige Ecke. Azurblauer Beinwell (*Symphytum azureum*) wächst darunter als Bodendecker, Bodenverbesserer und Bienennahrung.

ulmer

Didier Willery

WAS WÄCHST WO?

1900 Gartenpflanzen für jeden Standort

Aus dem Französischen
von Sabine Hesemann

Hinweis:
Die Eingruppierung im Kapitel Blütenkalender bedeutet nicht zwingend, dass die Pflanze nur in diesem Zeitraum blüht. Längere Blütezeiten sind möglich und entsprechend im Buch aufgeführt.

❄	eingeschränkte Winterhärte
⋏ ≺ ≻ ⋎	Hinweis auf den Standort des Pflanzenbildes

Inhalt

Sträucher mit Blüten oder farbigem Laub geben einer Pflanzung Substanz, bringen die Stauden zur Geltung und verleihen den Beeten Struktur. Blüten sind stets ein Bonus. Hier *Buddleja* 'Nanho White' und *Olearia* × *haastii*.

Die richtige Pflanze am rechten Fleck

Ein Garten ist oft ein ganz persönliches Abenteuer. Er entsteht über Jahre hinweg durch das Nebeneinander von Pflanzen, die zufällig, z.B. durch einen Pflanzentausch, bei uns gelandet sind oder die wir mehr oder weniger überlegt erworben haben – in der Baumschule, in der Gärtnerei oder im Internet, das zu einem immensen Pflanzenkatalog geworden ist. Die Arbeit des Gärtners besteht nun darin, jeder ausgewählten Pflanze genau die nötige Pflege zu schenken, die sie an dem für sie bestimmten Standort gut gedeihen lässt. Mit etwas Sachkenntnis, Geduld und Zeit (sowie den nötigen finanziellen Mitteln) kann man fast jede Pflanze fast überall akklimatisieren und zum Wachsen bringen – es scheint, als ob die Gärtner und Landschaftsgestalter nur durch die Grenzen ihres Vorstellungsvermögens gebremst würden.

Schränkt man die Pflege der Pflanzen jedoch ein oder reduziert den Aufwand, werden sie schwach und kränkeln oder überleben nicht besonders lange, sofern Boden und Klima ihren Bedürfnissen nicht hundertprozentig entsprechen. So beginnt eine Phase aus Versuch und Irrtum: Man probiert es mit Pflegen und Düngen, reichlichem Gießen im Sommer, Schutz gegen Kälte im Winter, drastische Rückschnitte von üppig auf kleinster Fläche wachsenden Arten usw. Man rackert sich ab, macht sich das Leben schwer, aber das Bild des Gartens verliert dennoch immer wieder an Glanz. Nicht gerade ermutigend für Gärtner, erst recht nicht für Gartenneulinge.

Durch ein einfaches Mittel kann man sich jedoch die Enttäuschungen im Garten oder in öffentlichen Grünanlagen ersparen. **Es genügt, wenn man die Pflanzen aufgrund der gegebenen Standortbedingungen auswählt.** Dieser Leitfaden hilft Ihnen dabei und Sie finden für jede „Problemsituation" die bekanntermaßen besten Pflanzen. Lehmhaltiger Boden? Sehr kalkhaltig? Sehr trocken oder staunass? Völlig egal! Es gibt Pflanzen, die an diese schwierigen Bedingungen angepasst sind. Der Aufwand, diese Pflanzen zu finden, wird dadurch aufgewogen, dass sie leicht zu kultivieren sind. Sie benötigen keine große Substratmenge, keinen Dünger, kaum Pflege. Es gibt also nur Vorteile.

Dabei vergessen wir natürlich nicht den Geschmack des Gärtners. Wer die Pflanzenauswahl nach dem Standort richtet, ist nicht zwangsläufig eingeschränkt in seinen Möglichkeiten. Nichts hindert uns daran, die Auswahl unserem Stil, unserer Lieblingsfarbe oder dem ästhetischen Empfinden für das geplante Projekt anzupassen. Sie lieben rote Blüten, oder haben lieber blaue? Keine Sorge, Sie werden die geeignetsten Pflanzen mit Blüten in Ihrer Lieblingsfarbe finden, sortiert nach den Jahreszeiten, wann man sie im Garten erwarten darf. Da ein Garten das ganze Jahr hindurch attraktiv sein sollte und man die Jahreszeiten klar abgrenzen kann, widmet sich ein umfangreicher Teil dieses Buchs einem genauen Pflanzkalender. Man kann sich alle bedeutenden Blüher während einer der acht Phasen der alljährlichen Hauptblütezeit herauspicken, und für die wichtigsten Gartenpflanzen findet man sogar eine Auswahl früher oder später blühender Züchtungen, um die attraktiven Blühperioden zu verlängern.

„Die richtige Pflanze am rechten Fleck" ist das Motto des Gärtners, der sich ebenso um das Wohlergehen der Pflanzen sorgt wie um das eigene. Hält man sich daran, ist das Gärtnern eine Leichtigkeit. So hat man das Vergnügen, sich die Umgebung aus Pflanzen zu erschaffen, die einem am besten gefällt. Besonders gefordert sind auch die Landschaftsgestalter, die heutzutage die Gärten, Parks und Straßenzüge einzigartig anlegen sollen: Alles muss originell und bei geringstem gärtnerischem Aufwand möglichst langlebig sein. Wächst die passende Pflanze am richtigen Standort ist das ein Kinderspiel und Pestizide werden vollkommen unnötig – was uns allen zugute kommt.

SUBJEKTIVE AUSWAHL

Das vorliegende Pflanzenhandbuch fasst einen Teil meiner Schriften und Beobachtungen der letzten 30 Jahre zusammen. Es ist natürlich weder allumfassend noch objektiv, versucht aber die Pflanzen zu listen, die man in den Gärtnereien findet – auch wenn man manchmal ein wenig suchen muss. Die Auswahl umfasst einerseits das gewöhnliche, weit verbreitete Sortiment, aber auch seltenere Pflanzen. Hier und dort finden sich zudem Vorschläge zu recht ungewöhnlichen Arten. Diese Arten offenbaren sich nicht immer gleich, aber auch solche kleinen Experimente bereiten vielen Gärtnern Vergnügen.

Meine Auswahl schließt überwiegend winterharte Arten und Sorten ein, also Pflanzen, die eine Kälte bis –10 °C vertragen. Manchmal habe ich mir zudem erlaubt, stärker „eingeschränkte" Arten einzubeziehen, die der eine oder andere Gärtner gern einmal ausprobieren oder wenigstens einige Vegetationsperioden hindurch kultivieren möchte. Aus diesem Grund habe ich wie in meinen anderen Büchern auch die Beschreibungen nicht mit den durchaus umstrittenen und unpraktischen Angaben zu den Winterhärtezonen überladen. Ich pflanze und gärtnere gewöhnlich nördlich der Loire. Pflanzen, die dort winterhart sind, zeigen diese Eigenschaft in den meisten anderen Regionen ebenfalls, mit Ausnahme des Hochgebirges. Ich weise jedoch immer auf **eingeschränkte Winterhärte** hin, damit man in den „gefährdeten" Regionen wenigstens einen geschützten Standort vorsehen kann. Pflanzen, die in Deutschland nicht ausreichend winterhart sein könnten, sind mit einem entsprechenden Symbol (❄) versehen.

Bei jedem Auswahlkriterium habe ich außerdem versucht, Pflanzen für unterschiedliche Standortbedingungen zu listen, damit man mindestens einen oder zwei mögliche Kandidaten findet. Die ergänzende Auswahl verweist im Allgemeinen auf Pflanzen, die an anderer Stelle in diesem Buch beschrieben werden und dank des Registers zu finden sind. Einige mussten aus Platzgründen leider entfallen.

Denken Sie bitte immer daran, dass diese hoffentlich informativen und interessanten Listen nur hinweisenden Charakter haben, weil sie lokale Abweichungen nicht abbilden können. Jeder gute Gärtner, auch der größte Pflanzenkenner, kann sich nicht immer sicher sein, ob eine Pflanze an dem gewählten Standort gedeiht, selbst wenn alle Faktoren a priori günstig scheinen. Gärtnern ist keine Wissenschaft, und die Empfehlungen erweisen sich nicht in jedem Fall als präzise und richtig, was übrigens keine Entschuldigung für eventuelle Unkenntnis sein soll. Aus Fehlschlägen kann man lernen, vor allem wenn man die richtigen Schlüsse zieht und die Pflanzenauswahl anpasst. Wetter und klimatische Besonderheiten erklären die Fehlschläge zuweilen im Nachhinein, ebenso der Zustand der Wurzeln im Originaltopf oder das Verrotten des Wurzelhalses bei jungen Bäumen (siehe Seite 10).

WEIT VERBREITETE PFLANZE ODER RARITÄT?

Dieses Buch berücksichtigt vor allem die derzeit im Handel erhältlichen Pflanzen. Das Sortiment wechselt jedoch rasch und die Bezeichnung weit verbreitet oder rar ist heute schwer festzulegen. Eine im Vorjahr selten angebotene Pflanze findet sich dieses Jahr plötzlich in jeder Pflanzenhandlung, nachdem sie massenhaft in vitro vermehrt wurde. Nach 2 oder 3 Jahren gerät sie vielleicht wieder in Vergessenheit, weil die Labore sich neuen Kulturen zugewendet haben. Wetten wir, dass die in diesem Buch als „sichere Aktien" bezeichneten Arten lange genug im Handel sein werden, um in jeden Garten zu finden.

Vor 3 Jahren noch ganz selten, ist *Calycanthus* 'Venus' heute in vielen Gärtnereien erhältlich. Wer weiß, wie lange noch?

Allerdings können Sie auch sicher sein, dass manche Pflanzen mehr Anpassungsfähigkeit zeigen als gemeinhin bekannt. Eine Vielzahl der Pflanzen für saure Böden lassen sich leichter kultivieren als man sich vorstellt.

Jede der nachfolgenden Pflanzenlisten macht je nach Auswahlkriterium lediglich Vorschläge und versteht sich nicht als absolute Lösung. Ich möchte mich nicht aus der Verantwortung für Ihre Fehlschläge stehlen, mir aber die möglichen, lästigen Vorwürfe ersparen. Ich habe die meisten der empfohlenen Pflanzen kultiviert oder untersucht, und allein ihre Erwähnung spricht in Gärtnerkreisen für sie. Wir, also der Herausgeber und ich, haben uns entschieden, folgende Pflanzen wegzulassen: die sehr seltenen, die wirklich kälteempfindlichen Arten und die Pflanzen, deren Kultur viel Energie oder Zeit frisst. Trotzdem ist ein riesiges Sortiment übrig geblieben. Man sollte daher bei der Auswahl gut überlegen ...

PFLANZEN FÜR (FAST) JEDE WUCHSHÖHE

In diesem Buch haben wir Pflanzen für alle Vegetationsschichten ausgewählt, die im Garten wachsen können: Bäume, Sträucher, Koniferen, Kletterpflanzen, Stauden einschließlich der Farne, Gräser und Wasserpflanzen, Zwiebelpflanzen, Ein- und Zweijährige.

Da die Auswahl immens ist, beschränken wir uns auf bekannte und verkannte (also seltenere, aber durchaus interessante) **einfache** Pflanzen. Pflanzen, die kaum winterhart sind oder bedeutenden Aufwand in der Kultur verursachen, z.B. zeitweise ein beheiztes Gewächshaus benötigen wie viele Einjährige oder die bedingt winterharten Blumen, sind entfallen. Das gilt auch für Pflanzen, deren Anbau sehr aufwendig ist, z.B. Dahlien. Das Hauptaugenmerk des Buches gilt den Zierpflanzen, wovon einige auch essbar sind (Blätter oder Blüten), daher wurden die traditionellen Gemüsepflanzen ausgespart. Ihr Anbau im Gemüsegarten wird nicht so stark von Standortfaktoren beeinflusst.

PFLANZENNAMEN

Im Blütenkalender wird eine große Zahl an Pflanzen genannt. Hier verwenden wir die Trivialnamen oder volkstümlichen Namen, bevor wir uns den botanischen Namen zuwenden. Die lateinischen, botanischen Namen erscheinen in den Folgekapiteln, weil nur sie eine eindeutige Bezeichnung der Art mit ihren Eigenschaften darstellen und sie von verwandten Arten abgrenzen. Damit wurde auch etwas Platz für die weitere Beschreibung gewonnen. Vor dem Latein sollte man keine Angst haben, weil es die eindeutige und internationale Identifikation einer Pflanze erlaubt. Man wird rasch mit der Verwendung und dem Code vertraut. Wenn auf den Gattungsnamen die Abkürzung sp. folgt, z.B. *Betula* sp., dann heißt das, alle Birken (Arten und Sorten) entsprechen dem gesuchten Kriterium bzw. die Beschreibungen treffen auf alle Arten und Sorten der Gattung *Betula* zu. In den kurzen Listen oder ergänzenden Tabellen haben wir gezielt auf diese Abkürzung verzichtet, um Platz zu gewinnen. Wenn also einzelne Arten nicht genannt werden, dann trifft der Text für alle Gattungsvertreter zu.

Auch haben wird die Auswahl bei einigen Sorten stark eingeschränkt, z.B. bei Rosen, Taglilien, Päonien oder Iris. Deren Züchtungen sind so zahlreich, dass man unmöglich alle Sorten ausprobieren kann, um diejenigen zu finden, die sich von der Masse abheben und das Zeug zum empfehlenswerten und überall erhältlichen Garten-Klassiker haben. Ich halte mich daher an erprobte Züchtungen, die allgemein als „zuverlässig" gelten, auch wenn diese kleine Auswahl keineswegs repräsentativ für das heute erhältliche Sortiment ist.

Bäume, Sträucher und Koniferen

Die botanische Definition für **Baum** besagt, es „handelt sich um eine Pflanze von mehr als 7 m Höhe auf einem einzelnen Stamm". Sie stimmt nicht mit dem Sprachgebrauch überein, wonach auch große Sträucher mit mehreren Stämmen als Baum bezeichnet werden. Für einige Pflanzen ist die Zuordnung

WICHTIGE MASSNAHMEN BEIM PFLANZEN

Es ist hier sicher nicht nötig, genau zu erläutern wie Bäume, Sträucher, Stauden oder Zwiebeln gepflanzt werden. Aber ich möchte die Aufmerksamkeit trotzdem auf zwei wichtige und oft vernachlässigte Punkte lenken, die meistens erst später Probleme verursachen.

1. Austopfen der Wurzelballen von in Containern gezogenen Bäumen und Sträuchern

Es ist absolut notwendig, damit das Auspflanzen „ins Freiland" gelingt (für die Kultur als Kübelpflanzen ist es unnötig). Dabei befreit man die mitten in den Ballen verknäulten Wurzeln. Sie sind das Ergebnis mehrfachen Umtopfens. Ein tief wurzelnder Baum oder Strauch bleibt sein Leben lang im Wachstum behindert, wenn die Wurzeln verkrümmt sind und dadurch ineinander verwachsen. Das kann nach wenigen Jahren zum Absterben eines Teils oder des ganzen Baums führen. Damit die Pflanzung gelingt, sollte sie zwischen September und Dezember stattfinden, weil man dann alle Wurzeln ohne Gefahr freilegen kann. Am besten schneidet man die verkrümmten Wurzeln nahe der Basis ab, damit sich rasch neue Würzelchen entwickeln können. Im ersten Jahr wächst der Baum meistens sehr gering, später aber umso rascher.

Werden die Hauptwurzeln junger Bäume und Sträucher, die in Containern gezogen wurden, nicht so gut wie möglich entwirrt, kann es 5 bis 10 Jahre nach dem Setzen Probleme geben.

2. Den Wurzelhals der Bäume etwas über dem Bodenniveau platzieren

In der Natur, wo die Bäume an ein und derselben Stelle keimen und wachsen, liegt der Wurzelhals immer auf Bodenniveau oder leicht erhöht. Beim Einpflanzen gerät der Wurzelhals oft mehr als 10 cm tief in die Erde, was bei bestimmten Bodentypen (lehmig, schwer, kompakt) dramatisch werden kann. Die Bäume bleiben lange schwächlich und kränklich. Vorsicht, in den Containern ist der Wurzelhals schon von Erde bedeckt, was tückisch ist. In den meisten Regionen pflanzt man, anders als es gewöhnlich erklärt wird, einen Baum besser auf einem Erdhügel als in einem Loch. Ein im Herbst gepflanzter Baum muss im Folgejahr im Allgemeinen kaum gegossen werden, vor allem dann nicht, wenn der Boden ordentlich mit Laub gemulcht wurde, was die Feuchtigkeit länger hält.

Mit dem Wurzelhals oberhalb des Erdbodens können sich die Seitenwurzeln ausbreiten und atmen. Der Baum hat besseren Halt und wächst sehr schnell.

Unterschiedliche Wuchshöhen der Bäume und Sträucher staffeln diesen Standort im Wettbewerb um den besten Platz sowie Licht und Feuchtigkeit (Garten Le Vasterival, Frankreich).

kompliziert, z.B. für die Felsenbirnen (*Amelanchier* sp.) oder die Holunder (*Sambucus* sp.), die man als Sträucher setzt. Mit dem Alter oder nach Entfernen der unteren Äste entwickeln sie sich zu kleinen Bäumen. Sie erscheinen daher je nach Situation in der Rubrik „Baum" oder „Strauch". Und ich fühle mich nicht dazu berufen, sie definitiv der einen oder anderen Kategorie zuzuordnen.

Bei den **Sträuchern** ist die Zuordnung einfacher. Dennoch können manche 3–5 m Höhe erreichen und andere wachsen nicht höher als 10 cm. Ich habe in den Beschreibungen die häufig verwendeten Begriffe gezielt gemieden, weil sie uneindeutig sind und einer genauen Definition bedürfen. Ich bevorzuge das Wort „Busch", wenn ein Strauch dicht und üppig wächst, und bin mir sicher, dass diese einfache Definition von der Mehrheit verstanden wird.

Die **Koniferen** können je nach Art oder Züchtung riesige Bäume, Sträucher oder winzige Pflanzen sein. Sobald sie einem bestimmten Suchbegriff entsprechen, habe ich sie dieser Kategorie zugeordnet. Andernfalls finden sie sich zwischen den Bäumen oder Sträuchern wieder. Sie verdienen es, in gemischten Pflanzungen zu stehen und nicht als Solitäre oder unter ihresgleichen. Zwar zeigen sie sich besonders im Winter, können aber auch in der schönen Jahreszeit aufgrund ihrer Gestalt oder der Farbe der Nadeln eine Rolle spielen.

Es war sehr verlockend, in meine Auswahl auch Pflanzen aus warmen Klimazonen, insbesondere Palmen, Kakteen und ausdauernde Sukkulenten sowie Sträucher von der Südhalbkugel, aufzunehmen. Platzmangel und die geplante Gesamtzahl haben sie ausgeschlossen, es sei denn ihre Kultur ergänzt den Garten um unverzichtbare Aspekte wie Formen oder Texturen, die es bei den winterharten Arten nicht gibt. Beispiele wären schwarze oder silbrige Blätter. Das Klima scheint sich zu ändern und es besteht die Möglichkeit, dass immer mehr Gärten zur Heimat dieser Pflanzenwunder werden könnten. Wenn die Tendenz so weitergeht, nehmen wir diese Arten in nachfolgenden Ausgaben des Buchs gern auf.

Über einen Bodendecker ausgebreitet, zeigen blühende Clematis ihre Schönheit und Farbnuancen.

Eigentlich einjährig, vermehrt die Kapuzinerkresse sich durch Samen über Jahre. Sie blüht reichlich, macht dem Gärtner aber keine Arbeit.

Kletterpflanzen

Viele Kletterpflanzen entwickeln verholzende Triebe, die jedoch biegsam bleiben, und viele Arten lassen sich darüber hinaus bodennah wie Stauden zurückschneiden. Sie sind quasi „Bindeglieder" zwischen Gehölzen (Baum, Strauch, Konifere) und krautigen Pflanzen (Stauden, Zwiebeln, ein- und zweijährige Pflanzen). Außerdem verbinden sie die Horizontale, also den Pflanzbereich am Boden, mit der Vertikalen. Man kann sie gleichermaßen als Bodendecker einsetzen oder als Lage über vorhandenen Bodendeckern, als Ranken an einer Mauer, einem Zaun oder an den Ästen eines Baums, Strauchs oder einer Konifere. Sie benötigen kaum Fläche am Boden und beleben mit ihren Blüten oder Blättern jegliche Gestaltung, egal ob es sich um ein Boskett, Hecken, Böschungen oder Töpfe und Kübel in einem Patio handelt. Man kann unabhängig von der Gartengröße nie genug davon haben.

Mehrjährige Stauden

Nach strenger Definition handelt es sich dabei um Pflanzen, die älter als 2 Jahre werden. Blätter, Triebe und Blüten entwickeln sich jedes Jahr neu und sterben ab, während die Wurzel überlebt und im Frühling wieder austreibt. Ich verweise mit Bedacht auf das eher kurze Leben der Mehrjährigen und meide die Vorstellung von dauerhaft, die den Stauden oft zugebilligt wird. Langlebigkeit ist nämlich stark von der Art abhängig und braucht optimale Standortbedingungen. Zu feucht, zu kalt, ein zu fester Boden oder Nährstoffmangel – und weg sind die Mehrjährigen, sobald sie ihre Reserven verbraucht haben. Hinzu kommt, dass die gewöhnlich in der Palette der Mehrjährigen geführten Lupinen und *Delphinium* nur dann 3 Lebensjahre erreichen, wenn sie in einem traditionellen Beet angebaut werden, wo man den Boden regelmäßig bearbeitet und aufdüngt. Pflanzen dieses Typs habe ich in einer extra Kategorie mit der Bezeichnung „guter Gartenboden" zusammengefasst, damit man sie besser von den wirklich ausdauernden Stauden unterscheiden kann. Mischt man sie mit langlebigen Stauden, hat man viel Arbeit, weil man sie jäten, teilen, wässern und stützen muss, was die gewöhnlichen Stauden nicht brauchen.

Die meisten Gräser und Farne in unseren Gärten gehören auch zu den mehrjährigen Stauden, desgleichen die meisten Wasser- oder Sumpfpflanzen. Wie die Koniferen habe ich auch diese Vertreter separat beschrieben, sofern mehrere bemerkenswerte Arten oder Züchtungen in das Verzeichnis aufgenommen werden mussten. Andernfalls sind sie einfach zusammen mit den Stauden aufgeführt, wenn sie nur ein oder zwei Auswahlkriterien erfüllen. Das Wort Gräser meint hier übrigens umgangssprachlich die beiden Familien der Poaceae (Süßgräser) und Cyperaceae (Seggen und Simsen), die den Süßgräsern ähneln und auf gleiche Weise eingesetzt werden können.

Zwiebelpflanzen

Die meisten Zwiebelpflanzen verhalten sich wie mehrjährige Stauden, doch hat sich bei einem meiner früheren Bücher gezeigt, dass die Leser durch diese Kategorisierung irritiert waren. Nun bekommen die Zwiebeln ein eigenes Kapitel, es sei denn die geringe Artenzahl und der Platzmangel zwingen uns in der allgemeinen Pflanzenliste zu einer Einordnung unter den Mehrjährigen. Die eigene Rubrik spiegelt jedoch zwei Aspekte, einmal die Verfügbarkeit im Handel und den unterschiedlichen Pflanzenbau. Heute werden die Frühlingsblüher unter den Zwiebeln im frühen Herbst angeboten und die Sommer- und Spätblüher gibt es im Frühling. Mehr und mehr werden sie auch während der Wachstumsphase in der Blüte gehandelt und lassen sich dadurch zu den Stauden und saisonalen Blütenpflanzen gesellen.

Ein- und Zweijährige

Manche dieser Arten sind unter den mehrjährigen Stauden gelistet, weil sie sich von selbst im Garten ohne Zutun des Gärtners vermehren. Sie säen sich auf freien Flächen aus, verschwinden aber, wenn der Bestand von Bäumen, Sträuchern und Stauden zu dicht wird. Die Einjährigen, die bei kühlen Temperaturen keimen und wachsen, werden in diesem Buch bevorzugt aufgeführt, während wir die Wärmekeimer und viele bedingt winterharte Pflanzen, die man in saisonalen Beetbepflanzungen sieht, auslassen. Deren unökologische Vermehrung sollte die Verwendung auf wenige Pflanztöpfe oder Kübel beschränken, und man sollte sie nicht für dauerhafte Gestaltungen oder groß angelegte Freilandpflanzungen verwenden. Doch das ist meine ganz persönliche Ansicht. Gelegentlich verweise ich auf *Canna* (Blumenrohr), *Colocasia* (Taro) oder Rizinus, die man getrost hier und da verwenden kann.

Die Zweijährigen haben einen Entwicklungszyklus über 2 Jahre. Sie keimen und bilden im ersten Jahr eine Blattrosette, im zweiten Jahr entwickeln sich Triebe mit Blüten und zum Schluss reifen zahlreiche Samen heran. Man verwendet sie oft im Garten, weil sie bereits in der ersten Jahreshälfte blühen, da nur wenige Einjährige oder Stauden zu dieser Zeit schon üppig Stängel oder Blüten zeigen. Auch die meisten Zweijährigen säen sich von selbst aus und verwildern auf kleinen Flächen. Allerdings wachsen sie nicht jedes Jahr an gleicher Stelle.

Schön, dass Sie sich die Zeit zum Lesen dieser Einführung genommen haben. Das wäre nicht zwingend nötig gewesen, ist aber bestimmt nützlich. Sie werden sich in den Listen und in der Pflanzenauswahl des Buches rascher zurechtfinden und können mir etwaige Vorwürfe ersparen. Eine Gebrauchsanweisung ist für das Buch nicht nötig, es lässt sich intuitiv verwenden. Ich hoffe, dass Sie mit diesem Handbuch Ihre Pflanzenauswahl besser treffen können, dass Ihre Vorhaben konkreter werden und schließlich die Realisierung der Pflanzungen Ihren Vorstellungen näher kommt. Vielleicht passen die Gestaltungen dann besser in das Umfeld, werden damit schöner, ökonomischer und leichter zu pflegen sein, also in einem Wort zusammengefasst „dauerhafter".

Viel Erfolg bei der Pflanzenwahl!

Blüten-
kalender

Januar bis Mitte Februar

BÄUME UND STRÄUCHER

Winterblüte

Chimonanthus praecox ➤

Blüten glockenförmig, gelb, stark duftend, von Dezember bis Februar, je nach Pflanze unterschiedlich, da aus Samen vermehrt. Alle Standorte, nur nicht zu trocken. Erste Blüte im Alter von 7–8 Jahren. 2,50 m x 2 m.

Schnee-Heide und Englische Heide

Erica carnea und *E.* x *darleyensis*

Blüten an der Spitze der Jahrestriebe. Immergrüner, niedriger und kriechender Busch. Wächst überall gut, sogar auf lehmigen Böden, sofern man etwas Sand und Laubkompost zugibt. 20 cm x 30 cm. Offene Flächen, mit Abstand zu Bäumen und Sträuchern. Sehr anpassungsfähig und ausdauernd.

- *Erica carnea* ist eher gedrungen und dicht.
- *Erica* x *darleyensis* wächst lichter und zerzaust, wirkt natürlicher.

E. CARNEA	OKT.–DEZ.	JAN.–FEB.	MÄRZ–MAI
Purpurn	'Eileen Porter' 'John Kampa'*	'Myretoun Ruby' ➤ 'Vivelli'*	'Rosantha' 'Wintersonne'
Rosa	'Praecox Rubra' 'Springwood Pink'*	'Pink Cloud' 'Pink Spangles'*	'James Backhouse' 'March Seedling'
Weiß	'Snow Queen'* 'Springwood White'* ➤		

E. x *DARLEYENSIS*	OKT.–APR.	DEZ.–APR.	JAN.–APR.
Purpurn	'Darley Dale'	'Furzey' rose 'Georges Rendall'	'Kramer's Rote'
Rosa	'Ghost Hills' 'A. Brégeon'	'Arthur Johnson' ➤	'Jack H. Brummage'
Weiß		'Silberschmelze' 'White Perfection'	

Wohlriechende Heckenkirsche

Lonicera fragrantissima ➤, *L.*. x *purpusii* 'Winter Beauty', *L. standishii* 'Budapest'

Sehr ähnliche Sträucher, weiße, duftende Blüten von Januar bis März. Alle Böden, Standort nicht zu warm. Als (un)geschnittene/ungeschnittene Hecken verwendbar. 2 m x 2 m. 'Budapest' färbt sich zum Ende der Blütezeit rosa.

Zaubernuss

Hamamelis mollis und *H.* x *intermedia*

Blüten in Form von gebündelten Fäden, gelb, blassgelb, goldfarben, kupferfarben, orange oder rot, mehr oder weniger farbverlaufend, in einer Vielzahl von Farbnuancen, blühen den ganzen Winter hindurch. Sparriger Strauch, laubabwerfend. Schattig bis halbschattig. Boden nicht kalkhaltig, dauerfrisch.

HAMAMELIS	DEZ.–MITTE JAN.	JAN.–FEB.	FEB.–MÄRZ
Orange	'Orange Peel'* 'Rochester'* 'Jelena'	'Aurora'* ➤ 'Robert' 'Spanish Spider'	'Aphrodite'*
Rot		'Diane' (dunkel) 'Livia' ➤ 'Birgit'	
Leuchtend gelb	*H. mollis** ⮟ 'Advent'	'Barmstedt Gold' 'Wisley Supreme'*	'Arnold Promise'
Hellgelb	'Pallida'* ➤ 'Early Bird'	'Primavera' 'Sunburst'	'Westerstede' 'Angelly'

Nicht schnittverträglich, lediglich im Sommer Rückschnitt der Jahrestriebe. 2,50 m x 4 m. Manche Sorten gut duftend (*)

Hamamelis mollis

Chimonanthus praecox

Erica carnea 'Myretoun Ruby'

Erica carnea 'Springwood White'

Erica × darleyensis 'Arthur Johnson'

Lonicera fragrantissima

Hamamelis 'Aurora'

Hamamelis 'Livia'

Hamamelis 'Pallida'

Fleischbeere

Sarcococca chinensis, S. confusa, S. hookeriana ➤

Immergrüne, duftende Sträucher, die horstähnlich wachsen (*S. chinensis, S. confusa*) oder Ausläufer bilden (*S. hookeriana*). Als Verwandte des Buchsbaums ersetzen sie ihn an halbschattigen oder dunklen Stellen, Fleischbeeren vertragen absolut keine Sonne! Frische, durchlässige Böden. 1,20 m × 1,50 m.

Schneeball

Schlanker Strauch, bogenförmige Zweige, duftende, rosa Blüten. Halbschatten, frische Böden. 2 m × 1 m.

– *Viburnum farreri*: fein und elegant, mit kleinen Blüten. Leicht überhängend. Wunderbare weiße Züchtung 'Candidissimum' ➤.

– *Viburnum* × *bodnantense*: dickere Zweige, kräftigerer Strauch, rosa Blüten ('Dawn' ➤), zartrosa ('Deben') oder rückseitig dunkelrosa ('Charles Lamont' ➤).

HÜBSCHE KÄTZCHEN

Corylus avellana
Gelbgrüne Kätzchen bei den grünblättrigen Haselnuss-Sorten. Im Herbst Nüsse. Sonne oder Halbschatten. Normaler Boden, lehmig, frisch. 3 m × 3 m.

Corylus maxima 'Atropurpurea'
Rötliche Kätzchen, purpurnes Laub, laubabwerfende Sorte. Geschmacklich bessere Nüsse. Sonne oder Halbschatten. Normaler Boden, lehmig, frisch. 3 m × 3 m.

Garrya elliptica ❄
Zahlreiche, silbergraue Kätzchen mit rosa Schimmer; Blätter immergrün. Durchlässiger oder trockener Boden. Klein pflanzen. 3 m × 2 m.

Stachyurus praecox
Schlanker Strauch, mit feinen Kätzchen an langen Zweigen, dicker bei der Art *S. chinensis*. Kalkfreier, frischer Boden, windgeschützter Standort. 2 m × 2 m.

Weitere Bäume und Sträucher: *Alnus incana* 'Aurea', *Alnus* × *spaethii*, *Corylus colurna*, *Prunus subhirtella* 'Autumnalis', *Viburnum tinus* ❄.

KLETTERPFLANZEN

Balearische Waldrebe

Clematis cirrhosa var. *balearica* ❄ ➤

Cremefarbene oder rot gefleckte Glöckchen, kleine Blätter, immergrünes Laub. Sonne bis Halbschatten. 4 m.

Winter-Jasmin

Jasminum nudiflorum ➤

Gelbe, geruchlose Blüten, grüne Zweige ohne Ranken, auf allen frischen Böden an jeglichen Standorten. 2 m.

STAUDEN

Schneerose

Auch Christrose genannte Staude mit mehrwöchiger Blütezeit im Winter. Sonne oder Halbschatten, nährstoffreicher, durchlässiger Boden, neutral oder alkalisch.

DEZEMBER	JANUAR	FEB.–MÄRZ
Helleborus niger subsp. *macranthus* *H. niger*	*H. argutifolius* *H. foetidus* *H.* × *nigercors* *E.* × *ericsmithii*	*H.* × *hybridus* *H.* × *lemoinieri* *H.* × *ballardiae*

– *Helleborus niger* ➤: große, erst weiße, später rosa überlaufene Blüten ab Mitte Dezember bei der Subspezies *macranthus* (steril) oder bei den frühen Sorten.

Helleborus niger

Sarcococca hookeriana

Sarcococca hookeriana 'Purple Stem'

Viburnum 'Charles Lamont'

Viburnum 'Candidissimum'

Viburnum 'Dawn'

Clematis cirrhosa var. *balearica*

Jasminum nudiflorum

– *H. argutifolius* ❄ ▼: apfelgrüne Sträuße mit kräftigen Stängeln, ledrige, fingerförmige Blätter. Eher trockene, durchlässige, kalkhaltige Böden. Vermehrung durch Samen. 60 cm x 1 m. *H.* x *sternii* sehr ähnlich, mit rosa Schimmer.

– *H.* x ***nigercors*** ➤: große, weiße Blüten mit grünem Schimmer, endständig auf Stängeln mit ledrigen Blättern. Steril. 30 cm x 50 cm.

– *H.* x ***ericsmithii*** ➤: große, pastellrosa Blüten, grüne oder rötliche Stängel, grüne Blätter, auch mit heller Äderung. Gut durchlässige Böden, Vermehrung durch Samen. 30 cm x 50 cm.

Helleborus argutifolius

– *H.* x ***ballardiae*** ❄: Sträuße großer, runder Blüten in Creme und Rosa auf verzweigten Stängeln. Ledrige Blätter. Gut durchlässige Böden. Frostempfindlich. 35 cm x 40 cm. 'Anna's Red' ➤ und 'Penny's Pink' sind zwei winterharte und unfruchtbare Neuheiten.

– *H.* x ***lemonieri***: große, rosa oder weiße Blüten, dicke Textur. Sehr wüchsige und blütenreiche Pflanze, jedoch steril. 'Sensas' ➤ und 'Martine Lemonnier' sind rosa, ähnlich; 'Marshmallow' ist weiß, später rosa überlaufen.

– *H.* x ***hybridus*** ➤: üppige Blütensträuße, sobald es wämer wird. Immergrüne Blätter, die zu Beginn der Blüte zurückgeschnitten werden müssen. Sonne oder Halbschatten, nährstoffreicher, frischer, gut durchlässiger Boden. 40 cm x 50 cm. Zahlreiche Varianten der Blüten bei Form (einfach, halbgefüllt, gefüllt) und Farben. Vermehrung durch Samen.

Winter-Iris

Iris stylosa ❄

Blaue, nach Vanille duftende Blüten, bei Erwärmung täglich neu erblühend. Schlanke, grasförmige Blätter. Vollsonnig, trockene Böden. 35 cm x 20 cm.

– *I. stylosa* **subsp.** ***lazica*** ❄ ➤: breitere Blätter, bevorzugt Halbschatten.

Weitere Stauden: *Hacquetia epipactis, Pulmonaria rubra, Primula veris, Trachystemon orientalis.*

ZWIEBELN

Krokus

Crocus sp.

Kelchförmige Blüten, die zwischen den hell geäderten Blättern hervorwachsen. Kurzzeitige, aber spektakuläre Blüte.

– *Crocus chrysanthus* ➤: bevorzugt leichte, durchlässige Böden.

– *C.* ***tommasinianus*** ➤: ist die einzige Art, die wirklich verwildert (auch unter Bäumen).

– *C. vernus* ➤: umfasst die Holländischen Krokusse mit großen Blüten, für nährstoffreiche Böden ohne Staunässe. Volle Sonne.

ENDE FEBRUAR	ANFANG MÄRZ	ENDE MÄRZ
Crocus chrysanthus	*C. tommasinianus*	*C. vernus*

Schneeglöckchen

Galanthus nivalis ◄

Zahlreiche, weiße Blüten, die sich an sonnigen Tagen öffnen. Nährstoffreicher, durchlässiger Boden. Sonne oder Schatten unter Laubbäumen. Vermehrung durch Samen und Zwiebeln. 15 cm x 20 cm.

Weitere Zwiebeln: *Cyclamen coum, Iris reticulata.*

Galanthus nivalis

Helleborus × nigercors

Helleborus × ericsmithii 'Pink Frost'

Helleborus × ballardiae 'Anna's Red'

Helleborus × lemoinieri 'Sensas'

Helleborus × hybridus

Iris stylosa subsp. *lazica*

Crocus chrysanthus

Crocus tommasinianus

Crocus vernus

Mitte Februar bis Ende März

BÄUME UND STRÄUCHER

Schneeforsythie

Abeliophyllum distichum ❄ ➤

Weiße Blüten, den Forsythienblüten sehr ähnlich, aber nur halb so groß, an sonnigen Tagen fein duftend. Sonne, normaler Gartenboden. 1,50 m × 1,50 m.

Kamelien

Camellia sp. ❄

Immergrüne, mittelgroße bis große Sträucher oder kleine Bäume. Je nach Art und Sorte gestaffelte Blüte ab dem Winterende. Ein Hingucker als Topfpflanze, Patio- oder Terrassenpflanze sowie in kleinen Stadtgärten und in Gehölzgärten auf dem Land. Sonne oder Halbschatten, kalkarmer, lockerer Boden, leichter zu kultivieren als Rhododendren.

OKT.–DEZ.	JAN.–MÄRZ	MÄRZ–APR.
Camellia sasanqua *C. hiemalis*	*C. japonica*	*C.* × *williamsii* „Feld-Kamelien"

– *C. hiemalis* ❄ (*C. sasanqua* subsp. *hiemalis*): wie *C. sasanqua*, längere Blüte im Winter.
– *C. japonica* ❄ ➤: einfache, halbgefüllte oder gefüllte Blüten auf einem kräftigen Busch mit großen, glänzenden, dunkelgrünen Blättern. 'Nobilissima' ist eine Besonderheit, blüht ab November.
– *C. sasanqua* ❄ ➤: meistens duftende Blüten, von Oktober bis Dezember. Eher sonnig.
– *C.* × *williamsii* ❄ (*C. reticulata* × *C. japonica*): große, einfache, halbgefüllte oder gefüllte Blüten auf einem biegsamen Busch.
– Kleinblütige Kamelien (in Frankreich *C.* "champêtre" = „Feld-Kamelien") ➤: Kreuzungen mit kleinen Blättern und Blüten.

Kornelkirsche

Cornus mas ➤

Strauch oder kleiner Baum. 1 Monat dauernde, gelbe Blüte in Dolden, ähnlich der Zaubernuss, aber an lehmige und kalkhaltige Böden angepasst. Alle Lagen. 3 m × 3 m.
– *C. officinalis*: japanischen Ursprungs, ähnliche Blüten, Früchte etwas größer.

Scheinhasel

Corylopsis

Trauben hellgelber oder goldgelber Blüten, faltige Blätter, im Frühling bronzefarben. Schatten oder Halbschatten, fetter, kalkfreier Boden, windgeschützt.
– *C. pauciflora* ➤: die früheste Art. Zahlreiche kurze Blütentrauben, blassgelb. Gewöhnlich 1 m × 1 m, bei günstigen Bedingungen größer.
– *C. spicata*: Blütentrauben mittlerer Länge, hellgelb.
– *C. willmottiae* ➤: die größten Blüten, goldgelb, blüht am spätesten.

Seidelbast, Heideröschen, Kellerhals

Daphne mezereum ➤

Dunkelrosa oder lila Blüten, an den einjährigen Trieben auch weiß. Starker Duft. Rote Beeren (bei der weiß blühenden Sorte 'Alba' gelb), giftig. Sonne oder Halbschatten, normaler, eher kalkhaltiger Boden. 1,20 m × 80 cm.

Forsythie

Forsythia × *spectabilis* ⮟

Üppige, gelbe Blüte. Starkwüchsige und füllige Sträucher, es gibt auch Zwergformen. Normaler Boden, nicht zu trocken, Sonne oder Halbschatten. 0,70–2 m × 1–2 m.

Frühe Kirschen

Prunus sp.

Reiche Blüte auf den Vorjahrestrieben, hellrot, rosa überlaufen oder weiß, ungefüllt oder gefüllt. Normaler Boden, Sonne oder Halbschatten, windgeschützt. Standort meiden, an dem die Blüten nach zu raschem Auftauen vergehen.

Forsythia x spectabilis

Abeliophyllum distichum

Camellia japonica 'Sylvia'

Camellia sasanqua

Camellia 'Cornish Snow' „Feld-Kamelie"

Cornus mas

Corylopsis pauciflora

Corylopsis willmottiae

Daphne mezereum

Am Stock gepfropft oder veredelt wachsen die Kirschen als große Büsche oder elegante natürliche Kronen. Man findet sie auch am Stamm veredelt, etwa 1,80 m hoch, etwas licht, aber perfekt für Reihenpflanzungen.

NOV.–JAN.	FEBRUAR	MÄRZ
Prunus subhirtella 'Autumnalis' *P. incisa* 'Praecox'	*P. incisa* 'February Pink' 'Pendula' *P.* × *amygdalopersica* 'Angelique' *Prunus subhirtella* 'Autumnalis'	*P. cerasifera* *P. mume* *P. spinosa* 'Purpurea' und' Rosea' 'Collingwood Ingram' 'Hally Jolivette' 'Kursar' 'Okame' 'Pandora' 'Ruby' 'Spring Joy'

– *P.* × ***amygdalopersica*** 'Angelique' ❄ ➤: große, leuchtend rosa Blüten, purpurnes Laub.

– *P.* ***cerasifera***: Kirschpflaume. Weiße, ungefüllte Blüten, ab Mitte März. Äste ohne Dornen (im Gegensatz zu *P. spinosa*).

– *P.* ***incisa***: unzählige, kleine, weiße Blüten ('Praecox', 'Pendula') oder rosa ('February Pink'). Strauch oder kleiner Baum mit lichtem Blattwerk und schöner Herbstfärbung. 'Okame' (= *P. incisa* × *P. campanula*) ist rosa überlaufen.

– *P.* ***kurilensis***: kleine, sehr winterharte Bergkirsche mit großen, weißen Blüten ('Brillant') oder rosa ('Ruby', 'Tom', 'Spring Joy'). Wunderschöne Herbstfärbung. 'Kursar', 'Collingwood Ingram'.

– *P.* ***mume***: Japanische Aprikose. Zarte Blüten mit Mandelduft in Weiß ('O-moi-no-Mama' ➤) oder Rosarot ('Beni-Shidori' ➤).

– *P.* ***spinosa*** **'Purpurea'** ➤: sehr frühe, weiße bis zart-rosa, ungefüllte Blüten, vor den rötlichen Blatttrieben. Im Gegensatz zur Wildform kaum Dornen.

– *P.* ***spinosa*** **'Rosea'** ➤: ungefüllte, leuchtend rosa Blüten, vor den purpurrötlichen Blättern. Einfache Vermehrung durch Ausläufer.

– ***Prunus subhirtella***: großer Strauch oder kleiner Baum mit dünnen, horizontal wachsenden, eleganten Ästen. Empfindlich gegen Wind und Trockenheit. 3–5 m × 4 m. 'Autumnalis' ist blassrosa, von November bis April bei jeder Erwärmung. 'Hally Jolivette' blüht weiß-rosa im März, 'Pandora' wächst gerade auf.

Vorfrühlings-Rhododendren

Rhododendron × ***praecox*** ➤

Halbimmergrüner Busch mit kleinen, hellvioletten Blüten von zarter Gestalt, dafür in großer Menge. Halbschatten, humusreicher, saurer Boden, windgeschützt. 1,50 m × 1 m. Weitere Vorfrühlingssorten: 'Christmas Cheer' (zartrosa Büschel), 'Cilpinense' ❄ (weiß-rosa Glöckchen), 'Boskoop Ostara' ➤ (kleine, leuchtend rosa Blüten), 'Dora Amateis' (weiß).

Weitere Bäume und Sträucher: *Parrotia persica, Spiraea thunbergii, Ribes speciosum, Salix helvetica*.

KÄTZCHENWEIDEN

Die meist silbrigen Weidenkätzchen sind bei einigen Arten sehr bemerkenswert und gehören nicht umsonst zu den berühmtesten Blütenständen. Vollsonnig, frische oder feuchte Böden.

Salix caprea
Sal-Weide, heimische Art, sehr schön mit großen, erst silbrigen und später gelblichen Kätzchen, nektarreich. Graugrünes, kaum attraktives Laub.

Salix gracilistyla
Ostasiatische Weide, dicke silbrige Kätzchen, Strauch mit aufrechtem Wuchs, längliche, schmale, graue Blätter.

Salix gracilistyla var. *melanostachys*
Seltsame schwarze Kätzchen auf Zweigen mit zimtfarbener Rinde.

Salix hookeriana
Lange, große Kätzchen in leuchtendem Silberton. Ovale, graublaue Blätter.

KLETTERPFLANZEN

Armands Waldrebe

Clematis armandii ❄ ➤

Duftende, weiße oder rosa ('Appleblossom') Blüten vor dem Hintergrund großer, länglicher, immergrüner Blätter. Vollsonne oder Halbschatten, mildes Klima, normaler Boden. 5–7 m hoch.

Weitere Kletterpflanzen: *Clematis cirrhosa* var. *balearica, Jasminum nudiflorum*.

Prunus × *amygdalopersica* 'Angelique'

Prunus mume 'Beni-Shidori'

Prunus spinosa 'Purpurea'

Prunus mume 'O-moi-no-Mama'

Prunus spinosa 'Rosea'

Rhododendron × *praecox*

Rhododendron 'Boskoop Ostara'

Clematis armandii

STAUDEN

Leberblümchen

Hepatica nobilis

Königsblaue Blüten, dreilappige, immergrüne Blätter. Schatten, unter Bäumen, normaler Boden, reich an Laubkompost. 10 cm.

– *H. transsilvanica* 'Buis' ➤: große, himmelblaue Blüten, sehr wüchsige Pflanze. 20 cm.

Japanische Pestwurz

Petasites japonicus ➤

Kleine Blütenkörbchen ohne Zungenblüten, kugeliger Blütenstand, von einem Kranz hellgrüner Brakteen umgeben, direkt über dem Erdboden stehend. Große, gerundete Blätter. Halbschatten, normaler, eher frischer Boden. 1 m. Ausläufer bildend.

Lungenkraut

Pulmonaria sp.

Üppige Blüte ab Spätwinter an schattigen Standorten unter Bäumen und Sträuchern. Normaler Boden, Halbschatten oder Schatten.

FEB.–MÄRZ	MÄRZ–APRIL	APRIL–MAI
Pulmonaria rubra *P. angustifolia* subsp. *azurea*	*P. saccharata* *P. officinalis*	*P. longifolia*

– *P. angustifolia* subsp. *azurea*: königsblaue Blüten. Dunkle, bläuliche Blätter, die im Sommer einziehen, bodendeckend. 15 cm x 30 cm und mehr. 'Blue Ensign' ist wüchsiger.

– *P. longifolia*: blauviolette Blüten, die sich kaum öffnen, endständig an leicht gebogenen Stängeln. Längliche Blätter, v-förmig gefaltet und regelmäßig silbrig gefleckt. Gut durchlässige Böden. 35 cm x 40 cm.

– *P. officinalis*: ähnelt *P. saccharata*, mit kleineren, weniger stark gefleckten Blättern. 20 cm.

– *P. rubra*: korallenrote Blüten und dunkelgrüne Blätter, bodendeckend. Schatten. 20 cm x 40 cm.

– *P. saccharata* ➤: blaue, dann rosa Blüten, auf die silbrig gefleckte oder silbrige Blätter folgen. 35 cm x 30 cm.

Rauling

Trachystemon orientalis ➤

Leuchtend blaue Blütenstände, bevor die Blätter treiben. Alle Lagen, normaler Boden. 80 cm. Sehr ausdauernde Pflanze, ideal als Bodendecker. Essbare Blüten.

Kleines Immergrün

Vinca minor ➤

Kleine Blätter und blaue, weiße oder purpurne Blüten, bodennah als dichter Teppich. Normaler Boden, eher kalkhaltig, Schatten oder Halbschatten. 5 cm x 50 cm und mehr.

März-Veilchen

Viola odorata ➤

Dunkellila, rosa, weiße oder lachsfarbene Blüten, runde, immergrüne Blätter. Normaler Boden, eher kalkhaltig, Sonne (zwischen Gräsern) oder Halbschatten. 10 cm x 50 cm und mehr.

Weitere Stauden: *Primula vulgaris.*

ZWIEBELN

Narcissus lobularis

Narzissen

Narcissus sp.

Sie sind bekannt für ihre üppige Frühjahrsblüte, ein geschickt gewähltes Sortiment schenkt eine Blühperiode von mehr als 2 Monaten. Zwiebelpflanzung so früh wie möglich, zwischen August und November in einer Tiefe von 10 cm.

NARZISSEN	FEBRUAR–MÄRZ	MÄRZ	ENDE MÄRZ–APRIL
Arten	*N. lobularis* ◄ *N. bulbocodium*		*N. tazetta* *N. jonquilla* *N. poeticus*
Sorten	**„Frühe Narzissen"** 'February Gold' 'Golden Bells' 'February Silver' 'Jenny' 'Peeping Tom' 'Jetfire' 'Tête à Tête' 'Rip Van Winkle' ➤ 'W.P. Wilner'	**„Großblütige Narzissen"** 'Carlton' ➤ 'Dutch Master' 'Centannees' 'Ice Follies' 'White Ideal' 'Saint Patrick's Day' 'Preciosus' 'Soestdijk' 'Replete'	**„Vielblütige und duftende Narzissen"** 'New Baby' 'Erlicher' 'Hawera' 'Petrel' ➤ 'Tresamble' 'Trevithian' 'Green Pearl' 'Thalia' 'Minnow'

Hepatica transsilvanica 'Buis'

Petasites japonicus

Pulmonaria saccharata

Trachystemon orientalis

Vinca minor

Viola odorata

Narcissus 'Rip Van Winkle'

Narcissus 'Carlton'

Narcissus 'Petrel'

– ***N. bulbocodium***: Hauptkrone unscheinbar, stark ausgeprägte reifrockartige Nebenkrone.
'Golden Bells' einfach zu kultivieren und blütenreicher. Frischer Boden, 10 cm.
– ***N. jonquilla***: kleine, stark duftende Blüten, feine Stängel und Blätter, zylindrisch wie Binsen. Durchlässiger Boden. 35 cm.
– ***N. lobularis*** (= *N. pseudonarcissus*): blassgelbe Hauptkrone, goldgelbe Nebenkrone. 20 cm. Verwildert gut.
– ***N. moschatus*** ➤: große, cremefarbene, später weiße Glocke. Vermehrungsfreudig, verwildert. 25 cm.
– ***N. × odorus***: goldgelbe Blüte, ungefüllt, stark duftend. 35 cm.
– ***N. poeticus*** ➤: weiße Hauptkrone, gelbe Nebenkrone mit leuchtend orangefarbenem Rand. Intensiver Duft nach Jasmin. 45 cm. 'Actaea': große, späte Blüte. 'Recurvus': kleine Blüte mit gewölbten, weißen Blütenblättern.

Kleine, frühe Zwiebeln

Verschiedene Arten, darunter zahlreiche sehr früh blühende *Scilla*-Arten, die gleichzeitig mit oder unmittelbar nach den Schneeglöckchen blühen. Pflanzung im September/Oktober in einer Tiefe von 2–3 cm. Sonne oder Halbschatten. Sie gedeihen später üppig von allein.

ENDE FEBRUAR	ANF. MÄRZ	ENDE MÄRZ
Iris reticulata *I.* × 'K. Hogkins'	*Ipheon uniflorum* *Chionodoxa luciliae* *Chionodoxa forbesii*	*Corydalis bulbosa* *Muscari azureum* *M. latifolium*

– ***Corydalis bulbosa*** ➤: Röhrenblüten, malvenfarben, violett, rosa, orange oder weiß. Feine, bläuliche Blätter. Zieht Ende April ein. Frischer, normaler Boden, Unterholz. 10 cm.
– ***Chionodoxa luciliae*** ▲: himmelblaue Sterne in Trauben. Sonne oder Halbschatten, normaler Boden. 15 cm. Üppig wachsend. ***C. forbesii*** ist größer, weniger wüchsig. *C. sardensis*: kleinere Blüten, leuchtend blau. 10 cm. Auch rosa und weiß.
– ***Ipheon uniflorum***: trompetenförmige Blüte, hellblau und leuchtend blau, violett, rosa oder weiß, weit geöffnet. Kleine, schmale

Scilla bifolia

Chionodoxa luciliae

Blätter wie Gras, nach Knoblauch riechend. Vollsonnig, nährstoffreicher, durchlässiger Boden. 15 cm.
– ***Iris reticulata*** ➤: kleine, attraktive Iris, rasch blühend, in Blau, Purpur oder mehrfarbig je nach Züchtung. Sonne, durchlässiger Boden. 15 cm.
– ***Iris* 'Katharine Hodgkin'** ➤: helle Blüten mit deutlicher Äderung.
– ***Muscari azureum*** ➤: kleine, königsblaue oder weiße Blütentrauben, sehr früh blühend, teils schon ab Weihnachten. Blätter grasförmig, treiben ab Herbst. 15 cm.
– ***Muscari latifolium*** ➤: lange, zylindrische Blütentrauben in leuchtendem Blau, sich lila verfärbend. Ein einzelnes, großes Blatt. Vermehrt sich gut. 20 cm.

Blaustern

Scilla sp.

Kleine Zwiebelpflanzen, bei denen alle Arten von Natur aus blaue Blüten tragen, die im März aufblühen. Alle Lagen, normaler Boden, im Sommer nicht zu warm und zu trocken.

ENDE FEBRUAR	AB MÄRZ	ENDE MÄRZ
Scilla mischtschenkoana	*S. sibirica* *S. bifolia* ◄	*S. litardierei*

– ***S. bifolia*** ◄: kleine, himmelblaue Blüten in luftigen Trauben. 15 cm, sehr früh. Bildet rasch einen Teppich. Auch rosa erhältlich.
– ***S. lilioasphodelus***: kleine Blüten in kegelförmigen Trauben am Ende eines Stängels in der Mitte einer Rosette großer Blätter. Späteste Art. 25 cm.
– ***S. mischtschenkoana* 'Thunbergeniana'** ➤: weiß-bläuliche Blüten mit blauer Äderung. 10 cm. *Puschkinia libanotica*: ähnlich, aber kleiner. Durchlässiger Boden.
– ***S. sibirica***: kleine Trauben enzianblauer Glöckchen an einem Stängel zwischen einigen linealischen Blättern. 10 cm. 'Alba': weiß; 'Spring Beauty': größere Blüte, unfruchtbar.

Weitere Zwiebeln: *Cyclamen pseudibericum, Cyclamen repandum.*

Narcissus moschatus

Narcissus poeticus

Corydalis bulbosa

Iris reticulata

Iris 'Katharine Hodgkin'

Muscari azureum

Muscari latifolium

Scilla mischtschenkoana 'Thunbergeniana'

Ende März bis Anfang Mai

BÄUME

Spitz-Ahorn

Acer plantanoides ➤

Baum mit großen, spitz gelappten Blättern in hellem, später dunklem Grün. Spektakuläre gelbgrüne oder gelbrote Blüte im April. Alle Bodentypen, sogar kalkhaltig. Sonne oder Halbschatten. 15–20 m × 6–8 m. Zahlreiche Sorten mit farbigem Laub.

Felsenbirne

Amelanchier sp. ➤

Sträuße reinweißer Blüten, manchmal rosa Knospen, Ende März bis Anfang April, gleichzeitig mit dem Austrieb der kupferfarbenen Blätter. *A. lamarckii* besonders häufig (3 m × 2 m), wächst gut auf frischen Böden. *A. ovalis* ist deutlich kleiner (1,20 m × 1,20 m), bevorzugt gut durchlässige Böden und wärmere Lagen.

Magnolien

Magnolia sp.

Rasch wachsende Sträucher oder kleine Bäume. Sternförmige Blüten bei *M. lobus, M. stellata, M.* × *loebneri* oder tulpenförmige Blüten bei *M.* × *soulangeana*, *M. campbellii* usw. Nährstoffreicher, auch lehmiger Boden, die obere Schicht kompostreich und permanent mit Mulch bedeckt. Bei den Frühblühern sind zugige, frostgefährdete Standorte zu meiden.

MAGNOLIEN-SORTE	MITTE MÄRZ	ANFANG APR.	ENDE APR.
Weiß	*M. kobus* *M. stellata* ➤ *M.* × *loebneri* 'Merrill'	'Alba Superba' 'Sayonara' 'Milky Way'	'Brozzonii' 'Manchu Fan'
Rosa	'Diva' 'Iolanthe' 'Royal Crown'	'Lennei' 'Athene' 'Sundew' ➤	'Serene' 'Daybreak' (lachsfarben))
Rosa überlaufen	'Leonard Messel'	'Star Wars' 'Heaven Scent' 'Apollo'	'Vulcan' 'Spectrum'
Purpurn		'Genie' 'Black Tulip'	*M. liliiflora* 'Nigra' ➤ *M. liliiflora* 'O'Neil'
Gelb			'Elisabeth' 'Buttercup' 'Maxine Merrill' 'Yellow Fever' 'Daphne'

Japanische Blüten-Kirsche

Prunus serrulata

Zweite Blütenwelle der Blüten-Kirschen, majestätische Bäume, wenn sie natürlich wachsen dürfen. Unzählige früh oder spät blühende Sorten, teils bis Ende Mai. Normaler, frischer Boden, gut durchlässig. Sonne oder Halbschatten. Zur besseren Anpassung an lehmige oder kalkreiche Böden oft auf Vogelkirschen (*P. avium*) veredelt.

SORTE	MITTE MÄRZ	ANFANG APR.	APRIL
Weiß	'The Bride' ▼ 'Kojo-no-mai'	'Shogetsu' 'Shirotae' ➤	'Tai-Haku' *P. avium* 'Plena'
Rosa	'Accolade' 'Pandora'	'Amanogawa' 'Kiku Shidare Zakura'	'Edo' 'Yae-Murasaki-Sakura'
Rosa überlaufen	'Fukubana' 'Collingwood Ingram' 'Kursar'	'Kanzan' 'Royal Burgundy' 'Pink Perfection'	'Fugenzo' 'Hisakura' 'Shirofugen' ➤

Prunus 'The Bride'

STRÄUCHER

Zierquitte

Chaenomeles × *superba*

Laubabwerfende Sträucher mit ausgreifendem oder gedrungenem Wuchs, die Blüten ungefüllt rot ('Crimson and Gold' ➤, 'Nicoline'), weiß ('Nivalis' ➤), rosa ('Pink Lady', 'Flocon Rose'), orange ('Cido') oder gefüllt ('Yuki-Goten', 'Cameo', 'Kinsindin', 'Mango Storm'), vor der Blattentfaltung an den mehr als 1 Jahr alten Ästen. Tiefgründiger, nährstoffreicher, gut durchlässiger, kalkarmer Boden, Sonne oder Halbschatten. 0,60–2 m × 2 m und mehr. Sehr schnittverträglich.

Acer platanoides

Amelanchier sp.

Magnolia liliiflora 'Nigra'

Magnolia × soulangeana 'Sundew'

Magnolia stellata

Prunus 'Shirofugen'

Prunus 'Shirotae'

Chaenomeles 'Crimson and Gold'

Chaenomeles 'Nivalis'

Ranunkelstrauch

Kerria japonica ➤
Große, goldgelbe Blüten, einfach oder gefüllt, auf biegsamen, leichten Zweigen, die sich wie Himbeersträucher entwickeln. Alle Lagen, normaler, frischer Boden. 1,50 m × 2 m und mehr.

Strauch-Pfingstrosen

Paeonia lutea und Hybriden
Große, einfache, halbgefüllte oder gefüllte Blüten in einer Vielzahl von Farben, je nach Ursprung. Üppiges Blattwerk in exotischem Look. Einfacher Anbau in voller Sonne oder Halbschatten, normaler, tiefer Boden, eher kalkhaltig. 1–2 m × 1–2 m.

Ein Schnitt am Ende der Blütezeit kann den Raumbedarf einschränken. Den Boden tief düngen zum besseren Anwurzeln. Den Veredelungspunkt unter die Erde setzen, damit die Pflanze leichter ihre eigenen Wurzeln ausbildet.

Die Wahl der Päonien ist sehr subjektiv und richtet sich nach dem Geschmack des Einzelnen sowie der Verfügbarkeit. Es gibt vier große Gruppen von Sorten mit mehr oder weniger stark entwickelten Eigenheiten. Die Blütenfolge entspricht annähernd der Tabelle unten, auch wenn es einige Ausnahmen gibt.

PÄONIE	APRIL	APRIL–MAI	MAI
Arten	*P. delavayi* *P. lutea*	*P. rockii*	*P. suffruticosa*
Sorten*	'High Noon', 'Souvenir de Maxime Cornu 'Helene Martin' 'Black Panther' 'Mystery'	'Baron Thyssen' 'Étoile des Neiges' 'Luella' 'Dojean' 'Sir Peter Smithers'	'Duchesse de Morny' 'Hana-Kisoï' 'Isabelle Rivière' 'Godaishu' 'Tayio'

* einige Beispiele für jede Farbe

– *P. delavayi*: eher kleine Blüten, gelb, orange oder rot, feine, gelappte Blätter, oft vom Stiel her rötlich. Viele Sorten bilden Ausläufer. 1–1,20 m.
– *P. lutea* ➤: Blüten in Tönen von Gelb, Orange oder Rot, große, spitz gelappte Blätter. Kräftiger Wuchs, 1,50–2 m und mehr.
– *P. rockii* ➤: Blüten am Ansatz der Kronblätter violett gezeichnet, die Art weiß, die Sorten in allen Farben. Oft wohlriechend, Blätter tief eingeschnitten. 1,50–2 m.
– *P. suffruticosa* ➤: Blüten in großer Vielfalt, ähnlich den krautigen Pfingstrosen, ungefüllt, halbgefüllt oder gefüllt. Buschähnlicher Wuchs, mit rundlich gelappten Blättern. Etwa 1,50 m.

Blut-Johannisbeere

Ribes sanguineum
Strauch mit Blütentrauben in Rosarot ('Pulborough Scarlet' ➤), Hellrosa ('Albescens', 'Poky's Pink'), Weiß ('White Icicle') oder Lachsfarben (*R.* × *gordonianum*), Ende März oder Anfang April. Normaler Boden, Sonne oder Halbschatten. 2 m × 1,50 m. Einfach zu kultivieren, rascher Wuchs.

Spierstrauch

Spiraea sp.
Leicht kultivierbare Büsche mit reichlich Blütenschmuck, die sich nur hinsichtlich Blattform oder Blütezeit unterscheiden. Eleganter, bogenförmiger Wuchs, der durch einen Auslichtungsschnitt nach der Blüte noch hervorzuheben ist. Nicht zu trockene Böden, Sonne oder Halbschatten. 1,50 m × 1,50 m, mit Ausnahme von *S. veitchii*, die 3 m × 1 m groß werden kann.

FEBR.–MÄRZ	MITTE APR.–MITTE MAI	ENDE MAI–JUNI
Spiraea thunbergii ➤ *S.* × *cinerea* 'Grefsheim'	*S. arguta* *S. cantoniensis*	*S. nipponica* *S. veitchii*

Duftender Schneeball

Viburnum carlesii ➤, *V.* × *carlcephalum*, *V.* × *burkwoodii*, *V.* × *juddii*
Kugelförmig angeordnete Blüten, die wie Wachsblumen aussehen. Knospen gewöhnlich rosa, geöffnete Blüten weiß und intensiv duftend. Schlanke Büsche, die im Alter rundlich werden. Manche nur bedingt winterhart. Normaler, frischer Boden, kalkarm (es sei denn auf *V. lantana* veredelt), Sonne oder Halbschatten. Durchschnittlich 1,80 m × 1,80 m.

ANFANG APR.	MITTE APR.	ENDE APR.
'Chenaultii' ➤ 'Ann Russell' 'Diana' 'Eskimo'	'Conoy' 'Compact Beauty' 'Cayuga' 'Chesapeake'	'Chesapeake' 'Mohawk' ➤ 'Fullbrook' 'Park Farm Hybrids'

Weitere Sträucher: *Skimmia japonica, Mahonia aquifolium, Pieris japonica, Osmanthus* × *burkwoodii, Ribes speciosum.*

Ribes sanguineum 'Pulborough Scarlet'

Kerria japonica

Paeonia lutea

Paeonia rockii

Paeonia suffruticosa

Spiraea thunbergii

Viburnum carlesii

Viburnum × burkwoodii 'Chenaultii'

Viburnum 'Mohawk'

KLETTERPFLANZEN

Frühlingsblühende Waldreben

Clematis sp.

Kletterpflanzen, die unmittelbar nach Ende der Fröste endständig auf den Vorjahrestrieben blühen. Sonniger, nicht zu heißer Standort. Normaler, durchlässiger Boden. Rückschnitt nicht obligatorisch, aber nach der Blüte möglich, um die Pflanze zu verjüngen und die Blüte des Folgejahres anzuregen.

– ***C. alpina***: Blüten in Form länglicher Glöckchen, blau, rosa oder weiß, April bis Mai. Rankt bevorzugt durch Sträucher statt zu klettern, 2 m.

– ***C. macropetala*** ➤: ungefüllte oder gefüllte Blüten in Glockenform, blau, rosa oder weiß, April bis Mai. Wüchsiger als *C. alpina*, klettert aber nicht viel. 2–3 m.

– ***C. montana*** ➤: ungefüllte Blüten mit 4 Hüllblättern oder auch gefüllt an jeder Knospe der Vorjahrestriebe. 6–12 m.

Weitere Kletterpflanzen: *Berchemia racemosa, Holboellia latifolia, Stauntonia hexaphylla, Akebia quinata.*

Glyzine, Blauregen

Wisteria sinensis, W. floribunda

Kräftige Kletterpflanzen, *W. sinensis* linkswindend, *W. floribunda* rechtswindend. Jegliche kalkarme Böden, nicht zu trocken. Kein Schnitt, wenn der Blauregen als Baum wachsen soll, oder regelmäßiger Sommerschnitt (herunter bis zum ersten Blatt, sobald die frischen Triebe 1 m Länge erreicht haben).

– ***W. floribunda*** ➤: entwickelt die längsten duftenden Blütentrauben, gleichzeitig mit dem Blattaustrieb.

– ***W. frutescens***: Blüte im voll entwickelten Laub.

– ***W. sinensis*** ➤: die früheste, ihre Blüte setzt ein, bevor die Blätter treiben.

– ***W. venusta*** ➤: kurze Blütentrauben mit großen Blüten, üppiger Behang, vor und mit dem Blattaustrieb.

APRIL	MAI	MAI–JUNI
Wisteria sinensis	*W. floribunda*	*W. venusta (W. brachybotrys)* *W. frutescens*

STAUDEN

Bergenie

Bergenia sp. ➤

Schäfte mit hellrosa, magentaroten oder weißen Blütenbüscheln, die aus einem Teppich immergrüner, ovaler Blätter herausragen. Normaler Boden, Sonne oder Halbschatten, nicht zu heiß. 30 cm.

Großblättriges Kaukasusvergissmeinnicht

Brunnera macrophylla ➤

Sträußchen kleiner, blauer Blüten ähnlich wie das zweijährige Vergissmeinnicht, aber große herzförmige Blätter, je nach Sorte grün, silbrig oder panaschiert. Normaler Boden, der im Sommer auch austrocknen darf, Schatten oder Halbschatten, 40 cm × 60 cm.

Brunnera macrophylla

Primel, Aurikel

Primula sp.

Symbol für den Frühling, sehr zeitig blühend, versamt sich, Vermehrung durch Aussaat oder bei den gefüllten Sorten sowie den Farbselektionen durch Teilung unmittelbar nach der Blüte. Sonne oder Halbschatten, frische Böden.

MÄRZ	APRIL	APRIL–MAI
Primula vulgaris	*P. veris* *P. elatior*	*P. auricula* *P. denticulata* *P. sieboldii*

– ***P. auricula*** ➤: wachsähnliche Blüten mit Blütenblättern in den Farben Purpur, Gelb, Blau, Grün usw., im Zentrum grünlich, nach Orangenblüten duftend. Dicke, mehr oder weniger stark bemehlte Blätter. Sonne, frische, durchlässige Böden, Steingarten, Rabatten. 15 cm.

– ***P. denticulata***: Kugelprimel, mit Blüten in Malvenrosa, Magenta oder Weiß, kugelförmig angeordnet an der Spitze eines nackten Stängels. Feuchter Boden, 35 cm.

– ***P. elatior***: kleine, hellgelbe Blüten an der Spitze des 15–20 cm langen Stängels.

– ***P. sieboldii***: zartrosa Blüten mit ganzrandigen oder gelappten Blütenblättern an aufrechten Stängeln, pelzige, dunkelgrüne Blätter. Halbschatten, frische, leichte Böden. 15 cm. Pflanze breitet sich durch Ausläufer rasch zu einem Teppich aus und zieht im Juni ein.

– ***P. veris***: goldgelbe, duftende Blüten auf einem 15–20 cm langen Stängel. Sonne, schwerer Boden (Wiesen, Hänge).

– ***P. vulgaris*** ➤: blassgelbe, kurzstielige Blüten mit gelbem Zentrum in einer Rosette runzliger, zartgrüner Blätter. 15 cm. Verwildert leicht in Beeten oder Rasenflächen. *P. vulgaris* subsp. *sibthorpii*: Blüten rosa mit gelbem Mal.

Clematis macropetala

Clematis montana

Wisteria venusta

Wisteria floribunda 'Macrobotrys'

Wisteria sinensis

Bergenia 'Perfect'

Primula auricula

Primula vulgaris

Wolfsmilch

Euphorbia sp.

Lang anhaltende Blüte in stechendem Grün, das Laub oft bunt und manchmal immergrün. Normaler Boden. Ganz junge Pflanzen setzen, damit sie gut anwurzeln.

FRÜHLINGSANFANG	SPÄTFRÜHLING	SOMMER
Euphorbia amygdaloides	*E. characias*	*E. palustris*
E. myrsinites	*E. cyparissias*	*E. sikkimensis*
E. polychroma	*E. griffithii*	
E. robbiae	*E.* × *martinii*	

– ***E. amygdaloides*** ▼: Blütenschäfte von April bis Juli, flaumige, immergrüne Blätter. Boden lehmig und kalkhaltig, Schatten oder Halbschatten. 60 cm. Anfällig für Mehltau, wenn zu wenig Luftbewegung.

Euphorbia amygdaloides

– ***E. characias*** ➤: Blüten gelbgrün mit dunkelbraunem Saftmal, zylindrischer, endständiger Blütenstand. Kräftige Stängel mit dicken, blauen Blättern. 1 m × 1 m. Vermehrt sich durch Aussaat.

– ***E. characias*** **var.** ***wulfenii*** ➤: Blüten mit schwarzem Saftmal.

– ***E. cyparissias***: endständige Blüten, laubabwerfend, fein, zartgrün, im Herbst buttergelb. Wuchert stark. 30 cm. Gedeiht auch im Schatten an trockenen Stellen.

– ***E. griffithii*** ➤: Sträuße orangefarbener Blüten an der Spitze lichter Stängel, Mai bis Juli. Laub in kupfergetöntem Orange. Ausläufer. Sonne oder Halbschatten, feuchter Boden. 90 cm.

– ***E. myrsinites***: Blütenstände von März bis Juni, kriechende Triebe mit schuppenähnlichen, bläulichen Blättern. 25 cm × 50 cm. *E. nicaeensis*: ähnlich, nicht so buschig.

– ***E.* × *martinii*** ➤ (*E. characias* × *E. amygdaloides*): Horste rötlicher Blätter im Kontrast zu den Blüten. Zwischenform beider Eltern. Sonne oder Halbschatten, durchlässige Böden.

– ***E. palustris***: sehr große Blütenstände an der Spitze dicker Stängel, Juni bis Juli. Normale oder feuchte Böden. 1,20 m. Beeindruckend und wundervoll. Die Sorte 'Walenburg Glory' mit rosa-roter Herbstfärbung.

– ***E. polychroma*** **(=** ***E. epithymoides*****)**: gelbgrüne, abgeflachte Blütenstände an der Sprossspitze, April bis Juni. Sehr ausdauernd. 50 cm. Schöne Herbstfärbung. *E. pilosa* 'Major': vergleichbar, blüht bis in den September, wuchskräftiger, 70 cm.

– ***E. robbiae*** ➤: Blüte von April bis Juli, leuchtend grünes Blattwerk, Ausläufer; wunderbar als Bodendecker im Schatten geeignet.

– ***E. sikkimensis*** ➤: große, endständige Blütenstände, Juli und August. Graugrüne Blätter mit roter Äderung. Normale, frische Böden. Wuchernd, 1,20 m. *E. schillinigii* und *E. wallichii*: ähnlich.

Weitere Stauden: *Alyssum saxatile, Ajuga reptans, Aponogeton distachyos, Arabis caucasica, Armeria maritima, Aster alpinus, A. tongolensis, Aubrieta deltoidea, Iberis sempervirens, Lysichiton americanus, L. camtschatcensis, Omphalodes cappadocica, Pachyphragma macrophylla, Pentaglottis sempervirens, Pulmonaria, Pulsatilla vulgaris, Saxifraga decipiens, S. umbrosa, Trollius europaeus, Viola odorata.*

ZWIEBELN

Busch-Windröschen

Anemone nemorosa ➤

Ungefüllte, halb oder ganz gefüllte Blüten in Weiß, Rosa oder Bläulich, teppichbildend im Unterholz oder unter Hecken. Röhrenförmige Wurzeln unter der Oberfläche. Halbschatten, humose Böden. 10 cm.

Schachblume, Kaiserkrone

Fritillaria meleagris ➤

Glockenförmige, purpurne Blüten mit Rechteck-Muster, auch weiß, 1 oder 2 Blüten pro Stängel. Unaufdringliche, sehr hübsche Pflanze. Sonne, feuchte Böden. 20 cm. Kleine empfindliche Zwiebeln, die im frühen September 3 cm tief gepflanzt werden, vertragen keine Austrocknung.

Hasenglöckchen

Hyacinthoides sp.

Blauer oder blauvioletter Blütenteppich, gelegentlich auch weiß oder rosa, als Unterpflanzung unter Bäumen und Sträuchern. Halbschatten oder Schatten, normaler Boden. Pflanzung im September/Oktober, 5 cm tief. Zwei engverwandte Arten, die sich leicht kreuzen.

– ***H. hispanica***: heller, größer und die Blüten rund um den Schaft angeordnet. 35–40 cm.

– ***H. non-scripta*** ➤: heimisch, die Blüten einseitswendig. 25 cm.

ia characias

Euphorbia characias var. wulfenii

Euphorbia griffithii

Euphorbia × martinii

Euphorbia robbiae

Euphorbia sikkimensis

Anemone nemorosa

Fritillaria meleagris

Hyacinthoides non-scripta

Knotenblume

Leucojum aestivum ➤

Weiße Glöckchen mit grünem Fleck inmitten von schmalen Blättern. Sonne oder Halbschatten, frische oder feuchte Böden. Kräftige Zwiebel, Pflanzung zwischen September und November, 15 cm tief.

Traubenhyazinthe

Muscari armeniacum ➤

Kegelförmige Trauben in den Farben Blauviolett, Tiefblau, Himmelblau zwischen langen, schmalen, grasähnlichen Blättern, Blühdauer mindestens 3 Wochen. Vermehren sich reichlich in humosen, durchlässigen Böden, Sonne oder Halbschatten. 20 cm.

Tulpen

Tulipa sp.

Zwiebeln werden im September/Oktober zwischen 5 und 10 cm tief ausgepflanzt. Blüte zwischen März und April an Stängeln von 15–60 cm Höhe. Volle Sonne. Normaler Boden, durchlässig. Durch Auswahl verschiedener Arten und Sorten kann man durchgängig 3 Monate der Blüte im Garten erreichen.

Die „botanischen" Tulpen verhalten sich wie in der Natur und sehen „wilder" aus, auch wenn es Varietäten für den Gartenbau gibt.

Die „gezüchteten" Tulpen, auch Hybrid-Tulpen, sind nach Verwandtschaft und Merkmalen geordnet. In jeder Gruppe finden sich verschiedene Farben, doch ihre Merkmale hinsichtlich Vegetationsperiode, Höhe usw. gleichen sich.

Tulipa violacea

TULPEN ZUR ERNEUTEN BLÜTE BRINGEN

Damit Tulpen blühen, ist ein warmer Standort erforderlich, denn die Knospe für das kommende Jahr bildet sich nur bei einer bestimmten Temperatur. Wo der Boden im Sommer austrocknet und sich gut erwärmt, können Tulpen im Boden bleiben und sie gedeihen gut. Wo die Sommer kühl sind, sollte man die Tulpen herausnehmen, sobald die Blätter welken. Die Zwiebeln lagert man trocken bei Umgebungstemperatur. Das genügt, um sie zum Blühen zu bringen. Im September/Oktober pflanzt man sie erneut aus.

MÄRZ–APRIL (15–25 CM)	ANFANG APRIL (25–35 CM)	ENDE APRIL (35–60 CM)	MAI (35–60 CM)
Tulipa violacea ◄	*T. bakeri* *T. clusiana*	*T. tarda* (15 cm)	*T. sylvestris* *T. acuminata*
Greigii- und Kaufmanniana-Tulpen: 'Chaperon Rouge' 'Heart's Delight' 'Ancilla' 'Goudstuck' 'Tchaikovsky' 'Turkish Delight'	**Gefüllt blühende, frühe Gruppe:** 'Schoonoord' 'Peach Blossom' 'Carlton' 'Orange Nassau' 'Monte Carlo' ➤	**Darwin-Hybriden:** 'Apeldoorn' 'Golden Apeldoorn' 'Pink Impression' 'Dutch Fair'	**Lilienblütige Hybriden:** 'China Pink' ➤ 'Westpoint' 'Ballerina' 'White Triumphator' 'Queen of Sheba'
Fosteriana-Tulpen: 'Mme Lefeber' 'Orange Emperor' 'Candela' 'Purissima'	**Einfach blühende, frühe Gruppe:** 'Apricot Beauty' 'Princess Irene' ➤ 'Diana' 'Général de Wet' 'Christmas Dream' 'Yokohama'	**Einfach blühende, späte Gruppe:** 'Queen of the Night' 'Shirley' 'New Design'	**Viridiflora-Tulpen:** 'Spring Green' 'Groenland'
T. praestans: 'Unicum' 'Fusilier'	**Triumph-Tulpen:** 'Anna José' 'Arabian Mystery' 'Baronesse' 'Golden Melody' 'White Dream'	**Gefüllt blühende, späte Gruppe** 'Carnaval de Nice' 'Mount Tacoma' 'Lilac Perfection' 'Uncle Tom' 'Angelique'	**Papageien-Tulpen:** 'Blue Parrot' 'Estella Rijneveld' 'Oiseau de Feu' 'Black Parrot' 'Flaming Parrot' 'White Parrot' 'Texas Gold' ➤

Diese Sorten-Liste versteht sich lediglich als Empfehlung, weil die Tulpen-Züchtungen sich alljährlich stark verändern und je nach Lieferant unterschiedliche Sortimente verfügbar sind.

Weitere Zwiebeln: *Incarvillea delavayi.*

EIN- UND ZWEIJÄHRIGE

Goldlack

Erysimum sp. ➤

Blütentrauben rosa, weiß, rot oder orange, auf einer buschigen Pflanze mit länglichen Blättern. Vollsonnig, steiniger, durchlässiger Boden, 50 cm × 50 cm. Aussaat im Mai/Juni zum Vereinzeln im August/September für die Blüte im Folgejahr. Viele duftende Sorten. 'Bowle's Mauve' ist unfruchtbar, wird durch Ableger vermehrt und blüht 6 Monate lang.

Silberblatt

Lunaria annua ➤

Senkrecht aufwachsender Stängel mit zahlreichen, magentaroten oder weißen Blüten, die sich rasch in die bekannten ovalen Schötchen verwandeln. Dreieckige Blätter. Sonne oder Halbschatten, normale, frische Böden. 45–70 cm. Sämlinge mit 2 bis 3 Blättern, die sich im Spätsommer entwickeln.

Weitere: *Myosotis biennis, Viola × wittrockiana*

Leucojum aestivum

Muscari armeniacum

Tulipa 'Princess Irene'

Tulipa 'Monte Carlo'

Tulipa 'Texas Gold'

Tulipa 'China Pink'

Erysimum sp.

Lunaria annua

Prunus 'Tai Haku' in einem Teppich von Narzissen (Crarae Gardens, Schottland).

Mai und Anfang Juni

BÄUME

Rosskastanie

Aesculus sp.

Großer Baum mit riesigen Blütenkerzen, die früher Mitte Mai blühten, sich heute tendenziell schon im April öffnen. Normaler, tiefgründiger Boden, Sonne, kühles Klima.

– *A. hippocastanum*: cremeweiße Blüten. 'Beaumanii' mit gefüllten Blüten, keine Kastanienfrüchte. 25 m × 10 m.

– *A.* × *carnea* ➤: kleiner, langsamer wachsend, orangerote Blüten, später blühend. 15 m × 8 m. Weniger anfällig für Miniermotten.

Judasbaum

Cercis sp.

Viele ähnlich aussehende Arten, die jedoch an unterschiedliche Standortbedingungen angepasst sind. Leuchtend rosa oder weiße Blüten, unmittelbar am Holz, vor dem Austrieb der Blätter. 2–6 m × 3 m. Schlecht schnittverträglich, nur am jungen Holz schneiden.

– *C. canadensis*: Sonne oder Halbschatten, frischer, gut durchlässiger Boden. Als Unterbewuchs geeignet.

– *C. chinensis* ➤: Sonne oder Halbschatten, normaler Boden.

– *C. siliquastrum*: volle Sonne, durchlässiger Boden, eher trocken.

Blumen-Hartriegel

Cornus sp.

Sträucher oder kleine Bäume mit einer bemerkenswerten Blüte. Die unterschiedlichen Arten blühen zwischen Anfang April und Ende Juni. Verschiedene Ansprüche an den Boden. Alle brauchen einen sonnigen, nicht zu heißen oder halbschattigen Standort.

– *C. capitata* ❈ ➤: saurer, feuchter Boden, kühles Klima, aber nicht unter −10 °C.

– *C. florida* ➤: saurer Boden, frisch, kühles Klima.

– *C. kousa*: saurer Boden, frisch, Halbschatten.

– *C. kousa* var. *chinensis* ⮟: saurer, neutraler oder leicht kalkhaltiger Boden, kühles Klima.

– *C. nuttallii* ❈: saurer, feuchter Boden, kühles, feuchtes Klima.

– *C.* × *rutgersiensis* ❈ (*C. florida* × *C. kousa*): saurer, neutraler oder leicht kalkhaltiger Boden, kühles Klima.

Cornus kousa var. *chinensis*

BLUMEN-HART-RIEGEL	APRIL–MAI	MAI	ENDE MAI–JUNI	JUNI–JULI
Arten	*C. nuttallii*	*C. florida*	*C. kousa* *C. kousa* var. *chinensis*	*C. capitata*
Sorten	*C. nuttallii* × *C. florida* ('Ormonde' etc.)	*C.* × *rutgersiensis*		*C. capitata* 'Norman Hadden'

Weißdorn

Crataegus laevigata (auch *C. oxyacantha*) ➤

Kleiner Baum oder großer Strauch mit dornigen Ästen, deren bei der Wildform ungefüllte, weiße Blüten das Ende des Frosts anzeigen. Zahlreiche rosa und rot blühende Sorten, einfach oder gefüllt. Normaler Boden, auch kalkverträglich, volle Sonne oder Halbschatten. Windverträglich. Fruchtend, teils schöne Herbstfärbung.

Taschentuchbaum

Davidia involucrata ➤

Seltsamer Blütenstand in Form von Kugeln mit einer großen weißen Braktee, die wie ein Taschentuch von den waagerechten Ästen herabhängt. Spektakulär. Sonne oder Halbschatten, frische, durchlässige Böden. 15 m × 5 m. Die aus Samen gewachsenen Bäume müssen 15–20 Jahre alt sein, bevor sie erstmals blühen.

– 'Sonoma' ist eine neuere Züchtung, die schon sehr jung blüht.

Manna-Esche

Fraxinus ornus ➤

Kleiner Baum mit üppigem, weißem, hauchzartem Blütenschmuck, duftend. Durchlässiger, nicht trockener Boden, volle Sonne. *F. mariesii* aus Asien ist ähnlich, duftet aber stärker.

Apfelbaum

Malus sp. ➤

Sträucher, die sich zu kleinen, üppig blühenden Bäumen entwickeln, Knospen gewöhnlich rosa, offene Blüten weiß, aber auch rosa, fast rot überlaufen, zeitgleich mit den letzten Frösten. Später je nach Sorte mehr oder weniger dicke Äpfel unterschiedlicher Farbe.

Robinie, Falsche Akazie

Robinia pseudoacacia

Großer Baum mit weißen, duftenden Blütentrauben, zeitgleich mit den jungen Blatttrieben. Manche alten Exemplare sehr blütenreich. Ausgesprochen reich an Nektar. Normaler Boden, auch nährstoffarm, düngt den Boden. Volle Sonne. 15–20 m × 6–8 m.

Weitere Bäume: *Cytisus laburnum, Sorbus* sp., *Sambucus nigra*.

Aesculus × carnea

Cercis chinensis

Cornus capitata

florida

Crataegus laevigata 'Alba Plena'

Malus sp.

Davidia involucrata

Fraxinus ornus

STRÄUCHER

Gewürzstrauch

Calycanthus sp.

Sommergrüne Büsche mit attraktiven, dunkelpurpurnen, weißen oder gelbgrünen Blüten. Die neue Züchtung *C.* × *raulstonii* hat aufgrund ihrer im Durchmesser 4–5 cm großen Blüten das Interesse auf die Gattung gelenkt. Normaler Boden, frisch, durchlässig, Sonne oder Halbschatten. 1,80 m × 1,80 m.

MAI	MAI–JUNI	JUNI	JULI–AUGUST
C. floridus	*C.* × *raulstonii* ➤	*C. occidentalis*	*C. chinensis*

Deutzie

Deutzia sp.

Sommergrüner Strauch mit langen, biegsamen Zweigen. Sie neigen sich unter dem Gewicht üppiger weißer oder rosafarbener Blüten am Vorjahresholz. Für den Laien ähneln sich alle Arten im Aussehen. Alle haben gleiche Ansprüche: normaler, nicht zu trockener Boden, Sonne oder Halbschatten. 1,50–2,50 m × 1 m. Unmittelbar nach dem Verblühen die Zweige zurückschneiden, um die folgende Blüte zu verbessern.

DEUTZIE	APRIL–MAI	MAI	JUNI–JULI
weiß	*D. gracilis*	*D. crenata* *D.* × *hybrida* *D. scabra* *D.* × *magnifica*	*D. chunnii* *D. setchuenensis* var. *corymbiflora* *D. pulchra* ➤
rosa	*D.* × *lemoinei* *D.* × *elegantissima* *D.* 'Rosealind' ➤ *D.* × *rosea* *D.* × *kalmiiflora*	*D. calycosa* ➤ *D.* × *hybrida* *D. compacta* *D.* 'Lavender Time'	

Besenginster, Geißklee, Ginster

Cytisus, Genista, Spartium, Ulex

Raschwüchsige Sträucher, die an karge, leichte, sandige Böden angepasst sind und diese aufdüngen. Die Frühlingsarten blühen üppig, später spärlicher. Entfalten unmittelbare Wirkung, mit 8–10 Jahren nicht ausdauernd. Besondere Eignung, um den Boden eines neuen Gartens natürlich zu verbessern. Volle Sonne, fern von Bäumen, leichte, sandige Böden. 1,50 m × 1,50 m.

Exochorda sp.

APRIL	MAI–JUNI	JULI–AUGUST
Cytisus × *praecox* *Ulex europaeus*	*Cytisus scoparius* *Chamaespartium purpureus (Cytisus purpureus)* *Genista lydia* *Genista hispanica* *Genista pilosa*	*Cytisus nigricans* *Genista tinctoria* *Chamaespartium sagittale (Cytisus sagittalis, Genista sagittalis)* *Spartium junceum*

– ***Chamaecytisus purpureus*** (*Cytisus purpureus*): Blüten rosarot, neutrale oder alkalische Böden. 50 cm × 50 cm.
– ***Cytisus* × *praecox*** ➤: Blüten gelb, rosa, weiß, hellgelb, rot, neutrale oder alkalische Böden. 1,50 m × 1,50 m.
– ***Cytisus scoparius***: Blüten rot, gelb, orange, neutrale oder saure Boden. 1,50 m × 1,50 m.
– ***Cytisus nigricans*** ❄: gelbe Blüten in langen, eleganten Trauben. 60 cm × 50 cm.
– ***Genista hispanica*** ❄: gelbe Blüten an den Enden sehr dorniger Zweige. Kugelförmiger Wuchs, später breit. 1 m × 1,50 m.
– ***Genista lydia***: gelbe Blüten auf bogenförmigen Zweigen, breiter Wuchs, ideal für Hanglagen.
– ***Genista pilosa***: gelbe, endständige Blütensträuße auf einem breitwüchsigen Busch. 40 cm × 60 cm.
– ***Genista tinctoria***: duftende, gelbe Blütensträuße am Ende der jungen Triebe. 1,20 m × 1,20 m. Muss in jedem Frühjahr auf Bodenhöhe zurückgeschnitten werden.
– ***Chamaespartium sagittale*** (*Cytisus sagittalis*, *Genista sagittalis*): gelbe, endständige Blütensträuße. Triebe mit geflügelten Stängeln. Gedrungener Wuchs. 50 cm × 80 cm.
– ***Spartium junceum***: goldgelbe, duftende Blüten, bis in den Oktober, Zweige im Winter grün. Kalkhaltiger Boden, trocken. 2 m × 1,50 m.
– ***Ulex europaeus*** ➤ (Stechginster): ab Januar gelbe Blüten. Zweige sehr dornig. Sandiger Boden, Küste. 2 m × 2 m.

Flieder

Syringa sp.

Sträucher oder kleine Bäume mit duftenden Blüten in Rispen, am Ende der Vorjahrestriebe. Zahlreiche kaum bekannte Arten machen diese Gattung bis in den Sommer attraktiv. Normale Böden, frisch, tiefgründig, Sonne oder Halbschatten (verlängerte Blühperiode). 1,50–4 m × 1,50–3 m.

APRIL–MAI	MAI	MAI–JUNI
Syringa pinnatifida *S. chinensis* *S.* × *persica* *S. vulgaris* ➤	*S. microphylla** *S. meyeri* *S. josikae* *S.* 'Josee'	*S. reflexa* *S. wolfii* *S.* × *prestoniae* *S. reticulata*

Calycanthus × raulstonii 'Aphrodite'

Calycanthus × raulstonii 'Hartlage Wine'

Deutzia calycosa

Deutzia pulchra

Deutzia 'Rosealind'

Cytisus × praecox

Ulex europaeus

Syringa vulgaris

– *S.* × ***chinensis*** ➤: kleinster und am frühesten blühender Flieder, rosa oder weiß.
– *S.* **'Josee'**: kleine, rosa Blütenbüschel, Mai und September, dichter, kompakter Wuchs, kugelförmig.
– ***S. josikaea***, ***S. reflexa***, ***S. wolfii***, *S.* × ***prestoniae***: kräftig, zarte, überhängende Rispen.
– *S.* ***meyeri***: kleine, rosa Blüten, endständige Blütenbüschel, dichter Wuchs, von Natur aus kugelig.
– *S.* ***microphylla*** ➤: kleine, rosa Blütenbüschel, Mai und September, schlanker, hoher Wuchs, biegsam.
– *S.* × ***persica***: ähnelt *S. chinensis*, feinere Blätter.
– *S.* ***pinnatifolia*** ➤: gefiederte Blätter und kleine, weiße Blüten.
– *S.* ***reticulata***: baumähnlich, cremefarbene Blüten, Ende Juni/Anfang Juli.
– *S.* ***vulgaris***: große, herzförmige Blätter. Zahlreiche Sorten.

Rhododendren für den Mittfrühling

Rhododendron sp.

Bäume, Sträucher oder Büsche, immergrün oder laubabwerfend (= Azaleen) mit üppiger Blüte zwischen Mitte April und Ende Mai. Alle gedeihen auf sauren Böden, bevorzugt sandig und reich an frischem Humus (Laubkompost), frisch. Sonne oder Halbschatten. Ein Zelt hoher Bäume bewahrt die Kühle, was im Sommer günstig für Rhododendren ist, und schützt vor Wind und Kälte. Hier ein Überblick über die häufigsten Arten und Sorten.

MITTFRÜHLINGS-R.	HÖHE < 1 M	1–2 M	> 2 M
Immergrüne Rhododendren	*R. impeditum* 'Blue Tit' *R. yakushimanum* 'Elisabeth' 'Shamrock'	*R. augustinii* ➤ *R. williamsanum* 'Bow Bells' 'Ever Red' 'Graziella'	'Cynthia' 'Pink Pearl' 'Sappho' ''Boursault' 'Grandiflorum Album'
Sommergrüne Azaleen	*R.macrosepalum* 'Linearilobum' ➤	Azalées Hybriden, (Mollis, Knap Hill...) 'Berryrose' 'Silver Slipper' 'Persil' 'Gibraltar' 'Dr M. Oosthoek' 'Narcissiflorum'	*R. luteum* ➤ 'Homebush' 'Glowing Embers' 'Klondike' 'Golden Sunset' 'Daviesii' 'Jolie Madame' 'Delicatissima' 'Soir de Paris'
Japanische Azaleen	*R. kurume*-Azaleen *R. kaempferi*-Azaleen 'Fête des mères' 'Hinomayo' 'Hatsugiri' 'Hinodegiri' 'Palestrina' 'Sylvester'	'Blaauw's Pink' 'Beethoven' *R. mucronatum*-Hybriden 'Mucronatum Bulstrode' 'Mucronatum Lilacinum'	

Schneeball

Viburnum sp.

Sträucher, überwiegend weiß oder hellrosa blühend, entweder in Form schirmförmiger Trugdolden (fruchtende Blüten umgeben von sterilen) oder kugeliger Dolden (steril), darunter einige bekannte Frühlingsblüher. Statur und Ansprüche sehr unterschiedlich. Sonne (bei frischen Böden) oder Halbschatten.

Viburnum opulus 'Roseum'

– *V.* ***macrocephalum***: sehr große Blüten in kugelförmigen Dolden bei der unfruchtbaren Form. Im Frühling frostempfindlich. Frische, gut durchlässige Böden. 1,80 m × 2 m.
– *V.* ***opulus*** ▲: großer, wuchskräftiger Strauch für feuchte Böden und Halbschatten.
– *V.* ***plicatum***: breitwüchsig mit horizontalen Zweigen. Nur für neutrale oder saure Böden, wenn nicht auf *V. lantana* als Unterlage veredelt.
– *V.* ***sargentii*** ➤: das nordamerikanische Gegenstück zu *V. opulus* für frische oder feuchte Böden. Eine rosa blühende Sorte: 'Onondaga'.

Weigelien

Weigela sp.

Laubabwerfender Strauch mit biegsamen Zweigen, die sich unter dem Gewicht der rosa, weißen oder roten Blüten neigen. Alle Arten: fruchtbarer, frischer Boden, Sonne oder Halbschatten. Zwei Wuchsformen: groß, zwischen 1,50–3 m × 1,50–3 m und Zwergformen (n): 80 cm × 80 cm.

WEIGELIE	ANFANG MAI	MITTE MAI	ENDE MAI–JUNI
Hellgelb	'Canary' *W. middendorffiana* ➤		
Weiß	'Candida'	'Snowflake', 'Mont-Blanc'	'Marjorie' ➤
Rosa	'Centennial' 'Abel Carrière' 'Feline' 'Pink Poppet' (n) 'Monet' (n)	'Alexandra' (n) 'Conquête' 'Gustave Mallet' 'Variegata' 'Looymansii Aurea'	
Rot	'Eva Rathke' 'Eva Supreme' *W. praecox* 'Variegata'	'Rubivif' 'Nain Rouge' (n)	'Bristol Ruby' 'Lucifer'

Weitere Sträucher: *Berberis, Buddleja alternifolia, Buddleja globosa, Caragana, Daphne × burkwoodii, Dipelta, Kolkwitzia, Lonicera, Neillia, Philadelphus, Photinia, Physocarpus, Potentilla, Prunus, Pyracantha, Rhodotypos, Rubus, Staphylea colchica, Tamaris tetrandra.*

Syringa × chinensis

Syringa microphylla

Syringa pinnatifolia

Rhododendron augustinii

Rhododendron luteum

Rhododendron macrosepalum 'Linearilobum'

Viburnum sargentii

Weigela middendrorffiana

Weigela 'Marjorie'

KLETTERPFLANZEN

Großblumige Waldreben

Clematis patens, C. lanuginosa

Große Blüten mit deutlich sichtbaren Staubblättern auf den Vorjahreszweigen. Oft blühen sie im Spätsommer nochmals an der Spitze der jungen Triebe. Sonne für die Blüten und Schatten sowie Kühle an der Wurzel, normaler Boden, nährstoffreich. 2–3 m × 1 m. Zahlreiche Sorten mit ungefüllten, halbgefüllten oder gefüllten Blüten, ein- oder zweifarbig. Zu den Klassikern gehören 'Bee's Jubilee' (hell- oder dunkelrosa), 'Pink Fantasy' (hellrosa), 'Gladstone' (weiß), 'Lawsonia' (himmelblau) usw.

Weitere Kletterpflanzen: *Hydrangea petiolaris, Bignonia capreolata, Bougainvillea, Trachelospermum jasminoides.*

Geißblatt

Lonicera sp.

Kletterpflanze mit biegsamen, sich windenden Stängeln. Trompetenförmige Blüten in endständigen, büscheligen Köpfchen, oft stark duftend. Sonne oder Halbschatten, normale, frische Böden (keine Hitze). 3–6 m. Verschiedene Arten und Sorten blühen nacheinander über längere Zeit, teils zweite Blüte im Herbst (vor allem bei Rückschnitt nach erster Blüte).

APRIL–MAI	MAI–ANFANG JUNI	JUNI–JULI
L. etrusca (= *L.* × *italica*) *L. tragophylla* *L. tellmanniana*	*L. periclymenum** 'Copper Beauty' 'Mandarin' ➤	*L. japonica** *L.* × *heckrottii* 'Dropmore Scarlet' *L. sempervirens*

* Nachblüte im Spätsommer

STAUDEN

Sterndolde

Astrantia major

Blüten silbrig-weiß und grün, rosa oder purpurrot, Mai/Juni und nochmals September. Gelappte Blätter, grün, rötlich oder panaschiert. Sonne oder Halbschatten. Nährstoffreicher, fetter, dauerhaft frischer Boden. 50 cm × 60 cm.

Glockenblume

Campanula sp.

Blaue, manchmal weiße oder rosa Blütenglocken. Sonne oder Halbschatten, normaler Boden, für die niedrigen Arten durchlässiger, für die großen Arten feuchter.

CAMPANULA	MAI	JUNI	JULI–AUGUST
Niedrig (< 25 cm)	*C. poscharskyana* *C. portenschlagiana*	*C. carpatica*	
Mittel (< 1 m)	*C. glomerata*	*C. persicifolia* *C. rapunculoides*	*C. takesimana*, *C. punctata*
Hoch (> 1 m)		*C. latifolia*	*C. lactiflora*

- *C. carpatica*: große Glocken, blau oder reinweiß. Kissenförmig.
- *C. glomerata* ➤: Blüten blauviolett, knäuelige Köpfchen. Ausläufer.
- *C. lactiflora* ➤: himmelblaue Glocken an der Spitze langer Stängel.
- *C. latifolia*: große, blauviolette Glocken an der Spitze breiter Stängel.
- *C. persicifolia*: pfirsichähnliche Blätter, die Glocken breiter als lang, königsblau oder weiß, blüht lange. Lange, immergrüne Blätter.
- *C. portenschlagiana*: Glocken blau überlaufen, kräftig, kaum Wurzeltriebe.
- *C. poscharskyana*: lavendelblaue Sterne auf langen Stängeln.
- *C. takesimana* ➤: große, lange Glocken, weiß. Reichlich Ausläufer.

Flockenblume, Kornblume

Centaurea montana ➤

Blüten tiefblau, rosa, weiß oder fast schwarz, Mai bis Juli, graugrüne Blätter. Karger Boden. 45 cm × 45 cm. Rückschnitt nach der Blüte.

Rote Spornblume

Centranthus ruber

Üppige Rispen mit Blüten in Karminrot, Rosa oder Weiß, von Mai bis September, zartgrünes Laub. Volle Sonne, normale Böden, durchlässig, 70 cm, versamt sich.

Tränendes Herz

Dicentra sp.

Herzförmige Blüten, je nach Art unterschiedliches Laub. Empfindlich bei Spätfrost, Vegetationsruhe bei trockenen Sommern.

– ***D. eximia*, *D. formosa* und *D. formosa* subsp. *oregona* sowie Hybriden:** bleiben niedrig (30 cm) und wachsen in die Breite. Blüten rosa ('Bountiful'), weiß ('Langtrees', 'Pearl Drops', 'Aurora') oder rot ('Adrian Bloom', 'Bacchanal'), den ganzen Sommer hindurch bei dauerfrischen Böden.

– ***D. spectabilis***: große Blüten in Form eines Herzes, rosa, rot ('Valentine') oder weiß ('Alba') auf langen, gebogenen Stängeln; Blätter gefingert, fleischig. Humusreicher, frischer Boden, Halbschatten. 80 cm × 80 cm.

Storchschnabel

Geranium sp.

Ungefüllte, selten gefüllte Blüten in Blau, Rosa, Weiß, Magentarot, sehr unterschiedlich. Entweder üppige Blüte oder lange Blütezeit. Im Allgemeinen breitwüchsig und perfekt als Bodendecker, einzeln oder in Mischpflanzungen. Für alle Standorte erhältlich, wobei jede Art besondere Merkmale aufweist. Am weitesten verbreitet sind u.a.:

STORCHSCHNABEL	MAI	JUNI	JULI–AUGUST
Arten und Kreuzungen	*G. phaeum* *G. sanguineum* *G.* × *magnificum*	*G. pratense* *G. sylvaticum*	*G.* × *oxonianum* *G. psilostemon*
Sorten	'Johnson's Blue' 'Spinners'	'Dilys', 'Orion' 'Rozanne'	'Ivan', 'Patricia' 'Rozanne'

Clematis 'Haku-Okan'

Clematis 'Caroline'

Lonicera 'Mandarin'

Astrantia major 'Roma'

Campanula lactiflora

Centranthus ruber

ula takesimana

Centaurea montana

– *G. macrorrhizum*: im Mai und Juni Blüten deutlich über das Laub aufragend, zartgrünes Laub, matt und pelzig, intensiver Kampferduft. Exzellenter Bodendecker für alle Lagen, auch magere Böden. 25 cm.
– *G. × magnificum* (*G. platypetalum × G. ibericum*): große, veilchenblaue Blüten mit schwarzer Äderung, flaumige Blätter, oft schöne Herbstfärbung. Unfruchtbar. Sehr ausdauernd. 35 cm.
– *G. × oxonianum* ➤ (*G. versicolor × G. endressii*): rosa Blüten von Juni bis Oktober. Blätter zartgrün, glänzend, teils purpurrot getönt. Breitwüchsig, exzellenter Bodendecker. 35 cm.
– *G. phaeum*: kleine, abgeflachte Blüten, dunkellila, bläulich oder weiß, Mai und Juni. Für Schattenlagen. 60 cm.
– *G. pratense* ➤: zartblaue Blüten, aufrecht, Juni und Juli. Blätter handförmig, hübsche Herbstfärbung. Tiefe Böden, freie Fläche. 80 cm. Vermehrt sich und verwildert in Rasen.
– *G. psilostemon*: große, magentarote Blüte mit schwarzem Auge, Juli bis September. Große Blätter und üppiger Wuchs. 1 m × 1 m.
– *G. sanguineum* ➤: große Blüten, magentarot, rosa oder weiß, Mai bis Oktober. Gerundete, gelappte Blätter, teils hübsche Herbstfärbung. Sehr ausdauernd, trockenheitsverträglich. Langsame Vermehrung durch Ausläufer. 20 cm.
– *G. sylvaticum*: Blüten malvenfarben, rosa oder weiß, zartgrünes Laub. Aufrechter Wuchs, vermehrt sich leicht im Schatten, Samen. 60 cm.

Iris

Iris sp.
Innerhalb dieser Gattung gibt es zahlreiche Arten, die zwischen Januar und Juli blühen. Anpassung an unterschiedliche Standorte. Die Blüten von ähnlichem Bauplan, auch wenn Hänge- und Domblätter (Perigon) unterschiedliche Formen und sehr vielfältige Farben aufweisen können.

IRIS	APRIL	ANFANG MAI	MAI–JUNI	JULI–AUGUST
Durchlässige Böden	*I.* Miniature-Formen	*I.* Intermedia-Formen	*I. barbata*	*I. barbata* remontierende Sorten
Feuchte Böden		*I. lactea* *I. sibirica*	*I. pseudacorus* *I. laevigata*	*I. ensata* (= *I. kaempferi*)

– *Iris barbata* ➤: kräftige, blaugrüne Blätter und im Mai und Juni Blüten mit seidigen Blütenhüllblättern, viele Farbtöne. Durchlässiger Boden, bevorzugt kalkhaltig, volle Sonne, entfernt von Sträuchern. 70–100 cm × 50 cm. Die Miniature-Formen (MDB) sind früher blühende Zwergzüchtungen mit 25–30 cm Höhe, die Intermedia-Formen (IB) liegen bei 30–50 cm.
– *I. ensata* ➤ (= *I. kaempferi*): flache Blüten mit sehr großen Blütenhüllblättern. Leicht saure Böden, im Winter gut durchlässig, volle Sonne. 90 cm.
– *I. laevigata*: anmutige Blüten in Blau, Rosa oder Weiß. Lange, linealische Blätter in kompakten Horsten. Volle Sonne. 90 cm.
– *I. pseudacorus*: leuchtend gelbe Blüten, die langen Blätter elegant gebogen. Alle Lagen. 1–1,50 m. Einfache Kultur.
– *I. sibirica*: Blüten blauviolett, rosa, weiß oder cremefarben und mehr. Feine, aufragende Blätter in kompakten Horsten. Dekorative Fruchtstände im Winter. 0,60 m–1 m.

Katzenminze

Nepeta sp.
Blaue Blüten, lang blühend, in aromatisch duftendem Kraut. Volle Sonne, normale Böden, im Winter gut durchlässig. Je nach Art unterschiedliche Höhe. Gewöhnlich drei Arten zur Gartennutzung:
– *N. × faassenii*: eine Kugel blauer Blüten, bei N. 'Six Hill's Giant' hellblau, bei 'Walker's Low' dunkelblau. 60 cm.
– *N. racemosa*: lockere Blütenstände, mittelblau, teppichbildender Wuchs. 30 cm. 'Snowflake' hat reinweiße Blüten.
– *N. sibirica* ⋎: große, blaue Blüten, endständig an aufrechten Stängeln, Sommerblüte. Flach wurzelnd. 70 cm.

Nepeta sibirica

Nichtverholzende Päonien

Paeonia-Hybriden ➤
Große, einfache, halbgefüllte oder gefüllte Blüten auf ausdauernden, langlebigen Pflanzen. Volle Sonne oder Halbschatten, normaler Boden, kalkhaltig, tiefgründig. 60–80 cm × 1 m.

Türkischer Mohn

Papaver orientale ➤
Große, ungefüllte Blüten im Mai und Anfang Juni, mit feinen, seidigen Petalen, mittig zahlreiche, schwarze Staubblätter. Volle Sonne, normale, durchlässige Böden. 0,40–1 m. In windanfälligen Lagen niedrigere Pflanzen wählen. Wurzeln bilden bei kleinsten Verletzungen Triebe aus.

Weitere Staudengattungen: *Asphodelus, Chrysogonum, Convallaria, Coronilla, Delphinium, Dianthus, Doronicum, Helianthemum, Hesperis, Heuchera, Knautia, Kniphofia, Lychnis, Meconopsis, Primula, Osteospermum, Persicaria, Phlox, Phuopsis, Polemonium, Prunella, Salvia, Sanguisorba, Saponaria, Saxifraga, Stachys, Tanacetum, Thalictrum, Tradescantia.*

Dicentra eximia 'Adrian Bloom'

Dicentra spectabilis

Geranium × *oxonianum*

Geranium pratense

Geranium sanguineum

Iris barbata

Iris ensata

Paeonia-Hybride 'Bowl of Beauty'

Papaver orientale

ZWIEBELN

Zierlauch

Allium sp.

Zwiebelpflanzen mit markant riechenden Blättern und gewöhnlich kugeligem Blütenstand an der Spitze eines einzelnen Stängels unterschiedlicher Höhe. Leicht zu kultivieren. Durch unterschiedliche Arten und Sorten ist eine lange Blütezeit zu erreichen. Pflanzung im September/Oktober je nach Zwiebelgröße in einer Tiefe von 5–15 cm. Ausnahmslos volle Sonne, normaler, durchlässiger Boden.

APRIL	ANFANG MAI	MAI–JUNI	JULI–AUGUST
Allium karataviense *A. ursinum*	*A. hollandicum* *A. cristophii* *A. schubertii*	*A.* 'Globe Master' *A. moly* *A. oreophilum*	*A. spaherocephalon* *A. senescens*

– ***A. atropurpureum***: dunkelviolette, abgeflachte Dolden, 1 m.
– ***A. cristophii*** ➤ (= *A. albopilosum*): große rosa Blütenstände. 50 cm.
– ***A.* 'Globemaster'** ➤: riesige Kugeln mit malvenroten Blüten auf kräftigen Stängeln. 1,20 m.
– ***A. hollandicum***: purpurrote, rosa überlaufene Dolde mit 8 cm Durchmesser. 80 cm.
– ***A. karataviense*** ➤: blaumetallisch glänzende Blätter, Doldenblüte in Hellrosa oder Elfenbeinweiß. 25 cm.
– ***A. moly***: Sträuße gelber Blüten zwischen gräulichen Blättern. 30 cm.
– ***A. oreophilum*** (= *A. ostrovskianum*): rosa überlaufene Dolden. 15 cm.
– ***A. schubertii***: große, lockere Dolden, spektakulär. 50 cm.
– ***A. senescens***: leuchtend rosa Blütenkugeln von 3–4 cm Durchmesser. 60 cm.
– ***A. sphaerocephalon*** ➤: purpurne, ovale Dolden. Wunderbar in Massenpflanzung. 90 cm.
– ***A. ursinum*** ➤: weiße Dolden im Schatten bei feuchtem Unterholz. 30 cm. Sehr wüchsig, Zwiebel und Blätter essbar.

Prärielilie

Camassia sp.

Wie eine Hyazinthe, doch höher, später blühend, lichter, nicht duftend. Sonne oder Halbschatten, normale, auch schwere oder nasse Böden. Pflanzung der Zwiebeln im Oktober, 10 cm tief, zum Verbleib am Standort. Ideal für eine Blütenwiese.
– ***C. leichtlinii*** ➤: im Mai blaurosa Blüten. 70 cm.
– ***C. quamash***: Trauben mit blaulila Blüten am oberen Drittel des Stängels, lange, gebänderte Blätter. 40 cm.

Kalla

Zantedeschia aethiopica ❄ ➤

Weiße Blüten in Form von Hörnchen, Mai bis Oktober, große, dunkelgrüne, pfeilförmige Blätter. Sonne oder Halbschatten. Schutz vor starkem Frost nötig. 0,60–1,20 m × 1 m. Frühlingspflanzung am günstigsten.

Weitere Zwiebeln: *Leucojum*, Holländische Iris, *Oxalis*.

EIN- UND ZWEIJÄHRIGE

Lupinus-Hybride

Akelei

Aquilegia sp. ➤

Seltsam geformte Blüte mit eingerollten Petalen, die in einem Sporn auslaufen und von einem Kelch farbiger Sepalen umgeben sind. Manchmal auch gefüllt, mit mehreren Blütenkronen, oder in Form von Troddeln, große Farbenvielfalt. Sonne oder Halbschatten. Normaler Boden. Lebensdauer selten mehr als 3 Jahre, vermehren sich jedoch leicht durch Selbstaussaat.

Fingerhut

Digitalis purpurea ➤

Blüten in Form länglicher Glocken, rosa oder weiß, an Stängeln von bis zu 2 m Länge im zweiten Jahr. Im ersten Winter eine runzelige Blattrosette. Halbschatten, Nähe von Bäumen und Sträuchern. Lockerer, humusreicher Boden. Hellgrüne Äderung der jungen Blätter bei weiß blühenden Pflanzen.

Lupine

Lupinus-Hybriden ◄

Große, spitze Trauben mit Blüten in Weiß, Rosa, Rot, ein- oder zweifarbig. Gefingerte Blätter. Widerstandsfähige Pflanze. Volle Sonne. Überlebt zuweilen 3 Jahre. 60–120 cm.

Weitere Zweijährige: *Anchusa, Corydalis, Isatis, Verbascum*.

Allium cristophii

Allium 'Globemaster'

Allium karataviense

Allium sphaerocephalon

Allium ursinum

Camassia leichtlinii

Zantedeschia aethiopica

Aquilegia sp.

Digitalis purpurea

Mitte Juni bis Ende Juli

BÄUME

Trompetenbaum

Catalpa bignonioides ➤, *C.* × *erubescens, C. speciosa*

Rasch wachsender Baum mit großen Blättern. Blüten in aufrecht stehenden Trauben, weiß mit lila Flecken, von exotischem Aussehen. Blüte am Sommeranfang bei allen Arten gleich, kaum geschnittene Exemplare blühen üppiger. Normaler Boden, volle Sonne oder Halbschatten, windgeschützt. 12–20 m × 6–8 m.

Blasenbaum

Koelreuteria paniculata ➤

Kleiner, mäßig wachsender Baum mit großen Rispen gelber Blüten im Juli. Gefiederte Blätter, nach dem Austrieb roséfarben. Normaler Boden, gut durchlässig, volle Sonne. 8–12 m × 5–6 m.

Weitere Bäume: *Ptelea, Tilia, Styrax, Stewartia.*

STRÄUCHER

Abelie

Abelia × *grandiflora* ❄ ➤

Halbimmergrüner Busch mit langer Sommerblüte. Kleine, rosa Blüten, teils überlaufen. Sonne oder Halbschatten, alle Böden.

Strauch-Rosskastanie

Aesculus parviflora ➤

Durch Ausläufer wuchernde Büsche mit senkrechten Trieben, im Juli und August endständige, anmutige, weiße Blütenkerzen. Frische Böden, alle windgeschützten Standorte. 2 m × 2,50 m und höher, aber leicht zu bändigen.

Schmetterlingsflieder

Buddleja sp.

Rasch wachsende Sträucher, Blüte im Frühling und Sommer, endständig an den Trieben des Vorjahres (bei der Frühlingsblüte) oder des gleichen Jahres (bei Sommerblüte). Durchlässige, magere, steinige und kalkhaltige Böden. Volle Sonne. 1,50–2 m × 1,50–2 m.

MAI–JUNI	JULI	AUGUST
Buddleja alternifolia *B. globosa*	*B. lindleyana* *B. davidii*	*B.* × *fallowiana* *B.* × *weyeriana*

– ***B. alternifolia***: lange, überhängende Zweige. 2,5 m × 2 m.
– ***B. davidii*** ⋎: lange, kegelige Blütenstände, endständig an den Jahrestrieben. 2,50 m × 2,50 m.
– ***B.*** × ***fallowiana***: himmelblaue oder weiße Blüten. 2 m × 2 m.
– ***B. globosa*** ➤: kugeliger Blütenstand in Gelborange. 2 m × 2 m.
– ***B. lindleyana*** ➤: überhängende, violette Blütenstände an den Vorjahrestrieben. 2 m × 1,50 m.
– ***B.*** × ***weyeriana***: kugeliger Blütenstand, gelb-orange mit malvenfarbenem Schimmer. 2 m × 2 m.

Buddleja davidii

Hybrid-Säckelblume

Ceanothus × *delilianus* ➤

Büsche mit zahlreichen, endständigen, blauen oder rosa Rispen auf den Jahrestrieben, Blüte von Juli bis September. Normaler oder karger Boden (reichert Nährstoffe an), volle Sonne. 0,80–1,50 m × 1 m. Rückschnitt im Spätwinter begünstigt reiche Blüte.

Perückenstrauch

Cotinus coggygria ➤

Strauch mit ovalen Blättern in den Farben Grün ('Young Lady'), Purpur ('Royal Purple', 'Red Beauty') oder Gold ('Kanari', 'Golden Spirit'), an den Zweigen endständig rispige, luftige Blütenstände. Alle Böden, auch trocken, volle Sonne. 1,20 m × 1,20 m.

Roseneibisch, Straucheibisch

Hibiscus syriacus ❄

Laubabwerfender Strauch mit aufrechter Statur, an den jungen Trieben öffnen sich zwischen Juli und Oktober für jeweils einen Tag große, exotisch aussehende Blüten (weiß, malvenfarben, rosa, blau) mit Saftmalen oder auffälliger Columna (röhrig verwachsene Staubfäden). Normaler Boden, volle Sonne. 1,50–2,50 m × 1,50 m.

Hortensien

Hydrangea sp.

Laubabwerfende Büsche mit flachen Blütenständen, die fruchtbaren Blüten in der Mitte sind umgeben von unfruchtbaren, oder mit kugeligen Blütenständen (sterile Blüten). Zahlreiche Arten für verschiedene Standortansprüche und ununterbrochene Sommerblüte. Die Sorten zeigen unterschiedliche Farbtöne. Neutraler oder saurer Boden, humusreich, tief, dauerfrisch. Nicht zu pralle Sonne oder Halbschatten. 0,70–3 m × 0,80–3 m, je nach Art. Die Gartenhortensien zählen gewöhnlich zur Art *H. macrophylla* oder zu den Kreuzungen dieser Art mit *H. serrata*.

Catalpa bignonioides

Koelreuteria paniculata

Abelia × grandiflora

Aesculus parviflora

Buddleja globosa

Buddleja lindleyana

Ceanothus × deliliianus

Cotinus coggygria 'Golden Spirit'

JUNI	JULI	AUGUST–SEPTEMBER
Hydrangea heteromalla *H. scandens* *H. serrata*	*H. arborescens* *H. macrophylla*	*H. aspera* *H. involucrata* *H. quercifolia*

– *H. arborescens*: Blüten endständig an den Jahrestrieben, weiß oder rosa. Sehr winterhart, verträgt leicht alkalische, frische Böden.
– *H. aspera* ➤: raues oder bepelztes, dunkelgrünes Laub und malvenrosa bis violette, schirmförmige Blütenstände, je nach Bodenzusammensetzung. Kalkverträglich, frischer Boden, windgeschützt.
– *H. heteromalla*: schlank aufragender Wuchs (3–10 m!). Blüte im Juni bis Juli, weiß oder rosa, auf den Vorjahreszweigen.
– *H. involucrata*: pelzige, zartgrüne Blätter und späte Blüte auf den Vorjahrestrieben und den Jahrestrieben.
– *H. macrophylla* ❄ ➤: klassische Hortensie in zahlreichen Formen und Farben, je nach Säuregehalt des Bodens, Blüte auf den Vorjahreszweigen.
– *H. paniculata* ➤: große, kegelförmige Blütenstände, endständig an den Jahrestrieben, gewöhnlich cremeweiß, meistens zum Ende der Blühperiode rot anlaufend.
– *H. quercifolia*: erkennbar an gezähnten Blättern und großen, cremefarbenen Blütenständen auf den Ästen des Vorjahres.
– *H. scandens* ➤: noch eher unbekannter Strauch mit flachem Blütenstand, sehr frühe, weiße Blüte. Gute Winterhärte.
– *H. serrata*: kleine und lichte Hortensie, bessere Winterhärte als *H. macrophylla*.

Johanniskraut

Hypericum patulum ➤

Busch mit großen Blüten in Form goldgelber Schalen mit einem Büschel Staubblätter, endständig an den Jahrestrieben. Normaler Boden, volle Sonne. 1 m × 1 m. Büsche in jedem Frühling bodennah abschneiden, um reichliche Sommerblüte anzutreiben. Derzeit verbreitete Sorten: 'Hidcote' und 'Sungold', sind sehr ähnlich.

Lavendel

Lavandula sp.

Für die Blüten und duftenden Blätter gut bekannter Halbstrauch. Mit Ausnahme von *L. stoechas* (= Schopf-Lavendel) sind die Arten und Sorten für den Laien kaum zu unterscheiden. Es gibt Sorten mit weißen und rosa Blüten. Volle Sonne, normaler Boden, alkalisch, durchlässig, nicht bei *L. stoechas* (saurer Boden).

MAI–JUNI	JULI	AUGUST
L. stoechas	*L. angustifolia*	*L. × intermedia*

Fingerkraut, Fingerstrauch

Potentilla fruticosa

Unterschätzter Busch, obwohl leicht kultivierbar und im Sommer fortwährend voller unzähliger, weißer, gelber, orangefarbener oder rosa Blüten. Gedeiht auf allen Böden, volle Sonne. 0,50–1,20 m × 1 m. Im Frühling zurückschneiden.

Spierstrauch

Spiraea japonica

Büsche mit rosa oder weißen Blüten in flachen Blütenständen an der Spitze der Jahrestriebe. Zahlreiche Sorten. Normaler Boden, nicht zu trocken, volle Sonne oder Halbschatten. 0,80–1,50 m × 0,80–1,50 m. Radikaler Rückschnitt alljährlich im Spätwinter.
– *S. salicifolia* und *S. douglasii* blühen auch im Sommer in Form endständiger konischer Blütenstände, rosa oder weiß, Vermehrung durch Ausläufer. 1,50 m × 1 m und mehr.

Weitere Sträucher: *Cephalanthus, Colutea, Diervilla, Escallonia, Fuchsia, Holodiscus, Ligustrum, Olearia, Rhus, Rhododendron viscosum, R. arborescens, R.* 'Polar Bear', *Stephanandra*.

KLETTERPFLANZEN

Hydrangea seemannii

Kletter-Hortensien

Hydrangea, Schizophragma, Pileostegia

Attraktive Kletterpflanzen, die von selbst an ihrer Rankhilfe (z.B. Mauern oder Baumstämmen) haften. Sie bevorzugen Schatten oder Halbschatten. Alle lieben humusreichen, dauerfrischen Boden.

MAI	JUNI	JULI	AUGUST
H. petiolaris	*Schizophragma hydrangeoides* *H.* 'Semiola'	*Schizophragma integrifolia* *H. seemannii*	*Pileostegia viburnoides* *H. integerrima*

– *Hydrangea integerrima* ➤: kugelige Blütenstände, lange, glänzende, immergrüne Blätter. 5–6 m.
– *H. petiolaris*: flache Blütenstände, weiß, randständig kleine sterile Blüten. 15 m.
– *H. seemanii* ❄ ◄: kugelige Blütenstände, immergrün, gezähntes Laub. 3–4 m.

Hibiscus syriacus 'Red Heart'

Hydrangea integerrima

Hydrangea aspera

Hydrangea macrophylla „Tellerhortensien"

Hydrangea macrophylla „Ballhortensien"

Hydrangea paniculata

Hydrangea scandens

Hypericum × patulum

– *H.* 'Semiola' ❄: Kreuzung aus *H. seemannii* und *H. petiolaris*.
– ***Schizophragma hydrangeoides*** (Spalthortensie): tellerförmige Blütenstände, weiß, umrahmt von kleinen sterilen Randblüten. 15–20 m.
– ***S. integrifolia*** ❄: tellerförmige, weiße Blütenstände mit großen, cremefarbenen, sterilen Randblüten, bleibt lange Zeit ansehnlich. 4–6 m.
– ***Pileostegia viburnoides*** ❄ ➤: Blüten in lichten Rispen, spät blühend, duftend. Längliche Blätter, im Frühling rosa. 6–10 m.

Trompetenblume, Trompetenwein

Campsis radicans ❄

Große, trompetenförmige Blüten, orange, rot oder gelb sowie Farbnuancen, endständig an den Jahrestrieben. Gefiederte, faltige Blätter. Junge Triebe mit Haftwurzeln. Volle Sonne, normaler, durchlässiger Boden. 4–6 m. Wärmeliebend.

Sommerblühende Clematis

Clematis x *jackmanii*, *C. viticella*, *C. texensis*, *C. orientalis*

Je nach Art und Sorten unterschiedliche Blütenformen, alle blühen jedoch an den Jahrestrieben, günstig dafür ist bodennaher Schnitt alljährlich im Frühling. 2–4 m.

JUNI–JULI	JULI	AUGUST–SEPTEMBER
Clematis x *jackmanii*	*C. viticella* *C. orientalis*	*C. texensis* *C. orientalis*

– ***C.* x *jackmanii*** ➤: mittelgroße Blüten von etwa 10 cm Durchmesser in der Form eines Malterser-Kreuzes oder etwas gerundeter. Wüchsig und sehr blütenreich.
– ***C. orientalis*** ➤: markante Glocken in glänzendem Gelb, Orange oder Zitronengelb.
– ***C. texensis*** ➤: Blüten erinnern an lilienblütige Tulpenarten, oft eingerollte Blütenblätter, spät.
– ***C. viticella***: sehr zahlreiche, kleine Blüten, gewöhnlich in überhängender Glockenform, selten gerollt.

Breitblättrige Platterbse

Lathyrus latifolius ➤

Blüten typisch für Erbsen, hellrosa, magentarot oder weiß, nicht duftend, an krautigen Trieben. Sonne, normaler Boden, eher alkalisch und im Sommer trocken. 2 m. Versamt sich.
– ***L. odoratus*** ist die echte Duft-Wicke, duftend, aber einjährig, verträgt keinen Frost, Aussaat im Frühling.

Weitere Kletterpflanzen: *Aristolochia*, *Lonicera*, Kletterrosen.

STAUDEN

Akanthus

Acanthus sp.

Große Ähren mit weiß-rosa Blüten inmitten von je nach Art unterschiedlich geformten Blättern. Alle Lagen, normaler, tiefer Boden.
– ***A. hungaricus*** ➤: gerade, lange, biegsame, gelappte Blätter ohne Dornen. 1,20 m x 1 m.
– ***A. mollis*** ➤: lange, breite, dunkle Blätter, gelappt, bei mildem Winter immergrün. 1,60 m x 1 m.
– ***A. spinosus***: fein gefiederte, stachelige Blätter. 1,50 m x 1 m.

Schafgarbe

Achillea sp.

Blüten in flachen Sträußen, endständig am Stängel, fein gefiederte Blätter, aromatisch duftend, mit Heilwirkung. Volle Sonne. Normale Böden, alkalisch. Sehr trockenheitsverträglich.
– ***A. filipendulina*** ➤: leuchtend gelbe Blüte, endständig an kaum verzweigten Stängeln, Juli bis September. Silbrige, aufragende Blätter. Die untersten Blätter sind am widerstandsfähigsten.
– ***A. millefolium***: Wildform mit weißen Blüten, Kultursorten in vielen Farbvarianten, u.a. Rosa, Aprikosenrot, Kupfer, Juni bis Oktober.

Schmucklilie

Agapanthus sp. ➤

Blüten in kugeligen Dolden, blau oder weiß, Durchmesser von 8–15 cm, zwischen Juni und September. Volle Sonne, im Sommer kompakte, frische Böden, die im Winter gut durchlässig sind. Die sommergrünen Arten mit schmalen Blättern (< 2 cm) vertragen Temperaturen von –15 bis –20 °C. Die breitblättrigen (> 2 cm), immergrünen vertragen nur Frost bis –3 °C. Höhe und Breite variieren je nach Sorte zwischen 30 cm und 1 m.

Agapanthus 'Bressingham Beauty'

Spiraea salicifolia 'Alba'

Pileostegia viburnoides

Clematis × jackmanii 'Superba'

Clematis orientalis

Clematis texensis

Lathyrus latifolius

Acanthus hungaricus

Acanthus mollis

Achillea filipendulina

Astilbe, Prachtspiere

Astilbe sp.

Blütenstände in Form lockerer Rispen, weiß, rosa oder rot, zwischen Ende Juni und September. Schönes gefiedertes Blattwerk, bei einigen Sorten purpur-rötlich. Sonne oder Halbschatten, feuchter, humusreicher Boden. 0,25–1,20 m x 0,25–1 m. Spätere Astilben vertragen gelegentliche Trockenheit besser.

JUNI–ANFANG JULI	JULI	AUGUST–SEPTEMBER
A. x *arendsii*	*A. simplicifolia*	*A. chinensis*

– ***A.* x *arendsii*** ➤: Hybride mit großen Blütenständen in leuchtenden Farben. Glatte Blätter.
– ***A. chinensis***: dichte Blütenstände, pelzige Blätter, matte Strukturierung.
– ***A. simplicifolia*** ➤: Sorten mit strukturierten, glänzenden Blättern, lockere Blütenrispen.

Rittersporn

Delphinium-Hybriden

Lange Schäfte mit blauen, malvenfarbenen, rosa oder weißen Blüten, Juni und September. Zartgrüne, gefiederte Blätter am unteren Drittel der Verzweigungen. Sonne. Nährstoffreicher, durchlüfteter Boden, im Winter nicht staunass, im Sommer nicht austrocknend. 1–2 m x 50 cm. Drei große Gruppen:
– Belladonna-Gruppe: Blätter kaum gefiedert, Stängel zierlicher. Pflanzen sind anspruchsloser. 1,20 m x 40 cm.
– Elatum-Gruppe: Spektakulär wie die Pacific-Hybriden, aber robuster und ausdauernder, Vermehrung durch Stecklinge. 1,50–2 m x 50 cm.
– Pacific-Gruppe ▼: Durch Samen vermehrt, im zweiten Jahr besonders attraktiv, aber nicht langlebig. 1,50 m x 50 cm.

Delphinium-Hybride 'Pacific'

Taglilien

Hemerocallis sp. ➤

Trichterförmige Blüten unterschiedlicher Länge und Weite der Öffnung. Je nach Art üppige Blüte zwischen Juni und September, 3–5 Wochen andauernd, auf Stängeln, die aus einem Horst überhängender, bandähnlicher Blätter wachsen. Sonne oder Halbschatten. Normaler oder feuchter Boden. 0,40–2 m x 0,30–1 m und mehr. Mehr als 20 000 namentlich benannte Sorten.

Margerite

Leucanthemum x *superbum*

Dunkelgrüne, breite, teils aufragende Blattrosetten, darin kräftige, verzweigte Triebe mit einer oder mehreren Korbblüten an der Spitze, Juli und August. Volle Sonne. Normaler Boden, gut aufbereitet und mit Kompost vermengt. 40–80 cm x 50 cm. Wunderbare Schnittblume. 'Becky' ist die widerstandsfähigste und ausdauerndste Sorte.

Gilbweiderich, Felberich

Lysimachia sp.

Gelbe Blüten, endständig an geraden Stängeln, die aufgrund von Ausläufern dichte Kolonien bilden. Volle Sonne, feuchter oder frischer Boden.
– ***L. ciliata***: gelbe Blüten, lockere Blütenstände, Juli/August, 80 cm.
– ***L. clethroides*** ➤: gekrümmte Blütenstände mit weißen Blüten. 80 cm.
– ***L. ephemerum*** ➤: weiße Blütenstände im August, 1,50 m. Keine Ausläufer.
– ***L. punctata*** ➤: goldgelbe Blüte mit orangefarbenem Auge, Juni/Juli, 70 cm.

Grindkraut, Skabiose

Scabiosa sp.

Interessante flache Blütenköpfe, gewöhnlich malvenblau, an der Spitze feiner Triebe, Juli und August. Zwei Arten in Kultur verbreitet: *S. caucasica* mit großen Blütenköpfen (5 cm und mehr) sowie *S. columbaria* mit Blütenköpfen von 2–3 cm Durchmesser und reich blühend von Mai bis zum ersten Frost. Sonne. Normaler Boden, eher alkalisch. 40–50 cm x 30 cm.

Ehrenpreis

Gattungen *Veronica* und *Veronicastrum*

Einfache Pflanzen mit Trauben blauer Blüten, manchmal auch in weißen oder rosa Farbvarianten. Sonne, normaler, frischer Boden.
– ***Veronica longifolia***: blüht im Juni/Juli. 60 cm.
– ***V. spicata*** ➤: ebenso, aber niedriger. 30 cm.
– ***Veronicastrum virginicum*** ➤: blüht im Juli/August, markant durch die etagenförmig angeordneten Blätter. 1 m–1,20 m.

Weitere Staudengattungen: *Alchemilla, Alstroemeria, Amsonia, Angelica, Aruncus, Asclepias, Butomus, Cirsium, Cynara, Echinops, Epilobium, Erigeron, Filipendula, Gaillardia, Gillenia, Gypsophila, Hosta, Iris, Nepeta, Nymphaea, Oenothera, Origanum, Phygelius, Rodgersia.*

Astilbe × arendsii

Astilbe simplicifolia

Hemerocallis sp.

Lysimachia clethroides

Lysimachia ephemerum

Lysimachia punctata

Veronica spicata

Veronicastrum virginicum

ZWIEBELN

Sommerhyazinthe

Galtonia candicans ❈ ➤

Blüten in Form weißer, wachsähnlicher, fleischiger Glocken an Stängeln von 80 cm bis 1 m Höhe. Volle Sonne, nährstoffreiche, tiefgründige Böden, durchlässig. Kann mehrere Jahre am Standort verbleiben. Pflanzung März/April in einer Tiefe von 15 cm.

Lilie

Lilium sp.

Die kostengünstigen, in vielen Farben erhältlichen Lilien-Züchtungen blühen mitten im Sommer, die weniger bekannten Arten öffnen sich früher oder später. Die späten Arten entwickeln stark duftende Blüten. Pflanzung zwischen Oktober und April, 15–5 cm tief in der Erde, je nach Art und Bodenstruktur, bei leichten, sandigen Böden tiefer.

JUNI	JULI	AUGUST–SEPTEMBER
Lilium candidum *L. martagon*	*L. regale* *Lilium*-Hybriden	*L. tigrinum,* *L. speciosum* *L.* × *auratum*

– ***L. auratum***: große, flache Blüten mit 10–15 cm Durchmesser, stark duftend. 1,50–2 m.
– ***L. candidum***: weiße Blüten, geöffnet, duftend, Sonne. 1 m.
– ***Lilium*-Hybriden:** große, weit geöffnete Blüten in allen Farben. Sonne oder Halbschatten. 60 cm.
– ***L. martagon*** ➤: kleine, purpurne Blüten, turbanförmig zurückgeschlagene Blütenblätter, Halbschatten. 70 cm.
– ***L. regale*** ➤: große Blüten in Form länglicher Becher, duftend. Sonne oder Halbschatten. 1 m.
– ***L. speciosum*** ➤: große Blüten mit zurückgeschlagenen Blütenblättern, rosa oder weiß, lange, biegsame Stängel. 1,50 m.
– ***L. tigrinum*** ➤: große Blüten mit turbanförmig zurückgeschlagenen Blütenblättern, orange, lange Stängel. 1,70–2 m.

Lilium 'Black Beauty'

EIN- UND ZWEIJÄHRIGE

Chinesische Stockrose

Alcea rosea ➤

Einfache, halbgefüllte oder gefüllte Blüten in den Farben Rosa, Rot, Gelb, Schwarz oder mehrfarbig schimmernd an aufrechten Schäften, Blüte ab dem zweiten Vegetationsjahr, Lebensdauer 2–5 Jahre. Volle Sonne, gut durchlässiger Boden. Bevorzugt am Fuß von Mauern. Von Rost oder Falschem Mehltau befallene Blätter sofort entfernen. Aussaat im Juni/Juli für eine Blüte im Folgejahr. 1,50–2,50 m.

Prachtkerze

Gaura lindheimeri ➤

An Schmetterlinge erinnernde, leichte Blüten, weiß, rosa oder panaschiert, auf dünnen Stängeln, Juni bis Oktober. Auf leichten Böden gelegentlich Vermehrung durch Samen. Sonne, normale, durchlässige Böden. Aussaat im März/April, im Mai vereinzeln. 60–80 cm. Den Züchtungen mit kompaktem Wuchs fehlt die Grazie der Art.

Malve

Malva sp.

Weit geöffnete Blüten, rosa oder malvenfarben, einfarbig bei *M. alcea*, farbig geädert bei *M. sylvestris*, Juli bis September. Sonne oder Halbschatten, tiefe, frische Böden. Fruchtentwicklung zulassen, damit die Pflanze kräftiger und tiefer wurzelt und widerstandsfähiger wird. 60 cm bis 80 cm.

Schmuckmalve

Sidalcea sp.

Ähneln kleinen Malven, auf Büscheln senkrechter Stängel, rosa überlaufen, blass oder weiß. Sonne, nährstoffreiche Böden, frisch und tief. Im Winter für eine Blüte in der Saison aussäen oder im Juni/Juli für das Folgejahr.

Königskerze

Verbascum sp. ➤

Rosetten großer, pelziger, gräulicher Blätter, aus denen im zweiten Jahr ein Blütenstand mit gelben oder goldgelben Blüten emporwächst. Sonne, steiniger, durchlässiger Boden. Aussaat von Mai bis Juli direkt ins Beet, oder vor Ende September Jungpflanzen für eine Blüte im Folgejahr setzen.

Galtonia candicans

Lilium martagon

Lilium regale

Alcea rosea

Lilium speciosum

Lilium tigrinum

Gaura lindheimeiri

Verbascum sp.

August bis Mitte September

BÄUME

Japanischer Angelikabaum

Aralia elata ➤

Sträuße weißer Blüten inmitten großer Blätter (0,80–1 m). Herbstfärbung und schwarzer Fruchtschmuck gleichzeitig im September. Sonne oder Halbschatten. Frische, durchlässige Böden. 3–4 m x 2 m. Verletzte Wurzeln bilden kräftige, dornige Triebe.

Chinesische Kräuselmyrte

Lagerstroemia indica ❄ ➤

Blütenstände aus Blüten in Rot, Pink, Malvenfarben, Rosa oder Weiß, ab Mitte Juli endständig an den Jungtrieben des Jahres, auch nach kräftigem Rückschnitt im Spätwinter. Ovale, dunkelgrüne Blätter, im Herbst scharlachrot. Schöne Rinde. Volle Sonne, normaler, tiefgründiger Boden, im Sommer frisch. 3–5 m x 2–3 m.

Samthaarige Stinkesche

Tetradium daniellii ➤

Blüte an der Spitze der Jungtriebe, große Sträuße weißer, duftender und nektarreicher Blüten, rasche Entwicklung dunkelroter Früchte. Zusammengesetzte Blätter, breit. Schöner schlanker Baum, rasch wachsend, der Stamm gerade und glatt, grau-silbrig. Sonne. Normaler, fruchtbarer Boden, tiefgründig. 6–10 m x 3–5 m.

Weitere Bäume: *Clerodendrum trichotomum, Clethra barbinervis, Idesia polycarpa, Koelreuteria paniculata, Phellodendron amurense, Sophora japonica, Tamarix pentandra.*

STRÄUCHER

Sommerblühende Heide

Calluna, Daboecia, Erica

Nicht so bekannt wie die im Winter blühenden Heidearten, aber sehr geeignet für Standorte mit torfreichem Boden. Das reiche Sortiment ermöglicht den ganzen Sommer hindurch blühende Teppiche, dazu gibt es Sorten mit farbigem Laub. Sandiger, saurer Boden, mehr oder weniger frisch oder feucht. Volle Sonne oder leichter Schatten (unter hohen Nadelbäumen). Alle sind nektarreich.

- *Calluna vulgaris*: Blätter flaumig, nadelförmig abgeflacht. Blüte von Juli bis November, zahlreiche Sorten mit buntem Laub.
- *Daboecia cantabrica* ➤: buschiger, etwas höherer Bodendecker mit Blüte von Mai bis November.
- *Erica cinerea*: niedrige, teppichbildende Pflanzen, Blüte von Juni bis Oktober, trockenheitsverträglich.
- *Erica vagans* ➤: Blüte von Juli bis Oktober. Verträgt kalkhaltige und lehmige Standorte.
- *Erica tetralix*: spärliche, aber elegante Blüte, Juni bis Oktober. Frische oder feuchte Böden, auch Sumpf.

Bartblume

Caryopteris x *clandonensis* ➤

Königsblaue Blütenbüschel an der Spitze der Jahrestriebe, August bis Oktober. Laub aschefarben. Sonne, normaler, durchlässiger Boden, im Winter keine Staunässe. 1 m x 1 m.

Hornnarbe

Ceratostigma sp.

Enzianblaue Blüten, endständig an den jungen Trieben, August bis November. Volle Sonne, normaler, durchlässiger Boden. *C. plumbaginoides* bleibt ein niedriger Bodendecker, bildet Ausläufer (30 cm); *C. willmottianum* wächst als kleiner Busch (70 cm), ideal für Kübel, Halbschatten.

Scharlach-Fuchsie

Fuchsia magellanica ❄

Kleine, zarte, längliche Blüten in Scharlachrot mit violettem Schimmer, Weiß oder Rosa, reichlich von Juli bis November. Dünne, längliche Blätter, überwiegend dreizählig angeordnet. Halbschatten, frische Böden, 1,20 m x 1,20 m. Relativ winterhart, treibt im Frühling aus dem Stock neu aus. Zahlreiche Sorten mit farbigem Laub.

Andeniris

Leycesteria formosa ➤

Weiße Blüten in hängenden, wirteligen Blütenständen an der Spitze der Zweige, August bis November, danach essbare Früchte, dunkelpurpurn bis schwarz. Äste mit grüner Rinde, eleganter Wuchs, schirmförmige Statur. Schatten oder Halbschatten, normale, frische Böden. 2 m x 1,50 m.

Silber-Perowskie

Perovskia atriplicifolia ➤

Große, lockere Rispen blauer Blüten an aufrechten Zweigen. Fiederschnittige, graue Blätter. Weiße Zweige. Volle Sonne, durchlässige Böden. 90 cm x 60 cm.

Weitere Vorschläge: *Ceanothus* x *delilianus, Cestrum parquii, Ceratostigma willmottianum, C. plumbaginoides, Clerodendrum bungei, Clethra alnifolia, Hibiscus syriacus, Hydrangea, Itea ilicifolia, Perovskia* 'Blue Spire', *Vitex agnus-castus.*

Aralia elata

Tetradium daniellii

Lagerstroemia indica

Daboecia cantabrica

Erica vagans

Caryopteris × clandonensis

Leycesteria formosa

Perovskia 'Blue Spire'

KLETTERPFLANZEN

Chile-Kartoffel

Solanum crispum ❄ ➤

Büschel enzianblauer Blüten, die wie Kartoffelblüten aussehen, an robusten Zweigen, zum Ende der Saison besonders zahlreich. Sonne oder Halbschatten, lockere, frische Böden. 2–3 m. Winterhärte: –5 °C.

– *S. jasminoides* ❄ ➤: Büschel blauer oder weißer Blüten an der Spitze biegsamer Zweige mit dichtem Laub, feine, glänzende Blätter. Sonne oder Halbschatten; lockere, frische Böden. Im Norden spätere Blüte.

Weitere Kletterpflanzen: *Araujа sericifera* ❄, *Clematis tangutica*, *Clematis texensis*, *Decumaria barbara* ❄, *Maurandya* ❄, *Rhodochiton atrosanguineum* ❄, *Ipomoea scandens* ❄, *Phaseolus coccineus* ❄.

STAUDEN

Herbst-Anemonen, Japan-Anemonen

Anemonen-Hybriden (*A. hupehensis*, *A. japonica*)

Große zartrosa, rötliche oder weiße Blüten, einfach, halbgefüllt oder gefüllt, endständig an feinen Stängeln über großen Blättern. August bis Ende Oktober. Sonne oder Halbschatten, normaler, eher frischer Boden. 60–120 cm × 50 cm und mehr. Sobald die Staude etabliert ist, braucht sie keine weitere Pflege. Teils wuchernd durch Ausläufer.

JAPAN-ANEMONEN	ENDE JULI–AUGUST	AUGUST	AUGUST–SEPTEMBER
Weiß	'Andrea Atkinson'	'Honorine Jobert'	'Honorine Jobert' 'Whirlwind'
Rosa	'Praecox'	'Robustissima' ➤ 'Splendens' 'Richard Ahrens'	'September Charm' 'Königin Charlotte'
Rot	'Prinz Heinrich'	'Hadspen Abundance' 'Bressingham Glow' 'Serenade'	'Rubra Plena', 'Pamina' ➤ 'Pretty Lady Julia'

Scheinsonnenhut

Echinacea sp. ➤

Margeritenähnliche Blütenköpfe mit großen „Kegeln", die anfangs orange gefärbt sind, zartrosa Zungenblüten, hängend. Längliche, spitze Blätter, die am Fuß des fast kahlen Stängels Büschel bilden. Sonne, normale, kalkarme, humusreiche Böden, frisch und durchlässig. 60 cm × 20 cm. Neuerdings in zahlreichen Sorten in allen Farben gezüchtet, dann jedoch keine ausdauernden Stauden.

Kugeldistel

Echinops sp. ➤

Blütenstände in Form von metallisch blauen oder silberweißen Kugeln, kräftige Stängel, Blätter gezähnt und spitz, unterseits weiß. Volle Sonne, mit Abstand zu Bäumen oder Sträuchern. Normaler, lehmhaltiger Boden, durchlässig, aber nicht zu trocken. 100–150 cm × 80 cm.

Gewöhnliche Sonnenbraut

Helenium autumnale ➤

Korbblüten mit rundem, dunklem und etwas gewölbtem Blütenboden, große Strahlenblütenblätter in warmen Farben: gelb, orange oder bordeauxrot mit Kupferschimmer. Hoch aufragende Stängel mit lanzettlichen Blättern. Volle Sonne. Eher frische oder feuchte Böden. 60–150 cm × 50 cm.

Stauden-Sonnenblume und Sonnenauge

Ersatz für die einjährigen Sonnenblumen, auch wenn ihre Blüten kleiner sind.

– ***Heliopsis helianthoides***: große, gelbe Strahlenblüten mit kleinem Körbchen an der Spitze von kräftigen Stängeln mit großen gesägten Blättern, Blüte im August und September. Sonne, normaler, frischer Boden. 'Sommersonne' ist ungefüllt, Höhe 1,20 m, 'Sonnenschild' ist gefüllt, Höhe 1,40 m. Wurzelballen alle 2 Jahre teilen.

– ***Helianthus* sp.**: wie Mini-Sonnen wirkende Blütenkörbchen, mit gelben Strahlenblüten, an der Spitze kräftiger, je nach Art teils verzweigter Stängel. *H.* 'Lemon Queen' ist aufgrund der blassgelben Blütenkörbchen am interessantesten (1,80 m). *H. decapetalus* ➤ ist die gängigste Art, vermehrt sich wuchernd durch Wurzeltriebe (1,70 m). *H. salicifolius* unterscheidet sich durch schmale Blätter und die elegante Statur (2 m).

Indianernessel

Monarda sp. ➤

Zerzauste, endständige Blütenköpfe aus Lippenblüten, Juli/August. Blätter stark nach Bergamotte-Aroma duftend. Sonne oder Halbschatten, im Sommer frische Böden, frei von Staunässe im Winter. 70 cm × 30 cm. Zahlreiche Farbtöne, u.a. Rot, Rosa, Weiß, Malvenfarben oder Violett.

Helenium autumnale

Solanum crispum

Solanum jasminoides 'Album'

Anemone 'Robustissima'

Anemone 'Pamina'

Echinacea sp.

Echinops sp.

Helianthus decapetalus

Monarda 'Gardenview Select'

Kerzen-Wiesenknöterich
Persicaria amplexicaulis ➤
Blütenkerzen an den Spitzen der Triebe und Ästchen, Juli bis Einsetzen des Frostes. Große, spitze Blätter am Fuß der Pflanze, kleinere an den Blütentrieben. Sonne oder Halbschatten, frische oder feuchte Böden. 80 cm × 80 cm. Erhältlich in Rot, Rosa, Korallenrot und Weiß. Eignet sich wunderbar, um rasch große Blütenmassen zu bekommen.

Phlox
Phlox paniculata
Sträuße relativ großer Blüten an der Spitze kräftiger, aufragender Triebe. Blätter lanzettlich und spitz, im Frühling teils purpurn. Sonne oder Halbschatten. Normaler, nährstoffreicher Boden, im Sommer frisch. 60–120 cm × 40 cm.

JULI	AUGUST	SEPTEMBER
'Red Indian ' 'Blue Paradise' 'Jacqueline Maille'	'Starfire' 'Flamingo' 'Blue Boy' 'Fujiyama' 'Border Gem' 'Franz Schubert'	'Kirchenfürst' ➤ 'Orange Perfection' 'Norah Leigh'

Sonnenhut
Rudbeckia sp.
Blütenkörbchen mit gelben Strahlenblüten und schwarzer Mitte, reiche Blüte im Spätsommer, unterschiedliche Pflanzengröße je nach Art.
– *R. fulgida*: große Korbblüten (insbesondere bei 'Goldsturm'). 60 cm × 50 cm.
– *R. laciniata*: hängende Blütenblätter, sehr hohe Pflanzen. 200 cm × 50 cm.
– *R. subtomentosa* ➤: kleine Korbblüten mit langer Blütezeit, Blätter flaumig, nach Kumarin (süßlich wie frisches Heu) duftend. 1,50 m.

Goldrute
Solidago sp. ➤
Garben gelber Blüten an der Spitze von Stängeln mit langen, schmalen Blättern. Sonne oder Halbschatten. Normaler, frischer oder feuchter Boden. 30–180 cm × 30 cm und mehr. Zahlreiche Sorten verfügbar, die sich nur durch Wuchshöhe und Blütezeit unterscheiden.

Weitere Stauden: *Artemisia lactiflora, Boltonia, Calamintha, Chelone, Deschampsia, Eriophyllum, Foeniculum, Galega, Gentiana, Hosta, Inula, Kirengeshoma, Limonium, Lobelia, Lythrum, Oenothera, Pontederia, Salvia, Sanguisorba, Saponaria, Veronicastrum, Zauschneria.*

ZWIEBELN

Hakenlilie
Crinum × *powellii* ❈ ➤
Große, lilienähnliche Blüten, rosa oder weiß und stark duftend, inmitten leuchtender Blätter. Volle Sonne oder Halbschatten, normale, frische und tiefgründige Böden. 1,20–1,50 m × 0,80 m.
– *C. moorei* ❈: Blüten weiß-rosa. Zwiebeln im April/Mai pflanzen, die Spitze leicht aus dem Boden ragend. Im Winter Schutzbedeckung aus abgefallenem Laub.

Montbretie
Crocosmia × *crocosmiiflora* ❈ ➤
Kleine Blüten in großer Zahl, orange, rot oder gelb, auf verzweigten Stängeln, von Mitte Juli bis Mitte September. Senkrecht aufragende Blätter in zartem Grün, herbstliche Färbung rostrot. Alle Lagen und Böden mit Ausnahme sehr trockener Standorte. 60 cm × 50 cm und mehr.

Weitere Zwiebeln: *Lilium speciosum, Lilium auratum.*

EIN- UND ZWEIJÄHRIGE

Duftnessel
Agastache sp.
Fast eine ausdauernde Staude mit endständigen, kompakten Blütentrauben in Blauviolett (*A. rugosum* ➤) oder zerzausten Blütentrauben in warmem Orange bei *A. mexicana*. Aussaat im März/April, im Mai für die Blüte im gleichen Jahr ausdünnen. 60–100 cm × 50 cm. Blätter und Blüten essbar.

Schmuckkörbchen
Cosmos bipinnatus
Zarte, blassrosa oder rosa überlaufene sowie weiße Blüten, endständig, auf kräftigen Stängeln, fiederspaltige Blätter. Lange Blühperiode bis zum Frost. 1 m × 30 cm. Im April/Mai direkt ins Freiland aussäen.

Große Kapuzinerkresse
Tropaeolum majus ➤
Orangefarbene oder gelbe Blüten zwischen runden, zartgrünen Blättern, von Juli bis zum ersten Frost. Je nach Sorte gedrungener Wuchs oder kletternd. Sonne. Nährstoffreiche, frische Böden. 30–200 cm × 30 cm. Blüten, Blätter und Samen essbar.

Eisenkraut
Verbena bonariensis ➤
Violette Blütensträuße an den Spitzen feiner, fast blattloser Stängel, von Juli bis zum ersten Frost. Groß und licht. Sonne, frische Böden. 1,50–1,70 m. Versamt sich.

Persicaria amplexicaulis

Phlox 'Kirchenfürst'

Rudbeckia subtomentosa

Solidago sp.

Crinum × powellii 'Aphrodite'

Crocosmia × crocosmiiflora

Agastache rugosum

Tropaeolum majus

Verbena bonariensis

September und Oktober

BÄUME UND STRÄUCHER

China-Abelie

Abelia chinensis ➤

Blüht nur im Herbst, insbesondere nach radikalem Rückschnitt im Frühling, aber die kleinen zartrosa Blüten duften stark. Spitze, halbimmergrüne Blätter. Sonne, normaler, tiefgründiger Boden, eher frisch. 1,80 m x 1,80 m.

Westlicher Erdbeerbaum

Arbutus unedo ❈ ➤

Kleine, weiße Blütenglöckchen, leicht duftend, aber sehr nektarreich, gleichzeitig mit dem Reifen der Früchte. Immergrünes Laub. Sonne, durchlässige Böden. Strauch kann sich bei mildem Klima zum kleinen Baum entwickeln. 2–5 m x 3 m.

Losbaum

Clerodendrum sp.

Zwei spät blühende Arten von sehr unterschiedlichem Wuchs, für Sonne oder Halbschatten, normaler, eher frischer Boden.

– *C. bungei* ❈ ➤: dichte Kugeln von rosa Blüten, stark duftend, endständig an Zweigen mit großen, dunkelgrünen Blättern. Sonne oder Halbschatten, normale, eher frische Böden. 1,50 m x 1,50 m und mehr. Bildet Ausläufer, breitet sich langsam aus.

– *C. trichotomum* ❈ ➤: Busch, der sich zum Strauch entwickelt, mit weißen, stark nach Jasmin duftenden Blüten an der Spitze der Jahrestriebe. Große, herzförmige Blätter. 2–5 m x 2–3 m.

Neuseelandeibisch

Hoheria 'Glory of Almwich' ❈ ➤

Sehr späte Sorte mit hübschen Sträußen reinweißer Blüten, sehr nektarreich. Längliche, leicht gezähnte Blätter. Kalkfreie, frische Böden, Sonne oder Halbschatten. Für mildes Klima. 3 m x 1,50 m.

Lespedeza thunbergii (vorne) und *Leycesteria formosa* (hinten).

Buschklee

Lespedeza thunbergii ▲

Sträuße violetter Blüten an der Spitze langer, biegsamer Zweige mit dreiteiligen Blättern. Sonne oder Halbschatten. Normaler, eher leichter Boden. 1,50 m x 1,50 m.

Weitere Bäume und Sträucher: *Polyothyrsis sinensis, Tetradium daniellii, Camellia sasanqua.*

KLETTERPFLANZEN

Glockenrebe

Cobaea scandens ❈ ➤

Lustige Blüten in Form großer blauer oder weißer Glocken, umgeben von einem Kelch gleicher Farbe, wodurch der Eindruck von Tasse mit Untertasse entsteht. Üppiger Wuchs. Sonne, normale, nährstoffhaltige Böden, frisch. Geringe Winterhärte, um –3 °C, oft als Einjährige kultiviert. Aussaat im Warmen, März/April.

Silberregen, Flügelknöterich

Fallopia baldschuanica ➤

Große Sträuße weißer Blüten an der Spitze kräftiger, rankender Zweige. Sonne oder Halbschatten, frische Böden. 3–5 m x 2 m. Sollte am besten jedes Frühjahr bis auf den Stock zurückgeschnitten werden, um ihn zu bändigen.

Knollige Kapuzinerkresse

Tropaeolum tuberosum ❈ ➤

Röhrenförmige Blüten, orange und schwarz, an der Spitze sich windender Triebe, die dicht mit gelappten Blättern bewachsen sind. Dank verdickter Wurzeln (essbar) langlebig. Halbschatten oder sonnig, aber nicht zu heiß. Leichter, tiefgründiger, humusreicher Boden. 2–3 m x 1 m.

Weitere Empfehlungen: *Decumaria barbara, Pileostegia viburnoides, Lonicera periclymenum.*

Abelia chinensis

Arbutus unedo

Clerodendrum bungei

Clerodendrum trichotomum

Hoheria 'Glory of Almwich'

Cobaea scandens

Fallopia baldschuanica

Tropaeolum tuberosum

STAUDEN

Eisenhut

Aconitum × arendsii ➤

Blauviolette Blüten an kräftigen, gerade aufragenden Stängeln. Breite, mehrteilige Blätter, dunkelgrün. Halbschatten, nährstoffreicher, frischer Boden. 120–150 cm × 30 cm. *A. wilsonii* 'Kelmscott' sieht ähnlich aus, blüht früher.

Christophskraut

Actaea matsumurae

Weiße Blüten in geschwungene Ähren mit dem leckeren Duft von Zuckerwatte, über anmutig gefiederten Blättern. Halbschatten, windgeschützt, normaler, eher frischer Boden. 150 cm × 80 cm. 'White Pearl' ➤ und 'Elstead' gleichen sich. Es gibt zudem Sorten mit wunderbarem, purpurnem Laub.

Aster

Aster sp.

Üppige Blüte im Spätsommer und Herbst, Dutzende Arten und Sorten, teils durch Zucht sehr anfällig, andere wilder und ausdauernd, wenn sie sich an den Standort angepasst haben. Sonne oder Halbschatten, eher nährstoffreiche, frische Böden, aber durchlässig.

AUGUST	SEPTEMBER	OKT.–NOV.
Aster amellus *A. divaricatus* *A. × frikartii*	*A. dumosus* *A. cordifolius* *A. novi- belgii*	*A. ageratoides* *A. laevis* *A. novae-angliae*

– *A. ageratoides*: buschiger Wuchs. Späte Blüte, sehr robust. 60 cm.
– *A. amellus*: Blütensträuße ab Mitte Juli, durchlässige Böden. 60 cm.

Aster novi-belgii

– *A. cordifolius* ➤: kleine Blütenköpfchen an aufrechten Zweigen, übersteht Krankheiten. Frische Böden. 80 cm.
– *A. divaricatus*: feine, schwarze Zweige mit Sträußen weißer Korbblüten. Gedeiht gut im Schatten. 60 cm.
– *A. dumosus* ➤: Zwergzüchtung mit dicken Korbblüten. Alle 2 Jahre teilen. 40 cm.
– *A. × frikartii*: wie *A. amellus*, doch größere Blütenkörbe, durchlässiger Boden im Winter. 70 cm.
– *A. laevis*: große, endständige Blütenkörbchen an langen Stängeln, dunkelgrünes, kräftiges Laub. 1,70 m.
– *A. novae-angliae* ➤: pelzige, kräftige Blätter und eine üppige Blüte. Lehmige, frische Böden, 1,20 m.
– *A. novi-belgii* ▼: glatte Blätter, große, sehr unterschiedich geformte Blütenkörbchen. Alljährlich im Frühling teilen. 0,30–1,20 m.

Chrysantheme, Winteraster

Chrysanthemum rubellum ❄ ➤

Einfache, halbgefüllte oder gefüllte Korbblüten in einer Vielzahl warmer Farben auf ausdauernden Trieben mit dichtem, graugrünem Blattwerk. Blätter gelappt und aromatisch riechend, teils gefiedert. Sonne, nährstoffreicher, gut durchgearbeiteter Boden, mit Kompost gedüngt. 50–70 cm × 60 cm.

Liriope

Liriope muscari ❄ ➤

Dichte Horste linealischer, fleischiger Blätter in dunklem Grün, immergrün, mit Trauben leuchtend violetter Blüten, September und Oktober. Schatten oder Halbschatten. Humusreicher, frischer Boden. 30 cm × 30 cm.

Steinbrech

Saxifraga fortunei ➤

Aufrechte Blütenstände mit weißen, rosa, roten oder grünen Blüten in sommergrünen Blätterbüscheln, dicht belaubt, fleischig, grün oder purpurn. Schatten oder Halbschatten, dauerfeuchte, aber durchlässige Böden. 25 cm × 25 cm.

Schöne Fetthenne

Sedum spectabile ➤ und *S. telephium*

Wächst in dekorativen Büscheln, durch hübsche, getrocknete Blütenstände lange Zeit ansehnlich. Die meisten Sorten sind entweder Züchtungen aus *S. spectabile* oder S. *telephium* oder Kreuzungen von Sorten dieses Ursprungs. Daher bezeichnet man sie lediglich mit dem Gattungs- und Sortennamen. Volle Sonne oder Halbschatten, normaler, durchlässiger Boden.

AUGUST	SEPTEMBER	OKT.–NOV.
Sedum 'Carl' *S.* 'Mediovariegatum' *S. maximum* 'Atropupureum' *S. ruprechtii*	'Brillant' 'Iceberg' 'Abbeydore' 'Matrona' 'Jose Aubergine' S. cauticola 'Lidakense'	'Herbstfreude' 'Frosty Morn' 'Autumn Pride' 'Ruby Glow'

Aconitum × arendsii

Actaea 'White Pearl'

Aster cordifolius

Aster dumosus

Aster novae-angliae

Chrysanthemum rubellum

Liriope muscari

Saxifraga fortunei

Sedum spectabile

Becherpflanze
Silphium perfoliatum
Goldgelbe Korbblüten in verzweigten Sträußchen an der Spitze kräftiger, im Querschnitt quadratischer Sprosse. Blätter paarweise, an der Basis verwachsen. Ausdauernde Pflanze. Sonne, normaler, tiefgründiger Boden. 2 m x 1 m.

Zapfenblume
Strobilanthes attenuata (= *S. atropurpureus*)
Große, blauviolette Blüten von Mitte August bis Ende Oktober, dunkelgrüner Busch. Sonne oder Halbschatten. Normaler, eher frischer oder feuchter Boden. 0,80 m x 1 m. Versamt sich ohne zu wuchern.

Formosa-Krötenlilie
Tricyrtis formosana
Beeindruckende Blüten, weiß-rosa mit purpurroten Tupfen, an aufragenden Trieben mit flaumigen, eleganten Blättern. Halbschatten. Frische, humusreiche Böden. 70 cm x 50 cm.

Scheinaster, Vernonie
Vernonia crinita ➤
Sträuße violetter Körbchenblüten an der Spitze hoher Triebe mit langen, lanzettlichen, tiefgrünen Blättern. Volle Sonne, normaler, frischer Boden. 1,50–2 m x 1 m.

ZWIEBELN

Belladonnen-Lilie
Amaryllis bella-donna ❄ ➤
Lilienförmige Blüten in leuchtendem Rosa, die nacheinander an festen, blattlosen Stängeln blühen. Linealische Laubblätter entwickeln sich im Frühling und verwelken im Sommer. Sonne, nährstoffreiche, tiefgründige, frische Böden. Geschützter Standort bei starkem Frost. 60 cm. Zwiebeln im April/Mai setzen, die Spitze sollte aus der Erde schauen.

Japan-Begonie
Begonia grandis subsp. *evansiana* ➤
Rosa oder weiße Blüten in großen, endständigen Sträußen. Eckige Blätter mit teils purpurnen Rändern. Sonne oder Halbschatten, lockerer, frischer Boden. 40 cm. Vermehrt sich durch Verbreiten herzförmiger, frostunempfindlicher Mini-Zwiebeln.

Herbst-Zeitlose
Colchicum autumnale ▼ und *C. speciosum*
Blüten ähnlich wie Krokus, rosa oder weiß, einzeln und direkt am Erdboden. Lange, wächserne Blätter treiben im Frühling und sterben im Juni ab. Pflanzung der Zwiebeln im Juli/August oder während der Blüte, mit der Spitze nach oben. 25 cm.

Herbst-Pracht-Krokus
Crocus speciosus
Schöner, himmelblauer Krokus mit deutlich sichtbaren, orangefarbenen Staubblättern, Blüte im September/Oktober. Volle Sonne, steiniger, durchlässiger, nicht zu karger Boden. Im Juli/August oder Anfang September setzen. Verträgt keine Konkurrenten. 10 cm.

Alpenveilchen
Cyclamen hederifolium ➤
Blüten mit markanten, zurückgeschlagenen Blütenblättern, rosa oder weiß, öffnen sich 1 Monat vor dem Erscheinen der Blätter. Alle Lagen, normaler, lockerer und humusreicher Boden. 15 cm. Verschiedene Arten erblühen nacheinander im Herbst und Winter.

SEPT.–NOV.	JAN.–FEB.	FEB.–APR.
Cyclamen europaeum *C. hederifolium*	*C. coum*	*C. pseudibericum* *C. repandum*

Herbst-Schneeglöckchen
Galanthus reginae-olgae ➤
Weiße Blüten ab November, volle Sonne, durchlässige, nährstoffreiche Böden. Langsame Vermehrung.

Nerine
Nerine bowdenii ➤
Leuchtend rosa Blütenkronen in Sträußen an blattlosen Stängeln. Blätter entwickeln sich im Frühling. Volle Sonne, normaler, durchlässiger Boden. 40 cm. Pflanzung im April, Spitze aus dem Boden schauen lassen.

Kaffernlilie
Schizostylis coccinea ❄ (= *Hesperantha coccinea*) ➤
Blüten erinnern an scharlachrote, rosa oder weiße Krokusse inmitten von Horsten grasähnlicher Blätter. Sonne oder Halbschatten, frischer oder feuchter Boden. 0,60 cm x 30 cm. Pflanzung im Frühling. Die Wurzeln bzw. Rhizome bilden Ausläufer.

Colchicum autumnale

Vernonia crinita

Amaryllis bella-donna

Begonia grandis subsp. evansiana

Cyclamen hederifolium

Cyclamen hederifolium var. album

Galanthus reginae-olgae

Nerine bowdenii

Schizostylis coccinea

November und Dezember

BÄUME UND STRÄUCHER

Strauch-Efeu

Hedera helix 'Arborescens'

Grüne Blütendolden, Oktober und November. Gerundete oder rautenförmige Blätter an aufragenden Trieben. Schwarze Früchte von Februar bis Mai. Volle Sonne, normaler Boden. 1,20 m × 1,20 m. 'Arbori Compacta': 80 cm × 80 cm; 'Zorgvlied' ➤: schmale Blätter.

Mahonie

Mahonia sp.

Blütentrauben in Orange (*M. nitens*), Goldgelb oder Blassgelb, duftend, Blüte über 5–6 Wochen, die Saison variiert je nach Sorte. Aufragender Strauch, steif, später biegsamer. Kronen großer, zusammengesetzter Blätter, exotischer Anblick. Schatten oder Halbschatten, frische Böden. 2 m × 1,50 m.

SEPT.–OKT.	NOV.–DEZ.	JAN.	FEB.	MÄRZ–APR.
Mahonia nitens *M. eurybracteata* 'Soft Caress'	*M.* × *media* 'Charity' 'Hope'	*M.* × *media* 'Winter Sun' 'Lionel Fortescue' 'Buckland'	*M. japonica* *M. bealei* (= *M. japonica* subsp. *bealei*)	*M. aquifolium*

Osmanthus heterophyllus

– *M. aquifolium*: dichte Blütensträuße, gelb, nach Honig duftend. 1–2 m × 1,50 m.

– *M. bealei* ➤: Sträuße von überhängenden Blütentrauben, große, an der Basis gelbe Blätter. 1,50 m × 2 m.

– *M. eurybracteata* ❄ ➤: kleine Trauben, breite, weiche, nichtstechende Blätter. 1,50 m × 1,50 m.

– *M. japonica*: Sträuße von überhängenden Blütentrauben, große Fiederblätter. 1,50 m × 2 m.

– *M.* × *media* ➤: Sträuße aufrechter, gelber Blütentrauben, nach Maiglöckchen duftend. Große Fiederblätter. 2–4 m × 2 m.

– *M. nitens* ❄ ➤: Trauben orangefarbener Blüten. 1 m × 1 m.

Duftblüte

Osmanthus sp.

Immergrüne Sträucher, auf Artniveau sehr verschieden, doch alle mit duftenden Blüten. Zwei Herbst-Arten:

– *O. fragrans* ❄ ➤: Blüten creme-, orangefarben oder gelb, stark duftend, in den Blattachseln oder endständig an den Jungtrieben. Immergrün, große, im Frühling purpurrot schimmernde Blätter. Volle Sonne oder Halbschatten, frische, durchlässige Böden. Vor eisigem Wind schützen, Winterhärte bis −15 °C.

– *O. heterophyllus*: winzige, weiße Blüten, duften stark nach Jasmin mit fruchtiger Note, September bis November. Der ganze Strauch produziert eine süße Duftwolke. Die immergrünen Blätter ähnlich wie *Ilex*, doch nicht dornig. Schatten oder Halbschatten, frische Böden, nicht kalkverträglich. 2 m × 2 m. Gedeiht gut im Kübel.

Duftender Schneeball

Viburnum farreri ➤

Kleine, zartrosa oder weiße ('Candidissimum') Blüten, stark duftend, von November bis April bei jeder Erwärmung. Sonne oder Halbschatten (nicht unter Bäumen), normaler Boden. Zarte und elegante Statur, bogenförmiger Wuchs. 2 m × 1 m.

Weitere Bäume und Sträucher: *Prunus subhirtella* 'Autumnalis', *Prunus incisa, Hamamelis virginiana, Viburnum tinus*.

KLETTERPFLANZEN

Efeu

Hedera helix ➤

Grüne, sehr nektarreiche Blütenstände an kurzen Zweigen mit rautenförmigen Blättern an den verholzten Partien als Bewuchs von Mauer- oder Baumkronen. Volle Sonne, normaler Boden. Durch Stecklinge aus den verholzten, „ausgewachsenen" Partien gewinnt man kompakte, immergrüne, winterharte Büsche der Strauchform (siehe oben).

STAUDEN

Dahlie, Baumdahlie

Dahlia imperialis ❄ ➤

Große, ungefüllte, zartrosa Blüten mit 10–12 cm Durchmesser, in Sträußen von 1 m Länge und Breite an der Spitze kräftiger Stängel. Breite, exotisch wirkende Blätter. Verdickte Wurzeln, die unter einer dicken Laubschicht im Boden verbleiben dürfen. Volle Sonne, tiefgründige, nährstoffreiche Böden. 3 m × 1,50 m.

Weitere Stauden: *Helleborus niger* subsp. *macranthus*.

Hedera helix 'Zorgvlied'

Mahonia bealei

Mahonia eurybracteata

Mahonia × media 'Charity'

Mahonia nitens

Osmanthus fragrans

Viburnum farreri

Hedera helix

Dahlia imperialis

DAUERBLÜHER

BÄUME UND STRÄUCHER	BLÜTEN	I	II	III	IV	V	VI	VII	VIII	IX	X	XI	XII
Abelia × *grandiflora* 'Edward Goucher'	kleine, zartrosa Blüten						■	■	■	■	■	■	
Camellia japonica 'Nobilissima' ❄	gefüllte, weiße Blüten	■	■	■	■	■						■	■
Ceanothus × *delilianus*	lichte Sträuße, blau oder rosa							■	■	■	■		
Fuchsia magellanica ❄	Blüten (nur bei unterlassenem Rückschnitt)					■	■	■	■	■	■	■	
Hydrangea macrophylla 'Endless Summer'	attraktive Sorten							■	■	■	■	■	■
Hydrangea arborescens 'Annabelle'	weiße Kugeln							■	■	■	■	■	■
Lavatera thuringiaca	große, rosa oder weiße Blüten					■	■	■	■	■	■	■	
Magnolia grandiflora ❄ und *M.* 'Maryland'	große, wächserne Blüten						■	■	■	■	■		
Mahonia × *media* 'Charity'	gelbe Blütenstände	■										■	■
Perovskia 'Blue Spire'	große Blütenstände blauer Blüten							■	■	■	■	■	
Potentilla fruticosa	Blüten gelb, orange, rosa oder weiß					■	■	■	■	■	■		
Prunus subhirtella 'Autumnalis'	rosa Blüten	■	■	■								■	■
Rosa chinensis 'Mutabilis' ❄	Blüten lachsfarben, rot oder rosa					■	■	■	■	■	■	■	■
Viburnum farreri und *V.* × *bodnantense*	rosa Blüten	■	■	■	■							■	■

KLETTERPFLANZEN	BLÜTEN	I	II	III	IV	V	VI	VII	VIII	IX	X	XI	XII
Lonicera japonica 'Halleana'	Blüten gelb oder weiß					■	■	■	■	■	■		
Jasminum nudiflorum	gelbe Blüten	■	■	■								■	■
Schizophragma integrifolia ❄	Blütenstände mit großen Brakteen							■	■	■	■	■	■
Clematis × *jackmanii*	Blüten von 10 cm Durchmesser							■	■	■	■		

STAUDEN UND ZWIEBELN	BLÜTEN	I	II	III	IV	V	VI	VII	VIII	IX	X	XI	XII
Anemone 'Honorine Jobert'	große, ungefüllte, weiße Blüten								■	■			
Anthemis tinctoria	gelbe Margeritenblüte						■	■	■	■			
Chrysogonum virginianum	sternförmige Blüten mit 5 goldgelben Kronblättern					■	■	■	■	■			
Clematis × *jackmanii*	Blüten von 10 cm Durchmesser							■	■	■	■		
Coreopsis vericillata	kleine Korbblüte mit langen Zungenblüten							■	■	■			
Knautia macedonica	Scharlachrote Köpfe auf feinen Stängeln						■	■	■	■			
Geranium × *oxonianum*	kleine rosa Blüten					■	■	■	■	■	■	■	
Geranium 'Rozanne'	blaue Blüten mit weißem Auge					■	■	■	■	■	■	■	
Helleborus argutifolius	grüne Blüten	■	■	■	■								
Helleborus × *hybridus*	Blüten purpurn, rosa, schwarz, weiß, ...	■	■	■	■	■							
Hemerocallis 'Stella de Oro'	Lilien-Blüte						■	■	■	■	■		
Leucanthemum × *superbum* 'Becky'	große weiße Margeritenblüte							■	■	■			
Persicaria affine	karmesinrot-rosa Blütenstand						■	■	■	■	■	■	
Persicaria amplexicaulis	Blütenstand rot, rosa, weiß							■	■	■	■	■	
Rudbeckia 'Goldsturm'	große Margeritenblüte mit gelben Zungenblüten und schwarzer Scheibe								■	■	■	■	
Salvia verticillata 'Purple Rain'	lange veilchenblaue Blütenstände							■	■	■	■	■	
Salvia nemorosa 'Carradona'	feine violette Blütenstände					■	■	■	■	■			
Scabiosa columbaria 'Blue Butterfly' und 'Pink Mist'	Blüten rosa oder malvenfarben					■	■	■	■	■	■		
Schizostylis coccinea	Blüten karminrot, leuchtend rot oder elfenbeinweiß							■	■	■	■		

EIN- UND ZWEIJÄHRIGE	BLÜTEN	I	II	III	IV	V	VI	VII	VIII	IX	X	XI	XII
Cosmos bipinnatus	einfache oder halbgefüllte Blüten						■	■	■	■	■		
Gaillardia × *grandiflora*	große Radblüten rot und gelb					■	■	■	■	■			
Gaura lindheimeri	Schmetterlingsblüten weiß oder rosa/rot						■	■	■	■	■	■	
Impatiens balfourii	Blüten malvenfarben und weiß						■	■	■	■	■		
Verbena bonariensis	Blüten malvenrosa, endständ., dünne Stgl.							■	■	■	■	■	

Hydrangea 'Annabelle' und *Persicaria amplexicaulis* 'Alba', zwei „Champions", die 3 Monate lang blühen (Garten des Autors).

Blütenfarbe und Duft

Weiße Blüten

BÄUME

Frühling

***Cercis silliquastrum* fo. *albida*:** Judasbaum mit cremefarbenen Blüten und matten Blättern. Sonne, durchlässige Böden. 4 m x 2 m.

***Chionanthus virginicus* ➤:** große, lockere Sträuße weißer, leicht duftender Blüten. Kleiner Baum mit großen, spitzen Blättern. Volle Sonne, normale, frische, kalkarme Böden. 3 m x 3 m.

***Cornus* sp.:** unter den Blumen-Hartriegeln gibt es viele schöne Sorten mit weißen Blüten. Am besten eignen sich:

APRIL–MAI	MAI	ENDE MAI–JUNI	JUNI–JULI
'Eddie's White Wonder' 'Ascona' 'Monarch' 'Ormonde'	'Cloud Nine' 'Venus'	'China Girl' 'Milky Way' 'Nicole' 'Tsukuba-no-mine' ➤	'Norman Hadden'

***Davidia involucrata*:** Blütenstand mit einer großen, weißen Braktee, die wie ein Taschentuch herabhängt. Sonne oder Halbschatten, normale, frische, durchlässige Böden. 10–15 m x 5 m.

***Magnolia* sp.:** Viele Magnolien tragen schöne, reinweiße Blüten. Sonne oder Halbschatten, windgeschützt, normale Böden, kalkfrei, Stern-Magnolien vertragen jedoch Kalk.

MÄRZ	APRIL	MAI	JUNI	JULI–AUG.
M. kobus *M. stellata* *M.* x *loebneri*	'Milky Way' 'Sayonara' 'Manchu Fan' 'Alba Superba' 'Wada's Memory'	'Brozzonii' *M. doltsopa* ❄ *M. laevifolia* ❄ ➤ *M. sinensis*	'Globus' 'Porcelain Dove' *M. tripetala* *M. wilsonii* *M.* x *wiesneri*	*M. delavayi* ❄ *M. grandiflora* ❄ *M. macrophylla* *M.* x *virginiana* 'Maryland' ➤

***Prunus* sp.:** viele Zierkirschenarten oder -sorten haben reinweiße Blüten. Sonne, normaler Boden. Unterschiedliche Wuchshöhen.

FEBRUAR–MÄRZ	MÄRZ–APRIL	ENDE APRIL–MAI	MAI–JUNI
Prunus mume 'O-moi-no-mama' *P. cerasifera* *P. incisa*	'The Bride' 'Jo-Nioï' 'Taï Haku' 'Mount-Fuji' (= 'Shirotae')	*P. avium* 'Plena' *P. padus*	*P. lusitanica* *P. laurocerasus* *P. cerasus* 'Semperflorens'

Sommer

***Aesculus wilsonii*:** große, lockere Rispen weißer Blüten von Mitte Juni bis Ende Juli. Eleganter Baum, nicht anfällig für Miniermotten. 8–12 m x 5–6 m. *A. indica* 'Sydney Pearce' hat ähnliche Wirkung.

***Lagerstroemia* 'Natchez' ❄ ➤:** blütenreiche, sommerblühende Kräuselmyrten-Sorte mit schönem Herbstlaub und wunderbarer Rinde. Volle Sonne, normaler, frischer, durchlässiger Boden. 3 m x 2 m.

Weitere Bäume mit weißen Blüten:

FRÜHLING	*Aesculus hippocastanum, Cercis canadensis* var. *texensis* 'Texas White', *Fraxinus ornus, Fraxinus mariesii, Halesia monticola, Pterostyrax hispida, Styrax japonicus*
SOMMER	*Aralia elata, Catalpa* sp., *Clethra barbinervis, Clerodendrum trichotomum, Maackia amurensis, Oxydendrum arboreum* ❄, *Tetradium daniellii*
HERBST–WINTER	*Prunus incisa*

HEIMISCHE BÄUME UND OBSTBÄUME MIT WEISSEN BLÜTEN
Weißdorn (*Crataegus oxyacantha*), Vogel-Kirsche (*Prunus avium*), Apfelbaum (*Malus domestica*), Birne (*Pyrus communis*), Echte Mispel (*Mespilus germanica*), Robinie (*Robinia pseudoacacia*), Vogelbeere (*Sorbus aucuparia*), Mehlbeere (*Sorbus aria*), Schwarzer Holunder (*Sambucus nigra*).

STRÄUCHER

Frühling

***Amelanchier* sp.:** Sträuße reinweißer Blüten, Ende März bis Anfang April, gleichzeitig mit dem Austrieb der kupferfarbenen Blätter. Alle Böden, nicht zu trocken, Sonne oder Halbschatten, 1,20–3 m x 2 m.

***Chaenomeles speciosa* 'Nivalis' ➤:** ungefüllte, weiße Blüten, von Februar bis April. Kalkarme, frische Böden, Sonne oder Halbschatten. Aufrechter Busch. 1,50 m x 1,50 m. 'Jet Trail': ausladende Form, bodendeckend. 70 cm x 2 m.

***Exochorda* x *macrantha* 'The Bride' ➤:** Büschel endständiger, großer, weißer Blüten, April oder Anfang Mai, hängender Wuchs. Blaugrünes Laub. Normaler, kalkarmer Boden, Sonne oder Halbschatten. 1,50 m x 1,50 m. Wunderbar für Kübel. *E. giraldii, E. korolkowii* und *E. racemosa* sind ebenfalls interessant, aber sehr groß (2–4 m x 4 m). *E. serratifolia* ist selten, verträgt aber als einzige Art Kalkboden.

***Paeonia suffruticosa* 'Renkaku' ➤:** Strauchpäonie mit weißen, ungefüllten Blüten von 25 cm Durchmesser. Aufrechter Busch. 1,50 m x 1 m. Volle Sonne, normaler, durchlässiger Boden. *P. rockii*-Sorten haben rosaschimmernde Blüten mit violetten Flecken. *P. ostii* blüht weiß, ungefüllt und dezent. Weitere weiße Sorten sind 'Étoile des Neiges', 'Godaishu', 'Zhao Fen'.

Chionanthus virginicus

Cornus 'Tsukuba-no-mine'

Magnolia laevifolia

Magnolia × *virginiana* 'Maryland'

Lagerstroemia 'Natchez'

Chaenomeles speciosa 'Nivalis'

Exochorda × *macrantha* 'The Bride'

Paeonia suffruticosa 'Renkaku'

***Ribes sanguineum* 'White Icicle' ➤:** Blut-Johannisbeere mit reinweißen Blüten, März bis Anfang April, zartgrünes Laub. Sonne oder Halbschatten, normaler Boden. 1,80 m × 1,80 m. 'Tyderman's White' ist ähnlich.

***Spiraea* × *cinerea* 'Gresfeim':** hat den gößten Nutzen, blüht zu einem Zeitpunkt, da Farbe sehr willkommen ist. Alle Böden, nicht zu trocken. Sonne oder Halbschatten. 1,50 m × 1,50 m.

***Syringa vulgaris* 'Mme Lemoine' ➤:** die am weitesten verbreitete Sorte mit weißen, gefüllten Blüten, duftend, April und Anfang Mai. Alle Böden, volle Sonne. 4 m × 3 m, schnittverträglich. Weitere schöne weiße Sorten: 'Belle de Moscou' (gefüllt), 'Comtesse d'Harcourt' (einfach), 'Dentelle d'Anjou' (gefüllt).

***Viburnum opulus* 'Roseum' (= 'Sterile'):** Schneeball mit sterilen, grünen Blüten, die sich später erst weißlich und dann rosa färben. Sonne oder Halbschatten, frische oder feuchte, normale Böden. Wüchsig. 2,50 m × 2,50 m.

***Viburnum plicatum*:** an den markanten waagerechten Ästen mit flachen oder kugelförmigen Blütenständen erkennbar, Blüte im Mai. Halbschatten, kalkfreie, frische Böden. 'Summer Snowflake' ➤: 1,80 m × 1 m, 'Mariesii': 1,20 m × 2 m, 'Lanarth', Cascade', 'Rowallane': 2–3 m × 3–4 m.

Sommer

Aesculus parviflora (Strauch-Rosskastanie)**:** ein Busch mit steil aufragenden Rispen weißer, eleganter Trompetenblüten, Juli. Frischer Boden, Schatten oder Halbschatten. Ideal für die Strauchzone unter großen Bäumen. 2 m × 2,50 m und mehr. Vermehrt sich durch Ausläufer.

***Buddleja davidii* 'Nanho White' ➤:** die anmutigste Sorte mit ausdauernd blühenden, weißen Blütenständen an den Triebspitzen, feines, graues Laub wie bei einer Weide. Üppigerer Blütenschmuck und eleganter als 'White Profusion' oder 'White Bouquet'. 'White Harlequin' hat schönes, weiß gerändertes Laub. Volle Sonne. Durchlässige, magere, steinige und kalkhaltige Böden. 2 m × 2,50 m.

***Hebe salicifolia* 'Alba' ❄ ➤:** zahlreiche, weiße, duftende Blütenstände von Mitte Juli bis Ende September. Eine der spektakulärsten *Hebe*-Arten und bedingt winterhart. Volle Sonne, humoser, saurer Boden, feucht. 1 m × 1 m.

***Hibiscus syriacus* 'Diana' ❄:** sehr große, ungefüllte, ausgestellte Blüten, Juli bis September. Zartgrünes Laub. 'Jeanne d'Arc' (= 'Albus Plenus') und 'White Chiffon' mit gefüllten, schwereren Blüten. Volle Sonne, neutrale oder kalkhaltige Böden. 2 m × 2 m. Blüht reicher, wenn man im Frühling stark zurückschneidet.

***Hydrangea macrophylla*:** rasch wachsende Büsche, die leicht in nicht zu trockenem Boden bei mildem Klima gedeihen, dazu zählen die klassischen Hortensien und viele weitere „wilde" Arten, die bislang nicht sehr bekannt sind. Im Schatten halten sich die weißen Blüten länger und dort leuchten sie auch schöner. 1,20 m × 1,30 m.

WEISSE HORTENSIEN	
Ballhortensien	'Blushing Bride', 'Immaculata', 'Mme E. Mouillère', 'Nymphe' ➤, 'Sœur Thérèse', 'Snow Storm', 'Glyn Church', 'Shakira', 'Sneeuwbal'
Tellerhortensien	'Blanc-Bleu Vasterival', 'Lanarth White', 'White Wave', 'Wedding Gown'*, 'Hanabi'*, 'Holibel', 'Libelle' ➤, 'Nadeshiko Gaku', 'Veitchii'

*mit gefüllten Blüten

***H. arborescens* 'Annabelle':** Blütenkugeln an der Spitze der Jahrestriebe. Alle Arten frischer Böden, auch kalkhaltig, eher Halbschatten. 'Invincibelle' gilt als Verbesserung der Sorte. 1,20 m × 1,30 m.
***H. paniculata*:** zu Beginn weiß, später rötlich anlaufend. 'Silver Dollar', 'Limelight' und 'Magical Moonlight' bleiben am hellsten. 1,80 m × 1,80 m
***H. quercifolia*:** zu Beginn der Blüte cremeweiß, die ungefüllten Sorten ('Snowqueen' und 'Aplause') sind am hellsten. 1,50 m × 1,50 m.

***Potentilla fruticosa* 'Abbotswood' ➤:** große, reinweiße Blüten, von Mai bis November. Volle Sonne oder Halbschatten, normaler, frischer Boden. 1 m × 1 m.

***Spiraea japonica* 'Albiflora':** flache Blütenstände, Juli und August, zartgrünes Laub, im Herbst goldgelbe Färbung. Alle Böden, Sonne oder Halbschatten (1 m × 1 m). 'White Gold' hat goldfarbenes Laub und eine gedrungene Statur.

ROSA SP. (WEISSE ROSEN)		
	EINFACH	GEFÜLLT
Botanische R.	*R. soulieana* *R. multiflora*	*R. multiflora* 'Nana' *R. pimpinellifolia* 'Gloire de Séricourt'
Kletterrosen	*R. longicuspis* 'Bobbie James' 'Kiftsgate' 'Philadelphus' 'Princesse de Nassau'	'Aimée Vibert' 'Adélaïde d'Orléans' 'Alberic Barbier' 'Felicité et Perpetue' 'Mme Alfred Carrière'
Strauchrosen	*R. moschata* 'Umbrella' 'Jacqueline du Pré' 'Moonlight', 'Nevada' 'Red Wing', 'Smarty'	*R. alba* 'Semiplena' ⋎ 'Agnes Sorel' 'Prosperity', 'Sombreuil' 'Trier', 'White Perfection'
Bodendecker	'Rosée du Matin' 'White Spray'	'Blanc Meillandecor' 'Swanny'
Floribunda-R.	'Philippe Starck' 'St Galmier'	'Carte Blanche', 'Marie Pavie' 'Lady Romantica'
Edelrosen	'Jacqueline du Pré'	'Annapurna' 'Fée des Neiges' ('Iceberg')
Englische Rosen	'Kew Gardens'	'Claire Austin' 'Glamis Castle' 'Winchester Cathedral'

Rosa alba 'Semiplena'

Viburnum plicatum 'Summer Snowflake'

Ribes sanguineum 'White Icicle'

Syringa vulgaris 'Mme Lemoine'

Buddleja davidii 'Nanho White'

Hebe salicifolia 'Alba'

Hydrangea macrophylla 'Nymphe'

Hydrangea macrophylla 'Libelle'

Potentilla fruticosa 'Abbotswood'

Herbst und Winter

Abeliophyllum distichum **✽ ➤ („Schneeforsythie"):** reinweiße oder leicht rosa schimmernde Blüten in der Art von Forsythien, Januar oder Februar, dezenter Duft. Normaler, nicht zu trockener Boden, Sonne oder Halbschatten. 1,50 m × 1,50 m.

Camellia **sp. ✽:** viele weiße Kamelien sehen wunderbar aus, aber: die zarten Blütenblätter entwickeln bei Feuchtigkeit Rost.

Bewährte Sorten:
- *C. japonica* 'Nobilissima' ✽ ➤, 'Hagoromo' ✽, 'Marie Costa' ✽, 'Mathotiana Alba' ✽, 'Janet Waterhouse' ✽, 'Etr. Carlyon' ✽, 'Whisley White' ✽, 'Man Size' ✽, 'Lovelight' ✽, 'Silver Waves' ✽, 'Nuccio Gem' ✽, 'Swan Lake' ✽.
- *C. sasanqua* 'Helen' ✽ (gefüllt), 'Janell' ✽ (einfach), 'Narumigata' ✽ (einfach), 'Vanessa' ✽ (einfach)
- Kamelien-Hybriden 'Cornish Snow' ✽ (kleine einfache Blüten), 'Cinnamon Cindy' ✽ (gefüllt), 'Scented Sun' ✽ (gefüllt)
- Botanische Kamelien: *C. sinensis* ✽, *C. yunnanensis* ✽, *C. transnokoensis* ✽ ➤
- *C.* × *williamsii*: 'Amzer Nevez' ✽.

Erica **sp.:** Winter-Heidekräuter für nicht ganz so schwere Böden, auch leicht kalkhaltig, und mit Kompost angereichert, in voller Sonne. Schöne Sorten: *Erica carnea* 'Springwood White', 'Snow Queen', *Erica* × *darleyensis* 'Norman Webster', 'Silberschmelze', 'White Perfection'.

Heptacodium miconioides **➤:** Sträuße kleiner, weißer Blüten umgeben von Brakteen, ab Oktober, im November rötliche Verfärbung. Sonne oder Halbschatten, normaler Boden. 2–4 m × 2 m.

Weitere Sträucher:

FRÜHLING	*Choisya* sp. ✽, *Daphne mezereum* 'Album', *Deutzia* sp., *Philadelphus* sp., *Erica arborea*, *Prunus glandulosa* 'Alba Plena', *Rhododendron*, *Rubus tridel* 'Benenden'
SOMMER	*Calycanthus* × *raulstonii* 'Venus', *Clethra alnifolia*, *Hoheria sexstylosa* ✽, *Hydrangea involucrata* 'Yoraku Tama' und 'Mihara Kokonoe', *H. aspera* 'Peter Chapell', *H. serrata* 'Shirahuzi', *Olearia traversii* ✽
HERBST–WINTER	*Erica* × *veitchii*, *Lonicera fragrantissima*, *Sarcococca* sp., *Viburnum farreri* 'Candidissima', *Viburnum tinus* 'Spirit' ✽

KLETTERPFLANZEN

Frühling

Akebia quinata **'Silver Bells' ✽ ➤:** helle, im Schatten leuchtende Blüten, April/Mai. Normaler, frischer Boden. Sonne oder Halbschatten. 5–8 m × 2 m.

Weiße Clematis: alle sehr schön, die Farbe hält sich am besten im Halbschatten oder Schatten. Normaler, dauerfrischer Boden.

CLEMATIS	UNGEFÜLLT	GEFÜLLT
MÄRZ–APRIL	*C. alpina* 'Alba', *C. montana* 'Grandiflora' und 'Spooneri'	'White Swann', *C. montana* 'Primrose Star'
MAI–JUNI	*C. recta*, 'Mme Lecoultre', 'Wada's Primrose' ➤, 'Chantilly'*, 'Guernsey Cream', 'Miss Bateman', 'Mme Lecoultre', 'Wada's Primrose', 'Henryi'	'Duchess of Edinburg' 'Arctic Queen'
JULI–AUG.	'Pennell's Purity', 'Henryi', 'John Huxtable', 'Huldine'*, *C. flammula*, 'The Bride'*, *C. viticella* 'Alba Luxurians' ➤	
NOV.–FEB.	*C. cirrhosa* var. *balearica*, *C.* × *cartmanii*	

* verlängerte Blühperiode bis September

Hydrangea petiolaris **➤:** flache, weiße Blütenstände mit Kranz kleiner, steriler Blüten, Juni/Juli. *Schizophragma hydrangeoides*, ist ähnlich, blüht unmittelbar danach im Juli/August. Frische Böden, Schatten oder Halbschatten 10–15 m.

Wisteria **sp.:** Von allen Glyzinen-Arten gibt es weiße Varietäten. Sonne, Boden weder zu kalkhaltig noch zu trocken. 8–12 m × 3 m.
- *W. sinensis* var. *alba*: Blüte vor Blattentwicklung, Mitte April.
- *W. floribunda* 'Alba': im Mai, gleichzeitig mit Blättern.
- *W. venusta* 'Alba' und 'Kapitain Fuji': kurze, gut sichtbare, lustige Blütentrauben.

Sommer

Jasminum officinale **✽:** Sträuße stark duftender Blüten an der Spitze kurzer Verzweigungen von Vorjahres-Ästen, Juli bis September. Volle Sonne, normaler, durchlässiger Boden. 5–7 m × 3 m.

Passiflora caerulea **'Constance Elliot':** völlig weiße Sorte der Passionsblumenart mit bester Winterhärte. Volle Sonne, warmer Standort. Leichter Boden, durchlässig. 2–3 m × 1,50 m. Vorsichtiger Schnitt abgefrorener Triebe am Ende des Winters.

Herbst

Fallopia baldschuanica**:** große Sträuße weißer Blüten an der Spitze rankender Zweige, Sonne oder Halbschatten, normaler Boden. 3–5 m × 3 m.

Weitere Kletterpflanzen:

FRÜHLING	*Holboellia* ✽, *Actinidia*, *Clematis armandii* ✽, *Trachelospermum jasminoides* ✽
SOMMER	*Dregea sinensis* ✽, *Clematis flammula*, *Cobaea scandens* 'Album' ✽, *Bougainvillea glabra* 'Alba' ✽, weiße Prunkwinden ✽, *Lathyrus latifolius* 'Albus', *Solanum jasminoides* 'Album' ✽, *Plumbago capensis* 'Album' ✽
HERBST	*Decumaria barbara* ✽, *Araujа sericifera* ✽

Abeliophyllum distichum

Camellia japonica 'Nobilissima'

Camellia transnokoensis

Heptacodium miconioides

Akebia quinata 'Silver Bells'

Hydrangea petiolaris

Clematis viticella 'Alba Luxurians'

Clematis 'Wada's Primrose'

STAUDEN

Frühling

***Centranthus ruber* 'Albiflorus'** ➤: üppige Sträuße weißer Blüten von Mai bis Oktober, über zartgrünen Blättern. Volle Sonne, normaler, durchlässiger Boden. 70 cm.

***Dicentra spectabilis* 'Alba'**: weiß blühendes Tränendes Herz mit zartgrünem Laub. Halbschatten, frische, durchlässige Böden. 60 cm x 60 cm.

***Geranium clarkei* 'Kashmir White'** ➤: große, samtweiße Blüten mit zarter Äderung, Juni und Juli. Große, gefingerte Blätter in zartem Grün. 40 cm. Weitere attraktive Geranien-Arten in Weiß: *G. pratense* 'Album', *G. sylvaticum* 'Album', *G. macrorrhizum* 'White Ness'.

***Iris* sp.**: bei vielen Arten sind schöne, reinweiße Sorten erhältlich:
- *I. barbata*: 'Arctic Age', 'Carte Blanche', 'English Cottage', 'Immortality'.
- *I. ensata*: 'Comtesse de Paris' ➤
- *I. pseudacorus*: 'Crème de la Crème'.
- *I. sibirica*: 'Crème Chantilly', 'Fourfold White', 'White Swirl'.

***Paeonia* sp.**: sehr opulente, kurzlebige Blüte. Bildet Horste langlebiger, fester Triebe. Volle Sonne, normaler, tiefgründiger Boden. 70 cm x 70 cm. Empfohlene Sorten:

UNGEFÜLLT	HALBGEFÜLLT	GEFÜLLT
'Chalice', 'Krinkled White' 'Jan van Leeuwen' 'La Fiancée' 'Requiem' 'White Innocence'	'Carrara', 'Immaculée' 'Mlle Jeanne Rivière'	'Alba Plena' 'Duchesse de Nemours' 'Festiva Maxima' ➤ 'Marie Lemoine', 'Shirley Temple', 'Solange'

Papaver orientale: große Blüten aus zarten, seidigen Blütenblättern, sehr kurzlebig, oft mit schwarzem Mal an der Basis der Kronblätter. Volle Sonne, gut durchlässiger Boden, 60 cm x 60 cm. Empfohlene Sorten: 'Black and White', 'Perry's White', 'Snow Goose'.

Sommer

***Achillea ptarmica* 'La Perle'** ➤: Blüten in kleinen, weißen Bällen, endständig an biegsamen Trieben, ungeteilte, duftende Blätter. Sonne, frischer oder feuchter Boden. 60 cm. Breitet sich aus.

***Astilbe* sp.**: aufrechte oder hängende Rispen. Sonne oder Halbschatten, frischer oder feuchter Boden. 0,30–1 m x 50 cm. Empfehlenswerte Sorten: 'Irrlicht', 'Weiße Gloria', 'Brautschleier' und die große, prächtige und anmutige Art *A. thunbergii*.

***Leucanthemum* x *superbum* 'Becky'** ➤: große, reinweiße Blütenräder an der Spitze dicker, stabiler Stängel, Juli und August. Sonne. Normaler, nährstoffreicher Boden. 80 cm. Stützen unnötig. Diese Sorte verträgt als einzige etliche Jahre der Vernachlässigung ohne Teilung oder andere Pflege.

***Phlox paniculata* 'Mt Fuji'**: Sträuße reinweißer, duftender Blüten, endständig an struppigen Stängeln mit zartgrünem Laub, August bis Oktober. Sonne, Halbschatten, frischer Boden. 80 cm.

Herbst

Anaphalis triplinervis ➤: Sträuße weißer Blütenknöpfe, August bis Oktober, Blütenkörbchen trocknen am Stängel und schmücken im Winter. Silbriges Laub, unterseits weißer Flaum. Normaler Boden, Sonne oder Halbschatten. 35 cm. *A.* x *yedoensis*: identisch, 70 cm. Stützen erforderlich.

***Anemone* 'Honorine Jobert'** ➤: große, weiße, seidig glänzende Blüten mit gelbem Herz, August bis September,, auf sehr dünnen Stängeln. Sonne oder Halbschatten, normaler, frischer Boden. 0,80–1 m.

***Aster* sp.**: zahlreiche, weiße Arten und Sorten, darunter u.a.:
- *A. divaricatus* 'Silverspray' mit unzähligen, kleinen, weißen Korbblüten, Juli bis Oktober, für alle Lagen, sehr widerstandsfähig.
- *A. novi-belgii* 'White Ladies', 'White Climax' mit dicken Blütenkörbchen.
- *A. tradescantii* mit kleinen, weißen Korbblüten auf verzweigten Stängeln, spät im November. 1,20 m.

Winter

Helleborus niger: große Einzelblüten an nackten Stängeln, Dezember bis März. Große, dicke Blätter, gefingert und immergrün. Halbschatten, frische, nährstoffreiche Böden. 35 cm. *H.* x *nigercors*: je 8 bis 10 Blüten in einer Traube. *H.* x *hybridus* ➤: noch später blühend, aber ebenfalls schöne Sorten mit einfachen oder gefüllten weißen Blüten. *Helleborus* 'Paradenia': reich blühende neue Kreuzung.

Weitere Stauden:

FRÜHLING	*Agapanthus*-Sorten., *Anthericum liliago, Arabis caucasica, Astrantia major, Campanula persicifolia* 'Alba', *Cerastium tomentosum, Convallaria majalis, Crambe cordifolia, Delphinium* 'Galahad', *Epimedium youngianum* 'Niveum', 'Arctic Wings', *Gallium odoratum, Gillenia trifoliata, Iberis sempervirens, Lamium maculatum* 'Album', 'White Nancy', *Pulsatilla vulgaris* 'Alba', *Ranunculus aconitifolius* 'Pleniflorus', *Tiarella cordifolia*...
SOMMER	*Anthemis cupahiana, Artemisia lactiflora, Aruncus dioicus, Boltonia asteroides, Echinacea purpurea* 'White Swan', *Epilobium angustifolium* 'Album', *Gypsophila paniculata, Hemerocallis* sp., *Hosta plantaginea, Hosta* x 'Royal Standard', *Kalimeris incisa* 'Alba', *Monarda didyma* 'Schneewittchen', *Nepeta* 'Snowflake', *Penstemon* 'Alice Hindley' und 'White Bedder', *Persicaria amplexicaulis* 'Alba', *P. weyrichii, Sanguisorba tenuifolia* 'Alba', *Saponaria officinalis* 'Alba Plena', *Scabiosa caucasia* 'Miss Willmott', *Sidalcea candida, Stockesia laevis* 'Alba', *Tradescantia* 'Innocence', *Veronicastrum virginium* 'Album'...
HERBST	*Begonia grandis* subsp. *evansiana* 'Alba', *Actaea simplex* 'White Pearl', *Tricyrtis* 'Tojen', *Saxifraga fortunei, Yucca filamentosa*...
WINTER	*Petasites paradoxus, Primula veris* 'Alba', Pulmonaria 'Sissinghurst White', *Iris stylosa* 'Walter Butt', *Hepatica nobilis* 'Alba'...

Centranthus ruber 'Albiflorus'

Geranium clarkei 'Kashmir White'

Iris ensata 'Comtesse de Paris'

Paeonia 'Festiva Maxima'

Achillea ptarmica 'La Perle'

Leucanthemum × *superbum* 'Becky'

Anaphalis triplinervis

Anemone 'Honorine Jobert'

Helleborus × *hybridus*, 'Double White'

ZWIEBELN

Frühling

***Anemone blanda* 'White Splendour':** Teppich weißer Radblüten ab Mitte März. Geteilte Blätter, dichter Bodenbewuchs. Halbschatten, frischer Boden. 10 cm × 25 cm. Pflanzung im Herbst, Tiefe 3 cm.

***Narcissus* sp.:** weiße Sorten machen sich gut zusammen mit gelb oder rot blühenden Sträuchern. Sonne oder Halbschatten, normaler Boden. 'February Silver': früh blühend. 'Ice Follies', 'Sinopel' ➤: große Hauptkrone, duftend. 'Thalia' und 'Petrel': mehrblütig.

***Ornithogalum umbellatum* ➤:** sternförmige, weiße Blüten büschelweise im Mai. Grüne, linealische Blätter. Volle Sonne, durchlässiger Boden, Wärme. 25 cm. Pflanzung im Herbst, Tiefe 5 cm.

***Trillium grandiflorum* ➤:** Blüten mit 3 weißen Blütenblätter mitten in 3 Laubblättern. Halbschatten, frischer Boden. 30 cm.

***Tulipa* sp.:** es gibt viele weiße Tulpen, die von März bis Ende Mai blühen. Volle Sonne. Leichter, durchlässiger Boden. Empfohlene Sorten: 'Candela': cremeweiß; 'Purissima' ➤ und 'White Dream': reinweiß; 'Mount Tacoma': gefüllt; 'White Parrot': Papageiblüte.
***T. humilis* 'Alba Coerulea Oculata':** kleine botanische Tulpe.

Sommer und Herbst

***Crinum* × *powellii* 'Album' ❄ ➤:** Sträuße trompetenförmiger, weißer Blüten an der Spitze kräftiger Stängel in einem Horst von Blättern, stark duftend. Sonne, feuchter Boden. 1,50 m × 1,50 m. Vor starken Frösten durch eine dicke Schicht Herbstlaub schützen.

***Cyclamen hederifolium* var. *album*:** zahlreiche, kleine Blüten mit zurückgeschlagenen, weißen Blütenblättern über silbrig marmorierten, immergrünen Blättern. Sonne oder Halbschatten, normaler, eher leichter Boden. 15 cm.

***Galtonia candicans*:** große, elfenbeinweiße Glocken an dicken Stängeln, Juli und August, in einem Büschel großer, grau schimmernder Blätter. Sonne, normale, frische Böden. 80 cm. Pflanzung im März/April, Tiefe 15 cm. Verbleibt im Boden.

***Liatris* 'Floristan White':** große, kräftige und gerade Blütenstände mit reinweißen Blüten, blüht von der Spitze her abwärts. Basalblätter lang und gerade. Sonne, normaler Boden. 60 cm. Pflanzung im April, verbleibt im Boden.

Winter

***Galanthus nivalis*:** Blüte in Form herabhängender Glöckchen, Januar bis März, zwischen linealischen, graugrünen Blättern. Vermehrungsfreudige Zwiebelpflanze, Pflanzung im September oder Oktober, bildet rasch Kolonien. Alle Lagen, frische Böden. 15 cm. 'Plenus' hat gefüllte Blüten und eine doppelt so lange Blühperiode. *G. plicatus* ➤: identisch, ab Januar. 25 cm.

Weitere Zwiebeln:

FRÜHLING	*Allium neapolitanum, Allium ursinum, Anemone nemorosa, Incarvillea delavayi* 'Snowtop', *Hyacinthoides hispanica* 'Alba', *Leucojum aestivum, Tulipa polychroma*
SOMMER	*Ismene festalis, Zantedeschia aethiopica*
HERBST	*Colchicum autumnale* 'Album', *Nerine bowdenii* 'Album', *Schizostylis coccinea* 'Alba', *Zephirantes candida*
WINTER	*Cyclamen coum* 'Album', *Crocus* 'Jeanne d'Arc'

EIN- UND ZWEIJÄHRIGE

Frühling

***Aquilegia vulgaris* 'Miss Jeckill' ➤:** eine der reinweißen Sorten. Sonne oder Halbschatten, frische Böden. 45 cm.

***Digitalis purpurea* 'Alba' ➤:** hohe Blütenstängel, Blüten reinweiß oder gefleckt (durch Saftmale) je nach Sorte, Mai bis Juni im zweiten Jahr. Halbschatten, lockerer, humusreicher Boden. 1,50–2 m. 'Heywoodii' mit grauen Blättern.

***Hesperis matronalis* 'Alba':** Dolden mattweißer Blüten mit je 4 Blütenblättern, Mai bis Juli, Blätter dunkelgrün. Blattrosette immergrün. Sonne, Halbschatten, normaler Boden. 1 m. versamt sich.

***Lunaria annua* 'Alba':** Sträuße weißer Blüten an der Spitze gerader, kaum verzweigter Stängel, April und Mai. Dreieckige, mattgrüne Blätter. Die großen, weißen Schötchen bleiben im Winter hängen. Halbschatten, frische, durchlässige Böden 70 cm. 'Alba Variegata' hat zudem weiß panaschierte Blätter.

Sommer

***Malva moschata* 'Alba' ➤:** Moschus-Malve: große Blüte aus seidigen, weißen Kronblättern an der Spitze verzweigter Stängel. Rosette rundlicher, eingeschnittener Blätter, immergrün. Sonne, normaler, eher frischer Boden. 70 cm. Kurzlebig, sät sich leicht aus.

***Tanacetum parthenium*:** Sträuße kleiner Korbblüten über fiederteiligen Blättern mit starkem Geruch (bekämpft Parasiten). Sonne, normaler Boden. 60 cm. Versamt sich.

Weitere Ein- und Zweijährige: *Leucanthemum vulgare, Borrago officinalis* 'Alba'.

Ornithogalum umbellatum

Trillium grandiflorum

Narcissus 'Sinopel'

Tulipa 'Purissima'

Crinum × powellii 'Album'

Galanthus plicatus

Aquilegia vulgaris 'Miss Jeckill'

Hesperis matronalis 'Alba'

Malva moschata 'Alba'

Grüne Blüten

BÄUME, STRÄUCHER, KLETTERPFLANZEN

Frühling

Acer platanoides: Blütensträuße vor den Blättern, bei älteren Bäumen in großer Menge. Sonne oder Halbschatten. Normaler, nicht zu trockener Boden. 6–15 m x 3–6 m.

***Clematis* 'Pixie'** ❈: sehr viele Blüten an langen Trieben voller gefiederter Blätter, deren Struktur Kunststoff ähnelt. Sonne, lockere, frische Böden. Geschützt. 1,50 m.

Daphne laureola ❈ ➤: Blütentrauben unterhalb der letzten glänzenden, immergrünen Blätter. Kaum duftend. Schatten, normaler, frischer, Boden, durchlässig. 80 cm x 80 cm.

***Prunus serrulata* 'Ukon'** ➤: Büschel grünlich cremefarbener Blüten mit blassgelber Farbwirkung, gegen Ende Rosafärbung. Sonne, normaler Boden. 5–6 m x 5–6 m. 'Gioiko' und 'Asagi' sind ähnlich.

***Skimmia* 'Kew Green'**: duftende Sträuße im März und April, Blätter mit aromatischem Geruch, niedrige Statur. Schatten oder Halbschatten, normaler, kalkarmer Boden. 1 m x 2 m.

Sommer

***Calycanthus floridus* 'Athens'** ➤: kleine, in den Blättern versteckte „Anemonen". Aromatischer Geruch der Blätter. Sonne oder Halbschatten, normaler Boden. 2 m x 2 m.

***Clematis florida* 'Alba Plena'**: mittelgroße Blüten mit gefülltem Herz, erst lange grün, dann weiß, schließlich wieder grün gefärbt. Halbschatten, leichter, frischer und durchlässiger Boden. 1,50 m.

Itea ilicifolia ❈ ➤: lange, weiche „Kätzchen" mit angenehmem Duft, Juli und August. Immergrüne Blätter ähnlich wie *Ilex*. Sonne oder Halbschatten, kalkfreier, frischer Boden. 2 m x 1,50 m.

Weitere Bäume, Sträucher und Kletterpflanzen:

FRÜHLING	*Decaisnea fargesii, Lindera obtusiloba, Trochodendron aralioides*
SOMMER	*Cornus kousa* 'Wolf's Eyes', *Euonymus carnosus, Euonymus grandiflorus, Hydrangea paniculata* 'Limelight', *Ptelea trifoliata, Rosa chinensis* 'Viridiflora' ❈
WINTER	*Ulmus campestris*

STAUDEN UND ZWIEBELN

Frühling/Sommer

Alchemilla mollis: ein Nebel winziger Blüten von Mai bis Juli. Gelappte, behaarte Blätter, die die Tautropfen halten. Alle Lagen und Böden, 45 cm. Versamt sich.

Bupleurum falcatum ❈: Blüten von einem Kranz leuchtender Brakteen umgeben, Juli und August, lanzettliche, gekrümmte Blätter. Sonne, normaler, durchlässiger Boden. 1 m. Gut für Blumensträuße.

Euphorbia characias: längliche Blütenstande an der Spitze der Stängel, Blühdauer 3–4 Monate, bläuliches Laub, immergrün. Sonne, durchlässige Böden. 1 m x 1 m.

***Primula vulgaris* 'Francesca'** ➤: lustige grüne Blüten mit gelbem Herz, lang blühend. Halbschatten, frische Böden. 15 cm.

***Tulipa viridiflora* 'Spring Green'** ➤: typische Vertreterin einer Viridiflora-Gruppe mit grünen Abzeichen in anderen Farbtönen, daher sehr kühle, frische Wirkung. Sonne, leichter, durchlässiger Boden.

***Zantedeschia aethiopica* 'Green Goddess'** ➤: Blütenstände in Form spitzer Tüten in Weiß mit grüner Spitze, Juli bis Oktober. Große, pfeilförmige Blätter. Sonne, normaler, frischer Boden. 1 m. Im Winter mit einer Laubschicht schützen.

Winter

Helleborus argutifolius ❈ ➤: Sträuße apfelgrüner Blüten an der Spitze kraftiger Stängel mit ledrigen Blättern. Volle Sonne, durchlässige Böden. 80 cm.

Weitere Stauden und Zwiebeln: *Arisaema jacquemontii, Azorella trifurcata, Chrysosplenium davidianum, Eryngium agavifolium, Euphorbia* sp., *Echinacea* 'Green Envy', *Galanthus* 'Viridapice', *Galtonia viridiflora, Helleborus foetidus, Ixia viridiflora, Kniphofia* 'Green Jade', *Paris quadrifolia, Petasites japonicus.*

EIN- UND ZWEIJÄHRIGE

Smyrnium perfoliatum ➤: Blütenstände von großen, fast fluoreszierenden Brakteen umstanden. Dreijährige Pflanze, die leicht verwildert. Schatten oder Halbschatten, frischer Boden. 50 cm.

Weitere Ein- und Zweijährige: *Amaranthus caudatus, Angelica archangelica, Nicotiana* 'Lime Green', *Mathiasella bupleuroides, Molucella laevis, Petroselinum sativum, Zinnia*-Hybriden.

Daphne laureola

Prunus serrulata 'Ukon'

Calycanthus floridus 'Athens'

Itea illicifolia

Primula vulgaris 'Francesca'

Tulipa viridiflora 'Spring Green'

Zantedeschia aethiopica 'Green Goddess'

Helleborus argutifolius

Smyrnium perfoliatum

Hellgelbe Blüten

BÄUME UND STRÄUCHER

Frühling

Chaenomeles × ***superba*** **'Kinsindin'** ➤: schöne, gefüllte Blüten, erst grünlich, später zitronengelb. Halbschatten, frische Böden. 1 m × 1 m.

Cytisus × ***praecox*** **'Allgold'**: Besenginster mit zartgelben und cremefarbenen Blüten in großer Fülle, Ende April oder Mai. Volle Sonne, neutrale oder alkalische Böden. 1,50 m × 1,50 m.

Magnolia **sp.**: zitronen- bis dottergelbe Blüten. Außergewöhnlich und attraktiv, um die anderen Farben hervorzuheben. Halbschatten oder Sonne, frische, kalkfreie Böden.

SORTE	APRIL	ANF. MAI	MAI–JUNI
Sternblütige	'Butterflies'	'Maxime Merrill' 'Goldstar'	'Yellow Bird'
Tulpenblütige	'Yellow River'	'Elisabeth' ➤ 'Yellow Fever'	'Daphne'

Paeonia lutea: kleine, duftende, hellgelbe Blüten, Ende April oder Anfang Mai. Im Frühjahr große, zartgrüne Blätter. Alle Lagen, normaler Boden. 2 m × 1,50 m. Empfehlenswerte Sorten: 'Amber Moon' (halbgefüllt), 'Artemis' (sehr blass), 'Eldorado' (rotes Auge), 'High Noon' (halbgefüllt), 'Orion', 'Roman Gold' etc.

Syringa vulgaris **'Primrose'** ➤: eigenwillige, sehr blass gelbe Blütenstände, bislang die einzige Züchtung dieser Farbe neben der Art *S. reticulata*, die leider sehr selten ist. Sonne oder Halbschatten, frische Böden. 3 m × 2 m.

Sommer

Aesculus flava: Trauben sehr blass gelber Blüten an der Spitze der kurzen, zarten Zweige, Ende Mai und Anfang Juni. Blätter bläulich grün. Normaler, frischer Boden. 7 m × 3 m. Langsames Wachstum, nicht anfällig für Krankheiten.

Cornus capitata ❄: Blüten mit 4 cremefarbenen Hüllblättern, was sie hellgelb wirken lässt, Juni und Anfang Juli. Kleiner, prachtvoller Baum, halbimmergrün. Normale, kalkarme, frische Böden. 6 m × 4 m. Mildes Klima.

Potentilla fruticosa **'Primrose Beauty'**: unzählige, kleine, zitronengelbe Blüten an einem aufragenden Busch, Mai bis Oktober. Sonne, normaler Boden, 100 cm × 50 cm.

ROSA SP. (HELLGELBE ROSEN)		
	EINFACH	GEFÜLLT
Botanische R.	*R. primula* *R. xanthina* *R. cantabrigiense*	'Laurence Johnstone'
Kletterrosen	'Mermaid'	'Leverkusen'
Strauchrosen	'Golden Wings'	'Agnes' 'Maigold' ➤
Bodendecker		'Nadia Meillandecor'
Floribunda-R.		'Liane Foly'
Edelrosen		'Frederick Chopin' 'Suzy'
Englische Rosen		'The Pilgrim' 'Carlotee'

Herbst/Winter

Hamamelis **'Pallida'** und **'Primavera'** ➤: Büschel leuchtender Fäden, Januar/Februar. Ausgreifender Strauch, sommergrün. Schatten oder Halbschatten. Kalkfreie, dauerfrische Böden. 2 m × 3 m.

Illicium anisatum ❄ ➤: sternförmige Blüten in einem durchsichtigen Blassgelb, zwischen Februar und April, mit dunkelgrünen, glänzenden Blättern, immergrün. Halbschatten, kalkfreie Böden, mildes Klima. 2 m × 2 m. Giftig.

Weitere Bäume und Sträucher:

FRÜHLING	*Ailanthus altissima, Camellia japonica* 'Jury's Yellow', *Chaenomeles × superba* 'Kinsindin' und 'Yuki-Goten', *Corylopsis pauciflora, Corylopsis spicata, Paeonia × lemoinei, Rhododendron lutescens, R. ambiguum, R.* 'Princesse Ann' und 'Shamrock', *R. macabeanum* ❄, *Sambucus racemosa*
SOMMER	*Diervilla sessilifolia* 'Butterfly', *Potentilla fruticosa* 'Primrose Beauty' und 'Vilmoriniana'
HERBST–WINTER	*Hamamelis* 'Pallida', *H.* 'Primavera', *H.* 'Sunburst', *Mahonia bealei*

KLETTERPFLANZEN

Frühling

Lonicera periclymenum **'Graham Thomas'** ➤: lange, röhrenförmige Blüten, erst cremefarben, dann hellgelb, Mai bis Juli, zweite Blüte im September/Oktober. Halbschatten, normaler, frischer Boden. 3 m × 2 m.

Herbst

Clematis rehderiana ➤: Glocken in der Farbe und mit dem Duft von Primeln in luftigen Sträußen an der Spitze der Jahrestriebe. Schönes, mattes Laub. Sonne oder Halbschatten, normaler, durchlässiger Boden.

Chaenomeles 'Kinsindin'

Magnolia 'Elisabeth'

Syringa vulgaris 'Primrose'

Rosa 'Maigold'

Hamamelis 'Primavera'

Illicium anisatum

Lonicera periclymenum 'Graham Thomas'

Clematis rehderiana

Hellgelbe Blüten

STAUDEN

Frühling

***Baptisia* 'Solar Flare':** Lupinenblüten an einem kräftigen, langlebigen Stock (15–20 Jahre). Blätter bläulich grün und dreiteilig. Sonne, normaler, tiefgründiger, gut durchlässiger Boden. Sehr ausdauernd. 'Lemon Meringue', 'Carolina Moonlight' ➤ farblich ähnlich.

***Epimedium* × *versicolor* 'Sulphureum' ➤:** zahlreiche, kleine, cremegelbe „Elfenblüten", im April vor den neuen Blättern, immergrün. Schatten, normaler Boden. 35 cm × 50 cm und mehr.

Sommer

***Achillea* 'Moonshine':** Flache Blütenstände in leuchtendem Zitronengelb an grausilbernen Stängeln und Blättern. Volle Sonne, durchlässiger Boden. 50 cm × 50 cm. *A. taygeta*: noch heller, grüne Blätter.

***Anthemis tinctoria* 'Sauce Hollandaise':** den ganzen Sommer über cremegelbe Blütenkörbchen, Laub aromatisch duftend. Sonne, normaler Boden, durchlässig. 90 cm × 90 cm. 'E.C Buxton': ähnlich, 50 cm.

***Coreopsis verticillata* 'Moonbeam':** unzählige Blütenkörbchen mit großen, zitronengelben Zungenblüten an der Stängelspitze und fadenförmigen Blättern. Sonne, nährstoffreicher Boden, im Winter nicht staunass. 40 cm × 40 cm.

***Hemerocallis citrina* ➤:** große, zitronengelbe Lilienblüten mit Zitronenduft in einem Horst bandförmiger Blätter. Sonne oder Halbschatten, normaler Boden. Zahlreiche Hybriden gleichen Farbtons. Andere Farben bei 'Alice in Wonderland', 'Corky', 'Susie Wong'.

***Thalictrum flavum* ➤:** lichte, limonengrüne Sträuße, endständig, an Trieben mit großen, stahlblauen Fiederblättern. Sonne, normaler, frischer oder feuchter Boden. 1,50–2 m × 50 cm. Windschutz.

Herbst

***Helianthus* 'Lemon Queen' ➤:** Miniatur-„Sonnenblume" in hellem Zitronengelb auf robusten Stängeln, Mitte August bis Frostbeginn. Sonne, normaler Boden. 1,50–1,80 m × 1 m. Nicht wuchernd.

***Kirengeshoma palmata* ➤:** Blüten erinnern an herabhängende Lampions, endständig an Stängeln mit zartgrünen, geflügelten Blättern. Halbschatten, frische Böden. 1 m × 80 cm. Robust.

Winter

***Helleborus* × *hybridus*:** buttergelbe Blüten, Januar bis April. Sonne oder Halbschatten, frische, durchlässige Böden. 40 cm × 40 cm.

Weitere Stauden:

FRÜHLING	*Alyssum saxatile* 'Citrinum', *Iris pseudacorus* 'Bastardii', *Paeonia* 'Early Glow', 'Prairie Moon', 'Starlight', 'Primevere', *Paeonia mlokosevitchii, Ranunculus acris* 'Sulphureus', *Thermopsis villosa, Trollius* × 'Cheddar', *Uvularia grandiflora*
SOMMER	*Asphodeline liburnica, Cephalaria gigantea, Helichysum* 'Schweffelicht', *Leucanthemum* 'Sonneschein', *Phlomis russeliana, Scabiosa ochroleuca, Thalictrum flavum*
HERBST	*Echinacea pallida, Helianthus giganteus* 'Sheila Mac Queen', *Solidago* 'Citronella', *Solidaster* 'Lenmore'

ZWIEBELN, EIN- UND ZWEIJÄHRIGE

Frühling

***Digitalis lutea* ➤:** röhrenförmige Blüten in Cremegelb, an 60 cm langen Schäften. Sonne oder Halbschatten, humoser Boden. Lebensdauer 3–4 Jahre. Versamt sich. *D. grandiflora* ist ähnlich.

***Erythronium* 'Pagoda' ➤:** sternförmige Blüten über 2 großen Blättern. 25 cm × 20 cm. Halbschatten, frische, humusreiche Böden.

***Narcissus* und *Tulipa*:** mehrere Sorten blühen blassgelb und passen gut zu rosa blühenden Kirschen oder anderen Frühjahrsblühern. Sonne oder Halbschatten, normale Böden.

	NARCISSUS	*TULIPA*
UNGEFÜLLTE BLÜTEN	*N. lobularis*, 'Pipit', 'Spellbinder', 'Sophie's Choice', 'Altun Ha', 'Cassata', 'Lemon Beauty', 'Minnow', 'Stint', 'Hawera', 'Lemon Drop'	'Honky Tonk', 'Bright Gem', 'Sweet Heart', 'Yellow Purissima', 'Sunny Prince', 'World Friendship', 'Yellow Present', 'Fringed Elegance', 'Texas Gold', 'Formosa'
GEFÜLLTE BLÜTEN	'Yellow Cheerfulness'	'Exotic Emperor', 'No Risk', 'Schloss Ippenburg'

Sommer

***Crocosmia* 'Sulphurea':** hellgelbe Blüten mit cremefarbenem Herz, Blätter zartgrün. Sonne. Normaler, vor allem im Winter durchlässiger Boden. 60–80 cm × 30 cm. 'Citronella': ähnlich, 'Honey Angels': noch heller, 50 cm.

***Oenothera odorata* 'Sulphurea' ➤:** große, weiche Blüten, die sich abends öffnen und am nächsten Morgen rosa verfärben, Primelduft. Sonne, durchlässige Böden, 45 cm. Aussaat im Beet, versamt sich.

***Tropaeolum majus* 'Milkmaid':** seltene Kapuzinerkressen-Sorte mit Blüten in blassem Zitronengelb, zartgrünes Laub. Sonne, nährstoffreiche, gut aufbereitete Böden. Vermehrt sich in milden Wintern durch Samen.

Weitere Ein- und Zweijährige: *Crocus chrysanthus* 'Cream Beauty', *Erysimum* 'Golden Jubilee' und 'Monlight', *Lupinus* 'Chandelier'.

Baptisia 'Carolina Moonlight'

Epimedium × *versicolor* 'Sulphureum'

Hemerocallis citrina

Thalictrum flavum

Helianthus 'Lemon Queen'

Kirengeshoma palmata

Digitalis lutea

Erythronium 'Pagoda'

Oenothera odorata 'Sulphurea'

Gelbe Blüten

BÄUME

Frühling

Cytisus battandieri ❄ ➤: aufrechte Blütenstände aus goldgelben Blüten mit überraschendem Ananasduft. Dreizählig gefingerte Blätter mit grauem Flaum. Volle Sonne, durchlässige Böden.

Laburnum × ***watereri* 'Vossii'** ➤: üppige Blütentrauben von 20–25 cm Länge in strahlendem Gelb, Mai. Dreizählig gefingerte, grüne Blätter. Volle Sonne. Normaler, durchlässiger Boden, bevorzugt kalkhaltig. 10 m × 3 m. Keine Samen.

Sommer

Genista aetnensis ❄ ➤: raschwüchsiger Strauch, Blüte im Juli und August. Volle Sonne, durchlässiger Boden, warmer Standort. 5 m × 2 m. Leidet bei niedrigen Temperaturen ab –15 °C. Jung auspflanzen.

Koelreuteria paniculata: Rispen mit kleinen, gelben Blüten und rascher Fruchtentwicklung. Aufrechter Wuchs, später rundlich. Blätter im Fruhling kupfer-rosa, später zartgrün, im Herbst kupfrig gelb. Sonne, normale, durchlässige Böden. 8–12 m × 5–6 m.

STRÄUCHER

Frühling

Buddleja globosa ❄ ➤: im Mai und Juni orangegelbe Blütenstände in Kugelform an der Spitze der Vorjahrestriebe, die den Frost überstanden haben. Blätter silbrig grün. Nährstoffreicher, lockerer und durchlässiger Boden. Sonne, windgeschützt. 2 m × 2 m.

Forsythia × ***intermedia***: im März sehr viele goldgelbe oder etwas hellere Blüten, schlanker oder zwergenhafter Busch. Alle Böden, Sonne oder Halbschatten.
– Große Sorten (2 m × 2 m): 'Spectabilis', 'Lynwood', 'Beatrix Farrand', 'Golden Nugget', 'Spring Glory', kaum Unterschiede.
– Kleine Sorten (70 cm × 1 m): 'Marée d'Or' ➤, 'Week End', 'Boucle d'Or'.

Kerria japonica: Ranunkelstrauch mit großen, gelben Blüten, einfach ('Golden Guinea') oder gefüllt ('Pleniflora') auf biegsamen, leichten Ästen, die sich wie Himbeeren entwickeln. Alle Lagen, windgeschützt, normale, frische Böden. 1,50 m × 2 m und mehr.

Sommer

Genista hispanica ❄: Blüte im Mai und Juni, endständig an stacheligen Ästen. Kugelige Statur, später ausgreifend. Volle Sonne, alle Böden. 1 m × 1,50 m.

***Hypericum* 'Hidcote'** ➤: die großen, goldgelben Blüten in der Schalenform des Johanniskrautes schmücken sich mit einem Bündel spitzer Staubgefäße und blühen von Juni bis Oktober. Normaler, frischer Boden, volle Sonne. 1,20 m × 1,20 m. 'Sungold' ist fast identisch.

Potentilla fruticosa: goldgelbe Blüten an einem dichten, aufrechten, manchmal auch kugeligen Busch. Volle Sonne, alle Böden.
– Dichter, aufrechter Wuchs, 1,20–1,50 m × 1 m: 'Goldfinger', 'Gold-Kugel', 'Goldstar', 'Jackman's Variety', 'Klondike'
– Breitwüchsig, buschig, 60–100 cm × 60–100 cm: 'Elisabeth' (= 'Arbuscula'), 'Kobold', 'Beesii'; 'Gold Teppich' und 'Sommerflor' sind ähnlich, aber niedriger (40 cm × 100 cm).

ROSA SP. (GELBE ROSEN)		
	EINFACH	GEFÜLLT
Botanische R.	*R. hugonis*	'Persian Yellow' *R. hugonis* 'Flore Pleno'
Kletterrosen	'Mermaid'	*R. banksiae* 'Lutea' *R. banksiae* 'Suzy' 'Mme Pierre S. Du Pont'
Strauchrosen	'Frühlingsgold' 'Golden Wings'	'Agnes' 'Anny Duperey' 'Golden Nuggets' 'Golden Shower'
Bodendecker	'Paros'	'Lucia'
Floribunda-R.		'Carte d'Or' 'Golden Delight'
Edelrosen		'Eureka' 'Pierre Perret'
Englische Rosen		'Golden Celebration' ➤ 'Graham Thomas'

Spartium junceum: der spanische Ginster bildet goldgelbe, duftende Blüten, Juni bis Oktober. Hübsche, grüne Zweige im Winter. Volle Sonne, kalkreicher Boden, trocken. 1,80 m × 1,50 m.

Winter

Hamamelis mollis und ***H.*** × ***intermedia*** ➤: Sträuße von Blütenfäden, den gesamten Winter hindurch. Raumgreifender Strauch, sommergrün. Schatten oder Halbschatten. Kalkfreie, dauerfrische Böden.

Weitere Sträucher:

FRÜHLING	*Lupinus arboreus* ❄, *Mahonia aquifolium*, *Ribes odoratum*, *Rhododendron luteum*, *Paeonia lutea*
SOMMER	*Brachyglottis* 'Sunshine' ❄, *Santolina chamaecyparissus* ❄
WINTER	*Chimonanthus* × *praecox*, *Corylopsis willmottiae*, *Ulex europaeus*

Cytisus battandieri

Laburnum × watereri 'Vossii'

Genista aetnensis

Buddleja globosa

Forsythia × intermedia 'Marée d'Or'

Hypericum 'Hidcote'

Rosa 'Golden Celebration'

Hamamelis × intermedia

KLETTERPFLANZEN

Frühling

Jasminum mesnyi ❄: hellgelbe, leicht duftende Blüten an einem kletternden Busch. Sonne, normaler Boden, mildes Klima. 2,50 m.

Clematis × orientalis 'Golden Tiara'

Sommer

***Campsis radicans* 'Yellow Trumpet'** ❄: große, längliche Glocken, erst leuchtend gelb, färbt sich später goldgelb, Juli bis Oktober. Zusammengesetztes Blatt von exotischem Aussehen. Zweige dornenbewehrt. Sonne, durchlässige Böden. 3–5 m. 'Flava' ist ähnlich, 'Judy' tendiert zu Orange.

***Lonicera japonica* 'Halleana'** ➤: cremefarbene und später goldgelb verfärbende Blüten, stark duftend, Mai bis Oktober. Halbimmergrünes Laub. Sonne oder Halbschatten. 3–5 m.

Herbst

Clematis orientalis: je nach Sorte gelbe bis goldgelbe Blütenglocken, von Juli bis zum Frost, zwischen feinem, lichtem Laub. Sonne, frische und durchlässige Böden. 2–5 m. 'Orange Peel': dicke Blütenblätter. 'Golden Tiara' ➤: 2 m. 'Bill Mac Kenzie' und 'Helios' sind ähnlich.

STAUDEN

Frühling

Doronicum plantagineum ➤: große, gelbe Blütenkörbchen, April und Mai. Basalblätter überwintern und ruhen im Sommer. Sonne oder Halbschatten, normaler, im Sommer frischer Boden. 80 cm.

Trollius europaeus ➤: goldgelbe Blütenkugeln, endständig. Sonne oder Halbschatten, frische oder feuchte Böden. 50 cm.

Sommer

***Achillea filipendulina* 'Parker**'s Variety': Blüten in leuchtend gelben, flachen Trugdolden an der Spitze kaum verzweigter Stängel, silbriges, dichtes Laub. Volle Sonne, durchlässige Böden. 1 m.

Anthemis tinctoria: ungefüllte, goldgelbe Blütenkörbchen an der Spitze dicht belaubter, kräftiger Stängel. Blatt fein gefiedert und smaragdgrün, duftend. Sonne, normaler Boden. 60 cm.

***Coreopsis* sp.**: goldgelbe, margeritenförmige Blüten, Juni bis September. Sonne, normaler Boden. Sehr blütenreich.
– *C. grandiflora*: entwickelt viele große Blüten, lebt aber nur 2–3 Jahre. 60 cm.
– *C. lanceolata*: ähnlich, aber kleiner. 40 cm.
– *C. verticillata*: fadenförmige Blätter, Blüten gold- oder zitronengelb. Juli bis September. Sonne, normaler Boden, im Winter nicht staunass.
– *C. tripteris* ist mit etwa 1,80 m ohne Stützen die höchste.

***Helianthus* sp.**: gelbe Blütenkörbchen an der Spitze der Stängel. *H. decapetalus* ist am weitesten verbreitet, bildet aber stark wuchernde Ausläufer (1,70 m), und *H. salicifolius* unterscheidet sich durch feine Blätter und biegsamen Wuchs (2 m).

Heliopsis helianthoides: große, gelbe Körbchenblüte an der Spitze kräftiger Stängel mit rauen Blättern, August und September. Sonne, normaler, frischer Boden. 'Sommersonne' ist ungefüllt (1,20 m), 'Sonnenchild' gefüllt (1,40 m). Muss alle 2 Jahre geteilt werden.

Hemerocallis lilioasphodelus ➤: längliche, gelbe Blüten mit dem Duft von Orangenblüten, Mai und Juni. Lange, über das Blattwerk ragende Stängel. Sonne oder Halbschatten, frische Böden, 1 m. Weitere empfehlenswerte Sorten sind 'Corky' ➤ (braune Unterseite), 'Etched in Gold', 'Happy Returns' (mehrfach blühend), 'Stella de Oro' (mehrfach blühend), 'Judge Orr' (sehr früh), 'Patricia' (gefüllt), 'President Rice' (große Blüte).

Ligularia przewalskii ➤: Stängel mit vielen, kleinen, gelben Blüten, Juli, tief geschlitztes Laub. Volle Sonne oder Halbschatten. Lehmiger, frischer oder feuchter Boden. 1,20 m × 0,50 cm. 'The Rocket' erreicht 2 m, ganzrandiges Blatt, größer.

Lysimachia punctata ➤: viele, glockenförmige, gelbe Blüten entlang der Stängel, Juni bis August. Samtig behaarte Blätter. Sonne oder Halbschatten, frische Böden. 1 m. 'Golden Alexander' mit gelb geränderten Blättern, sehr leuchtend, standfest. Breitet sich kaum aus.

Oenothera fruticosa ➤: mittelgroße, leuchtend gelbe Blüte, Juli bis September. Knospen und Blätter rötlich. Sonne, normaler Boden, nicht zu trocken. 50 cm. *O. tetragona* (= *O. fruticosa* var. *youngii*) ist ähnlich. 'Royal Crown' trägt große Blütensträuße.

***Solidago* sp.**: winzige, leuchtend gelbe Blüten in großen Blütenständen, August/September bis Oktober. Sonne, normaler, frischer Boden. Zahlreiche Sorten von 40 cm bis 1,20 m und mehr.

Lonicera japonica 'Halleana'

Doronicum plantagineum

Trollius europaeus

Ligularia przewalskii

Hemerocallis lilioasphodelus

Hemerocalllis 'Corky'

Lysimachia punctata

Oenothera fruticosa

Gelbe Blüten

Herbst

Rudbeckia fulgida 'Goldsturm' ➤: große, goldgelbe Blütenkörbchen mit schwarzem Auge, August bis Oktober. Sonne, normaler, frischer Boden. 80 cm × 50 cm.

Winter

Helleborus × **hybridus**: die gelben Sorten zeigen Blütenfarben von Buttergelb bis zu leuchtendem Gelb (Vermehrung durch Samen). Halbschatten oder Sonne, normaler Boden. 40 cm × 40 cm.

Weitere Stauden:

FRÜHLING	*Alyssum saxatile, Aquilegia chrysantha, Asphodeline lutea, Caltha palustris, Corydalis lutea, Digitalis grandiflora, Digitalis lutea, Epimedium* × *perralchicum* 'Frohnleiten', *Paeonia lutea, Sedum acre, Thermopsis* und *Baptisia, Waldsteinia ternata*
SOMMER	*Buphthalmum salicifolium, Centaurea macrocephala, Chrysogonum virginanum, Eriophyllum lanatum, Gaillardia* 'Maxima Aurea', *Inula hookeri, Kniphofia* 'Bee's Sunset', *Phygelius aequalis* 'Yellow Trumpet' und 'Moonraker', *Potentilla aurea, Sedum aizoon, Verbascum nigrum*
HERBST	*Chrysanthemum*-Hybriden, *Helenium autumnale, Rudbekia maxima, Senecio doria, Senecio tanguticus, Silphium perfoliatum, Trycirtis flava, T. macrantha*
WINTER	*Helleborus* × *hybridus* z.B. 'Barnhaven Hybride'

ZWIEBELN

Frühling

Allium moly ➤: Sträuße gelber Blüten an der Spitze biegsamer Stängel zwischen bläulich grünen Blättern, Mai und Anfang Juni. Sonne, normaler Boden. 35 cm. Pflanzung im Herbst, 5 cm tief.

Fritillaria imperialis: hellgelbe Glocken, die wie eine Krone um die Spitze eines dicken, aufrechten Stängels herabhängen. Volle Sonne, normaler, durchlässiger Boden. 80 cm. Große Zwiebel, die im Herbst 15 cm tief gepflanzt wird, verbleibt im Beet.

Sommer

Crocosmia 'Solfatare' ➤: Blüten in Fom kleiner Trompeten, kupfrig -gelb, in lockeren Blütenständen, bronzefarbene Blätter. Sonne, normaler, frischer Boden. 60 cm. Weitere Sorten mit gelben Blüten sind 'Sunglow', 'Georges Davidson', 'Norwich Canary'.

Herbst

Sternbergia lutea: becherförmige Blüten, September und Oktober, wie ein goldgelber Krokus, zwischen linealischen, dunkelgrünen Blättern. Immergrün. Pflanzung von April bis August, verbleibt im Beet. Sonne, durchlässiger, nicht zu trockener Boden. 15 cm.

Winter

Eranthis hyemalis ➤: Winterlinge öffnen im Februar einfache Blüten, die aussehen wie Goldknöpfe mit einem Kragen zartgrüner, tief eingeschnittener Blätter. Kleine, harte Zwiebel zur Pflanzung im Herbst, Pflanztiefe 3 cm, verbleibt im Beet. Alle Lagen, normaler Boden. 10 cm. Vermehrt sich leicht.

Weitere Zwiebeln: *Crocus chrysanthus* 'Gipsy Girl', *Ranunculus ficaria* und Sorten, *Narcissus* 'February Gold', *N.* 'Tête à Tête' etc.

EIN- UND ZWEIJÄHRIGE

Frühling

Meconopsis cambrica ➤: Scheinmohn mit einfachen, gelben Blüten, Mai bis Juli. Zartgrüne Blätter, verwobene Wurzelballen. Verwildert. Schatten oder Halbschatten, frische, durchlässige Böden. 40 cm.

Sommer

Oenothera biennis ➤: große Blüten mit feinen, weichen Blütenblättern, strahlende Farbe, teils abends intensiv duftend. Sonne, normale, durchlässige Böden.

Tropaeolum peregrinum: zarte, gelbe Blüten mit gefransten Blütenblättern, Juli bis September, gelappte Blätter. Rankende Einjährige, im April/Mai säen. Sonne, fruchtbarer Boden. 2 m.

Herbst

Helianthus annuus ➤: Sonnenblume mit großen Zungenblüten und großem Blütenboden, in dem sich die bei den Vögeln beliebten Samen bilden. Sonne, normaler, frischer Boden. Aussaat April/Mai ins Freiland.

Rudbeckia hirta: große, goldgelbe Zungenblüten und hochgewölbter, grüner Blütenboden, von August bis zum Frost. Sonne, fruchtbarer, durchgearbeiteter Boden. Aussaat April/Mai unter Glas, im Juni pikieren. 45–60 cm. *R. triloba* ➤ trägt eine Unmenge kleiner Blüten.

Winter

Viola × **wittrockiana** ➤: Stiefmütterchen mit großen oder kleinen Blüten in vielen Gelbtönen. Sonne oder Halbschatten, fruchtbarer Boden. 20 cm.

Weitere Ein- und Zweijährige: *Althaea rosea, Antirrhinum majus, Aquilegia chrysantha, Chrysanthemeum coronarium, Erysimum linifolium, Gaillardia* 'Maxima Aurea', *Gazania, Isatis tinctoria, Limnanthes douglasii, Mimulus guttatus, Patrinia scabiosifolia, Primula vulgaris, Tagetes patula, T. erecta, Zinnia*-Hybriden.

Rudbeckia fulgida 'Goldsturm'

Allium moly

Crocosmia 'Solfatare'

Eranthis hyemalis

Meconopsis cambrica

Oenothera biennis

Helianthus annuus

Rudbeckia triloba

Viola × wittrockiana

Orangefarbene Blüten

BÄUME UND STRÄUCHER

Frühling

Berberis sp.: dornige Sträucher mit immergrünem oder sommergrünem Laub und je nach Art orangefarbenen oder gelben Blüten. Volle Sonne oder Halbschatten, alle Böden. Drei wegen der Blüte wertvolle Vertreter:
- *B. darwinii* ➤: zahlreiche, orangefarbene Blüten unter den kleinen, immergrünen Blättern, April. Blaue Früchte. Zweige und Blätter dornig. 1,80 m × 1,50 m.
- *B.* × *lologensis* 'Apricot Queen' ➤: große, leuchend orangefarbene Blüten, die in Sträußen unter den immergrünen Blättern herabhängen, Laub oberseits dunkelgrün, unterseits silbrig. 1,50 m × 1 m.
- *B.* × *stenophylla*: sehr viele, kleine Blüten an den Vorjahrestrieben. 1,50 m × 1,50 m.

***Chaenomeles* 'Cameo' ➤:** gefüllte, lachsfarben überlaufene Blüten, März und April. Niedriger, breiter Busch, Ausläufer. Frischer, durchlässiger und kalkfreier Boden. 80 cm × 1,20 m. 'Geisha Girl' ist blasser; *C. superba* 'Mango Storm' und 'Orange Storm' farbintensiver; *C. japonica* 'Cido' ist ungefüllt.

***Crinodendron hookerianum* ❄ ➤:** hängende Glocken an immergrünen Zweigen mit langen, geraden Blättern, Mai/Juni. Schatten oder Halbschatten (feuchtes Klima), kalkfreier Boden. 2–4 m × 1–3 m. Erfriert bei Temperaturen unter –5 °C.

***Paeonia lutea*:** mehrere Sorten blühen in Orangetönen. Volle Sonne, durchlässiger Boden. 1,50 m × 1 m. Empfehlenswert sind 'Souvenir de Maxime Cornu' ➤ (üppig gefüllt), 'Helène Martin' (blass) und eine hübsche Sorte von *P. delavayi* mit kupferorange gefärbten Blüten.

***Ribes* × *gordonianum* ➤:** Johannisbeere mit orangefarbenen Blütentrauben, März/April. Halbschatten oder Sonne, frische Böden. 1,70 m × 1,50 m.

Sommer

***Buddleja* × *weyeriana* 'Golden Glow' ❄:** orange-lila Blüten in fast kugeligen Blütenständen, Juli bis Oktober. Fahles Laub. Sonne, durchlässige Böden. 1,80 m × 1,80 m.

***Potentilla fruticosa* 'Marian Red Robin':** orangerote Blüten auf einem biegsamen, kugeligen Busch. Volle Sonne, alle Böden. 60 cm × 60 cm. 'Red Ace', 'Daydawn' und 'Tangerine' sind blasser.

ROSA SP. (ORANGEFARBENE ROSEN)		
	EINFACH	GEFÜLLT
Botanische R.	*R. foetida* 'Bicolor' *R. chinensis* 'Mutabilis'	
Kletterrosen		'Alchemist' 'Ghislaine de Féligonde' ➤
Strauchrosen	'Day Break' 'Mrs Oakley Fisher' 'Plaisanterie'	'Buff Beauty'
Floribunda-R.		'René Descartes' 'Sunshine'
Edelrosen		'Louis de Funes' 'Lumière'
Englische Rosen		'Lady Emma Hamilton ' 'Lady of Shalott'

Herbst

***Mahonia nitens* ❄:** kleine Mahonie mit Blütentrauben in leuchtendem Orange, Spätsommer bis Frühherbst. Halbschatten, normaler Boden, nicht zu trocken. 1 m × 1 m. 'Cabaret' wird durch Stecklinge vermehrt.

Winter

***Edgeworthia chrysantha* 'Red Dragon' ❄ ➤:** leuchtend orangefarbene Blüten mit seidiger, weißer Unterseite, die endständig als halbkugelige Sträuße an den Ästen stehen. Sehr starker Duft nach Hyazinthen. Große, bläuliche Blätter im Sommer. Halbschatten, frische, durchlässige Böden. 1,50 m × 1,50 m.

Weitere Sträucher:

FRÜHLING	*Cytisus* 'Fulgens', *Lonicera ledebourii*, *Paeonia lutea*, *Rhododendron*-Azaleen ('Glowing Embers', 'Homebush'), *Rhododendron* 'Orange Beauty', *Rhododendron cinnabarinum* subsp. *concatenans*, *Rhododendron* 'Alison Johnstone'
SOMMER	*Colquhounia* ❄, *Isoplexis* ❄, *Cestrum elegans* ❄, *Desfontainea spinosa* ❄, *Salvia coccinea* ❄, *Fuchsia triphylla* ❄, *Punica granatum* ❄, *Rhododendron*-Azalee 'Fabia Tangerine'
HERBST	*Osmanthus fragrans* var. *aurantiaca* ❄
WINTER	*Hamamelis* × *intermedia* 'Jelena', 'Orange Peel', 'Rochester', 'Diane', 'Robert' etc.

KLETTERPFLANZEN

Frühling

***Lonicera* 'Mandarin':** spektakuläres Geißblatt mit zahlreichen, leuchtend orangefarbenen, geruchlosen Blüten, Mai. Sonne oder Halbschatten, normaler, frischer Boden. 3–4 m × 2 m.

Sommer und Herbst

***Bignonia capreolata* ❄:** Trompetenwinde mit bräunlich orangefarbenen Blüten, nach Kakao duftend. 3–6 m × 3 m. Nur für mildes Klima.

Berberis darwinii

Berberis × lologensis 'Apricot Queen'

Chaenomeles 'Cameo'

Crinodendron hookerianum

Paeonia lutea 'Souvenir de Maxime Cornu'

Ribes × gordonianum

Rosa 'Ghislaine de Féligonde'

Edgeworthia chrysantha 'Red Dragon'

Lonicera × brownii 'Dropmore Scarlet'

Orangefarbene Blüten

Campsis radicans 'Mme Gallen' ❄ ➤: der frostfesteste Trompetenwein, mit dicken Sträußen großer Blüten an der Spitze der Jahrestriebe. Volle Sonne, nährstoffreiche, durchlässige Böden. 5–6 m x 3 m. 'Indian Summer' eher lachsfarben.

Lonicera x ***americana*** **und** ***L.*** x ***brownii*** **'Dropmore Scarlet'** ◄ S. 105: Geißblattarten mit sehr schönen, langen, aber geruchlosen Blüten. Sonne oder Halbschatten, frische Böden. 2 m x 1,50 m.

Phaseolus coccineus ❄ ➤: Blüten orangerot und weiß, große, längliche Bohnen mit rosa Flecken. Sonne, gelockerter, frischer Boden. 3 m. Einjährige Kletterpflanze.

Tropaeolum tuberosum ❄: Kapuzinerkresse mit röhrenförmigen Blüten, Spätsommer und Frühherbst, überwintert durch (essbare) Knollen. Sonne oder Halbschatten, fette, frische Böden. 1,50–3 m x 1 m.

STAUDEN

Frühling

Euphorbia griffithii **'Fireglow'** ➤: leuchtende Blütenstände an der Spitze orange-grüner Stängel, orangefarben geäderte Blätter. Sonne oder Halbschatten, frische oder feuchte Böden. 80 cm x 50 cm und mehr. Breitet sich aus. 'Dixter' hat einen dunkleren Orangeton.

Geum coccineum **'Borisii':** Nelkenwurz mit fünfblättrigen Blüten, die an Erdbeerblüten erinnern. Behaarte Blätter. Sonne, Halbschatten, frischer Boden. 30 cm. Ältere Sorten wie 'Coppertone', 'Georgenberg', 'Princess Juliana' und 'Fire Opal' oder die Neuzüchtungen 'Mai Tai', 'Alabama Slammer' ➤ und andere zeigen verschiedene Orangetöne, müssen aber alle 2 Jahre geteilt werden, damit sie überleben und weiterhin blühen.

Papaver orientale **'Orangeade Maison':** große Blüten mit zarten, seidigen Blütenblättern, Mai. Großes Auge mit schwarzen Staubblättern. Sonne, normaler, durchlässiger Boden. 80 cm x 50 cm. 'Harvest Moon' mit ungefüllten, rundlicheren Blüten.

***Ligularia dentata*:** herzförmige Blätter, Sträuße orangefarbener Margeritenblüten, Juli/August. Volle Sonne oder Halbschatten, lehmige, frische oder feuchte Böden. 1 m x 80 cm. *L. japonica und L.* x *palmatiloba*: längere Blütenstängel und gelappte Blätter. 2 m x 80 cm.

***Phygelius capensis*:** die Kapfuchsie hat leicht geschwungene, röhrenförmige Blüten, die von feinen Verzweigungen großer Rispen herabhängen, Juli bis Oktober. Dunkelgrüne, glänzende Blätter, immergrün. Sonne, normale, nicht zu stark durchfeuchtete Böden. 1 m. Ausläufer.

Primula x ***bullesiana*** ➤: orangefarbene Blüten mit lachs- oder kupferfarbenem Schimmer, wirtelig an aufrechten Stängeln, Mai bis Juli. Kühler Standort, Halbschatten oder Sonne, feuchter Boden. 50–60 cm. Versamt sich, bildet Kolonien.

Sommer

Achillea **'Terracotta':** Blüten in flachen Trugdolden, erst orange-, dann kupferfarben, Juli bis Oktober. Fein gefiedertes, graues Laub. Sonne, normaler Boden, im Winter wenig feucht. 80 cm.

Asclepias tuberosa ➤: abgeflachte Blütensträuße an der Spitze kräftiger Stängel, Juli bis September. Volle Sonne, durchlässige Böden. 60 cm x 60 cm. Knollig verdickte Wurzel, Pflanzung im März/April, kann draußen überwintern. Lockt Schmetterlinge an.

***Hemerocallis*-Hybriden:** Blüten erinnern an Lilien, auf kräftigen Zweigen in einem Horst schmaler, linealischer Blätter. Sonne oder Halbschatten, normaler Boden. Sehr widerstandsfähig. Zahlreiche orange- oder lachsfarbene Züchtungen, darunter 'Autumn Minaret' (1,80 m), 'Golden Chimes' (60 cm), 'Cartwheels' (80 cm), 'Invictus' (80 cm). *H. fulva* 'Kwanso Flore Pleno' ➤.

***Kniphofia*-Hybriden:** kegelförmige, traubige Blütenstände, die an Aloe erinnern, jedoch besser winterhart. Volle Sonne, normale, im Sommer frische Böden, im Winter ohne Staunässe. Zahlreiche Sorten mit überwiegend orangefarbener Blüte: 'Safran Vogel' ➤ (lachsfarben, 60 cm), 'Alcazar' (mandarinenfarben, 80 cm), 'Vincent Lepage' (sehr wuchskräftig, 1 m), 'Mango Popsicle' etc.

Herbst

***Chrysanthemum*-Hybriden:** einfache oder gefüllte Blütenkörbchen, Oktober bis Frost. Sonne, normale, nährstoffreiche Böden. 50–80 cm x 50 cm. Einfach: 'Appolo', 'Mary Stocker', 'Apricot', 'Dernier Soleil'; gefüllt: 'Flamenco' (Pompons), 'Aurore' etc.

Winter

Helleborus x ***hybridus*:** die einfachen oder gefüllten Blüten sind einfarbig oder dezent gesprenkelt, Februar bis April. Nachkommen von Lachs- und Pfirsichtönen verfärben sich jedes Jahr stärker orange. Geteiltes, immergrünes Laub. Halbschatten oder Sonne, normaler, nicht zu trockener Boden. 40 cm x 40 cm.

Ranunculus ficaria **'Cupreus':** kleine, ungefüllte Blüten mit kupferfarbenem Auge inmitten einer Rosette grüner Blätter mit dunklerpurpurner Marmorierung. Alle Lagen, lehmhaltige Böden. 10 cm x 10 cm. 'Coppernob' mit völlig purpurnem Laub.

Weitere Stauden:

FRÜHLING	*Lychnis chalcedonica, Paeonia* 'Coral Charm', *Trollius chinensis*
SOMMER	*Belamcanda chinensis, Gaillardia* 'Dazzler', *Lobelia tupa, Phlox paniculata* 'Orange Perfection', *Phygelius capensis*
HERBST	*Helenium autumnale*
WINTER	*Pulmonaria rubra*

Campsis radicans 'Mme Gallen'

Phaseolus coccineus

Euphorbia griffithii 'Fireglow'

Geum coccineum 'Alabama Slammer'

Asclepias tuberosa

Hemerocallis fulva 'Kwanso Flore Pleno'

Kniphofia 'Safran Vogel'

Primula × bullesiana

ZWIEBELN

Frühling

***Eremurus* 'Cleopatra':** große, pastell-orangefarbene Blütenkerzen auf kräftigen, kahlen Stängeln inmitten einer Rosette langer, gerader Blätter. Sonne, normale, durchlässige Böden. 1,50 m. Wurzelstock knapp unter der Erde pflanzen.

***Fritillaria imperialis*:** große, orangefarbene Glocken, die wie eine Krone um die Spitze eines dicken, aufrechten Stängels mit langen, geraden Blättern herabhängen, April und Mai. Volle Sonne, normaler, durchlässiger Boden. 80 cm. Große Zwiebel, im Herbst 15 cm tief pflanzen, verbleibt im Beet.

***Narcissus* 'Jetfire' ➤:** kleine Narzisse mit kupfer-gelben Blüten, die Becher orange überlaufen, dadurch mit orangefarbener Wirkung. Sonne oder Halbschatten, normaler Boden. 25 cm. Weitere empfehlenswerte Sorten: 'Ambergate' (orangefarbene Haupt- und Nebenkrone); 'Tahitii' (gefüllt); 'Bantam' (große Hauptkrone in Orangegelb, die Nebenkrone in leuchtendem Orange).

***Tulipa* sp.:** Zwiebeln im Herbst 5 cm tief stecken, Sonne, normaler, druchlässiger Boden. 25 cm.
***T. orphanidea* ➤:** kleine, botanische Tulpe, die in durchlässigen Böden langlebig ist. Blütenkrone kupfer-orange, matt. 25 cm. Weitere empfehlenswerte Sorten: 'Orange Emperor': leuchtend orange und an der Basis der Blütenblätter dunkler, 45 cm; 'Princesse Irene' (rosa geflammt); 'Bernadette' (Blätter purpurn marmoriert); 'Brasil' (sehr früh, gefüllt, rot und orange); 'Orange Cassinii' (Triumph-Tulpe); 'Oxford Elite' (Darwin-Hybride).

Sommer

***Alstroemeria aurantiaca* ➤:** Blüten in Trompetenform aus 3 breiten und 3 schmalen Blütenblättern, einfarbig oder gestreift, Juli bis September, in Sträußen endständig an biegsamen Stängeln mit bläulich grünem Laub. Sonne, leichte, humusreiche und durchlässige Böden. 80 cm x 80 cm und mehr.

***Crocosmia* x *crocosmiiflora*:** unzählige Blüten von Juli bis Oktober. Senkrecht aufragende Blätter in zartem Grün. Volle Sonne oder Halbschatten, normale, lockere Böden. 60 cm. Sehr blütenreich.

***Lilium*:** mehrere Arten und Sorten, die gut auf normalen oder humusreichen Böden gedeihen, Sonne oder Halbschatten. 5–6 cm tief pflanzen.
– *L. bulbiferum* ➤: kelchförmige, aufrechte Blüten, Juni und/oder Juli. 60 cm.
– *L. henryi* ➤: große, blass orangefarbene Blüten mit leicht zurückgebogenen Blütenblättern. 1 m. Einfache Kultur, widerstandsfähig.
– Lilien-Hybride 'Enchantment': aufrechte Sträuße orangefarbener Blüten mit schwarzen Sprenkeln, geruchlos. Vor allem als Schnittblume angebaut.
– *L. tigrinum* ➤: hutförmige Blüten in Orange mit braunen Sprenkeln an langen, schwarzen Stängeln. 1,50 m.

Winter

***Crocus chrysanthus* 'Fuscotinctus':** leuchtend orangefarbene, lila geflammte Kelche. Im Herbst die Zwiebeln in kleinen Gruppen 3 cm tief pflanzen. Sonne, durchlässige Böden. 15 cm. 'Orange Monarch' ist dunkler, *C. flavus* ➤ mit weiter geöffnetem Kelch.

EIN- UND ZWEIJÄHRIGE

Frühling

***Meconopsis cambrica* 'Aurantiaca' ➤:** Scheinmohn mit einfachen, gelborangefarbenen Blüten, April bis Juni. Zartgrünes Laub, dichte Ballen verwobener Wurzeln. Frischer, durchlässiger Boden, Schatten oder Halbschatten, 40 cm. Verwildert. 'Flore Pleno' mit gefüllten Blüten in Gelb oder Orange. 'Muriel Brown': dunkles Orange, gefüllt.

***Primula veris* 'Sunset Shades' ➤:** kleine Blütenbüschel, kurzlebig, vermehrt sich durch Selbstaussaat. Frische Böden, Sonne oder Halbschatten. 20 cm x 20 cm.

Sommer

***Calendula officinalis*:** Blütenräder, einfach, halbgefüllt oder gefüllt, gewöhnlich orange, aber auch kupferfarben, blass- oder goldgelb. Geruchsintensive Blätter. Sonne, aufgelockerte Böden. 40 cm. Aussaat ins Freiland, April/Mai.

***Cosmos sulphureus*:** orange überlaufene Blütenkörbchen an der Spitze feiner Stängel mit dezentem Laub. Lange Blütezeit von Juli bis zum Frost. Sonne, nährstoffreicher, gelockerter Boden. 80 cm. Aussaat ins Freiland, Mai.

***Eschscholzia californica*:** Kalifornischer Kappenmohn, mit ungefüllten, leuchtenden Blüten, die sich bei Sonnenschein öffnen. Sehr fein gefiedertes Laub, niederliegend. Volle Sonne, durchlässiger Boden. 35 cm. Aussaat ins Freiland.

***Tropaeolum majus*:** Blüten orange, verschieden stark in Rot und Gelb nuanciert, dazu schildförmige, ganzrandige Blätter in bläulichem Grün, beides essbar. Sonne, durchgearbeiteter Boden. 40 cm oder höher (kletternde Sorten). Aussaat ins Freiland, Mai.

Weitere: *Agastache mexicana, Aquilegia canadense, Digitalis ferruginea, Erysimum cheirii, Gazania* sp., *Mimulus aurantiacus, Nemesia* 'Orange Prince', *Rudbeckia hirta, Pelargonium, Tagetes patula* und *T. erecta, Tithonia rotundifolia, Viola* x *wittrockiana.*

Narcissus 'Jetfire'

Tulipa orphanidea

Alstroemeria aurantiaca

Lilium bulbiferum

Lilium henryi

Lilium tigrinum

Crocus flavus

Meconopsis cambrica 'Aurantiaca'

Primula veris 'Sunset Shades'

Rote Blüten

BÄUME

Frühling

Aesculus × ***carnea*** **'Atrosanguinea'** ➤: wächst langsamer als die weiße Kastanie, spätere Blüte, orangerot. Normaler, tiefgründiger Boden, Sonne, frische Lage. 15 m × 8 m. Kaum anfällig für Miniermotten.

Malus **Coccinella® 'Courtarou'** ➤: kleiner Baum mit reichlich rosaroten bis rot überlaufenen Blüten, die gewöhnlich den letzten Frösten geradeso entgeht. Kein attraktiver Fruchtschmuck. Sonne, normaler Boden. Weitere empfehlenswerte Sorten: 'Diable Rouge', 'Royalty', 'Indian Magic', 'Crimson Brilliant' ➤ usw.

Prunus persica **'Melred'** und **'Taoflora Red'**: frühe, gefüllte, rote Blüten mit rosa Schimmer, Anfang April, vor den Blättern. Nicht fruchtend. Sonne, vor kaltem Wind schützen, normaler Boden.

Sommer

Lagerstroemia indica **'Bergerac'**: rote Blütenstände, endständig an den Jahrestrieben, selbst bei starkem Rückschnitt im Spätwinter, Blüte ab Mitte Juli. Ovale, dunkelgrüne Blätter, im Herbst scharlachrote Färbung. Schöne Rinde. Volle Sonne, normaler, tiefgründiger und im Sommer frischer Boden. 3–5 m × 2–3 m. Weitere empfehlenswerte Sorten: 'Grand Cru', 'Mon Panache', 'Red Imperator'.

STRÄUCHER

Frühling

Camellia japonica ❋: ungefüllte, halbgefüllte oder gefüllte Blüten in schönem Karminrot, teils dunkler und samtig. Die Art selbst hat oft rote Blüten. Halbschatten, kalkfreie Böden. 2,50 m × 1,50 m. Empfohlene Sorten: 'Sylvia' (ungefüllt), 'Adolphe Audusson' (gefüllt), 'Kramer's Supreme', 'Fire Falls', 'Mme Martin Cachet', 'Coquetti' usw.
– *C.* × *williamsii* 'Royal Velvet' ❋ ➤: eine der schönsten tiefroten Sorten.
– *C.* × *vernalis* 'Yuletide' ❋: ungefüllt, rot, blüht sehr lange.

Chaenomeles × ***superba*** **'Nicoline'** ▼: ungefüllte, karminrote Blüte mit gelben Staubblättern, Januar bis April. 0,80 m × 1 m. Ideal für Mauern oder Zäune. Weitere rote Sorten: 'Crimson and Gold', 'Mango Red' (gefüllt), 'Fire Dance' usw.

Lonicera tatarica **'Hack's Red'** ➤: karminrote Geißblatt-Blüte, Mai und Juni. Halbschatten oder Sonne, normaler Boden. Dichter Busch, sehr blütenreich und leicht zu kultivieren. 2 m × 2 m.

Chaenomeles × *superba* 'Nicoline'

Paeonia suffruticosa: Strauchpäonie mit großen, roten Blüten. Aufrechter, breitblättriger Busch. Volle Sonne, normaler, gut durchlässiger Boden. 1,50 m × 1 m. Weitere gute Sorten: 'Sang Lorrain', 'Red Dragon' ➤, 'Duchess of Kent', 'Er Qiao', 'Taiyoh'.

Weigela **sp.**: große, karmin- oder purpurrote Blüten, Mai/Juni. Je nach Sorte grünes, panaschiertes oder goldfarbenes Laub. Starkwüchsiger und sehr blütenreicher Busch. Alle fruchtbaren, frischen Böden, Sonne oder Halbschatten. Zwei Wuchstypen: groß (1,50–3 m × 1,50–3 m) und zwergwüchsig (n) mit 80 cm × 80 cm.

ANFANG MAI	MITTE MAI	ENDE MAI–JUNI
'Eva Rathke' 'Eva Supreme' *W.* × *praecox* 'Variegata'	'Rubivif' 'Nain Rouge' (n) 'Alexandra' (n) 'Brigela' ➤ 'Red Prince' 'Briant Rubidor'	'Bristol Ruby' 'Lucifer'

Sommer und Herbst

Calycanthus occidentalis: interessante, dunkelrote Blüten, die nach Wein duften, Juni. Geruchsintensives Laub. Halbschatten oder Sonne, frische Böden. 2,50 m × 2,50 m. *C. fertilis* und *C. floridus* blühen früher, kleinere Blüten. *C.* × *raulstonii*: bei der Sorte 'Hartlage Wine' mit großen purpurroten Blüten ➤, bei 'Aphrodite' heller.

Hydrangea macrophylla: mehrere Hortensien haben leuchtend rosarote Blüten, vor allem zu Beginn der Saison. Sonne oder Halbschatten, humusreicher, kalkarmer Boden. 80–1,20 m × 1 m. Empfohlene Sorten:
– Ball-Hortensien: 'Leuchtfeuer', 'Masja', 'Chaperon Rouge', 'Merveille', 'Green Shadow', 'You & Me Passion' ▼, 'Oregon Pride', 'Julisa'.
– Teller-Hortensien: 'Selina', 'Geoffrey Chadbund' ▼, 'Papagei'.

Malus 'Crimson Brilliant'

Aesculus × *carnea* 'Atrosanguinea'

Malus Coccinella® 'Courtarou'

Camellia × *williamsii* 'Royal Velvet'

Lonicera tatarica 'Hack's Red'

Paeonia suffruticosa 'Red Dragon'

Weigela 'Brigela'

Calycanthus × *raulstonii* 'Hartlage Wine'

Rote Blüten

***Fuchsia magellanica* 'Riccartonii'** ❄ ➤: kleine, zarte, längliche Blüten in Karminrot mit violettem Schimmer in üppiger Menge, Juni bis Oktober. Recht winterhart, treibt aber im Frühling aus dem Stock, wenn abgefroren oder gekappt. 1,20 m × 1,20 m.

Weitere Bäume und Sträucher:

FRÜHLING	*Kalmia latifolia, Paeonia delavayi* 'Eastgrove Ruby Lace', *Pieris* 'Valley Valentine', *Ribes sanguineum* 'Red Bross', *Rhododendron* 'Elisabeth', 'Taurus', 'Sammetglüt' etc., *R. thomsonii* ❄
SOMMER	*Buddleja davidii* 'Royal Red' ❄, 'Miss Moly' ❄ etc., *Erythrina* × *bidwillii* ❄, *Hibiscus syriacus* 'Woodbridge' ❄
HERBST	*Grevillea juniperina* ❄
WINTER	*Erica carnea* 'Vivellii', *Euptelea polyandra, Hamamelis* × *intermedia* 'Livia' und 'Birgit', *Parrotia persica, Ribes speciosum* ❄, *Sycoparrotia jacquemontiana*

ROSA SP. (ROTE ROSEN)		
	EINFACH	GEFÜLLT
Botanische R.	*R. moyesii* 'Geranium' *R. hillieri* *R. chinensis* 'Sanguinea'	
Kletterrosen		'Etoile de Hollande' 'Georges Dickson' 'Guilade Fleurie'
Strauchrosen	'Altissimo', 'Scharlachglut'	'Grootendorst Supreme' ➤
Bodendecker	'Tapis Rouge'	'La Sevillana' 'Merveille des Rouges'
Floribunda-R.	'Alain', 'La Sevillana'	'Lilli Marleen'
Edelrosen		'Marcel Pagnol' 'Mona Lisa' 'Prestige de Bellegarde'
Englische Rosen		'Darcey Russell'

KLETTERPFLANZEN

Frühling

Schisandra rubriflora ❄: scharlachrote Blüten an kräftigen, rankenden Trieben, April/Mai, Laubblätter länglich und spitz. Essbare, rote Früchte. Sonne oder Halbschatten, normaler Boden. 5–6 m.

***Campsis radicans* 'Stromboli'** ❄: große, röhrenförmige Blüten in kräftigem Scharlachrot. Triebe mit Haftwurzeln, ausladendes, exotisches Laub. Volle Sonne, durchlässige Böden. 5 m. Weitere Auswahl: 'Atropurpurea', 'Grenadine' und 'Summer Jazz'.

Sommer

***Clematis viticella* 'Mme Julia Correvon'**: zahlreiche, vierblättrige strahlende Blüten. Sonne oder Halbschatten, durchlässiger Boden. 3 m. Empfohlene Sorten: 'Royal Velours' eher purpurn, 'Abondance' rosarot, 'Minuet' mit kleiner Blüte, 'Gravetye Beauty' aufrechte, tulpenähnliche Blüte, 'Bourbon', 'Evipo018' ➤, 'Rouge Cardinal' ➤.

Herbst

Tropaeolum speciosum ❄: scharlachrote, weit geöffnete Blüten am oberen Drittel der windenden Triebe. Kleine, zusammengesetzte Blätter. Schatten oder Halbschatten, frische Böden. 2 m. Nach Anwachsen winterhart, benötigt in den ersten Wintern Schutz.

STAUDEN

Frühling

***Centranthus ruber* 'Coccineus'** ➤: reichlich blühende Rispen karminroter Blüten auf zartgrünem Laub. Volle Sonne, normaler, durchlässiger Boden. 70 cm. Sehr lange Blüte, versamt sich.

***Dicentra formosa* 'Adrian Bloom'**: bordeauxrote Blüten mit länglichem Auge über fleischigen, fein gefiederten Blättern. Sonne oder Halbschatten, leichter, frischer Boden. 30 cm. Ausläufer, teppichbildend.

***D. spectabilis* 'Valley Valentine'** ➤: großes Tränendes Herz in Karmesinrot. Bildet keine Teppiche.

***Fragaria* 'Red Panda'**: Blüte mit 5 runden Blütenblättern in Samtrot, Juni bis August in einem Horst von Blättern, die der gewöhnlichen Erdbeere ähneln. Sonne, Halbschatten, 20 cm. Vermehrt sich durch Absenker. Kaum fruchtend.

***Heuchera* × *brizoides* 'Pluie de Feu'**: Vielzahl leuchtend roter, kleiner Blüten an zarten Stängeln über einem Büschel gelappter, marmorierter Blätter. Sonne, durchlässiger Boden. 40 cm × 40 cm. Sehr alte Sorte, aus der zahlreiche Hybriden entstanden.

***Paeonia* sp.**: üppige, aber kurzlebige Blüten. Bildet kräftige, langlebige Stöcke. Volle Sonne, normale, tiefe Böden. 70 cm × 70 cm. Empfohlene Sorten: 'Buckeyes Belle' (einfach, becherförmig), 'Peter Brand', 'Chippewa' (üppig gefüllt), 'Nippon Beauty' (halbgefüllt), 'Early Scout' (niedrig, sehr früh, ungefüllt) usw.

Papaver orientale: große, ungefüllte Blüten in leuchtendem Rot mit zarten, seidigen Blütenblättern und zahlreichen, schwarzen Staubblättern, Mai und Anfang Juni. Volle Sonne, durchlässige Böden. 'Allegro' (60 cm), 'Beauty of Livermere' ist dunkler (1 m), 'Türkenlouis' und 'Mary Finan' haben große, rote Blüten mit knitterigen, gefransten Blütenblättern (80 cm).

Sommer

***Achillea millefolium* 'Pomegranate'** ➤: intensivrote Blüten, die zum Orange hin verblassen, endständig als Trugdolden auf Stängeln mit fiederteiligen Blättern. Volle Sonne, durchlässige, kalkhaltige Böden. 50 cm × 20 cm. 'Fanal' und 'Braise' tendieren zu Scharlachrot, 'Red Velvet' und 'Sammetriese' sind samtrot.

Hydrangea macrophylla 'You & Me Passion'

Hydrangea macrophylla 'Geoffrey Chadbund'

Fuchsia magellanica 'Riccartonii'

Rosa rugosa 'Grootendorst Supreme'

Clematis viticella 'Evipo018'

Clematis viticella 'Rouge Cardinal'

Centranthus ruber 'Coccineus'

Dicentra spectabilis 'Valley Valentine'

Achillea millefolium 'Pomegranate'

Rote Blüten

Astilbe × ***arendsii* 'Fanal'** ➤: Rispen mit winzigen, leuchtend roten Blüten über tief gelappten, im Frühling rötlichen Blättern, später grün. Sonne oder Halbschatten, frische oder feuchte Böden, 40 cm × 30 cm. 'Vision in Red' ist ähnlich, blüht etwas später.

***Helenium* 'Indianersommer':** anmutige Margeritenblüten mit langen, gebogenen Zungenblüten in Ziegelrot und großem, kugelig aufgewölbterm Blütenboden. Sonne, normaler, eher frischer Boden. 1 m.

Knautia macedonica ➤: zinnoberrote Blüten an zarten Stängeln mit gräulichen Blättern, Juni bis September. Volle Sonne, normaler, nicht zu fetter Boden. 80 cm. 'Mars Midget': identisch, nur 45 cm.

Lobelia cardinalis 'Queen Victoria' ➤: große, kardinalrote Blüten entlang aufrecht wachsender, purpurner Stängel, Juli bis September. Sehr frühe Bildung einer puprurroten Blattrosette. Sonne, Halbschatten, normale, frische Böden. 60 cm. *L. fulgens* und *L.* × *speciosa* sind ähnlich, ihre Blätter grün oder purpurnschimmernd, nicht so winterhart. *L. tupa* bildet Trauben orangeroter Blüten und große, zartgrüne Blätter. Volle Sonne, normale, durchlässige Böden. 1,50 m. Mildes Klima.

***Monarda*-Hybriden:** attraktive, strubbelige Blütenköpfe, Juli und August. Sonne, Halbschatten, leichte, frische Böden. 70 cm. 'Cambridge Scarlet' ist besonders farbintensiv, aber anfällig für Mehltau. 'Squaw': zinnoberrot, winterhart und wüchsig, 80 cm. 'Gardenview Select' und 'Libra' haben große, leuchtend rote Blüten, 70 cm.

***Penstemon* 'Garnet'** ❄ ➤: Blüten in Form länglicher Glocken, zinnoberrot, Juli bis September. Blätter schmal dreieckig. Sonne, normaler, gedüngter Boden. 70 cm. Schlechte Winterhärte, aber einfache Stecklingsgewinnung. 'Andenken an Friedrich Hahn' ist rubinrot, 'Port Wine' samtrot, 'Southgate Gem' und 'Schönholzeri' sind leuchtend rot. 'Le Phare' ist innen weiß.

***Persicaria amplexicaulis*:** zarte Kerzen roter Blüten an fast blattlosen Stängeln, Juli bis Oktober. Frische Böden, alle Lagen. 80 cm × 80 cm. Sehr blühfreudig. Gilt auch für 'Fire Dance' (90 cm). 'Firetail' ist scharlachrot, 1 m. 'Inverleith' hat dichtere, himbeerrote Rispen, gedrungener Wuchs, 50 cm. 'Fat Domino': dicke, dunkelrote Rispen.

Herbst

Aster novae-angliae 'Andenken an Alma Pötschke': mit karminroten Zungenblüten, September bis November. Sonne, Halbschatten. 1 m. Die bekannteste und leuchtendste rote Aster. 'September Ruby' und 'Red Velvet' sind etwas magentafarbener.

Fascicularia bicolor ➤: erdwüchsige Bromelien-Art mit leuchend roten Brakteen rund um die Blüten, Spätsommer und Herbst, winterhart. Harte, gezähnte Blätter, kräftige Horste, mit dem Alter breiter. Sonne oder Halbschatten, durchlässige Böden, hohe Luftfeuchtigkeit, 40 cm × 80 cm.

Weitere Stauden:

FRÜHLING	*Astrantia* 'Hadspen Blood', *Dianthus deltoides, Epimedium rubrum, Geum* 'Mrs Bradshaw', *Helianthemum* 'Ben Hope', 'Cerise Queen', 'Tomato Red', *Heuchera* 'Pluie de Feu', *Lupinus* 'Mon Château', *Primula* 'Cowichian Red', *Pulsatilla vulgaris* 'Röde Klokke', *Saxifraga arendsii* 'Ware's' Crimson', *Tanacetum coccineum, Trillium erectum*
SOMMER	*Alstroemeria psittacina, Asclepias incarnata, Cirsium rivulare* 'Atropurpureum', *Hemerocallis, Potentilla atrosanguinea* 'Gibson's Scarlet', *Phlox paniculata* 'Kirchenfürst', 'Starfire'
HERBST	*Chrysanthemum* 'Red Velvet', 'Stephan'
WINTER	*Helleborus* × *hybridus*

ZWIEBELN, EIN- UND ZWEIJÄHRIGE

Frühling

***Anemone coronaria*:** einfache Blüten in orangegetöntem Rot, in der Mitte schwarze Staubblätter. Volle Sonne, durchlässiger Boden, mildes Klima. 25 cm. 'Chapeau de Cardinal' ➤ ist becherförmig, die Staubblätter sind zu feinen Blütenblättern umgebildet. Alte Sorte, die kürzlich wieder in Kultur kam.

***Tulipa* sp.:** zahlreiche rot blühende Sorten. Zwiebeln werden im Herbst 5 cm tief gepflanzt, volle Sonne, normaler, durchlässiger Boden. Empfohlene Sorten: 'Chaperon Rouge' (Greigii-Gruppe), 'Abba' (gefüllte frühe Gr.), 'Mme Lefeber' (Fosteriana-T.), 'Big Chief' (Darwin-Hybride), 'Pieter de Leur' (Lilienblütige Hybr.), 'Uncle Tom' (gefüllte späte Gr.), 'Unicum' und 'Red Georgette' (mehrblütig).

Sommer und Herbst

Alcea rosea ➤: große, offene Blütenkrone, karminrot, zinnoberrot oder scharlachrot, je nach Züchtung, Juni bis August, an hoch aufragenden Schäften mit rundlichen Blättern. Volle Sonne, durchlässige Böden. 2 m. Lebt 3–4 Jahre, versamt sich leicht.

***Crocosmia* 'Lucifer'** ➤: Blüten in Trompetenform an horizontalen Blütenständen, leuchtend rot, die Blätter aufrecht, faltig und spitz. Sonne, normale, frische Böden. 1,20 m. Zuverlässig keimende Saat, im Frühling 10 cm tief säen, überwintert im Boden.

Schizostylis coccinea ❄ **(*Hesperantha coccinea*)** ➤: Kaffernlilie mit scharlachroter, sechsblättriger, kelchförmiger Blüte, seidige Textur, Juli bis zum Frost. Endständig an biegsamen Stängeln, lange, gerade Blätter wie Schwertlilien. Sonne oder Halbschatten, normaler Boden, eher frisch. 60 cm.

***Trifolium incarnatum*:** kegelförmige Blütenähren, Mai bis August. Widerstandsfähige Leguminose. 35 cm × 35 cm.

Weitere Ein- und Zweijährige: *Gaillardia* 'Burgunder'.

Astilbe × arendsii 'Fanal'

Knautia macedonica

Lobelia cardinalis 'Queen Victoria'

Penstemon 'Garnet'

Fascicularia bicolor

Anemone coronaria 'Chapeau de Cardinal'

Alcea rosea

Crocosmia 'Lucifer'

Schizostylis coccinea

Purpurne und „schwarze"* Blüten

* In Anführungszeichen, weil Schwarz relativ und je nach Licht veränderlich ist.
Die meisten dieser Blüten haben eine dunkle Purpur- oder Violettfärbung, die sie bei bestimmten Lichtverhältnissen schwarz erscheinen lässt.

BÄUME UND STRÄUCHER

Frühling

***Paeonia delavayi* 'Black Panther' ➤:** sehr dunkle, gefüllte Blüten an einem Busch mit feinen, gefiederten Blättern. Sonne, durchlässige Böden. Etliche weitere dunkle Strauchpäonien, u.a. 'Black'.

***Rhododendron* 'Old Port' und andere:** runde Sträuße mit sehr dunklen Blüten, wunderbarer Kontrast zu helleren Sorten. Halbschatten, frische, humusreiche, saure Böden. 2 m x 2 m. Weitere Sorten: 'Cetewayo' (geradere Blütenblätter), 'Moser's Maroon' ➤ (junge Blätter rot), 'Mary Forty' (bei bestimmtem Licht schwarz).

ROSA SP. (PURPURNE ROSEN)		
	EINFACH	GEFÜLLT
Botanische R.	*R.* x *mariae-graebneriae*	
Kletterrosen		'Guinée' 'Sénégal'
Strauchrosen		'Baron Girod de l'Ain' 'Tuscany Superb'
Edelrosen		'Burgundy Ice' 'Black Baccara'
Englische Rosen		'Falstaff' 'Munstead Wood'

KLETTERPFLANZEN

Frühling

***Akebia quinata* ❄ ➤:** kleine Büschel mit verschieden geformten männlichen und weiblichen Blüten, letztere größer, dunkelpurpurn und duftend. Rankende Liane mit zusammengesetzten Blättern. Sonne oder Halbschatten, frischer Boden. 4 m x 2 m.

Sommer

***Clematis* 'Romantika' ➤:** mittelgroße, purpur-schwarze Blüten im Juni/Juli und nochmals im September. Sonne oder Halbschatten, durchlässiger Boden. Weitere empfohlene Sorten, z.B. mit großen Blüten: 'Mme Grange', 'Niobe', 'Warszawska Nike', 'Black Tea'; oder mit kleinen Blüten: 'Monte Cassino', 'Dark Eyes'.

***C. viticella* 'Purpurea Plena Elegans' ➤:** kleine, gefüllte Blüten in Pomponform, dunkelpurpurn, Hochsommer.

Herbst

***Rhodochiton atrosanguineus* ❄ ➤:** skurrile Blüten in Form von am Hut aufgehängten Champignons, rot und dunkelpurpurn, ab September. Halbschatten, frischer, lockerer Boden. 1,50 m.

STAUDEN

Frühling

***Astrantia* 'Hadspen Blood' ➤:** Blütenkrone in durchscheinendem Purpurrot, rubinfarben bei Gegenlicht, dunkel oder schwarz im Schatten. Purpurne Laubblätter. Sonne, nährstoffreicher, frischer Boden. 40 cm x 20 cm. Ähnliche Sorten sind 'Moulin Rouge', 'Claret', 'Ruby Star' usw.

***Geranium phaeum* ➤:** viele, kleine Blüten mit leicht gebogenen Blütenblättern, endständig an dünnen, aufrechten Stängeln. Grünes, bei einigen Sorten purpurn gezeichnetes Laub. Sonne oder Halbschatten, normaler Boden. 50 cm x 30 cm. Versamt sich.

***Iris chrysographes*:** zarte, elegante, schwarz-violette Blüten, kurzlebig. Horste mit aufrechten, geraden, biegsamen Blättern. Sonne, frische oder feuchte Böden. 60 cm.

***I. barbata*-Sorten:** große, dunkelviolette oder purpur-schwarze Blüten an festen Schäften. Große bläulich grüne Blätter. Sonne, durchlässige, kies- und kalkhaltige Böden. 70–80 cm. 'Black Suited' ist die dunkelste aller Sorten, aber 'Obsidian', 'Paint it Black' und 'Superstition' sind ebenfalls wunderbar dunkel.

***Paeonia* sp.:** üppige, aber kurzlebige Blüten. Bildet kräftige, langlebige Stöcke. Volle Sonne, normale, tiefgründige Böden. 70 cm x 70 cm. Empfohlene Sorten: 'Belle Center' (einfach), 'Buckeye Belle' (schöner Kelch), 'Chocolate Soldier', 'Peter Brand' (üppig gefüllt) usw.

***Viola* 'Bowles' Black':** kleine, wirklich schwarze oder lila schimmernde Blüten mit winzigem, gelbem Auge. Sonne oder Halbschatten, frische Böden. 20 cm x 25 cm. Versamt sich. 'Maggie Mott' hat größere Blüten, versamt sich aber nicht.

Sommer

***Hemerocallis* 'American Revolution':** lilienförmige Blüte in dunklem Purpurrot, scheint je nach Tageszeit schwarz. Gebänderte, bogenförmige Blätter in üppigen Büscheln. Sonne, normaler, nährstoffreicher, frischer Boden. Weitere empfehlenswerte Sorten: 'Bella Lugosi' ➤, 'Chocolate Candy', 'Siloam Royal Prince', 'Whoopy' etc.

Paeonia delavayi 'Black Panther'

Rhododendron 'Moser's Maroon'

Akebia quinata

Clematis 'Romantika'

Clematis viticella 'Purpurea Plena Elegans'

Rhodochiton atrosanguineus

Astrantia 'Hadspen Blood'

Geranium phaeum

Hemerocallis 'Bella Lugosi'

Purpurne und „schwarze" Blüten

***Penstemon* 'Blackbird'** ❄ ➤: sehr dunkle, purpurne Glocken in dichter Folge an einem Stängel von Juni bis September. Bezaubert durch Entstehung weiterer Farbtöne. Sonne, nährstoffreiche, durchgearbeitete Böden, frisch. Zum Erhalt teilen oder Stecklinge anziehen.

***Persicaria amplexicaulis* 'Fat Domino'** ➤: große, dunkelpurpurne Blütenkerzen, die mit der Zeit aufhellen, Blüte von August bis zum Frost. Sonne, frische oder feuchte Böden. 70 cm × 60 cm.

Helleborus × *hybridus*

***Sanguisorba officinalis* 'Tanna'** ➤: Blüten in eiförmigen Knöpfen, dunkelpurpurn, zauberhafte Massenwirkung. Büschel kleiner, gefiederter Blätter (essbar). Sonne, normaler Boden. 60 cm.

Veratrum nigrum ➤: Schäfte mit sehr dunkel purpurnen Blüten inmitten von hübsch gefalteten Blätterbüscheln. Sonne oder Halbschatten, frischer Boden.

Herbst

Tricyrtis formosana ➤: dunkelpurpurn gefleckte Blüten, dadurch im Schatten unauffällig, in der Sonne aber ein Hingucker. Schatten oder Halbschatten, frische, humusreiche Böden. 70 cm × 30 cm.

Winter

Helleborus* × *hybridus ➤: zahlreiche Sorten mit Blüten in Purpurschwarz, Schwarz oder Schieferschwarz (wird als Schieferblau bezeichnet). Halbschatten, normaler, durchlässiger Boden. 40 cm × 50 cm.

ZWIEBELN

Frühling

Allium atropurpureum: dunkellila, halbkugelförmige Köpfe auf kahlen Stängeln, Juni. Sonne, fette, aber durchlässige Böden. 60 cm. Pflanzung im Herbst, 10 cm tief.

Dracunculus vulgaris: Blütenstand in Form eines großen, dunkelroten Horns, nach Aas riechend, um Fliegen anzulocken. Attraktives, fächer- oder palmenblattartiges Laub. Sonne oder Halbschatten, durchlässige, frische Böden. 1 m. Herbstpflanzung, 15 cm tief.

Fritillaria persica ➤: Trauben purpurschwarzer Glocken an der Spitze eines Stängels mit graugrünem Laub, April/Mai. Sonne, nährstoffreicher, durchlässiger Boden. 60 cm. Herbstpflanzung, 15 cm tief.

***Tulipa* sp.**: die schwarzen Tulpen begeistern viele Gärtner, sind aber nur attraktiv, um die rosa- und cremefarbenen oder gelben Sorten hervorzuheben bzw. eine Verbindung zwischen den Farben zu schaffen. Sonne, nährstoffreiche, durchlässige Böden. Herbstpflanzung, 10 cm tief. Empfehlenswerte Sorten: 'Queen of Night', 'Frozen Night', 'Vincent Van Gogh', 'Café Noir', 'Lasting Love'.

Sommer

Cosmos atrosanguineus ❄ ➤: purpurschwarze Blüten an der Spitze feiner Stängel, Schokoladenduft. Horste kleiner, zusammengesetzter Blätter. Knollige Wurzel, die man frostfrei überwintern kann, lässt sich auch einjährig kultivieren. Sonne, nährstoffreicher, frischer und durchlässiger Boden. 50 cm.

EIN- UND ZWEIJÄHRIGE

***Alcea rosea* 'Nigra'**: ungefüllte, schwarze Blüten im Kontrast zu cremefarbenem Stempel. Am besten als Solitär. Sonne, durchlässiger Boden. 2 m.

***Aquilegia* 'Black Barlow'** ➤: dunkelviolette Kugelblüte auf dünnen, verzweigten Stängeln. Schöne Massenwirkung. Sonne oder Halbschatten, frischer Boden. 'Ruby Port' ➤ ist identisch aber dazu noch rot. 'Black and White' ist ungefüllt, zweifarbig, schwarz mit weißem Rand, versamt sich.

***Dianthus barbatus* 'Sooty'**: Sträuße dunkelpurpurner Blüten, endständig an zerzausten Stängeln mit länglichem, dunkelpurpurnem Laub. Sonne, gut durchgearbeiteter, fetter, frischer Boden. Aussaat im Juni, Pflanzung im September für eine Blüte im folgenden Mai/Juni.

Lysimachia atropurpurea: endständige, purpurschwarze Blütenkerzen an verzweigten Stängeln. Überlebt manchmal den Winter. Sonne oder Halbschatten, frische Böden. 45 cm. Aussaat im März, ins Freiland pikieren im Mai.

***Scabiosa atropurpurea* 'Chile Black'**: dunkelpurpurne Blütenköpfe mit hellen Staubblättern auf feinen Trieben, Juli bis September. Sonne, frischer, nährstoffhaltiger und durchgearbeiteter Boden. 45 cm. Aussaat am Standort, Anfang Mai.

Penstemon 'Blackbird'

Persicaria amplexicaulis 'Fat Domino'

Sanguisorba officinalis 'Tanna'

Veratrum nigrum

Tricyrtis formosana

Fritillaria persica

Cosmos atrosanguineus

Aquilegia 'Black Barlow'

Aquilegia 'Ruby Port'

Violette Blüten

STRÄUCHER

Buddleja lindleyana ❖: lange, feine, hängende Blütenstände an anmutigem Strauch, Juni und Juli. Grüne Laubblätter. Sonne oder Halbschatten, normaler Boden. 2 m × 1 m. *B. davidii* 'Empire Blue' gehört mit 'Nanho Purple' zu den dunkelsten Sorten. Sonne, durchlässiger Boden. 1,50 m × 1,50 m.

***Caryopteris* 'Grand Bleu'** ➤: sehr zahlreiche, dunkle, blaulila Blüten, August/September. Gräulich grüne Blätter. Sonne, durchlässiger Boden. 80 cm × 80 cm.

***Hydrangea macrophylla* 'Hopcorn'** ➤: kleine Blüten mit 4 nach innen gebogenen Blütenblättern in halbkugeligen Blütenständen, bei sauren Böden sehr dunkel gefärbt. 'Enziandom' mit gleicher Farbe und größerer Blüte; 'Nachtigall' mit flachen Blütenständen, sonst ähnlich; 'Hobergine': Kugeln eher auberginefarben, 'Blueberry Cheesecake' und 'Étoile Violette' haben gefüllte Blüten.

***Lavandula* × *intermedia* 'Hidcote'** ➤: der dunkelste Lavendel und zugleich am frostbeständigsten. Sonne, Kiesboden, durchlässig.

***Rosa* 'Reine des Violettes'**: alte, gefüllte und duftintensive Sorte, die beim Welken veilchenfarben anläuft. Sonne, Halbschatten, normaler, tiefer Boden. Viele weitere Alte Rosen haben diese besondere Färbung: 'Seven Sister', 'Veilchenblau', 'La Belle Sultane', doch ihr Schimmer tendiert zu Purpurlila.

KLETTERPFLANZEN

***Clematis* sp.**: viele violette Sorten innerhalb der einzelnen Arten oder Sorten-Gruppen. Sonne, tiefgründiger, durchlässiger Boden.

JACKMANII-GRUPPE	VITICELLA-GRUPPE	PATENS-GRUPPE	KRAUTIGE WALDREBEN
'Jackmanii Superba' 'Étoile Violette' 'Gypsy Queen' ➤ 'Glynderek'	'Polish Spirit' 'Star of India'	'Haku Okan' 'Fleuri Evipo042' 'Honora' 'The Vagabond' 'Vostok'	'Rooguchi' 'Petit Faucon' 'Blue Boy' 'Durandii'

Solanum crispum ❖ ➤: enzianblaue Blütensträuße, ähnlich den Kartoffelblüten, an kräftigen Stängeln, gegen Ende der Saison besonders zahlreich. Sonne oder Halbschatten, lockere, frische Böden. 2–3 m. Winterhärte: bis –5 °C.

***Wisteria floribunda* 'Royal Purple'** ➤: veilchenfarben verlaufende Blüten in Trauben mittlerer Länge, Mai, wiederholte Blüte im August/September. Duftend. Sonne, normaler, durchlässiger Boden. 5–8 m. 'Violacea Plena': gefüllte Blüten.

STAUDEN

Aubrieta deltoidea

Frühling

Aubrieta deltoidea ◄: unzählige kleine Blüten, die sich wie ein Schleier über den dichten Blätterteppich ziehen, März und Anfang April. Sonne, durchlässiger, steiniger Boden.

Aconitum napellus: veilchenblaue, längliche Blüten, die an geraden Stängeln mit fein gefiederten Blättern sitzen, zartgrünes Laub, sehr früh. Halbschatten, nährstoffreiche, frische Böden. 90 cm × 20 cm. Andere Eisenhut-Arten sehen ähnlich aus, blühen aber später:

JUNI	JULI–AUGUST	SEPT.–OKT.
Aconitum napellus	*Aconitum carmichaelii*	*Aconitum* × *arendsii* ➤

***Campanula glomerata* 'Superba'** ➤: blauviolette Blüten in dichten Sträußen. Das Laub bildet einen bodendeckenden, dichten Teppich. Sonne, frische Böden. 40 cm. Ausläufer.

***Iris* sp.**: von den wichtigsten Arten sind violett blühende Sorten erhältlich:
– *Iris sibirica* (Mai, Juni, frische Böden): 'Golden Edge', 'Ruffled Velvet', 'Trim The Velvet' usw.

Caryopteris 'Grand Bleu'

Hydrangea macrophylla 'Hopcorn'

Lavandula × intermedia 'Hidcote'

Wisteria floribunda 'Royal Purple'

Clematis 'Gipsy Queen'

Solanum crispum

Aconitum × arendsii

Campanula glomerata 'Superba'

Violette Blüten

– *Iris barbata* (Mai/Juni, durchlässige Böden): 'Hollywood Nights', 'Myrtille', 'Paul Blacks' usw.
– *Iris ensata* ➤ (Juni/Juli, feuchte Böden): 'Gei-sho-mi', 'Yedo-Mishiki', 'Sensation' usw.

***Papaver orientale* 'Patty's Plum':** große, zerknitterte Blüten in Purpurviolett, ungewöhnlich für Mohn. Sonne, normale, tiefgründige, durchlässige Böden. 'Royal Chocolate Dinstinction' ist ähnlich, tendiert mehr zu Rot.

***Vinca major* subsp. *hirsuta* ➤:** Immergrün mit sternförmigen, dunkelvioletten Blüten. Stängel beblättert, durch Absenker einen Teppich bildend. Schatten, frische Böden. 35 cm.

***Viola odorata*:** Blüten dunkellila, rundliche, immergrüne Blätter. Normaler, eher kalkhaltiger Boden, Sonne (in Wiesen) oder Halbschatten. 10 cm x 50 cm und mehr.

Sommer

***Agapanthus* 'Bressingham Blue':** blaue oder weiße Blüten in einer Kugel angeordnet, Durchmesser 8–15 cm, zwischen Juni und September. Volle Sonne, gehaltvolle Böden, im Sommer frisch und im Winter gut durchlässig. 'Black Pantha' ➤ und andere Sorten mit dunklen Blüten sind keine Raritäten.

***Delphinium elatum* 'Finsteraarhorn':** spektakuläre, aufrechte und feste Stängel. Eine der ausdauerndsten Sorten, muss alle 3 Jahre geteilt oder durch Stecklinge vermehrt werden. 1,60 m x 0,50 m.

***Salvia nemorosa* 'Carradona' ➤:** aufrechte, dunkelviolette Blüten in Scheinquirlen, ab Mitte Juni bis in den September. Kompakter Horst, die Blätter kaum aromatisch. Sonne, normaler Boden. 40 cm x 40 cm.

***S. verticillata* 'Purple Rain':** große, malvenfarben-violette Scheinquirle an kräftigen, viereckigen Stängeln. Lange, dicke, pelzige Blätter. Sehr lange Blütezeit, weil unfruchtbar. Sonne, normaler Boden. 60 cm. x 60 cm.

Herbst

***Aster ageratoides* 'Ezo Murasaki' ➤:** buschiger Wuchs, sehr späte, violette Blüte, November. Robuste, sich langsam durch Ausläufer ausbreitende Pflanze. Sonne oder Halbschatten, normaler Boden. 60 cm.

***A. novae-angliae* 'Marina Wolkonsky':** dunkelviolette Blüten, die Stängel mit samtigen Blättern. Lehmiger, frischer Boden. 1,20 m.

***Liriope muscari* ➤:** immergrüne, dichte Horste linealischer, starker Blätter, dunkles Grün, mit leuchtend violetten Blütentrauben, September/Oktober. Schatten oder Halbschatten, humusreicher, frischer Boden. 30 cm x 30 cm.

***Strobilanthes attenuata* (= *S. atropurpureus*):** veilchenblaue Blüten, Mitte August bis Ende Oktober, auf dunkelgrünem Busch. Sonne oder Halbschatten. Normaler, frischer oder feuchter Boden. 80 cm x 1 m. Versamt sich ohne zu wuchern.

***Vernonia crinita*:** Sträuße röhrenförmiger, violetter Blüten, endständig an hoch aufragenden Stängeln, große, lanzettliche, dunkelgrüne Blätter. Volle Sonne, normale, frische Böden. 1,50–2 m x 1 m. *V. noveboracensis* ist ähnlich.

Winter

***Primula* 'Miss Indigo':** lang blühende, gefüllte Blüten inmitten zartgrüner Laubblätter. Halbschatten, frische, humusreiche Böden. 25 cm x 25 cm. Alle 2 Jahre teilen.

ZWIEBELN

***Bellevalia pycnantha* ➤:** kegelförmige Trauben in dunklem Violett, fast schwarz, die man durch helle Blüten oder Blätter in Szene setzen sollte. Grasähnliche Blätter. Sonne oder Halbschatten, durchlässige Böden. 25 cm. Pflanzung im Herbst, 5 cm tief.

***Crocus tommasinianus* 'Ruby Giant' ➤:** längliche Blütenkelche, die sich bei Sonnenschein ab Februar tagsüber öffnen. Grasähnliche, unauffällige Blätter. Sonne oder Halbschatten, durchlässige Böden. Herbstpflanzung, 3 cm tief.

***Iris reticulata*:** kleine, wegen der raschen Blüte attraktive Iris, veilchenfarben. Blätter grasähnlich, kaum ausdauernd. Sonne, durchlässige Böden. 15 cm.

***Muscari latifolium*:** lange, zylindrische Trauben leuchtend blauer, später, violetter Blüten. Ein einziges, großes Blatt. Vermehrt sich gut. 20 cm. Herbstpflanzung, 5 cm tief.

EIN- UND ZWEIJÄHRIGE

***Heliotropium peruvianum* 'Ultra Marine' ➤:** doldenähnliche Blütenstände aus kleinen, dunkelvioletten Blüten, gewöhnlich des kräftigen Duftes wegen gesucht. Sonne, frische Böden. Geschützte Aussaat im März, pikieren im Mai/Juni.

***Verbena bonariensis*:** violette Blütensträuße an der Spitze feiner, blattarmer Triebe, Juli bis Frostbeginn. Hoch und licht. Sonne, frische Böden. 1,50–1,70 m. Versamt sich.

Iris ensata

Vinca major subsp. *hirsuta*

Agapanthus 'Black Pantha'

Salvia nemorosa 'Carradona'

Aster ageratoides 'Ezo Murasaki'

Liriope muscari

Bellevalia pycnantha

Crocus tommasinianus 'Ruby Giant'

Heliotropium peruvianum 'Ultra Marine'

Blaue Blüten

STRÄUCHER

Frühling

Ceanothus impressus ❖ ➤, ***C. arboreus* usw.**: Massen kugeliger Blütenstände an einem immergrünen Busch. Lockerer, gut durchlässiger, karger Boden, volle Sonne. 2 m x 2 m. Zahlreiche Sorten mit individueller Statur, Blütezeit und Färbung. An Ort und Stelle beurteilen. 'Autumnal Blue' und 'Burkwoodii' blühen nochmals im Oktober und November. 'Concha' und 'Puget Blue' zeigen die beste Winterhärte. 'Blue Sapphire', 'Cascade', 'Italian Skies', 'Trewithen Blue' usw.

***Lithodora diffusa* 'Heavenly Blue'** ➤: kleine, strahlend blaue oder enzianfarbene Blüten an der Spitze verzweigter Äste. Blätter dunkelgrün, immergrün. Schatten, frischer, kalkloser Boden ohne Staunässe. 10 cm x 60 cm.

***Rhododendron* sp.**: zwei blau blühende Arten mit malvenfarbenen und/oder violetten Züchtungen. *R. augustinii* ➤ mit kleinen, spitzen Blättern und ungefüllten Blüten, Ende April/Anfang Mai. 2 m x 1 m. *R. impeditum* ➤ mit winzigen, aromatisch duftenden, bläulichen Blättern und blauen Blüten mit lila Schimmer. 1 m x 1 m. Lockerer, kalkfreier, humusreicher Boden. Sonnenliebhaber, nicht so zugluftempfindlich wie andere Rhododendren. Hellere bis dunklere Farbschattierungen.

Sommer

***Caryopteris* x *clandonensis* 'Heavenly Blue'**: königsblaue Blütenbüschel an der Spitze der Jahrestriebe, Juli bis Oktober. Laub aschefarben. Volle Sonne, normaler Boden ohne Staunässe. 1 m x 1 m. Alljährlich im Frühling zurückschneiden.

***Ceanothus* x *delilianus* 'Gloire de Versailles'**: Sträuße himmelblauer Blüten, Juli bis September. Laubabwerfend, längliche Blätter, zartgrün und pelzig. Volle Sonne. Normaler, auch kalkhaltiger Boden. 1,50 m x 1,50 m. Rückschnitt in jedem Frühjahr möglich. 'Charle Detriché', 'Comtesse de Paris', 'Gloire de Plantières' und 'Topaze' sind dunkelblau-violett.

Hydrangea 'Endless Summer'

Ceratostigma plumbaginoides ➤: kleine, enzianblaue Blüte, endständig, August und September. Volle Sonne oder Halbschatten, Bodendecker, 30 cm x 50 cm. *C. willmottianum* wächst höher (70 cm).

Hydrangea macrophylla: teller- und ballförmige Blütenstände, Juli bis Oktober. Üppige Büsche unterschiedlicher Wuchshöhe. Die meisten Blüten auf den ein- bis zweijährigen Trieben. Neutrale oder saure Böden, humusreich. Sonne (dezent) oder Halbschatten oder im Schatten eines laubabwerfenden Baums (besser für die blauen Farbtöne). 0,60–2 m x 1–2 m (je nach Sorte).

SORTE	BLAU	MITTELBLAU	DUNKELBLAU ÜBERLAUFEN
Kugelförmige Blütenstände	'Genérale Vicomtesse de Vibraye ❖' 'Nikko Blue'	'Endless Summer' ❖ ▼ 'Bailmer' ❖ 'Tovelit' ❖ 'Mme Faustin Travouillon' 'Benelux' MAGICAL 'Revolution' ❖	'Benelux' 'Kluis Sensation' 'Merveille' 'Maman' 'Enziandom' 'Mathilda Gutges'
Flache Blütenstände	'Blue Bird' 'Blue Deckle' ❖ 'Beauté Vendômoise' ❖	'Blue Wave' ❖ 'Mariesii'	'Blaumeise' ➤ 'Zorro' ❖ 'Eisvögel' 'Nachtigal'

DAS BLAU DER HORTENSIEN

Alle Hortensiensorten, die normalerweise auf neutralen oder leicht alkalischen Böden (pH ≥ 7) rosa sind, färben sich auf sauren Böden (pH < 7) blau. Die Farbintensität hängt vom pH-Wert und natürlich auch von der Sorte ab. Rosa überlaufene oder rosarote Sorten werden auf sauren Böden dunkler. Ein neutraler Boden wird auf natürliche Weise durch permanente Bedeckung mit Nadeln von Koniferen (wie Thuja oder Kiefern) oder mit Eichen- bzw. Buchenblättern sauer.

***Perovskia* 'Blue Spire'** ➤: große Blütensträuße an der Spitze aufrechter Stängel, Juli bis November. Hellgraues Laub und weiße Äste im Winter. Volle Sonne, steinige oder sandige Böden, locker, keine Staunässe. 1,20 m x 0,60 m. 'Little Spire' ist gedrungener und besser für Kübel oder Balkonkästen geeignet.

Vitex agnus-castus ❖ ➤: kerzenartige Blütenstände. Keine Staunässe (Kies, Sand). Volle Sonne. 2 m x 2 m. Kann alljährlich im Frühling zurückgeschnitten werden.

Weitere Sträucher: *Hibiscus syriacus* 'Oiseau Bleu' ❖, 'Blue Chiffon' ❖, *Hyssopus officinalis* ❖, *Parahebe carractae* ❖, *Rosmarinus officinalis* ❖.

Ceanothus impressus

Lithodora diffusa 'Heavenly Blue'

Rhododendron augustinii

Rhododendron impeditum

Ceratostigma plumbaginoides

Hydrangea 'Blaumeise'

Perovskia 'Blue Spire'

Vitex agnus-castus

KLETTERPFLANZEN

***Clematis* sp.**: viele Waldreben haben blaue, himmelblaue oder veilchenblaue Blüten aus kleinen, mittleren oder großen kronblattartigen Kelchblättern. Der obere Teil der Pflanze sollte in der Sonne sein, die Wurzeln im Schatten. Humusreicher, tiefgründiger Boden ohne Staunässe. 0,50–3 m.

SORTE	HIMMELBLAU	BLAU ÜBERLAUFEN	VEILCHENBLAU
März–Mai	'Francis Rivis' 'Blue Dancer'	'Pamela Jackman' 'Spiky®Zospi'	
Mai–Juni/ Sept.	'Angelique'® Evipo017' 'Blue Angel' 'Crystal' 'Fountain'® Evipo038' 'H.F.Young' 'Lasustern'	'Blue Eyes' 'Diana's Delight® Evipo026' 'Delight®Evipo026' 'Fujimusume' 'General Sikorsky' 'Lawsoniana' 'Multiblue' 'The President'	'Kiri te Kanawa' 'Kingfisher'® Evipo037' 'Blue Light'
Sommer	'Blue River' 'Perle d'Azur' 'Prince Charles' 'Emilia Plater' 'Justa'	'Arabella' ➤ 'Blue Pirouette'	'Blue Boy' 'SAPHYRA®Indigo'

STAUDEN

Frühling

Amsonia tabernaemontana: Sträuße sternförmiger, himmelblauer Blüten, Mai und Juni, violette Blattfärbung im Herbst. Alle Lagen, normaler Boden. 60 cm x 60 cm. Kräftig und ausdauernd.

***Campanula persicifolia* ➤**: Blüten in Form von Glöckchen entlang der feinen, aufragenden Stängel, Mai und Juni. Vermehrt sich durch Selbstaussaat. Zahlreiche weitere Arten, überwiegend blau. Sonne oder Halbschatten, normaler Boden. 60 cm x 20 cm.

Corydalis flexuosa: kleine, leuchtend blaue Blüten von April bis Juni. Biegsam, Vermehrung durch Wurzeln oder Brutzwiebeln. Leichter, humusreicher, frischer Boden, nicht staunass. 20 cm x 20 cm.

Salvia pratensis: veilchenblaue Blüten an verzweigten Stängeln, Juni und Juli. Sonne, normaler, kalkhaltiger Boden. 45 cm x 30 cm. Lebensdauer 2–4 Jahre, aber Selbstaussaat.

MEHRJÄHRIGE VERGISSMEINNICHT

Das zweijährig kultivierte Vergissmeinnicht (meist Sorten von *Myosotis sylvatica*) kann mit mehreren anderen Pflanzen verwechselt werden, die auch kleine blaue Blüten tragen:

Anchusa azurea: große Pflanze mit großen Laubblättern und Trieben mit endständigen, leuchtend blauen Blütensträußen, April und Mai. 60 cm x 30 cm. *Cynoglossum nervosum* und *Pentaglottis sempervirens* entfalten ähnliche Wirkung.

Brunnera macrophylla ➤: herzförmige Blätter, Schatten oder Halbschatten, alle Böden. 40 cm x 60 cm.

Myosotis palustris ➤: längliche, behaarte Blätter, volle Sonne, feuchte Böden. 30 cm x 30 cm.

Omphalodes cappadocica ➤ und *O. verna*: früh blühend, königsblau, zwischen lanzettlichen Blättern. Teppichbildner im Schatten oder Halbschatten, alle Böden. 25 cm x 50 cm. Die Sorte 'Cherry Ingram' ist enzianblau.

Sommer

***Agapanthus umbellatus* ➤**: je nach Sorte Kugeln tiefblauer, blassblauer oder veilchenblauer Blüten. Volle Sonne, normaler, frischer Boden ohne Staunässe. Verträgt Kübelpflanzung. 60–1 m x 50 cm.

***Delphinium*-Hybriden:** große Trauben von einfarbig blauen Blüten. Mai/Juni, erneut im September. Sonne, nährstoffreicher Boden, regelmäßig teilen, nicht austrocknen lassen. 1–1,70 m x 0,50 m.

Echinops ritro: veilchenblaue Blütenkugeln, über einem Horst gezähnter Blätter. Sonne, normaler Boden, nicht staunass. 1 m x 80 cm.

***Geranium* 'Rozanne' ➤**: zahlreiche, ungefüllte, blaue Blüten mit weißem Auge, Juni bis Oktober, standorttreu. Sonne oder Halbschatten, frische Böden, nicht staunass. 45 cm x 60 cm. Weitere empfehlenswerte Sorten: 'Orion', 'Johnsons Blue', 'Nimbus', 'Blue Cloud', 'Spinners' und 'Brookside' sowie die Art *G. pratense*.

***Kalimeris incisa* 'Blue Star'**: himmelblaue Margeritenblüten auf einer buschigen Pflanze, Juni bis Oktober. Sonne, normaler Boden, 50 cm. Anspruchslos und blühfreudig.

Linum perenne: Blüten mit leuchtend blauen, glänzenden Blütenblättern an der Spitze feiner, biegsamer Stängel mit schmalen, geraden Blättern, Juni bis August. Sonne, normaler, lockerer Boden, nicht staunass. 30 cm. Sät sich aus.

***Nepeta* 'Walker's Low' ➤**: Massen kleiner, strahlend blauer Blüten in aufrechten Blütenständen, Juni bis Oktober. Duftendes, bläulich grünes Laub. Sonne, normaler Boden. 'Six Hill's Giant' ist ähnlich, aber blasser. Viele weitere Katzenminzen sind blau.

***Scabiosa* 'Butterfly Blue' ➤**: Massen kleiner, himmelblauer Blütenköpfe, unfruchtbar, von Juni bis Oktober. Volle Sonne, normaler Boden. 30 cm x 20 cm.

Clematis 'Arabella'

Campanula persicifolia

Brunnera macrophylla

Myosostis palustris

Omphalodes cappadocica

Agapanthus umbellatus

Geranium 'Rozanne'

Nepeta 'Walker's Low'

Scabiosa 'Butterfly Blue'

Blaue Blüten

Herbst und Winter

Aster × ***frikartii*** **'Mönch'**: große, blau überlaufene Korbblüten, blühender Busch von August bis zum Frost. Volle Sonne, normaler Boden ohne Staunässe. 50 cm × 60 cm.
A. cordifolius **'Little Carlow'** ➤: sehr viele, leuchtend blaue Blütenkörbchen mit gelbem Auge, dünne, elastische, aber feste Stängel, gesundes Laub. Sonne oder Halbschatten (80 cm).

Calamintha nepeta: Unmengen kleiner, weißer Blüten, die sich blau färben, Blätter mit starkem Mentholgeruch. Volle Sonne, durchlässiger Boden. 30 cm × 30 cm.

Hepatica nobilis: königsblaue Blüten, dreilappige Blätter, immergrün. Schatten, unter Bäumen, normaler Boden, reich an Laubkompost. 10 cm.

Iris stylosa ➤ **(=** ***I. unguicularis*****)**: kleine Iris mit großen, zur Mitte hin geäderten Blütenblättern, Januar bis März, Vanilleduft. Aufrechte, linealische Blätter. Volle Sonne, normaler Boden, nicht staunass. 30 cm.

Weitere Stauden:

FRÜHLING	*Ajuga reptans, Centaurea montana, Iris sibirica, Iris barbata, Phlox divaricata, Pratia peduncularis, Polemonium caeruleum, Primula vulgaris* 'Blue Saphir', 'Blue Jeans' etc., *Salvia nemorosa, Symphytum azureum, Viola hederacea, Vinca major, V. minor*
SOMMER	*Dracocephalum ruischianum, Erigeron*-Hybriden, *Lobelia vedrariensis, Lobelia syphillitica, Limonium latifolium, Phlox paniculata* 'Caroline', Van den Berg', 'Franz Schubert', 'Blue Paradise' etc., *Prunella* × *webbiana, Stokesia laevis, Scutellaria, Tradescantia* × *andersoniana*
HERBST	*Strobilanthes rankanensis, Gentiana asclepiadea, Ceratostigma plumbaginoides, Eupatorium coelestinum*
WINTER	*Trachystemon orientalis*

ZWIEBELN

Frühling

Anemone blanda ➤: blaue oder blassblaue Blüte, die sich bei Sonnenschein öffnet, März und April. Zieht ab Ende Mai ein. Harte Zwiebel, Pflanzung im Herbst, 2 cm tief, zum Verbleib im Boden, damit sich ein Teppich bildet. Sonne, durchlässiger Boden. 5 cm × 15 cm.

Camassia quamash ➤: sternförmige, veilchenblaue Blüten in lockeren Trauben am oberen Drittel der Stängel, Mai. Linealische Blätter. Zwiebelpflanzung im Herbst, 5 cm tief zum Verbleib im Boden. Sonne, lehmhaltiger Boden. 40 cm. *C. leichtlinii*: malvenblaue Blüten, später blühend, 70 cm.

Hyacinthoides hispanica ➤: leuchtend blaue Glöckchen allseits um einen geraden Stängel inmitten eines Büschels langer, linealischer Blätter, April. Reichliche Vermehrung durch Zwiebel, im Herbst pflanzen, verbleibt im Beet. Schatten oder Halbschatten, frische Böden. 40 cm. *H. non-scripta*: Blüten nur auf einer Seite des Stängels.

Muscari armeniacum ➤: kegelförmige Trauben kleiner, blauer Glöckchen an der Spitze eines kurzen, kahlen Stängels, März und April. Sehr vermehrungsfreudige Zwiebelpflanze, Pflanzung im Herbst, 5 cm tief, verbleibt im Beet, Vermehrung durch Brutzwiebeln. Alle Lagen, normaler Boden. 15 cm. Empfehlenswerte Sorten: 'Baby's Breath', 'Valerie Finnis' mit leuchtend himmelblauen Blüten; 'Blue Spike' ist gefüllt, blüht länger; 'Christmas Pearl' mit früher Blüte, manchmal ab Dezember; 'Fantasy Creation' hat üppig gefüllte Blüten.

Sommer

Triteleia laxa **'Queen Fabiola'** ➤: Sträuße blauer Blüten ähnlich der Schmucklilie, Juni. Gedeiht leicht in voller Sonne, durchlässiger Boden. Pflanzung im März/April, 5 cm tief. Verbleibt im Beet, vermehrt sich langsam.

Herbst

Crocus speciosus **'Conqueror'**: strahlend blaue Kelchblüten, belebt durch orangefarbene Griffel, im Frühling linealische Blätter. Sonne, normaler Boden ohne Staunässe. 15 cm. Pflanzung im August, 5 cm tief.

Weitere Zwiebeln:

FRÜHLING	*Allium caeruleum, Hyacinthus, Brimeura, Ipheon, Chionodoxa*
HERBST	*Crocus speciosus*
WINTER	*Crocus tommasinianus, Crocus chrysanthus* 'Blue Pearl', *Scilla*

EIN- UND ZWEIJÄHRIGE

Agastache **'Blue Fortune'** ➤: lange Kerzen veilchenblauer, kleiner Blüten, Juli bis Oktober. Breite Blätter mit dem Duft von Fenchel und Minze. Sonne, frische Böden. 1 m. Aussaat im Freiland im Mai, unter Glas im März. Lebensdauer durchschnittlich 3 Jahre, versamt sich jedoch.

Echium pininana: große Blütenstände im 2. oder 3. Vegetationsjahr. Volle Sonne, durchlässiger Boden. 1,50–2,50 m × 50 cm. Versamt sich.

Meconopsis betonicifolia ➤: intensiv blaue Blüten mit gelben Staubblättern endständig an einem rauen, unverzweigten Stängel. Bläuliche, pelzige Blätter. Halbschatten, kalkfreier Boden, frisch, nicht staunass. 60 cm × 20 cm. Stirbt nach der Blüte ab, wenn man ihn zur Samenreife kommen lässt.

Weitere Vorschläge: *Catananche, Cerinthe, Cichorium, Ipomoea, Malva sylvestris, Myosotis, Salvia patens.*

Aster cordifolius 'Little Carlow'

Iris stylosa

Anemone blanda

Camassia quamash

Hyacinthoides hispanica

Muscari armeniacum

Triteleia laxa 'Queen Fabiola'

Agastache 'Blue Fortune'

Meconopsis betonicifolia

Pink- und magentafarbene Blüten

STRÄUCHER

Frühling

***Prunus mume* 'Beni-Shidori':** Strauch oder kleiner Baum, ab Januar oder Februar blühend. Im Frühling einkürzen. Sonne, durchlässiger Boden. 3 m × 2 m.

***P.* 'Collingwood Ingram':** üppige Blüte im März, schöne Herbstfärbung. Sonne, normaler Boden. 5 m × 2 m.

***Rhododendron* 'Hinode-giri' ➤:** leuchtende, japanische Azalee, die gut zu anderen rosa Sorten passt. Halbschatten, saurer, humoser Boden. 1 m × 1 m. *R.* 'Ameona' mit ähnlicher Färbung, aber gefüllten Blüten.

***Ribes sanguineum* 'King Edouard VII' ➤:** leuchtende Blütentrauben im März, unmittelbar vor Laubentfaltung. Sonne oder Halbschatten, normaler Boden. 1,80 m × 1,50 m.

***Rubus spectabilis* 'Flore Pleno':** intensiv rosarote Blütenkugeln, Mai und Juni. Zusammengesetzte Blätter, im Herbst rostrot. Sonne, Halbschatten, frischer Boden. 1,20 m × 1,50 m. Wuchert etwas durch Ausläufer.

Rosa 'Robin Hood'

Sommer

***Cistus purpureus* ❄ ➤:** kurz geöffnete, attraktive Blüten mit gelben und schwarzen Flecken, Spätfrühling und teilweise Sommer. Wohlriechendes Laub. Volle Sonne, nicht staunass, mildes Klima. 80 cm × 80 cm.

ROSA SP. (PINKFARBENE ROSEN)		
ROSE	EINFACH	GEFÜLLT
Botanische R.	*R. rugosa* 'Scabrosa' *R. highdownensis*	R. × *centifolia* 'Muscosa', 'Roseraie de l'Haÿ' ➤
Kletterrosen	'American Pillar' 'Maria Lisa', 'Roville'	'Dentelle de Bruxelles' 'Constance Spry'
Strauchrosen		'Roseraie de l'Haÿ' 'Charles de Mills' 'Cardinal de Richelieu'
Bodendecker	'Emera'	'Maréchal Foch'
Floribunda-R.		'Orléans Rose'
Edelrosen	'Betty Prior'	'Baronne E. de Rothschild' 'Jardins de Valloires'
Englische Rosen		'Gertrude Jeckyll

Herbst

***Lespedeza thunbergii*:** Sträuße violetter Blüten an langen, biegsamen Trieben mit dreiteiligen Blättern. Sonne oder Halbschatten, normale, eher leichte Böden. 1,50 m × 1,50 m.

Winter

***Camellia williamsii* 'St Ewe' ❄ ➤:** ungefüllte Blüten, etwas aufdringlich gefärbt, aber durch die Menge ein spektakulärer Anblick. Kleine, spitze Blätter. Halbschatten, frische, kalkfreie Böden. 4 m × 3 m.

***Loropetalum chinense* fo. *rubrum* ❄:** breitwüchsiger, immergrüner Busch mit zahlreichen Sträußen leuchtend pink gestreifter Blüten, Januar/Februar. 'Burgundy' und 'Firedance' mit purpurnem Laub. Schatten oder Halbschatten, saurer, humoser Boden, mildes Klima. 1 m × 1,50 m.

KLETTERPFLANZEN

***Bougainvillea* 'Sanderiana' ❄ ➤:** Blüten in einem Kranz rosa-violetter Brakteen, Mai bis August/September. Immergrünes Laub, biegsame Zweige. Sonnig und vor kaltem Wind geschützt, nährstoffreicher Boden ohne Staunässe. Verträgt Fröste bis −5 °C. 5 m × 3 m.

***Clematis* sp.:** viele Waldreben haben leuchtend rosa oder magentafarbene Blüten mit kleiner, mittlerer oder großer Blüte. Den „Kopf" in der Sonne, die Wurzeln im Schatten. Humusreicher, tiefgründiger Boden ohne Staunässe. 0,50–3 m. Empfohlene Sorten: 'Alaina', 'Evipo 056', 'Hania', 'Huvi', 'Julka', 'Mrs Thompson' ➤ (zweifarbig), 'Piilu' (zweifarbig), 'Sabine', 'Sunset' ➤, 'Whoopi', 'Margo Koster'.

Rhododendron 'Hinode-giri'

Ribes sanguineum 'King Edouard VII'

Camellia williamsii 'St Ewe'

Cistus purpureus

Rosa 'Roseraie de l'Häy'

Bouganvillea 'Sanderiana'

Clematis 'Sunset'

Clematis 'Mrs Thompson'

Pink- und magentafarbene Blüten

STAUDEN

Frühling

***Bergenia* sp.** ➤: kräftige Schäfte mit Sträußen hellrosa, magentafarbener oder weißer Blüten über einem Teppich großer, ovaler, immergrüner Blätter. Sonne oder Halbschatten bei warmem Standort. 30 cm. Empfohlene Sorten: 'Ouvertüre', 'Pinneberg' und 'Abendglocken' (gefüllte Blüte).

***Paeonia* sp.**: üppige Blüten auf ausdauernden, langlebigen Pflanzen. Volle Sonne oder Halbschatten, normaler Boden, kalkhaltig, tiefgründig. 70 cm × 70 cm. Empfohlene Sorten: 'Amabilis' ➤ (üppig gefüllt), 'Irwin Altam' (gefüllt), 'Aztec' (einfach), 'Emma Klehm' (üppig gefüllt), 'Gay Paree' (anemonenäugig), 'Honor' (einfach), 'Neon' (einfach, großes Auge mit Staubblättern), *Paeonia veitchii* usw.

Sommer

***Astilbe chinensis* var. *taquetii* 'Superba'**: dichte Rispen, dunkel getönt, August und September. Derbes Laub. Sonne oder Halbschatten, feuchter Boden. 80 cm × 50 cm. Andere empfehlenswerte Astilben: 'Purpurlanze', 'Gertrude Brix' ➤ (früh), 'Hyacinth' (Mitte Juli).

Helleborus 'Sensas'

***Centaurea dealbata* 'John Coutts'**: zerzauste Korbblüten über einem dichten Büschel graugrüner Blätter, Mai/Juni, erneut im September. Sonne, frische Böden ohne Staunässe. 50 cm × 50 cm. *Centaurea jacea* ➤: heimische Pflanze derselben Farbe mit kleineren Blüten. 1 m × 0,50 m.

Filipendula purpurea ➤: Blütenstände mit filigranen, intensiv gefärbten Blüten, Juni/Juli. Schöne Herbstfärbung der Blätter. Sonne oder Schatten, feuchter Boden. 70 cm × 50 cm.

Geranium psilostemon: leuchtende Blüten mit schwarzem Auge, große Laubblätter, sehr wüchsig. 'Yvan', 'Patricia' und 'Bressingham' mit üppigerem Blütenbesatz. Sonne, normale Böden.
***G. cinereum* 'Purple Pillow'** ➤, **'René Macé'**: leuchtende Blüten über kleinen, bläulichen Blättern. Sonne, sehr durchlässiger Boden. 15 cm × 20 cm.
***G. macrorrhizum* 'Bevan's Variety'**: Bodendecker mit leuchtenden Blüten im Mai/Juni. Alle Böden und Lagen. 30 cm × 50 cm und mehr.
***G.* × *riversleaianum* 'Russel Prichard'**: viele Blüten, breitwüchsig. Sonne, durchlässige Böden, 20 cm × 50 cm.
G. sanguineum: leuchtende Blüten, geteilte Blätter. Sonne oder Halbschatten, nicht staunass. 25 cm × 40 cm.

Lythrum salicaria: leuchtende Blütenstände (Scheinähren) an der Spitze aufrechter Stängel, Juli und August. Sonne, feuchter Boden. 1–1,50 m × 70 cm. Versamt sich.

Herbst

***Aster novae-angliae* 'September Ruby'** ➤: leuchtende Blüten, endständig an kräftigen Stängeln, September bis Ende Oktober. Laub für Krankheiten unanfällig. Sonne, normale, frische Böden. 1 m × 30 cm.

Winter

***Helleborus* 'Sensas'** ◄: große, unfruchtbare Blüten, Januar bis März. Große, dunkelgrüne Laubblätter. Halbschatten, normaler Boden.

ZWIEBELN

***Allium hollandicum* 'Purple Rain'**: strahlend rosa-violette Blütenkugeln, Mai und Anfang Juni. Sonne, normaler Boden. Zwiebeln im Herbst pflanzen, 10 cm tief.

Cyclamen coum ➤: zahlreiche, kleine Blüten mit zurückgeschlagenen Blütenblättern, Januar und Februar. Bildet Teppiche. Rundlich-nierenförmige Laubblätter, grün, marmoriert oder silbrig. 10 cm × 20 cm. Versamt sich.

Gladiolus byzantinus ❄ ➤: Blütenstände in leuchtenden Farben, Juni. Feines Laub. Sonne, durchlässiger Boden. Zwiebelpflanzung im Herbst, 5 cm tief, ganzjähriger Verbleib im Freiland.

EIN- UND ZWEIJÄHRIGE

Lunaria annua: Sträuße magentaroter Blüten, die sich rasch zu den bekannten ovalen Schötchen entwickeln. Dreieckige Blätter, Sonne oder Halbschatten, normale, frische Böden, 45–70 cm.

Osteospermum ecklonis: margeritenähnliche Blüten mit gerundeten Blütenblättern, die sich nur bei Sonnenschein öffnen, Mai bis September. Breitwüchsig. Sonne, durchlässiger Boden, mildes Klima.

Bergenia sp.

Paeonia 'Amabilis'

Astilbe 'Gertrude Brix'

Centaurea jacea

Filipendula purpurea

Geranium cinereum 'Purple Pillow'

Aster novae-angliae 'September Ruby'

Cyclamen coum

Gladiolus byzantinus

Malvenfarbene Blüten

BÄUME UND STRÄUCHER

Abutilon vitifolium **❄, *A. ochsenii*** **❄, *A.*** × ***suntense*** **❄:** große, ungefüllte Blüten an den vom Frost verschonten Zweigen, Mai und Juni. Rascher Wuchs auf lockeren, kargen, nicht zu trockenen, aber nicht staunassen Böden. Ideal für Mauerecken. 2,50 m × 1,50 m. Sehr junge Pflanzen setzen, am besten bewurzelte Stecklinge.

Deutzia **'Lavender Time' ➤:** große, ungefüllte Blüten in Malvenrosa, als Schirmrispe an der Spitze der Vorjahrestriebe. Längliche, raue Blätter. Halbschatten, frischer Boden, keine Staunässe. 1,50 m × 1,50 m. *D. calycosa* hat schöne, ungefüllte Blüten mit dunklerem Auge.

Hydrangea macrophylla **'Klaveren' ➤:** große, flache Blütenstände mit sterilen Blüten, auf sauren Böden malvenfarben, im Herbst grün schimmernd. Halbschatten, kalkfreier Boden. 1,50 m × 1,50 m. 'Nangping' nimmt hellere Töne an. 'Beauté Vendômoise' hat große, blassere, malvenblaue Blütenstände. 'Ayesha' zeigt ebenfalls diesen Farbton, auch bei saurem Boden.

***Paulownia imperialis*:** großer Baum mit großen, malvenfarbenen, bläulich schimmernden, glockenförmigen Blüten in traubigen Blütenständen an den zur Blütezeit noch blattlosen Zweigenden. Große Blätter. Sehr schnellwüchsig. Frische, durchlässige Böden. 10–25 m × 15 m. 'Fast Blue' blüht schön als jüngerer Baum.

ROSA SP. (MALVENFARBENE ROSEN)		
	EINFACH	GEFÜLLT
Kletterrosen	'Veilchenblau'	
Strauchrosen	'Yesterday'	'Lavender Dream', 'Blue Eyes'
Bodendecker		'Raymond Privat'
Floribunda-R.		'Rhapsody in Blue'
Edelrosen		'Claude Brasseur'
Englische Rosen		'Harlow Carr' 'Sir Walter Scott'

Syringa vulgaris **'Katherine Havemeyer' ➤:** zartblaue bis malvenfarbene Blüten im April oder Mai. Sonne oder Halbschatten, normaler, frischer Boden. 4 m × 3 m. 'Rêve Bleu' ist ähnlich.

STAUDEN

Frühling

Geranium pratense **'Blue Skies' ➤:** gefüllte Blüten in hellem Blau oder Mauve, lang blühend, Juni/Juli. Aufrechter Wuchs. Sonne oder Halbschatten, frischer Boden ohne Staunässe. 60 cm × 60 cm.

Persicaria bistorta **➤:** Blüten in zylindrischen Scheinähren auf dünnen Stängeln, darunter ein Teppich länglich-ovaler Laubblätter, die an Ampfer erinnern. Sonne, frische oder feuchte Böden. 40 cm. Bei 'Superba' sind die Blütenstände doppelt so dick und lang.

***Thalictrum aquilegifolium*:** leuchtende Blütenwolke mit hervorstehenden Staubblättern in Malven- und Fliederfarbe. Geteiltes Blatt wie bei Akelei. Halbschatten, frische Böden. 1,20 m × 40 cm.

Sommer und Herbst

Aster **'Asran':** kleine, malvenblaue Blütenköpfe auf kurzen, verzweigten Trieben. Wächst buschförmig, langlebig. Sonne oder Halbschatten, frischer Boden ohne Staunässe. 45 cm × 60 cm.

Thalictrum **'Splendide' ➤:** Wolken kleiner Blüten mit malvenfarbenen Blütenblättern an widerstandsfähigen Stängeln, lichtes, gefiedertes Laub. Sonne oder Halbschatten, lockerer, frischer Boden. Neuere Züchtung mit langer Blütezeit.

Veronicastrum virginicum **'Fascination':** malvenfarbene Blütenkerzen mit quirlständigen Blättern, die wie Sterne wirken. Sonne, frei stehend, der Boden frisch und nicht staunass. 1 m × 30 cm.

ZWIEBELN, EIN- UND ZWEIJÄHRIGE

Allium **'Globemaster':** riesige Blütenkugeln in Malvenrosa auf kräftigen Stängeln. 1,20 m. Volle Sonne, normaler Boden, keine Staunässe. Herbstpflanzung, 10 cm tief.

Alyssum maritimum **➤:** ein Teppich kleiner, duftender Blütensträuße, Juni bis September. Sonne, nährstoffreicher und durchlüfteter Boden. 5 cm × 20 cm. Aussaat ins Freiland, Mai.

Liatris spicata **➤:** aufragende Ähren in Rosa oder Weiß, Blüten öffnen sich von der Spitze her. Sonne, normaler, frischer und humoser Boden. 30–45 cm. Kleine Zwiebeln, Pflanzung im März/April, 5 cm tief.

***Malva sylvestris*:** weit geöffnete Blüten, einfarbig oder mit farbiger Äderung, Juli bis September. Sonne oder Halbschatten, frischer, tiefgründiger Boden. Zur Samenreife gelangte Pflanzen wurzeln besser und sind widerstandsfähiger. 60–80 cm.

Tulbaghia violacea **➤:** Blütenstände mit violett-malvenfarbenen Blüten, Juni. Volle Sonne, durchlässige Böden. Bleibt bei mildem Klima im Freiland, vermehrt sich langsam. Mildes Klima.

Deutzia 'Lavender Time'

Hydrangea macrophylla 'Klaveren'

Syringa vulgaris 'Katherine Havemeyer'

Geranium pratense 'Blue Skies'

Persicaria bistorta

Thalictrum 'Splendide'

Alyssum maritimum

Liatris spicata

Tulbaghia violacea

Rosa Blüten

BÄUME

Frühling

Cercis siliquastrum **➤:** intensiv rosa Blüten direkt am Stamm, vor Entwicklung der Laubblätter. Volle Sonne, durchlässiger, steiniger, eher trockener Boden. 2–6 m x 3 m. *C. chinensis* 'Avondale' sieht buschiger aus und ist sehr blühfreudig. Normaler Boden.

Cornus **sp.:** raschwüchsige, lang blühende, große Sträucher oder kleine Bäume, attraktiv, Spätfrühling. Saure oder kalkfreie Böden. 3–6 m x 2–3 m.

CORNUS FLORIDA	*C. KOUSA* VAR. *CHINENSIS*	*C. x RUTGERSIENSIS*
var. *rubra* 'Cherockee Chief' 'Purple Glory' 'Royal Red' 'Sunset' 'Sweetwater'	'Beni Fuji' 'Dwarf Pink' 'Kreftenbroek Pink' 'Miss Satomi' ➤ 'Radiant Rose'	'Celestial' 'Constellation' 'Pink Blush' 'Stellar Pink'

Crataegus laevigata **'Princesse Sturdza' ➤:** Blüten rosa überlaufen mit weißem Auge, Anfang bis Mitte Mai. Kleine, gelappte Blätter. Großer Strauch oder kleiner Baum, dornig. Sonne oder Halbschatten, alle nicht zu trockenen Böden. 2–6 m x 2–3 m. 'Rosea Plena' trägt gefüllte, leuchtend rosa Blüten, die mit der Zeit verblassen.

Magnolia **sp.:** schnellwüchsige Sträucher oder kleine Bäume. Blüten in Sternform (*M.* x *loebneri* 'Leonard Messel') oder Tulpenform. Gehaltvoller (auch lehmiger) Boden mit Kompostauflage und dauerhafter Mulchbedeckung. 3–8 m x 2–6 m.

MAGNOLIA	FRÜH (MÄRZ)	SAISONMITTE (APRIL)	SPÄT (ENDE APRIL)
Hellrosa	*M. loebneri* 'Leonard Messel' ➤ *M. campbelii* *M. sprengeri* 'Diva'	'Athene' 'Serene' 'Royal Crown' 'Sundew' 'Lennei'	M. liliflora 'Betty', 'Randy'
Rosa überlaufen	*M. dawsoniana* ❖	'Star Wars' 'Apollo' ❖ 'Heaven Scent' 'Burgundy'	'Susan'
Dunkelrosa		'Vulcan' ❖ 'Spectrum'	'O'Neil', 'Black Tulip', 'Genii'

***Malus floribunda*:** eher Sträucher als kleine Bäume mit üppiger Blüte, die Knospen dunkelrosa und später hellrosa. Kleine, unauffällige Äpfelchen. Sonne oder Halbschatten, normaler, lehmiger Boden. 4 m x 3 m. 'Diable Rouge' ➤: rosa überlaufen; 'Cascade Rose' und 'Echtermeyer' überhängend; 'Van Eseltine' mit gefüllten Blüten und säulenähnlichem Wuchs; 'Brandy Wine' ➤ mit großen, duftenden, gefüllten Blüten in kräftigem Rosa.

Prunus **sp.:** unterschiedlich spät blühende Bäume oder Sträucher, deren Blütezeit bis Ende Mai dauern kann. Normale, frische Böden ohne Staunässe. Sonne oder Halbschatten. Oft auf Vogel-Kirsche veredelt (*P. avium*), um eine gute Anpassung an Lehm- oder Kalkböden zu gewährleisten.

MÄRZ	APRIL	APRIL–MAI
'Kursar' 'Tom' 'Okame' 'Pandora' ➤ 'Ruby Veil' 'Kiku Shidare Sakura' *P. spinosa* 'Purpurea' *P. cerasifera* 'Pissardii'	*P. sargentii* 'Fukubana' 'Accolade' 'Amanogawa'	'Fugenzo' 'Kanzan' ◄ 'Royal Burgundy' 'Shirofugen' *P. padus* 'Coloratus'

Sambucus nigra **'Guincho Purple' ➤:** zahlreiche, flache, zartrosa Schirmrispen zwischen purpurnen Laubblättern, Juni. Sonne, frische Böden. 4 m x 3 m. 'Thundercloud' identisch, die Blätter dunkler; 'Black Beauty' mit dunkleren Blüten, das Laub fast schwarz.

Sommer

***Albizia julibrissin*:** Sträuße zarter Blüten entlang der Zweige, Juli und August. Zusammengesetzte Blätter mit sehr feinen Blättchen. Sonne, durchlässiger Boden. 4–6 m x 5 m. Mildes Klima.

Prunus 'Kanzan'

Cercis siliquastrum

Cornus 'Miss Satomi'

Crataegus laevigata 'Princesse Sturdza'

Magnolia loebneri 'Leonard Messel'

Malus floribunda 'Brandy Wine'

Malus floribunda 'Diable Rouge'

Prunus 'Pandora'

Sambucus nigra 'Guincho Purple'

Lagerstroemia indica ❄: Sträuße mit zartrosa ('Soir d'Été') oder leuchtend rosa ('Monbazillac', 'Canaille Rose') Blüten an der Spitze der Jahrestriebe. Schöne Rinde. Sonne, normaler, nährstoffreicher, frischer Boden. 2–4 m x 2 m.

Herbst und Winter

***Prunus subhirtella* 'Autumnalis'**: halbgefüllte Blüten in zartem Rosa, die spärlich November bis März aufblühen. Breiter Wuchs. Sonne oder Halbschatten, frische, kalkarme Boden. 4 m x 6 m.

STRÄUCHER

Frühling

Kolkwitzia amabilis ➤: eine Vielzahl kleiner, zartrosa Blütenglöckchen, Juni. Eleganter Strauch in Schirmform. Sonne oder Halbschatten. 2 m x 1,50 m.

Paeonia suffruticosa: große, einfache, halbgefüllte oder gefüllte Blüten an einem aufrechten Busch mit ausladendem Blattwerk (1,50 m x 1 m). Volle Sonne, normaler Boden ohne Staunässe.
- Ungefüllte Blüten: 'Sir Peter Smithers', 'Sylphide', 'Isabelle Rivière.
- Halbgefüllte Blüten: 'Hanakisoi' ➤, 'Kikubotan', 'Été Indien'.
- Gefüllte Blüten: 'Duchesse de Morny', 'Jacqueline Farvacques', 'Leda'.

***Ribes sanguineum* 'Poky's Pink'** ➤: zahlreiche Blütentrauben in Rosa. Sonne oder Halbschatten, normaler Boden. 2 m x 1,50 m. 'Albescens' ist blasser.

***Staphylea holocarpa* 'Rosea'** ➤: Trauben kleiner, dunkelrosa Blüten, die später etwas verblassen. Gefiederte Laubblätter. Sonne oder Halbschatten, frischer Boden. 2,50 m x 1,50 m.

Tamarix tetrandra ❄ ➤: große, endständige Sträuße winziger, zartrosa Blüten, an den jungen Trieben, April, Mai und August. Hellgrünes Laub. Volle Sonne, leichter, sandiger Boden. 2 m x 2 m. *T. pentandra* ist ähnlich, blüht aber im Juli/August.

***Weigela* 'Abel Carrière'** ➤: Blüte rosa und weiß gefärbt, blüht wiederholt. Volle Sonne oder Halbschatten, normaler Boden. 1,50 m x 1,50 m. 'Pink Poppet' ist eine gedrungene Form mit einfarbig rosa gefärbten Blüten. 50 cm. 'Centennial' hat länglichere Blütenkronen.

Sommer

***Abelia* x *grandiflora* 'Edward Goucher'**: kleine, hellrosa Glöckchen, Juli bis November. Laub halbimmergrün. Volle Sonne, normaler Boden. 1,50 m x 1,50 m.

***Buddleja davidii* 'Pink Delight'** ❄ ➤: riesige Blütenstände in leuchtendem Rosa bei jungen Pflanzen, schönere Proportionen am ausgewachsenen Strauch. Laubblätter grau schimmernd. Volle Sonne, normaler Boden ohne Staunässe. 2 m x 2 m. 'Charming' ist zarter.

***Ceanothus* x *delilianus* 'Marie Simon'**: zartrosa Blüten in Sträußen, von Juli bis September. Laubabwerfend, die Blätter länglich, hellgrün und pelzig behaart. Volle Sonne, normaler Boden, auch kalkhaltig. 'Perle Rose' ist farblich etwas kräftiger. 1,80 m x 1,80 m.

***Hibiscus syriacus* 'Pink Giant'**: große, kräftig rosa Blüten mit dunkelrotem Auge. Früher, kräftiger und blühfreudiger als 'Woodbridge'. Volle Sonne, normaler, eher kalkhaltiger Boden. 2 m x 2 m.

***Hydrangea* sp.**: Die meisten klassischen Gartenhortensien der Art *H. macrophylla* und auch *H. serrata* blühen bei neutralen Böden rosa. Sonne oder Halbschatten, frischer, humusreicher Boden.
***H. arborescens* 'Invincibelle'**: Bälle rosaroter Blüten, langsam verblassend. Scheut weder Frost noch alkalische Böden.
H. aspera* subsp. *villosa: große Blüten in Altrosa mit bläulichem Auge, je nach Bodenzusammensetzung. Pelzige Blätter. Schatten oder Halbschatten.
H. macrophylla: Blütenstände in Ballform bei der Sorte 'Ayesha'; gerundet bei 'Thelenn' ➤; tellerförmig bei 'Holbelia', 'El Camino' (beide sehr blass), 'Grant Choice' ➤ (große sterile Blüten), 'Victoria' (purpurnes Laub).
H. paniculata: etliche Sorten, die sich zum Ende der Blüte rosa färben. 'Vanille Fraise, 'Dharuma' (kompakter Wuchs).
H. serrata* var. *koreana: dichter Wuchs und rosa Blüten, auch auf sauren Böden. 'Avelroz' ◄ zum Ende der Blüte hin und im Herbst rosa. 'Preziosa': Bälle, die sich von Rosa zu annähernd Rot färben.

Hydrangea serrata 'Avelroz'

Kolkwitzia amabilis

Paeonia suffruticosa 'Hanakisoi'

Ribes sanguineum 'Poky's Pink'

Staphylea holocarpa 'Rosea'

Tamarix tetrandra

Weigela 'Abel Carrière'

Buddleja davidii 'Pink Delight'

Hydrangea macrophylla 'Grant Choice'

Hydrangea macrophylla 'Thelenn'

Lavatera x _clementii_ 'Rosea' ❄ ➤: große, silbrig rosa Blüten, ähnlich wie Hibiskus, Juni bis Oktober. Flaumiges, grünes Laub. Volle Sonne, normaler Boden ohne Staunässe. Alte Pflanzen vertragen bis –10 °C. 1,80 m x 1,50 m. Im Frühling direkt über dem Boden abschneiden. 'Barnsley' ist hellrosa mit etwas dunklerem Auge.

Spiraea japonica: flache Blütenstände, je nach Sorte in unterschiedlich kräftigem Rosa. Sonne oder Halbschatten, normaler Boden. 1 m x 1 m. In jedem zweiten Frühjahr kürzen. 'Little Princess' zeigt kompakten Wuchs. 'Anthony Waterer' ist karminrosa.

ROSA SP. (ROSA ROSEN)		
	EINFACH	GEFÜLLT
Botanische R.	'Complicata' *R. gallica* 'Splendens'	*R. californica* 'Flore Pleno'
Kletterrosen	'Adenochaeta' 'Marietta Silva Tarouca' 'Meg', 'Kew Rambler'	'Dentelle de Malines' 'Pierre de Ronsard' 'Sourire d'Orchidée'
Strauchrosen	'Marguerite Hilling' 'Ballerina' 'Rush'	'Albertine' 'Felicia'
Bodendecker	'Nozomi' 'Pink Spray' 'Rosée du Matin'	'The Fairy' 'Magic Meillandecor'
Floribunda-R.	'Peace & Love'	'Gabrielle Privat'
Edelrosen		'Centenaire de Lourdes' 'Princesse de Monaco'
Englische Rosen		'Ann Boleyn', 'Olivia Rose Austin', 'Marie Rose' ➤, 'The Ancient Mariner'

Herbst

Clerodendrum bungei: dunkelrosa Blüten in kugeligen Blütenständen an der Spitze der Jahrestriebe, intensiver, fruchtiger Duft. Große, purpurn schimmernde Blätter. Volle Sonne, geschützter Standort, Frostschaden an Zweigen hat keine Auswirkung auf Blüte, normaler Boden. 1,50 m x 1,50 m und mehr.

Winter

Prunus incisa 'February Pink': einfache, zartrosa Blüten. Sonne oder Halbschatten, vor kalter Zugluft geschützt, kalkarme Böden. 3–4 m x 3 m.

Viburnum bodnantense 'Charles Lamont' ➤: zahlreiche, kräftig rosa Knospen, Dezember bis April, die geöffnete Blüte ist heller. Wüchsiger Busch, etwas zerzaust. Sonne oder Halbschatten, frischer Boden. 3 m x 2 m.

Weitere Sträucher:

FRÜHLING	*Camellia* x *williamsii* 'Donation', *Chaenomeles* x *superba* 'Flocon Rose', *Cytisus* x *praecox* 'Hollandia', *Deutzia* 'Magicien', *Dipelta floribunda, Neillia thibetica, Prunus triloba* 'Multiplex', *Rhododendron* 'Pink Pearl', *Syringa microphylla* 'Superba', *Viburnum sargentii* 'Onondaga'
SOMMER	*Clerodendrum bungei, Cotinus coggygria* 'Young Lady', *Indigofera heterantha, I. kirilowii, Potentilla fruticosa*, 'Lovely Pink', 'Princess'
HERBST	*Calluna vulgaris, Camellia sasanqua, Daboecia cantabrica, Erica tetralix, Erica vagans, Viburnum farreri*
WINTER	*Camellia* 'Chandleri Elegans', *Erica carnea, Erica* x *darleyensis, Lonicera* 'Budapest', *Rhododendron* 'Christmas Cheer'

KLETTERPFLANZEN

Clematis sp.: viele Waldreben haben rosa, blassrosa oder kräftig rosa Blüten mit kleiner, mittlerer oder großer Korolla. Den „Kopf" in der Sonne, die Wurzeln im Schatten. Humusreicher, tiefgründiger Boden ohne Staunässe. 0,50–3 m.

CLEMATIS	HELLROSA	ROSA	ZWEIFARBIG ROSA
März–Mai	'Willy' ➤ 'Markam's Pink' ➤	'Tetrarose' 'Rubens Superba' 'Broughton Star' ➤	
Mai–Juni/Sept.	'Pink Champagne' 'Caroline' 'Pink Fantasy' 'Marmori' 'Omoshiro' ➤ 'Josephine'	'Comtesse de Bouchaud' 'Giselle'Evipo051' 'Hagley Hybrid' 'Pink Champagne' 'Success® Candy-Tra415'	'Nelly Moser' 'Carnaby'
Sommer–Herbst		'Duchesse of Albany' 'Alionuska'	
Winter		*C. armandii* 'Apple Blossom'	

Lathyrus latifolius ➤: aufrechte Trauben von Schmetterlingsblüten in kräftigem oder hellem Rosa. Krautige Stängel mit großen, grünen Flügeln. Sonne, durchlässiger Boden. 2,5 m x 1 m. Eher kriechend als kletternd. *L. speciosus* hat große, rosa-violette Blüten, Juni und Juli. Ausbreitung durch Ausläufer.

Lonicera x _etrusca_ ❄ ➤: Blüten in kräftigem Rosa, beim Aufblühen hellrosa, Mai/Juni, angenehm duftend. Selten mit zweiter Blüte. Sonne oder Halbschatten, frische Böden. 3 m x 2 m.

Clematis alpina 'Willy'

Lavatera × clementii 'Rosea'

Rosa 'Marie Rose'

Viburnum bodnantense 'Charles Lamont'

Clematis 'Broughton Star'

Clematis macropetala 'Marham's Pink'

Clematis 'Omoshiro'

Lonicera × etrusca

Lathyrus latifolius

STAUDEN

Frühling

***Astrantia* 'Roma':** mittelgroße, silbrig-rosa Blüten, steril, den ganzen Sommer hindurch wiederholte Blüte. Sonne oder Halbschatten, normale, frische Böden. 50 cm × 50 cm. 'Buckland' ist ähnlich, aber kleiner und heller. 'Washfield' und 'Lars' sind etwas dunkler.

***Dicentra spectabilis*:** herzförmige, rosa Blüten an langen bogenförmigen Stängeln, gefiederte, fleischige Blätter. Humusreicher, frischer Boden, Halbschatten. 80 cm.
***D. formosa*:** zarterer Wuchs, teppichbildend, herzförmige Blüten gestaucht, hellrosa oder intensiv rosa.

***Dianthus plumarius* ➤:** niedliche Nelken mit einfacher oder gefüllter Blüte, Farbton und Duft unterschiedlich kräftig. Bläuliches Blatt. Sonne, durchlässiger Boden. 15–30 cm.

***Paeonia* sp.:** sehr opulente, kurzlebige Blüte. Bildet Horste aus langlebigen, festen Trieben. Volle Sonne, normaler, tiefgründiger Boden. 70 cm × 70 cm. Empfohlene Arten: 'Bowl of Beauty' (Blütenmitte weiß); 'Edulis Superba' ist gefüllt, leuchtend rosa; 'Pink Chalice' ist ungefüllt, hellrosa; 'Sarah Bernhardt' üppig gefüllt und rund.

Sommer

***Achillea millefolium* 'Lilac Beauty':** flache Trugdolden aus rosa Blüten, die nach einigen Tagen verblassen. Geruchsintensives Laub. Sonne, durchlässiger Boden. 50 cm × 30 cm.

***Anemone*-Hybriden:** hellrosa oder überlaufene Blüten an der Spitze feiner Stängel, einfach, halbgefüllt oder gefüllt, August bis Ende Oktober. Große Blätter. Sonne oder Halbschatten, normale, eher frische Böden. 0,60–1,20 m × 50 cm und mehr. 'Robustissima': blassrosa, sehr robust; 'Prinz Heinrich' ➤: klein, dunkelrosa; 'September Charm': silbriges Rosa.

***Echinacea* sp.:** auffällige, orangefarbene Korbblüte. Büschel länglich-spitzer Basalblätter. Sonne, normaler, humusreicher Boden, kalkarm, frisch, nicht staunass. 60 cm × 20 cm. Sehr viele Sorten.

***Oenothera speciosa* 'Siskyou Pink' ➤:** einfache Blütenkronen in hellem Rosa, den ganzen Sommer hindurch wiederholte Blüte. Bildet Ausläufer. Sonne, leichter, durchlässiger Boden. 40 cm × 60 cm.

***Persicaria amplexicaulis* 'Rosea' ➤:** Blüten in feinen Kerzen angeordnet, Juli bis zum Frost. Große, spitze Basalblätter. Sonne oder Halbschatten, frische oder feuchte Böden. 80 cm × 80 cm.

***Phlox paniculata* 'Flamingo' ➤:** endständige Sträuße von rosa Blüten mit rotem Auge auf kräftigen Stängeln. Sonne oder Halbschatten, normaler, nährstoffreicher Boden, im Sommer frisch. 0,60–1,20 m × 40 cm. 'Dodo Hanbury' ist zartrosa, 'Eva Cullum' dunkler, 'Natasha' weiß und rosa.

***Physostegia virginiana*:** röhrenförmige Blüten in langen, dreieckigen Trauben angeordnet. Stängel kantig und dick. Vermehrung durch Ausläufer. Sonne oder Halbschatten, frische oder feuchte Böden. 80 cm × 50 cm.

Herbst

***Aster novae-angliae* 'Harrington Pink':** gesunde, pelzig behaarte Blätter und üppige Blüte. Lehmiger, frischer Boden. 1,20 m.

***Eupatorium purpureum* 'Atropurpureum' ➤:** kleine, altrosa Blütchen, zu großen, rundlichen Blütenschirmen an der Spitze kräftiger, purpurner Stängel gruppiert. Blätter wirtelig. Sonne oder Halbschatten, frische Böden. 1,50 m × 50 cm.

***Saxifraga fortunei* ➤:** dichte Blütensträuße über breiten, fleischigen Laubblättern in Grün oder Purpur. Schatten oder Halbschattem, dauerfeuchte Böden ohne Staunässe. 25 cm × 25 cm.

***Sedum spectabile* und *S. telephium*:** über lange Zeit mit getrockneten Blütenständen eine dekorative, buschige Staude. Volle Sonne oder Halbschatten, normaler Boden ohne Staunässe. 'Matrona' mit purpurn schimmerndem Laub, 'Brillant' ist kräftig rosa, 'Herbstfreude' ist erst altrosa, dann rot.

Winter

***Helleborus* × *hybridus* ➤:** Büschel üppiger Blüten, sobald es wärmer wird. Immergrünes Laub, das zu Beginn der Blüte zurückgeschnitten wird. Sonne oder Halbschatten, nährstoffreicher, frischer Boden ohne Staunässe. 40 cm × 50 cm. Große Formenvielfalt (ungefüllt, halbgefüllt, gefüllt). Vermehrung durch Samen.

***Primula veris* subsp. *sibthorpii* ➤:** rosa Blüte mit goldgelbem Auge, in einer Rosette faltiger, hellgrüner Blätter. 15 cm. Verwildert leicht in Beeten oder Rasenflächen.

Weitere Stauden:

FRÜHLING	*Ajuga* 'Purple Torch', *Iris barbata, Lamium maculatum, Lupinus* 'La Châtelaine', *Papaver* 'Corinna', 'Juliana', *Primula* 'Garryarde Guynevere', *Phuopsis stylosa, Pulmonaria* 'Dora Bielefield', *Saxifraga arendsii, Tanacetum coccineum, Viola odorata* 'Rosea'
SOMMER	*Calamintha grandiflora, Campanula* 'Elisabeth', *Chelone obliqua, Diascia fetcaniensis, Echinacea glaucus* 'Seebreeze', *Epilobium* 'Stahl Rose', *Erigeron*-Hybriden, *Hemerocallis, Heuchera, Monarda* 'Croftway Pink', *Origanum vulgare, Penstemon* 'Souvenir d'Adrien Regnier', *Potentilla* 'Miss Willmott', *Sanguisorba* 'Pink Tana', *Saponaria* 'Rosea Plena', *Scabiosa* 'Pink Mist', *Tradescantia, Veronica* 'Heidekind'
HERBST	*Chrysanthemum* 'Clara Curtiss'

Dianthus plumarius

Anemone 'Prinz Heinrich'

Oenothera speciosa 'Siskyou Pink'

Persicaria amplexicaulis 'Rosea'

Phlox paniculata 'Flamingo'

Eupatorium purpureum 'Atropurpureum'

Saxifraga fortunei

Helleborus × *hybridus*

Primula veris subsp. *sibthorpii*

Rosa Blüten

ZWIEBELN

Frühling

***Allium schoenoprasum*:** Schnittlauch bringt zahlreiche, dekorative, rosa Blütenkugeln hervor, Mai und Juni. Sonne, frischer Boden 30 cm. *A. oreophilum* blüht üppig, ohne zu groß zu werden. *A. christophii* hat große Blütenkugeln in silbrigem Rosa, auch im Schatten.

***Hyacinthoides hispanica* 'Rosea' ➤:** zartosa Glöckchen, linealische Blätter, April. Zwiebelpflanzung im Herbst, 5 cm tief, verbleibt im Beet. Sonne oder Halbschatten, normaler Boden. 40 cm.

***Incarvillea delavayi*:** große, kräftig rosa Blüten mit gelbem Auge, exotisches Aussehen. Wurzel verdickt wie Möhre, Pflanzung von September bis März, verbleibt im Beet. Sonne, normaler Boden ohne Staunässe. 40 cm. 'Bee's Pink' ist hellrosa.

***Tulipa* sp.:** viele rosa blühende Tulpen. Zwiebelpflanzung im September oder Oktober, 5 cm tief, volle Sonne, normaler, durchlässiger Boden. Empfehlenswerte Sorten: *T. bakeri* 'Lilac Wonder': botanische Tulpe, rosa mit gelbem Grund; 'Christmas Dream': ungefüllt, intensiv rosa: 'Cosmopolitan' und 'Mistress' ungefüllt, zartrosa; 'Angelique': gefüllt, hellrosa, spät; 'Sugar Love' (Darwin-Hybride), 'Lariette' (Lilienblütige T.), 'Francy Frills' (Papagei-T.).

Sommer

***Crinum* × *powellii* 'Aphrodite' ❄:** große, kräftig rosa Blütentrichter mit hellerem Auge an der Spitze kräftiger, aufrechter Stängel mit üppigem, gestreiften Blattwerk, stark duftend. Riesige Zwiebel, Pflanzung im Frühling mit der Spitze unmittelbar an der Erdoberfläche, Sonne, Halbschatten, normaler, tiefgründiger und nährstoffreicher Boden. 1,80 m. Schutz durch eine Laubschicht.

Herbst

***Allium senescens* ➤:** reichlich rosa-violette Blütenbälle im September. Sonne, durchlässiger, frischer und nährstoffreicher Boden. Bläuliches Laub. Hohe Form mit 30 cm, eine sehr niedrige Form mit 10 cm.

***Amaryllis bella-donna* ❄:** Blüte in Form einer Lilie, kräftig rosa, auf einem standfesten, kahlen Stängel. Die linealischen Blätter entwickeln sich im Frühling und welken im Sommer. Sonne, nährstoffreicher, tiefgründiger, frischer Boden. 60 cm.

***Begonia grandis* subsp. *evansiana* ❄ ➤:** Blütensträuße an der Spitze fleischiger Stängel. Asymmetrische Blätter mit teils purpurner Rückseite. Sonne oder Halbschatten, leichte, frische Böden. 40 cm.

***Colchicum autumnale* ➤:** zahlreiche, trichterförmige Blüten direkt über dem Boden. Blätter von Frühling bis Juni. Sonne oder Halbschatten, frische Böden. Zwiebelpflanzung im Juli/August oder während der Blüte, die Spitze auf Erdbodenniveau. 25 cm.

***Cyclamen hederifolium*:** Blüten mit zurückgeschlagenen Blütenblättern, erscheinen 1 Monat vor der Entwicklung der wintergrünen Blätter. Alle Lagen, leichter, humusreicher Boden. 15 cm.

***Nerine bowdenii* ❄:** Sträuße von kräftig rosa Blüten auf kahlen Stängeln. Blattentwicklung im Frühling. Volle Sonne, normaler Boden ohne Staunässe. 40 cm. Pflanzung im April, die Spitze muss knapp aus dem Boden schauen.

***Schizostylis coccinea* 'Miss Hegarty' ❄ ➤:** krokusähnliche, rosa Blüten und Büschel grasähnlicher Blätter. Sonne oder Halbschatten, frischer oder feuchter Boden. 60 cm × 30 cm.

Winter

***Cyclamen coum* ➤:** Blüten mit zurückgeschlagenen Blütenblättern, Januar und Februar. Rundlich-nierenförmige Blätter, grün, marmoriert oder silbrig. Alle Lagen, normaler, leichter und humusreicher Boden. 15 cm.

EIN- UND ZWEIJÄHRIGE

***Alcea rosea*:** große Blütenkronen mit hellrosa, lachsrosa oder kräftig rosa Trichtern, je nach Sorte. Große, fast kreisrunde, z.T. gelappte Blätter. Volle Sonne, durchlässiger Boden. 2 m. Lebensspanne 3–4 Jahre. Versamt sich gut.

***Cosmos bipinnatus* ➤:** einfache oder halbgefüllte Blüten in diversen Rosatönen an der Spitze kräftiger, verzweigter Stängel. Feines Laub. Sonne, durchgearbeiteter Boden. Aussaat ins Beet, Mai. Viele unterschiedlich hohe Sorten.

***Digitalis purpurea* ➤:** Schäfte mit hellrosa oder kräftig rosa Glocken, mit oder ohne Saftmale. Rosette mit faltigen Blättern im ersten Vegetationsjahr. Halbschatten, lockerer, kalkfreier Boden. 1,50 m × 0,30 m.

***Gaura* 'Siskyou Pink' ➤:** zarte, dunkelrosa Blüten, die wie Schmetterlinge aussehen, an dünnen Stängeln mit purpurn schimmerndem Laub, Juni bis Oktober. Volle Sonne, normaler Boden, im Winter mäßig feucht. 60 cm. 'Crimson Butterflies' identisch, kompakter Wuchs, 40 cm.

***Lavatera trimestris*:** malvenähnliche Blüte in kräftigem Rosa, Juli bis Frostbeginn. Buschige, widerstandsfähige Pflanze, im Mai einfache Aussaat direkt ins Beet. Sonne, nährstoffreicher, durchgearbeiteter Boden. 1 m × 50 cm.

Weitere Ein- und Zweijährige: *Cleome spinosa, Hesperis matronalis, Linaria* 'Canon Went', *Verbena hastata* 'Rosea'.

Hyacinthoïdes hispanica 'Rosea'

Allium senescens

Begonia grandis subsp. evansiana

Colchicum autumnale

Schizostylis coccinea 'Miss Hegarty'

Cyclamen coum

Cosmos bipinnatus

Digitalis purpurea

Gaura 'Siskyou Pink'

Vollkommene Harmonie von flachen Blütenschirmen des *Sedum* 'Herbstfreude' und den Kerzen von *Persicaria affinis* 'Donald Lowndes', hervorgehoben durch die orangefarben schimmernden *Schizostylis coccinea* vor einer Kulisse mit *Rhus* 'Tiger Eyes' (Garten Le Vasterival, Frankreich).

Duftende Blüten

BÄUME

Acacia dealbata **❈ ➤:** zwischen Dezember und März reich blühender Baum mit gelben Blütenkugeln, stark duftend. Aus feinen Blättchen zusammengesetzte, bläuliche Blätter. Volle Sonne, durchlässiger Boden. Vermehrt sich in Gegenden mit mildem Klima (zu) reichlich. Verbessert nährstoffarme Böden.

Azara dentata **❈ ➤:** Sträuße gelber Blüten in Blattachseln, März oder April, starker Duft nach Vanillehonig. Immergrüne Blätter. Sonne oder Halbschatten, geschützte Standorte (bis –15 °C). 3–8 m × 2 m. *A. microphylla* hat winzige Blättchen, Blüten duften wie weiße Schokolade.

Clerodendrum trichotomum **❈:** Sträuße cremeweißer Blüten in rosaroten Kelchen, abends starker Jasminduft, August und September. Blatt herzförmig und unangenehm im Geruch. Volle Sonne, normaler Boden. 3–5 m × 3 m.

Cytisus battandieri **❈ ➤ (*Argyrocytisus battandieri*):** gelbe Blüten in aufrechten Trauben, deren Form und Duft an Ananas erinnert. Blätter dreizählig geteilt, silbrig glänzend und seidig. Volle Sonne, keine Staunässe. 2,50–5 m × 2 m.

Magnolia **sp.:** viele eher unbekannte laubabwerfende oder immergrüne Magnolien blühen im Sommer und duften stark. Windgeschützter Standort und frischer Boden.

– *M. doltsopa* ❈, *M. figo* ❈, *M.* × *fogii* ❈ usw.: größere Blüten mit leicht unterschiedlichem Duft. Winterhart bis –15 °C an windgeschützten Standorten.

– *M. laevifolia* ❈ (*Michelia yunnanensis*): kleine, längliche, immergrüne Blätter, kleine exotisch duftende Blüten im Mai/Juni.

– *M. grandiflora*: den ganzen Sommer hindurch große, elfenbeinfarbene Blüten mit zitronigem Duft. Immergrünes Laub, lackglänzend und auf der Rückseite kurz bepelzt. Volle Sonne, verträgt alkalische Böden, vor strengem Frost schützen. Zahlreiche Sorten.

– *M. sieboldii* (= *M. parviflora*): duftende, becherförmige, kreideweiße Blüten mit rotem Griffel, die zum Boden schauen und unter den Ästen sitzen, Mai bis Juli. Halbschatten, kalkfreier, frischer Boden. 3 m × 4 m. *M. wilsonii* ist ähnlich, aber kräftiger.

– *M.* × *wiesneri*: große, aufragende, weiße Blüten mit roten Staubblättern, von Ende Mai bis Ende Juli. Sonne oder Halbschatten, kalkloser, frischer Boden. 7 m × 4 m.

Ptelea trifoliata **➤:** grünliche Blüten in kugeligen Sträußen mit starkem Duft, Juli–August. Blätter dreizählig geteilt, grün überlaufen und glitzernd. Volle Sonne, normaler Boden. 3 m × 2 m. Schöner Strauch, der sich zu einem gesunden, kleinen Baum entwickelt. Kleine Jungpflanze setzen.

Styrax japonicus **➤:** unzählige, sternförmige, stark nach Honig duftende Blüten, die unter den Blättern hängen. Juni/Juli. Gelbes Herbstlaub. 8 m × 4 m.

Tilia cordata **➤:** üppige und stark duftende Blüte schon auf kleinen Exemplaren dieser rasch wachsenden Bäume, Juni/Juli. Sonne, tiefgründige, frische Böden. 15–20 m × 3–8 m. *T. henryi*: blüht spät, August/September.

Weitere Bäume: *Malus* 'Charlottae', *M. hupehensis*, *Prunus* 'Jo-Nioi', *P.* 'Amanogawa', *Robinia pseudoacacia, Syringa vulgaris.*

STRÄUCHER

Frühling

Choisya ternata **❈:** Orangenblume mit weißen, nach Honig und Früchten duftenden Blüten, blüht im Mai und September, erinnert etwas an Orangenblüten. Immergrünes, aromatisch duftendes Laub, dreilappig, smaragdfarben, glänzend. Alle Lagen, durchlässiger Boden. 1,50 m × 1,50 m. **'Sundance'** mit gelbem Laub; 'Aztec Pearl' ➤ mit feinen Blättchen; 'White Dazzler' hat kompakte Statur, 80 cm.

Elaeagnus angustifolia **'QuickSilver':** schmalblättrige Ölweide mit kleinen, cremefarbenen Blüten in den Blattachseln, jasminähnlicher Duft, Mai/Juni. Längliche, silbrige Blätter wie ein Olivenbaum. Volle Sonne, alle gut durchlässigen Böden. 2,50–4 m × 3 m.
E. multiflora, E. angustifolia, E. umbellata haben die gleichen Blüten, das Laub ist nicht so silbrig.

Osmanthus × ***burkwoodii*:** weiße Blüten mit Jasminduft, April und Mai. Immergrünes Laub, dunkelgrün, ähnlich wie Buchs (kann ebenso geschnitten werden). Sonne oder Halbschatten, normaler Boden, auch kalkhaltig. 1,80 m × 1,80 m.

Philadelphus **sp.:** fast alle Arten des Falschen Jasmins (Pfeifenstrauch) duften. Alle blühen weiß, im Mai und Juni, manchmal bis in den Juli. Sonne oder Halbschatten, normaler kalkhaltiger Boden. 1–3 m × 1–2 m.

– *P. coronarius* und Hybriden: Duft von Orangenblüten ('Aureus', 'Variegatus', 'Conquête', 'Voie Lactée', 'Bouquet Blanc', 'Albâtre' usw.).

– *P. 'Lemoinei'* und Hybriden: fruchtigerer Duft, sticht hervor ('Avalanche', 'Burfordensis', 'Coupe d'Argent', 'Erectus', 'Innocence', 'Belle Étoile', Sybille', 'Beauclerc').

– *P. microphyllus, P. purpurascens* und Hybriden: Duft erinnert an Banane ('Manteau d'Hermine' ➤, 'Dame Blanche', 'Silberregen').

– *P. 'Virginalis'*: gefüllte Blüten, nicht so duftintensiv ('Minnesota Snowflake', 'Enchantment', 'Virginal', 'Buckley's Quill', 'Snowbelle').

Acacia dealbata

Azara dentata

Cytisus battandieri

Ptelea trifoliata

Styrax japonicus

Tilia cordata

Choisya ternata 'Aztec Pearl'

Philadelphus microphyllus 'Manteau d'Hermine'

Ribes odoratum ➤: gelbe, röhrenförmige Blüten mit intensivem Duft, April. Glattes Laub in bläulichem Grün, schöne Herbstfärbung. Sonne oder Halbschatten. 1,80 m × 1,80 m.

Duftende Rhododendren und Azaleen

***Rhododendron luteum* und *R. viscosum*:** baumähnliche und späte Rhododendren. Blüte von April bis Anfang Juli, erinnert an eine Mischung aus Jasmin und Geißblatt. Busch ist einfach zu kultivieren, Vermehrung durch Ausläufer. Halbschatten, saure oder neutrale Böden. *R. edgeworthii* und *R. lindleyi* brauchen Boden ohne Staunässe, *R. viscosum* und *R. arborescens* bevorzugen feuchten Grund.

APRIL	MAI	JUNI	JULI–AUGUST
R. edgeworthii ➤ *R. lindleyi* *R. luteum**	*R. hyb. de Gand** *R. griffithianum* *R.* × *loderi*	*R. x occidentale** *R. decorum* *R. fortunei*	*R. viscosum** *R. arborescens** *R.* 'Polar Bear'

* = laubabwerfend.

Staphylea colchica ➤: weiße Blütensträuße mit dem süßen Duft von Zuckerwatte an der Spitze der Zweige, im Mai. Laub erinnert an Holunder. Alle Lagen, alle Böden, sehr robust. 3 m × 2 m.

***Syringa* sp.:** alle Fliederarten duften, *S. vulgaris* gibt sehr blumige Aromen ab, insbesondere bei den gefüllten Sorten. Flieder mit kleinen Blüten riechen würziger, was sich bei den späten Arten und Sorten noch verstärkt. Sonne oder Halbschatten, tiefer, nährstoffreicher Boden.

APRIL–MAI	MAI	JUNI
Syringa vulgaris ▼	*S. microphylla* *S. meyeri* ➤ *S. josée*	*S. pekinensis* *S. reflexa* *S. josiflexa*

Syringa vulgaris

Duft-Schneeball (*Viburnum carlesii, V.* × *carlcephalum, V.* × *burkwoodii, V.* × *juddii* und ihre Hybriden): Blüten sind in Kugeln von wachsartigem Aussehen gruppiert. Knospen gewöhnlich rosa, die geöffnete Blüte weiß und stark duftend. Sparrige Büsche, die sich mit den Jahren rundlich entwickeln. Einige Arten bzw. Sorten halbimmergrün. Normaler, frischer Boden, kalkarm (ausgenommen die Veredelungen auf *V. lantana*), Sonne oder Halbschatten. Durchschnittlich 1,80 m × 1,80 m.

ANFANG APRIL	MITTE APRIL	ENDE APRIL
'Chenault' 'Ann Russell' 'Diana' 'Eskimo'	'Conoy' 'Compact Beauty' 'Cayuga'	'Chesapeake' ➤ 'Mohawk' 'Fullbrook' 'Park Farm Hybrids'

***Gardenia* 'Kleim's Hardy' ❈:** ungefüllte, cremefarbene Blüten mit dicken Blütenblättern und kräftigem Duft. Schatten oder Halbschatten, frischer, kalkfreier Boden, mildes Klima. 1 m × 1 m.

Itea virginica ❈ ➤: weiße, nach Hönig duftende Blüten in langen, überhängenden Trauben, Sommer. Laubabwerfend oder halbimmergrün. Sonne doer Halbschatten, normaler, kalkarmer und nicht zu trockener Boden. 2 m × 1,50 m. Vor kaltem Wind schützen.

***Lavandula* sp.:** Blütenähren in Blau, Weiß oder Rosa, Blätter linealisch, silbrig glänzend, aromatisch duftend. Volle Sonne, durchlässiger Boden. 0,50–1 m × 80 cm. Um vom Duft der Blüten zu profitieren, sollte man sie am Höhepunkt der Blüte zum Trocknen abschneiden.

***Ligustrum quihoui*:** später Liguster mit großen Sträußen kleiner, weißer Blüten, August und September, sehr spektakulär. Längliche, halbimmergrüne Blätter. Volle Sonne, alle Böden, lichter Wuchs. 2 m × 2 m. *L. sinense* ➤: blüht früher und üppiger.

***Spartium junceum*:** Besenginster mit kleinen, goldgelben Blüten, die nach Honig duften, Juni bis Oktober. Hübsche, grüne Zweige im Winter. Volle Sonne, kalkhaltiger, trockener Boden. 1,80 m × 1,50 m.

ROSA SP., (STARK DUFTENDE ROSEN)	
Botanische R.	'Roseraie de l'Hay', *R. californica* 'Flore Pleno', *R.* × *centifolia* 'Muscosa', *R. gallica officinalis* (ungefüllt)
Kletterrosen	'Albertine', 'Céline Forestier', 'Conrad Ferdinand Meyer', 'Guinée', 'Mme Grégoire Staechelin', 'New Dawn', 'Zephirine Drouhin'
Strauchrosen	'Belle Isis', 'Charles de Mills', 'Cuisse de Nymphe', 'Felicia', 'Pénélope', 'Buff Beauty', 'Red Parfum', 'La Belle Sultane', 'Reine des Violettes' ➤, 'Roseraie de l'Hay'
Floribunda-R.	'Astronomia' (ungefüllt), 'Canicule', 'Les Amoureux de Peynet', 'Marie Pavie', 'Mr Blue Bird', 'Snow Ballet'
Edelrosen	'André le Nôtre', 'Dioressence', 'Alain Souchon', 'Belle de Clermont', 'Comtesse Cécile de Chabrillant', 'Line Renaud', 'Sonia Ryckel', 'Ena Harkness', 'Red Parfum', 'Yves Piaget', 'Mister Lincoln', 'Nuit d'Orient', 'The Mc Cartney Rose'
english Roses	'Brother Cadfael', 'Gertrude Jeckyll', 'Heritage', 'The Pilgrim'

* Alle bis auf die gekennzeichneten Rosen haben gefüllte Blüten.

Herbst

Clerodendrum bungei ➤: dunkelrosa Blütenkugeln mit intensivem, fruchtigem Duft an der Spitze der Jahrestriebe, September und Oktober. Große, purpurne Blätter, die beim Zerreiben einen unangenehmen Geruch haben. Volle Sonne, geschützter Standort (Frost an den Zweigen hat keinen Nachteil für die Blüte), normaler Boden. 1,50 m × 1,50 m und mehr. Bildet Ausläufer, breitet sich langsam aus.

Ribes odoratum

Rhododendron edgeworthii

Staphylea colchica

Syringa meyeri 'Palibin'

Viburnum 'Chesapeake'

Itea virginica

Ligustrum sinense

Rosa 'Reine des Violettes'

Clerodendrum bungei

Osmanthus heterophyllus ➤**:** winzige, weiße Blüten mit fruchtigem Jasminduft, ab September. Immergrünes Laub wie bei *Ilex*, aber nicht stechend. Schatten oder Halbschatten, frischer, kalkfreier Boden. 2 m x 2 m. Zahlreiche Sorten mit bunt gezeichnetem Laub.

SPÄTHERBST	WINTERANFANG	SPÄTWINTER
Osmanthus fragrans	*O. heterophyllus* ➤	*O.* x *burkwoodii* *O. delavayi*

***Viburnum farreri* (= *V. fragrans*):** kleine, zartrosa, duftende Blüten, ab November vor dem Fall der Blätter und durch den Winter hindurch, bei jeder Erwärmung. Sonne oder Halbschatten, normaler Boden. 2 m x 1 m.

Winter

Abeliophyllum distichum ❖**:** weiße Blüten, ähnlich denen der Forsythie, mit zartem Duft nach Honig und Vanille, Februar und März. Sonne oder Halbschatten, normaler Boden, 1,50 m x 1,50 m.

***Chimonanthus praecox*:** Blüten in Form gelber Glöckchen mit starkem Duft nach Flieder und Geißblatt, zwischen Dezember und Februar. Alle Lagen, nur nicht zu trocken. 2,50 m x 2 m.

***Daphne* sp.:** langsam wachsende Büsche mit stark nach Jasmin duftenden Blüten. Sonne oder Halbschatten, normaler, eher kalkhaltiger Boden. Pflanzen müssen sehr klein gesetzt werden, damit sie gut anwurzeln. Im Handel vertriebene Arten:
– *D. bholua* ❖: hellrosa Blüten, Dezember bis April. Kräftiger Wuchs, Strauch. 'Jacqueline Posthill': rosa. 2–3,5 m.
– *D.* x *burkwoodii*: zartrosa, April und Mai, Blätter halbimmergrün, 1,20 m. 'Somerset': zweite Blüte im Herbst. 'Gold Edge', 'Astrid' und 'Carol Mackie': gelb geränderte Blätter.
– *D. cneorum*: kleine, rosa Blüten im April/Mai, Blätter thymianähnlich. Steiniger Boden. 25 cm x 50 cm.
– *D.* 'Eternal Fragrance' ➤: weiße oder rosa Blüten an der Spitze der Triebe, je nach Wachstum. 50 cm x 80 cm.
– *D. laureola* ❖: gelbgrüne Blüten von März bis Mai, immergrünes Laub. 80 cm x 80 cm.
– *D. mezereum*: rosa überlaufen, März und April. 1,20 m. 'Album': weiß.
– *D. odora* 'Aureomarginata' ❖: zartrosa, Februar bis April. Immergrüne Blätter mit cremefarbenem Rand. 1 m.

DEZ.–MÄRZ	FEB.–APRIL	APRIL–MAI	MAI–JUNI
D. bholua	*D. odora* *D. mezereum* *D. laureola*	*D. cneorum* *D.* x *burkwoodii*	*D.* 'Eternal Fragrance'

Edgeworthia chrysantha ❖ ➤**:** überhängende Sträuße röhrenförmiger, gelber Blüten mit seidigem, weißem Flaum auf der Rückseite. Beeindruckender Strauch, laubabwerfend, bläulich grün. Sonne oder Halbschatten, frischer oder feuchter Boden, durchlässig. 2 m x 2 m.

***Lonicera fragrantissima, L.* x *purpusii* 'Winter Beauty', *L. standishii* 'Budapest':** sehr ähnliche Büsche mit weißen, duftenden Blüten, Januar bis März. Alle Böden, nicht zu warme Standorte. Als Hecke geeignet (geschnitten oder nicht). 2 m x 2 m. 'Budapest' färbt sich zum Ende der Blüte hin rosa.

***Sarcococca* sp.:** alle verströmen einen intensiven Vanilleduft, Januar bis März. Büsche immergrün, horstartig wachsend (*S. chinensis, S. confusa* ➤) oder Ausläufer bildend (*S. hookeriana*). Schatten, frische, durchlässige Böden. 1,20 m x 1,50 m.

***Skimmia japonica* 'Fragrans'** ➤**:** sehr ausgeprägter Duft nach Honig und Jasmin bei den männlichen Exemplaren dieser Sorte. Immergrünes Laub, Schatten, kalkfreier Boden. 1 m x 1 m.

Weitere Sträucher:

FRÜHLING	*Choisya ternata, Mahonia aquifolium,* Ginster, *Lupinus arboreus, Lonicera syringantha, Cytisus* x *praecox, Erica arborea, Phyllirea latifolia, P. angustiflia*
SOMMER	*Spartium junceum, Clethra alnifolia, Escallonia* 'Donard Gem', *Itea virginica*
HERBST	*Camellia sasanqua, Elaeagnus* x *ebbingei*
WINTER	*Hamamelis mollis* 'Orange Peel', 'Rochester' etc., *Mahonia* sp., *Viburnum* x *bodnantense, Ulex europaeus*

KLETTERPFLANZEN

Frühling

Akebia quinata ❖ ➤**:** kleine Sträuße mit Blüten unterschiedlichen Geschlechts, die weiblichen sind größer, dunkelpurpurn und duftend. Kletterpflanze mit fünfzählig handförmig zusammengesetzten Blättern. Sonne oder Halbschatten, frische Böden. 4 m x 2 m. *A.* x *pentaphylla*: ähnlich, Blätter ebenfalls fünfzählig.

***Clematis* sp.:** zahlreiche Arten bringen duftende Blüten hervor, insbesondere die mit kleinen Blüten. Der Duft erinnert an Honig und wird kraftig am Spätnachmittag verströmt. Sonne, frische, durchlässige Böden. Die außergewöhnlichste Art *C. rehderiana* ➤ duftet nach Primeln.

FRÜHLING	SOMMER	HERBST	WINTER
C. montana	*C. flammula* und x *triternata*	*C. tangutica* *C. rehderiana* ➤	*C. armandii*

Holboellia coriacea ❖**:** Sträuße weißer, wachsartiger Blüten mit starkem Duft, April/Mai. Zusammengesetzte, immergrüne Blätter, sehr fest. Rankende Liane, Halbschatten oder Schatten, frischer Boden. 6–8 m.

***Hydrangea petiolaris* 'Tiliifolia'** ➤**:** weiße Blütenteller mit markantem Zitronenduft, Mai/Juni. Schatten oder Halbschatten, frischer Boden. 3–5 m x 4 m.

Osmanthus heterophyllus

Daphne 'Eternal Fragrance'

Edgeworthia chrysantha

Sarcococca confusa

Skimmia japonica 'Fragrans'

Akebia quinata

Clematis rehderiana

Hydrangea petiolaris 'Tiliifolia'

Lonicera **sp.**: Kletterpflanze mit biegsamen, windenden Trieben. Trompetenförmige Blüten, die in Sträußen an der Spitze der Triebe oder an den darunterliegenden Knospen sitzen. Stark duften *L. peryclimenum* und *L. japonica* sowie die Hybride *L.* × *heckrottii*. Sonne oder Halbschatten, normaler, frischer Boden. 3–6 m.

APRIL	MAI	JUNI	JUL.–SEPT.
L. etrusca (= *L.* × *italica*)	*L. periclymenum* 'Graham Thomas' 'Belgica'	*L. periclymenum* 'Serotina' 'Caprilia Cream' 'Caprilia Ever' 'Caprilia Imperial'	*L. japonica* *L.* × *heckrotii* 'Goldflame' *L. periclymenum* 'Chic & Choc' ➤ *L. similis* var. *delavayi*

Trachelospermum jasminoides ❄: Sträuße weißer oder cremefarbener Blüten mit mehr oder weniger ausgeprägtem Duft des Echten Jasmins, sehr attraktiv, wenn die Pflanze blüht. Immergrünes Laub. Sonne oder Halbschatten, frische, tiefgründige Böden. 3–4 m × 2 m. *T. asiaticum*: gelblichere Blüten, die nicht so stark duften.

Wisteria floribunda **var.** ***alba*** ➤: die am stärksten duftende aller Glyzinen mit dem Geruch von Jasmin und Honig, besonders stark an einem schönen Spätnachmittag. Sonne oder Halbschatten, normaler Boden. 3–9 m × 3 m.

Sommer

Jasminum officinale ❄ ➤: Sträuße stark duftender Blüten von Juli bis September, endständig an kurzen Trieben, die sich an den Vorjahreszweigen gebildet haben. Volle Sonne, normaler, durchlässiger Boden. 5–7 m × 3 m.

Herbst

Dregea sinensis ❄: runde Sträuße wachsartiger, stark duftender Blüten, zwischen August und Oktober. Ovale Blätter, je nach Winter halbimmergrün oder laubabwerfend. Sonne oder Halbschatten, frischer, durchlässiger Boden. Mildes Klima. 2 m × 1 m.

STAUDEN

Frühling

Aponogeton distachyos ➤: Wasserpflanze, wachsartige Blüten, die auf der Oberfläche treiben, Vanilleduft, zwischen April und September. Länglich-ovale Blätter. 25–50 cm Wassertiefe, Schatten oder Halbschatten.

Convallaria majalis ➤: elfenbeinweiße Glöckchen mit typischem Duft auf gebogenen Stängeln zwischen 2 breit lanzettlichen Blättern, April/Mai. Halbschatten oder Schatten. 30 cm. Wuchert durch Ausläufer.

Dianthus plumarius ▼: Blüten auf kurzen Stängeln, rosa, weiß oder bunt gemustert, mit kräftigem Duft. Sonne, durchlässiger Boden. 15–25 cm × 30 cm. Aufragender Wuchs ideal für Rabatten. Bessere, duftende Sorten sind 'Doris' (lachsrosa), 'Anthony' (dunkelrosa mit purpurnem Auge), 'Devon Cream' (cremegelb), 'Haytor White' (reinweiß), 'Heidi' (samtrot, gefüllt, blühfreudig).

Hemerocallis lilioasphodelus: längliche, gelbe Blüten mit dem Duft von Orangenblüten, Mai/Juni. Stängel überragen das Laub beträchtlich. Sonne, normaler, frischer Boden 1 m. *H. citrina*: Zitronenduft, spätere Blüte, Juni/Juli. Weitere duftende Sorten (eine kleine Auswahl):

WEISS, CREMEFARBEN	'Admiral's Braid', 'Coupe de Champagne', 'Été Torride', 'Frozen Jade', 'Iron Gate Glacier' ➤
ROSA	'Forgotten Dreams', 'Strawberry Fields', 'Chicago Knobby'
GELB	'Making Double Time', 'Patricia' (gefüllt), 'Glittering Treasure', 'Neon Yellow'
ORANGE	'Beauté de l'Été', 'Emma', 'Étoile Filante', 'Orangeade', 'Suns Eye'
ROT	'Bench Marks', 'Honky Tonk', 'Pardon Me', 'Parfum Rouge'

Phlox divaricata **'Clouds of Perfume'**: himmeblaue Blütensträuße an der Spitze aufrechter Stängel, Mai, intensiver Duft. Horizontale Triebe sorgen für rasche Ausbreitung. Halbschatten, humoser Boden, eher sauer. 30 cm. 'May Breeze' und 'White Perfume' ➤ haben weiße Blüten.

Phuopsis stylosa ➤: kleine, röhrenförmige, nach Honig duftende Blüten in kugeligen Blütenständen von 2–3 cm Durchmesser, Mai/Juni. Kleine, entlang des Stängels wirtelig angeordnete Blätter, etwa wie Kreuze. Sonne oder Halbschatten, normaler Boden. 20 cm × 50 cm und mehr. Teppichbildend. 'Red Ping Pong' (= 'Purpurea') ist karminrot.

Dianthus plumarius

Lonicera 'Chic & Choc'

Wisteria floribunda var. alba

Jasminum officinale

Aponogeton distachyos

Convallaria majalis

Hemerocallis 'Iron Gate Glacier'

Phlox 'White Perfume'

Phuopsis stylosa

Primula veris ➤: goldgelbe, duftende Blüten, die zu endständigen Sträußen an Stängeln von 15–20 cm Höhe gruppiert sind. Sonne, schwere Böden. 'Sunset City' mit gefüllten, stark duftenden Blüten. Jährlich teilen. Den Duft hat sie vielen Hybriden vererbt.

Viola odorata ➤: dunkellila Blüten, unterschiedlich stark duftend, zwischen großen, rundlichen, immergrünen Blättern. Sonne (zwischen Gräsern) oder Halbschatten. 15 cm × 20 cm. Die am meisten verwendete Art. Die interessantesten Sorten sind:
- 'Amethyst': große, purpurviolette Blüten.
- 'Coeur d'Alsace': ungefüllte, rote Blüten. 'Red Charm' ist dunkler.
- 'Mrs Pinehurst': violette Blüten an langen Stängeln, ideal für Sträuße.
- 'De Toulouse': lavendelfarbene, gefüllte Blüten mit starkem Duft.
- 'Reine des Blanches': weiße, üppig gefüllte Blüten mit starkem Duft.

Sommer

Asclepias syriaca ➤: Seidenpflanze, mit beige-rosa Blütenkugeln im Juni und Juli, starker Honigduft, später längliche Früchte, die an einen Papagei erinnern. Große, graugrüne Blätter an kräftigen Trieben. Sonne, normaler Boden. 1,10 m × 1 m. Ausläufer.

Crambe maritima ➤: Meerkohl, mit großen, weißen Blütensträußen, nach Honig duftend, Juni und Juli, über breiten, blauen Blätterbüscheln. Sonne, normale, frische Böden, nicht staunass. 50 cm × 1 m. Junge Triebe essbar.

Hosta plantaginea: hellgrüne, lackglänzende Blätter und weiße Blüten mit starkem Jasminduft, ab August. Sonne oder Halbschatten, frischer Boden. 80 cm × 80 cm.

SORTE	WEISSE BLÜTEN	MALVENFARB. BLÜTEN
Grün	*Hosta plantaginea* 'Grandiflora' 'Aphrodite' 'Royal Standard'	'Invincible'
Blau	'Invincible'	'Fragrant Blue' ➤
Grün gerändert	'Summer Fragrance' 'Savannah', 'Sugar & Cream', 'Diana Remembered	'Fragrant Bouquet' 'So Sweet'
Gelbe Basis	'Fried Bananas' 'Guacamole' ➤	
Golden	'Fragrant Gold'	'Sweet Sunshine'

Persicaria wallichii ➤ **(= *P. polystachyum*)**: große Blütensträuße mit erstaunlichem Kokosnussduft, Herbst. Große, spitze Blätter mit roter Hauptader. Sonne oder Halbschatten, normaler oder nasser Boden. 1,80 m. Stark wuchernd durch Ausläufer und schwer auszurotten, wenn etabliert.

Primula florindae ➤: blassgelbe, hängende, stark duftende Blüten in lockeren Sträußen am Ende eines kahlen Stängels, Juli und August. Sonne oder Halbschatten, feuchter Boden. 70–80 cm.

Herbst

Actaea simplex ➤: biegsame Blütenkerzen, Blüten mit langen, weißen Staubblättern, September bis Frost, wunderbarer, süßer Duft. Große, zusammengesetzte Blätter, zartgrün. Sonne oder Halbschatten, frischer Boden, windgeschützt. 1,30 m × 80 cm. 'White Pearl' angeblich blühfreudiger. Zahlreiche Varietäten mit purpurnem Laub.

Winter

Iris stylosa ❄ ➤: blaue oder weiße Blüten mit vanilleähnlichem (eher in Innenräumen bemerkbarem) Duft, Januar bis März. Gerade, aufrechte Blätter. Volle Sonne, normaler Boden ohne Staunässe. 30 cm.

Petasites fragrans: kleine, cremefarbene Blüten ohne Kronblätter mit intensivem Vanilleduft, bilden lockere Sträuße, ab Februar. Sommergrün, nach der Blüte entstehende, herzförmige, unterseits weich behaarte Blätter. Schatten oder Halbschatten, normaler Boden. 20 cm × 50 cm und mehr. Stark wuchernd durch Ausläufer, sehr guter Bodendecker.

Weitere Stauden:

FRÜHLING	*Euphorbia mellifera, Galium odoratum, Lunaria rediviva,* *Paeonia*-Hybriden, *Smilacina racemosa, Asphodeline lutea, Corydalis lutea*
SOMMER	*Crambe maritima, Filipendula ulmaria, Phlox paniculata, Primula florindae, Primula sikkimensis*
HERBST	*Cyclamen europaeum*
WINTER	*Iris stylosa*

Hosta 'Guacamole'

Primula veris

Viola odorata

Asclepias syriaca

Crambe maritima

Hosta 'Fragrant Blue'

Persicaria wallichii

Primula florindae

Actaea simplex

Iris stylosa

ZWIEBELN

Frühling

***Hyacinthus* Orientalis-Hybriden:** große Blüten, weiß, rot, rosa, blau oder veilchenfarben, ungefüllt oder gefüllt, stark duftend, Sonne, leichter, durchlässiger Boden. Im Herbst pflanzen, 5 cm tief. Nur die ungefüllten, mehrblütigen Sorten sind im Garten langlebig.

***Muscari muscarimi* ➤:** kleine, perlenförmige Blüten in Gelb und Blau, fast unsichtbar aber stark nach Narzisse und Orangenblüte duftend. Bläuliche Blätter. Sonne. Gut durchlässiger Boden. 20 cm. Am besten in Hausnähe oder an einem Weg pflanzen.

***Narcissus* sp.:** die gängigen Narzissensorten mit großen Blüten sind gewöhnlich geruchlos, einige kleinblütige Arten und Sorten hingegen duften stark. Volle Sonne, durchlässiger Boden. Pflanzung zwischen August und November, 10 cm tief.

MÄRZ	APRIL	MAI
N. tazetta	*N. jonquilla, N. triandrus*	*N. poeticus*
'Avalanche', 'Geranium', 'Grand Soleil d'Or', 'Minnow'	'Flowerdrift', 'Eerlicher', 'Golden Rain', Lingerie', 'Lieke', 'Pipit', 'Petrel', 'Sunlight Sensation', 'Double Campernelle'	'Actaea', 'Double White Actaea', 'Snowball', 'The Bride', 'Cheerfulness' ➤, 'Yellow Cheerfulness', 'Thalia'

Sommer

***Cosmos atrosanguineus* ❄ ➤:** Blüten purpurbraun, auf feinen Stängeln, Kakaoduft. Sonne, fetter Boden. 60 cm. Wurzelknolle nur in mildem Klima im Freiland winterhart, sonst ausgraben und frostgeschützt lagern oder mit dicker Strohschicht bedecken.

***Crinum* × *powellii* ❄:** rosa Blütentrompeten, die sich in der zweiten Sommerhälfte öffnen, endständig auf kräftigen Stängeln, gestreifte Blätter. Riesige Zwiebel, Pflanzung im Frühling mit der Spitze auf Bodenniveau, Sonne, Halbschatten, normaler, fetter und tiefgründiger Boden. 1,80 m × 1 m. Mit Laubschüttung schützen. 'Album': reinweiß; 'Aphrodite': sehr große, leuchtend rosa Blüte mit hellerem Auge; *C. moorei*: große, weißrosa Blätter.

***Gladiolus callianthus* ❄ (= *Acidanthera murielae*):** dreieckige Blüten in Weiß mit rotem Fleck, stark duftend, August. Aufrechte, schwertförmige Blätter, Sonne, lockerer, nahrhafter Boden ohne Staunässe. Pflanzung im April/Mai, 5 cm tief. Nicht winterhart.

***Hedychium gardnerianum* ❄ ➤:** lockere Blütenstände, orangefarben und von exotischem Aussehen sowie Duft, Spätsommer. Sonne, leichter, frischer, feuchter Boden. Mildes Klima. 150 cm × 10 cm. *H. coronarium*: weiße, stark duftende Blüten, besser als Kübelpflanze und im Winter geschützt stellen.

***Lilium regale*:** große, länglich-trichterförmige Blüten mit starkem Duft, weiß, Petalenrückseite mahagonifarben. Normaler Boden, durchlässig, neutral oder leicht sauer. 1,20 m. Tiefe: 10 cm. 'Album' reinweiß, 'Pink Perfection' purpurn schimmerndes Rosa, 'African Queen' ➤ bernstein- bis aprikosengelb. Weitere duftende Lilien:

JUNI–JULI	JULI	AUGUST–SEPT.
L. candidum	*L. regale* *L. longiflorum*	*L. speciosum* *L. auratum* und Sorten

***Polianthes tuberosa* ❄:** weiße Blüten, wachsartig, ungefüllt oder gefüllt und intensiv im Duft, Juli/August. Sonne oder Halbschatten, frische, lockere Böden. 45 cm. Zwiebel nicht winterhart und auch des Duftgenusses wegen besser im Kübel zu kultivieren.

Herbst

***Amaryllis bella-donna* ❄ ➤:** Sträuße trompetenförmiger Blüten in kräftigem Rosa an der Spitze kahler Stängel, stark duftend. Bandförmiges Blatt im Frühling. Volle Sonne. Normaler Boden ohne Staunässe. 1 m. Große Zwiebel, Pflanzung im Frühling, 15 cm tief. Mehrjährig, wenn im Winter unter Strohschicht geschützt.
× *Amarcrinum howardii* (*Amaryllis* × *Crinum*): ähnlich, aber stärker beblättert.

Winter

***Cyclamen coum*:** zahlreiche, kleine Blüten mit zurückgeschlagenen Kronblättern, rosa oder weiß, Januar, dezent duftend; rundlich-nierenförmige Blätter, entweder grün, silbrig marmoriert oder ganz silbrig. Sonne oder Halbschatten, normaler Boden ohne Staunässe. 10 cm. Vermehrt sich leicht durch Samen und bildet schöne Kolonien. *C. purpurascens* ➤: später blühend, Veilchenduft.

EIN- UND ZWEIJÄHRIGE

***Heliotropium peruvianum*:** flache Blütensträuße mit kleinen, dunkellila Blüten, die sich durch starken Duft verraten. Sonne, frischer Boden. Aussaat unter Glas im März, pikieren im Mai/Juni.

***Hesperis matronalis*:** Blüten mit 4 malvenrosa Kronblättern, als flache Traube gruppiert und abends stark duftend. Mai bis Juli, endständig an rauen Stängeln mit dunkelgrünem Laub. Immergrüne Blattrosette. Sonne, Halbschatten, normaler Boden. 1 m. Versamt sich. 'Alba' ist mattweiß.

***Matthiola incana* ➤:** Blütenstände mit großen Blüten in Reinweiß oder Purpurrosa, stark duftend, April bis Juni. Lange, graue, weich behaarte Blätter. Sonne, normaler Boden ohne Staunässe. 30–60 cm × 50 cm. Lebensdauer 3 Jahre, versamt sich.

***Oenothera biennis* ➤:** Zweijährige Nachtkerze, mit strahlend gelben Blüten, die abends fein nach Primeln duften. Sonne, durchlässiger Boden. 80 cm–1,50 m. *O. odorata* 'Sulphurea' mit großen, blassgelben und später rosa Blüten, Primelduft. Sonne, normaler Boden ohne Staunässe. 40 cm. Beide Arten verwildern durch Aussaat.

Muscari muscarimi

Narcissus 'Cheerfulness'

Cosmos atrosanguineus

Hedychium gardnerianum

Lilium regale 'African Queen'

Amaryllis bella-donna

Cyclamen purpurascens

Matthiola incana

Oenothera biennis

VERKANNTE NEKTARSPENDER

BÄUME UND STRÄUCHER	MERKMALE	I	II	III	IV	V	VI	VII	VIII	IX	X	XI	XX
Acer sp.	Grüne, unauffällige Blüte, nektarreich.				■	■							
Arbutus unedo ✽	Mäßig süßer Honig, bitter, für Honigessig gesucht.									■	■	■	■
Calluna vulgaris	Honig reich an Spurenelementen, gut für Genesende und Personen mit Nierenproblemen.								■	■	■		
Clethra alnifolia	Honig mit Geschmack nach Pfeffer und Lackritz, wunderbar zu Käse.							■	■	■			
Erica sp.	Entwässernder Honig, reich an Silizium, Bor und Barium.	■	■	■	■	■	■	■	■				■
Eucryphia sp. ✽	Honig mit Zimt- und Vanillenote.							■	■	■			
Hebe sp. ✽	Späte Blüte.								■	■	■		
Hoheria sp. ✽	Weiße Sommerbüten, rascher Wuchs.							■	■	■	■		
Ilex aquifolium	Verleiht dem Honig ein holziges Aroma und diuretische sowie energiespendende Eigenschaften.						■						
Lomatia tinctoria ✽	Proteazee mit der besten Winterhärte (–15 °C).						■	■					
Nyssa sinensis und *N. sylvatica*	Winzige Blüten, stets flüssiger Honig.						■	■					
Rubus	Üppige Blüte und sehr pollenreich.						■	■	■				
Schinus molle ✽ und *S. therebenthifolius* ✽	Blüten werden zu 'Beeren' oder rosa Pfeffer.				■	■	■						
Skimmia japonica	Üppige, duftende Blüten.		■	■	■	■							
Tetradium daniellii	Rascher Wuchs, große Blütensträuße.							■	■	■			
Tilia henryana	Gezähnte Blätter, im Frühling rosa.								■	■			
Thymus	Die antiseptischen Eigenschaften übertragen sich auf den Honig.					■	■	■					

KLETTERPFLANZEN	MERKMALE	I	II	III	IV	V	VI	VII	VIII	IX	X	XI	XX
Clematis vitalba	Reichliche Blüte in den Hecken am Feldrain.								■	■			
Hedera helix	Eher bitterer Honig, der rasch kristallisiert.										■	■	
Hydrangea petiolaris	Sehr nektarreiche Blüten.					■	■	■					
Parthenocissus sp.	Trauben grüner Blüten, die im Laub versteckt sind.							■	■				

STAUDEN UND ZWIEBELN	MERKMALE	I	II	III	IV	V	VI	VII	VIII	IX	X	XI	XII
Allium sp.	Alle *Allium*-Arten sind sehr honigreich.				■	■	■	■	■				
Epilobium angustifolium	Lange Blütentrauben, Kultursorten kräftig rosa, zartrosa oder weiß.							■	■				
Eupatorium purpureum 'Atropurpureum'	Riesige Blütenstände an standfesten Stängeln.								■	■			
Euphorbia mellifera ✽	Die spektakulärste und für Bienen attraktivste Art.			■	■	■							
Helleborus sp.	Nahrung für die ersten Bienen.	■	■	■	■								■
Heuchera sp.	Unzählige kleine Blütenglöckchen auf zarten Stängeln.					■	■	■	■	■			
Lythrum salicaria	Rispen mit magentaroten Blüten auf feuchten Böden.							■	■	■	■		
Fallopia japonica	Dunkler Honig mit nussigem Geschmack (diese unkontrollierbar wuchernde Pflanze besser nicht im Garten setzen).									■	■		
Origanum vulgare	Eine der seltenen Stauden, die im Frühsommer blüht.							■	■				

EIN- UND ZWEIJÄHRIGE	MERKMALE	I	II	III	IV	V	VI	VII	VIII	IX	X	XI	XII
Borrago officinalis	Blaue oder weiße Blüten, versamt sich.						■	■	■	■			
Fagopyrum esculentum	Sehr dunkler Honig.								■	■			
Phacelia tanacetifolia	Gründünger mit unzähligen blauen Blüten.						■	■	■	■	■		
Melilotus albus	Steinklee dient der Bodenbelüftung, verströmt süßen Duft.						■	■	■				

Lythrum salicaria und *Persicaria polymorpha* sind zwei einfach zu kultivierende, üppig blühende und honigreiche Arten. Der Knöterich blüht lange, wuchert aber nicht stark und ersetzt so am besten *Fallopia japonica* in den Gärten.

ESSBARE BLÜTEN

BÄUME UND STRÄUCHER	VERWENDUNG
Camellia sasanqua ❄	kandierte Blüten oder Blütenküchlein
Cercis sp. ➢	rohe Blüten im Salat
Elaeagnus angustifolia	Limonade mit Frühlingsblüten
Hibiscus syriacus	roh im Salat (etwas schleimig)
Lespedeza	roh im Salat
Magnolia sp. ➢	kandierte Blüten
Prunus sp.	kandierte oder gezuckerte Blüten
Prunus padus ➢	Limonade mit Frühlingsblüten
Robinia sp. ➢	Blütenküchlein
Rosa sp.	Rosengelee (stark duftende Sorten), rohe Blütenblätter im Salat
Rosmarinus officinalis ❄	blaue Blüten sind fein aromatisch, roh im Salat
Sambucus sp.	Limonade mit Frühlingsblüten, Blütenküchlein, getrocknete Blüten zur Aromatisierung von Mehl (Vanilleduft)
Stachyurus chinensis	kandierte Blüten
Staphylea colchica ➢	kandierte Blüten
Yucca	Knospen und frische Blüten roh

SIRUP VON BÄUMEN

Im Spätwinter ist es recht einfach, den Saft kräftiger Bäume abzuzapfen, indem man ein kleines Loch in das Splintholz bohrt und eine Röhre mit einem Gefäß daran befestigt. Entnehmen Sie nicht zu viel und verschließen die das Loch sofort mit einem Holzpfropfen. Den Saft kann man so wie er ist genießen oder zu Sirup einkochen, wie zum Beispiel beim berühmten Ahornsirup. Folgende Arten empfehlen sich:

- *Acer saccharinum*
- *Acer saccharum* (der Zuckerahorn aus Kanada)
- *Acer pseudoplatanus*
- *Betula* sp.
- *Eucalyptus gunnii* (in Australien macht man daraus frisch oder vergoren ein apfelsaftähnliches Getränk)

KLETTERPFLANZEN	VERWENDUNG
Jasminum sp. ❄ ➢	Blüten sind getrocknet oder frisch im Tee verwendbar.
Lonicera sp.	kandierte Blüten oder in Wein eingelegte Blüten

STAUDEN UND ZWIEBELN	VERWENDUNG
Allium ursinum	Knoblaucharoma durch Honignote versüßt
Aponogeton distachyos ❄	Blüten mit starkem Vanilleduft und -geschmack
Asphodeline sp.	frisch geöffnete Blüten (abends)
Begonia grandis subsp. *evansiana* ❄	Blüten roh wie sie sind oder im Salat (anstelle von Ampfer)
Campanula sp. ➢	blaue Blüten, geschmacklos
Cardamine sp.	rohe Blüten, pfeffrig
Dianthus plumarius ➢	Blüten roh oder kandiert
Hemerocallis sp.	Knospen kandiert, Blüten roh
Malva sp. ➢	rohe Blüten im Salat
Monarda sp. ➢	Blütenkronblätter mit starkem Minzaroma
Myrrhis odorata ➢	Blüten und junge Blätter roh oder als Küchlein ausgebacken
Ornithogalum umbellatum	Blütenknospen wie Spargel
Petasites japonicus ➢	Blüten kandiert oder essigsauer eingelegt
Primula veris und *P. vulgaris*	Blüten und junge Blätter roh
Trifolium pratense und *T. repens*	rohe Blüten (Honigaroma)
Tulipa sp.	rohe Blüten (Blütenblätter) oder kandiert
Viola sp. ➢	Blüten roh oder gezuckert

EIN- UND ZWEIJÄHRIGE	VERWENDUNG
Agastache sp. ➢	Blütenstände mit Mentholaroma und Honignote.
Alcea rosea (Stockrose)	Blüten roh im Salat
Brassica sp. (Kohl)	Die Blüten haben ein starkes Aroma, ideal als Würze von Salaten.
Cichorium intybus ➢	Blüten roh im Salat (hübsche, blaue Blütenblätter)
Matthiola incana ➢	Goldlack mit duftenden Blüten, roh oder kandiert verzehrbar
Papaver rhoeas (Klatschmohn)	Aus den Blüten lässt sich eine gute Limonade machen.

Cercis sp.

Magnolia sp.

Prunus padus

Robinia sp.

Staphylea colchica

Jasminum sp.

Campanula sp.

Dianthus plumarius

Malva sp.

Monarda sp.

Myrrhis odorata

Petasites japonicus

Viola sp.

Agastache sp.

Cichorium intybus

Matthiola incarna

Blätter, Früchte, Rinde

Außergewöhnliche Immergrüne

BÄUME

Daphniphyllum macropodum ❄ **➤:** Blätter palmenartig, breit, Blatt dunkelgrün, glänzend, sehr exotisches Aussehen, Pflanzen einhäusig (also mit männlichen und weiblichen Blüten auf einer Pflanze), herrliche, violette Früchte, Sonne oder Halbschatten, frischer Boden, Winterhärte: –15 °C. 3–7 m × 3 m. 'Nanum': kompakter Wuchs (1,50 m × 1,50 m).

Eriobotrya japonica ❄ **➤:** Wollmispel, Blätter groß, breit, dunkelgrün, rückseitig weiß, Blütenrispen gefolgt von gelben Früchten, diese essbar, aber geschmacklos (mit Ausnahme der Fruchtsorten), Sonne oder Halbschatten, Boden durchlässig. 5 m × 3 m.

Magnolia grandiflora ❄ **➤:** Blätter breit, wachsartig, flaumig auf der Rückseite, große Blüten mit Zitronenduft, im Sommer, Sonne oder Halbschatten, Boden locker, frisch. 15–20 m × 4 m. Schnittverträglich, viele Sorten, auch kleinwüchsige.

Quercus acuta **➤:** Blätter breit und spitz, etwa wie Lorbeerblätter, ledrig, im Frühling, Sonne oder Halbschatten, Boden frisch, durchlässig, 6–7 m × 3 m, *Q. myrsinifolia*: Blätter länger und licht, erinnern an Bambus, überlebt bis –18 °C.

Trochodendron aralioides **➤:** Blätter rautenförmig-eiförmig, glänzend, auf regelmäßig angeordneten Ästen, immergrün, Blüten grün, in Sträußen, bis Ende Frühling. Sonne oder Halbschatten, lockerer Boden, kalkarm, 3–7 m × 4 m, überlebt bis –20 °C.

Weitere Bäume: *Cinnamomum camphora, Drimys winteri* var. *latifolia, Eucryphia intermedia, Ilex* × *koehneana* 'Chestnut Leaf', *Magnolia delavayi, Magnolia virginiana, Quercus* × *kewensis, Quercus phyllireoides, Nothofagus cunninghamii, Neolitsea sericea.*

STRÄUCHER

Aucuba japonica: große, ovale Blätter, spitz und länglich, glänzend dunkelgrün, geschmückt mit großen, roten Früchten auf weiblichen Exemplaren, Schatten, normaler Boden, 2,50 m × 2,50 m. 'Rozannie', kompakter, reich fruchtend.

***Hedera helix* 'Arborescens'**: ausgewachsene Form des Efeus, schöner, immergrüner Busch, rundlich, winterhart, grüne Blüten von Oktober bis November, Sonne, Boden kalkhaltig, 1,50 m × 1,50 m.

Nandina domestica **➤:** Blätter zwei- bis dreifach gefiedert, licht, grün oder golden je nach Sorte, Blüten im Sommer, in weißen Sträußen, rote oder gelbe Früchte während des ganzen Winters. Schatten oder Halbschatten, normaler Boden, auch trockener.

Pittosporum tobira ❄ **➤:** Blätter groß, verkehrt-eiförmig, oft konkav, dunkelgrün und glänzend.

Ruscus aculeatus: buschig, aufrechte Triebe wie Spargel, Blätter fest, dunkelgrün, stechend, im Herbst/Winter rote Beeren. *R. hypophyllum*: lange, breite Blätter, attraktiv bei mildem Klima. *Danae racemosa* ➤: Blätter und Wuchs biegsam, alle Arten sehr gut im Schatten, Boden humushaltig, sandig, durchlässig, trocken im Sommer.

Schefflera taiwaniana ❄ **◄:** Blätter handförmig zusammengesetzt, Aussehen sehr exotisch, silbrig knospend, biegsamer Wuchs, Halbschatten und Schatten, lockerer, leichter Boden, frisch, durchlässig, 2,50 m × 2 m, perfekt für Innenhöfe, mildes Klima (–10 °C). Andere attraktive Arten: *S. rhododendrifolia* ❄, *S. gracilis* ❄, *S. fanzipanensis* ❄, *S. delavayi* ❄ *und S. macrophylla* ❄.

Weitere Sträucher: *Aucuba japonica, Ligustrum lucidum,* × *Mahoberberis aquisargentii, Olearia macrodonta* ❄, *Phillyrea latifolia, Prunus laurocerasus, Viburnum* × *pragense.*

Schefflera taiwaniana

Daphniphyllum macropodum

Eriobotrya japonica

Magnolia grandiflora

Quercus acuta

Trochodendron aralioides

Danae racemosa

Nandina domestica

Pittosporum tobira

BLÄTTER, FRÜCHTE, RINDE

Außergewöhnliche Immergrüne

KONIFEREN

Cunninghamia lanceolata ❄ ➤: biegsame Äste, mit langen Nadeln, glänzend grün oder bläulich ('Glauca'), gewöhnlich vielstämmig, rote Rinde, Sonne oder Halbschatten, kalkarme, lockere Böden, 10–15 m x 4 m, schnelles Wachstum bei Feuchtigkeit.

Sciadopitys verticillata ➤: große Nadeln, lang und breit, glänzend, fühlen sich künstlich an, zu mehreren (mind. 10) zusammengafasst, Sonne oder Halbschatten, frischer oder feuchter Boden, windgeschützt, 8–12 m x 4 m.

Thujopsis dolabrata ➤: Laub dachziegelartig, wie bei einer Thuja, aber viel größer und mit weißen Spitzen, schlanker Baum, kegelförmig, am unteren Stamm sehr breit (wenn alt), alle Lagen, Boden tiefgründig, frisch, 8–12 m x 6 m.

Wollemia nobilis ❄ ➤: Nadeln lang, bläulich grün, auf horizontalen Ästen, Sonne oder Halbschatten, frischer Boden, durchlässig, 6–8 m x 3 m. Erst kürzlich in Australien entdeckt, verträgt Temperaturen bis −12 °C.

Weitere Stauden: *Abies bracteata, Pinus montezumae* ❄, *Podocarpus macrophyllus* ❄, *Taiwania cryptomerioides* ❄, *Tsuga heterophylla*.

KLETTERPFLANZEN

Cissus striata ❄: Zimmerrebe mit kleinen, zusammengesetzten Blättern, immergrün, wird im Winter dunkler, Schatten oder Halbschatten, normaler, frischer Boden, 3 m.

Clematis armandii ❄: große, längliche Blätter, die drei Hauptrippen hervortretend, Blüte im Frühling, weiß. Halbschatten, normaler Boden; 3–8 m, mildes Klima.

***Hedera colchica* 'Dendroidea'** ➤: Efeu mit dicken, herzförmigen, glänzenden Blättern, schnell verholzende Kletterpflanze, blüht im November, Halbschatten, normaler Boden, kalkhaltig, 3–5 m. Viele andere Efeuarten mit attraktivem Laub: *H. canariensis, H. colchica* 'Dentata', *H. hibernica* u.a.

Holboellia coriacea ❄ ➤: Blatt handförmig zusammengesetzt, an rankenden Trieben. Weiße Blüte, im Frühling, duftend. Halbschatten, leichter, frischer Boden. 3–5 m.

Weitere Kletterpflanzen: *Akebia quinata* ❄, *Ficus repens* ❄, *Hydrangea integerrima* ❄, *H. seemanii* ❄, *Lonicera* 'Copper Beauty', *Stauntonia hexaphylla* ❄.

STAUDEN UND ZWIEBELN

***Arum italicum* 'Pictum'**: Blätter lanzettlich, dunkelgrün, glänzend, Hauptaderung weiß, Oktober bis Mai, grüner, kolbiger Blütenstand mit Spatha im Frühling, rote Früchte im Sommer, Schatten oder Halbschatten, normaler Boden, 40 cm. 'Taffe's White Winter': Blätter mit mehr Weiß. 'Chameleon': größere Blätter, silbrig marmoriert.

Asarum europaeum: Blätter rundlich bis nierenförmig, glänzend grün, an langen, kriechenden Stängeln, schwarze Blüten, direkt über dem Boden, Mai, Schatten, normaler Boden, frisch, 10 cm.

Bergenia purpurascens ➤ **und Hybriden**: große, längliche Blätter, breitwüchsig, immergrün, leuchtend grün im Sommer, dunkelpurpurn im Winter, rückseitig rosa, Blüten dunkelpink, März bis Mai, Sonne oder Halbschatten, normaler Boden, 20 cm–40 cm. 'Abendglocken': kleine Blätter. 'Eric Smith': große Blätter. 'Ouvertüre': kleine Blätter, aufrecht, schwarz im Winter. 'Sunningdale': Laub bräunlich rot.

Cyclamen hederifolium: Blätter silbrig marmoriert, immergrün, von Anfang Winter bis Mai, kleine, zurückgeschlagene Blütenblätter, rosa oder weiß, im Spätsommer und Herbst, Sonne oder Halbschatten, normaler Boden, eher locker, 15 cm, *C. coum*: kleinere Blätter, Blüten im Winter, 10 cm.

***Epimedium* sp.**: zahlreiche, zusammengesetzte Blätter, Rhizome, die dichte Teppiche bilden, immergrün, Schatten bei vielen Arten, Boden humusreich. Die interessanteren Arten: *E.* x *perralchicum* 'Frohnleiten' (40 cm), *E.* 'The Giant' ➤ (0,80–1 m, Blütenstängel 1–2 m), *E.* x *versicolor* 'Sulphureum' (30 cm), *E.* 'Black Sea' ➤ (30 cm).

Iris foetidissima: große, smaragdgrüne Blätter, immergrün, Aasähnlicher Geruch, sobald man sie zerreibt, Blüten kurzlebig, gefolgt von Fruchtständen mit leuchtend orangefarbenen Früchten, Schatten oder Halbschatten, normaler Boden, 45 cm. 'Variegata' hat panaschierte Blätter, keine Früchte.

Tellima grandiflora: Büschel immergrüner Blätter, samtig, über zahlreichen, feinen, dünnen Stängeln mit Blütenglöckchen, Mai und Juni, Schatten oder Halbschatten, normaler Boden, 45 cm, versamt sich.' Purpurea' und 'Purpurpteppich': purpurrote Blätter im Winter. 'Forest Frost': silbrig marmorierte Blätter.

Weitere Stauden: *Acanthus mollis, Acorus gramineus, Astelia nervosa, Celmisia coriacea, Euphorbia characias, Geranium palmatum, G. maderense, Helleborus argutifolius, Libertia formosa, Ophiopogon japonicus, Phormium* sp., *Tolmiea menziesii, Yucca filamentosa*.

Cunninghamia lanceolata

Thujopsis dolabrata

Wollemia nobilis

Hedera colchica 'Dendroidea'

Holboellia coriacea

Bergenia purpurascens

Bergenia 'Sunningdale'

Epimedium 'Black Sea'

Epimedium 'The Giant'

Große Blätter

BÄUME

Aralia elata: zusammengesetzte Blätter, 1 m Durchmesser, schirmförmig am Ende von kahlen Ästen, cremeweiße Blüten in großen Sträußen, im Sommer schwarze Früchte, leicht dornige Triebe, Sonne oder Halbschatten, frischer Boden, 3–4 m x 2 m, Ausläufer.

Catalpa bignonioides ➤: große Blätter, fast dreieckig, zu je 3 wirtelig an jungen Trieben, weiße Blütensträuße im Sommer, Sonne, nährstoffreicher Boden, durchlässig, windgeschützt, 6–15 m x 3–6 m.

Decaisnea fargesii: gefiederte, bis 60 cm lange Blätter am Ende kahler Triebe (wie eine Kokospalme), grünliche Blüten, blaue, längliche Früchte, keine pralle Sonne oder Halbschatten, normale Erde, frisch, 3 m x 2 m.

Magnolia macrophylla: Blätter bis 80 cm lang, rund, um die jungen Triebe, endständige Blüten, in der Krone, Sonne oder Halbschatten, kalkloser Boden, frisch (Mulch), 15–25 m x 5–7 m, verträgt gut radikalen Rückschnitt (Stockschnitt), *M. m.* subsp. *ashei*: ebenso, Blätter stärker grau, blüht im jungen Alter; *M. tripetala* ➤: identische Blätter, jedoch etwas kleiner.

Paulownia tomentosa ➤: sehr große, herzförmige Blätter, besonders groß auf den zurückgeschnittenen Exemplaren, Blüten in Trauben, malvenfarben, auf altem Holz. Sonne, nährstoffreicher, tiefgründiger, durchlässiger Boden, 12–15 m x 6–8 m.

Trachycarpus fortunei ❄ ➤: Palme mit großen, fächerförmigen Wedeln an der Spitze eines faserigen Stammes (Fasern schützen vor Frost), Sonne oder Halbschatten, nährstoffreicher, tiefgründiger Boden, 3–10 m x 2 m, winterhart bis –20 °C.

Weitere Bäume: *Acer macrophyllum, Ailanthus altissima, Aralia chinensis, Broussonetia papyrifera, Gymnocladus dioicus, Kalopanax pictus, Pterocarya* x *rehderiana, Sorbus aria* 'Majestica', *Magnolia delavayi, Morus alba, Populus lasiocarpa, Quercus dentata* 'Pondaim', *Toona sinensis.*

STOCKSCHNITT

Der Rückschnitt von Stämmen oder Ästen bis auf wenige Zentimeter über dem Erdboden regt zu kräftigem neuem Wachstum und größerem Blattwuchs als üblich an. Dabei wird die Blüte unterdrückt. Ein derartiger Schnitt ist nur bei nicht veredelten oder nicht gepfropften Exemplaren möglich. Lassen Sie Pflanzen 1 Jahr anwachsen, bevor Sie die Pflanze auf den Stock setzen.

STRÄUCHER

Fatsia japonica ❄ ➤: große, gefingerte Blätter, immergrün, dunkelgrün glänzend, weiße Blüten in kugeligen Rispen, September und Oktober. Schatten, Halbschatten, frischer Boden, vor kaltem Wind schützen (Innenhof), 2 m x 1,50 m.

***Hydrangea aspera* 'Macrophylla'** ➤: Blätter von 30–35 cm Länge und 20 cm Breite, dick, samtig. Blüten rosa und malvenfarben, im Sommer. Halbschatten, frischer Boden, windgeschützt, 3–4 m x 4 m. 'Jardins de Bellevue': sehr ähnlich. *H. a.* var. *sargentiana* (= *H. sargentiana*): Blätter heller, dichter bepelzt.

Kalopanax pictus: große, fünflappige Blätter, an dicken Stängeln, mit schwarzen Stacheln, interessanter, exotischer Anblick. Sonne oder Halbschatten, windgeschützt, normaler Boden, frisch, 2,50 m x 1,50 m. *K. p.* var. *maximowiczii*: tiefer gelappte Blätter.

Rhododendron sinogrande ❄ ➤: riesige, breite Blätter, glänzend, geädert, dadurch exotischer Anblick, cremegelbe Blüten, Mitte Frühling. Halbschatten, saurer Boden, humos, feucht, feuchtes Klima. Weitere Rhododendrenarten mit großen Blättern (windgeschützt pflanzen): *R. arizelum* ❄, *R. hodgsonii* ❄, *R. macabeanum* ❄, *R. falconeri* ❄, *R. grande* ❄, *R. kensangiae* ❄, *R. rex* ❄ usw.

***Tetrapanax papyrifera* 'Rex'** ❄ ➤: handförmig gelappte Blätter, grüngrau, unterseits flaumig, schnellwüchsig, Sonne oder Halbschatten, frischer Boden, durchlässig, vor großer Kälte schützen, 2 m x 2 m.

Weitere Sträucher: *Acer japonicum* 'Attaryi', *Chamaerops humilis, Mahonia oiwakensis* subsp. *lomariifolia, M.* x *media, Paeonia lutea* var. *ludlowii, Rhus glabra, R. typhina*.

KLETTERPFLANZEN

Aristolochia macrophylla ➤: große, herzförmige Blätter an jungen Trieben, unscheinbare Blüten, Schatten oder Halbschatten, frischer Boden, 4–6 m. *Actinidia deliciosa* (Kiwi), Blätter von gleicher Größe, breiter, samtig.

Vitis amurensis* und *V. coignetiae: großes Blatt, kaum gelappt, faltig, grün überlaufen im Sommer, im Herbst purpurrot, Sonne oder Halbschatten (z.B. im Baum), tiefgründiger, durchlässiger Boden, kräftiger Wuchs, 5–15 m.

Catalpa bignonioides

Magnolia tripetala

Paulownia tomentosa

Trachycarpus fortunei

Fatsia japonica

Hydrangea aspera 'Macrophylla'

Rhododendron sinogrande

Tetrapanax papyrifera 'Rex'

Aristolochia macrophylla

Große Blätter

STAUDEN, ZWIEBELN, EIN- UND ZWEIJÄHRIGE

Astilboides tabularis **➤:** große, schildförmige, kreisrunde Blätter, mehr oder weniger tief gezähnt, hellgrün, leicht flaumig, cremeweiße Blütenrispen im Sommer, Schatten oder Halbschatten, Boden frisch, nährstoffreich und humushaltig, 1 m. *Darmera peltata* hat ebenso große, aber glänzende Blätter. *Farfugium japonicum* ersetzt sie in der milden Klimazone.

***Canna* sp. ❄:** Blätter erinnern an Bananenstauden, aufrecht, grün, purpurn panaschiert, Blütentrauben rot, gelb oder mehrfarbig in der zweiten Sommerhälfte. Sonne, Boden nährstoffreich und feucht, 1,50–2,50 m × 1 m je nach Sorte. Zwiebeln im Winter frostfrei halten.

Colocasia esculenta **❄ ➤:** große Blätter, elefantenohrartig, grün, purpurn, schwarz oder panaschiert, raschwüchsig, Rhizome frostgeschützt halten, Sonne oder Halbschatten, leichter Boden, nährstoffreich, humusreich, feucht. 1,50 m × 1 m.

Dahlia imperalis **❄:** bis 1 m lange Blätter auf starken Trieben, spektakuläre Blüte Ende Oktober und Anfang November, Sonne, leichter Boden, tiefgründig, 4 m × 2 m. Knolle zum Schutz mit Blättern abdecken.

Gunnera manicata **❄ ➤:** riesige Blätter mit 1,80–2 m Durchmesser, auf kräftigen, dornigen Stielen, winzige Blüten stehen in großen Blütenständen. Sonne oder Halbschatten, sehr feuchter Boden oder sumpfig. Im Winter den Stock durch abgeschnittene Blätter schützen. *G. tinctoria* ❄: noch massiger, 2 m × 2 m.

***Hosta montana*:** Blätter smaragdgrün, spitz, glänzend, wenigstens 40 cm lang, Blüten blau bis malvenfarben, im Sommer. Sonne oder Halbschatten, einfacher Boden, frisch, 1 m × 1,20 m. Weitere großblättrige *Hosta*-Sorten: 'Sum and Substance', 'Lady Isobel Barnett', 'Blue Angel', 'Green Acres' ➤, 'T. Rex' usw.

Musa basjoo **❄ ➤:** winterharte Bananenstaude, schnelles Wachstum. Lange, bläulich grüne Blätter wachsen aus dem Wurzelstock oder der Spitze, falls diese nicht frostgeschädigt ist. Sonne, nährstoffreicher Boden, tiefgründig, dauerfrisch. 3–5 m × 3 m.

Petasites japonicus **'Giganteus' ➤:** große, nierenförmige Blätter, eher weich, auf kräftigen Stielen, guter Bodendecker. Blüten grünlich, in Sträußen, direkt über dem Boden, im Winter vor Blattaustrieb. Schatten oder Halbschatten, frischer oder feuchter Boden. 1 m × 1,50 m und mehr. Wuchernde Ausläufer.

Rheum palmatum **'Atrosanguineum':** Blätter im Frühling purpurrot, nehmen langsam an Größe zu, bis 1 m bei gut angewachsenen Pflanzen. Große Blütenrispen auf erwachsenen Pflanzen, rosarot, Juni. Sonne oder Halbschatten, frischer Boden, tiefgründig, 2,50–4 m. *R. p.* 'Tanguticum' ➤: Blüten cremeweiß.

Ricinus communis **❄:** Blätter ausladend, gezähnt, wie riesige Ahornblätter, grün oder purpurn, ab Juni Wuchs spektakulär. Sonne oder Halbschatten, Boden tiefgründig, nährstoffreich, frisch. 1,50–2 m × 1 m. Aussaat im April unter Glas.

Rodgersia **'Parasol' ➤:** handförmig gefiederte Blätter mit 5 oder 7 länglichen Blättchen, im Frühling bronzefarben, später dunkelgrün. Blüten im Sommer cremeweiß. Halbschatten, lockerer, dauerfrischer Boden. 1.20 m × 1,20 m und mehr.

Weitere Stauden:

Acanthus mollis, Actaea dahurica, Aralia cordata 'Sun King', *Astilbe thunbergii, Crambe cordifolia, Farfugium japonicum, Inula magnifica, Ligularia dentata, Lysichiton* sp., *Macleaya cordata* und *M. microcarpa, Podophyllum* sp., *Veratrum.*

FARNE

Die spektakulären Baumfarne gedeihen in Europa nur an wenigen geschützten Stellen und bei feuchtem Klima. Alternativen sind:

Osmunda regalis:
Lange, große, grüne, weiche Wedel. Herrliches Aussehen, im Herbst rostfarben. Wachstum und Vermehrung sehr langsam. Sonne oder Schatten, permanent feuchter Boden. 1,50–2 m × 2 m.

Pteridium aquilinum:
Adlerfarn, mit riesigen, paarigen Wedeln, sehr spektakulär in Gruppen. Sonne bis Halbschatten, saurer, lockerer Boden. 2 m × 2 m und mehr. Schwer auszurotten, wo unerwünscht, aber beachtenswert.

Lophosoria quadripinnata ❄:
Herrliche Wedel, stark gefiedert, immergrün, oberseits glänzend grün, unterseits weiß-bläulich. Halbschatten, Boden feucht und locker, wind- und frostgeschützt. 2,50–3 m × 3 m. Mildes Klima.

Woodwardia unigemmata ❄:
Wedel von 1,50–2 m Länge, kupferrot vor Entfaltung. Vor Frost schützen, Halbschatten oder Schatten, feuchter durchlässiger Boden. Mildes Klima. Bildet Bulbillen (Brutknospen) an der Spitze der Wedel, die bewurzelt werden können.

Astilboides tabularis

Gunnera manicata

Colocasia esculenta

Hosta montana 'Green Acres'

Musa basjoo

Petasites japonicus 'Giganteus'

Rheum palmatum 'Tanguticum'

Rodgersia 'Parasol'

Blätter mit Einschnitten oder Fiedern

BÄUME UND STRÄUCHER

***Acer palmatum* 'Dissectum' ➤:** fiederschnittige Blätter, grün oder purpurn, die Zweige gewöhnlich überhängend, bilden eine Kuppel. Halbschatten, kalkloser Boden, windgeschützt. 1,50 m x 1,50 m. **'Seiryu':** im Frühling und Sommer hellgrün, im Herbst kupfergelb, 3 m x 5 m.

***A. saccharinum* 'Born's Gracious':** die Blätter fast bis auf die Adern reduziert, ein kräftiger Baum mit biegsamem, leichtem Habitus. Sonne, normaler Boden, sogar kalkverträglich. 6 m x 3 m.

***Alnus glutinosa* 'Imperialis' ➤:** tief eingeschnittene Blätter mit schmalen, geraden Lapen, hoher, schlanker, licht wirkender Baum. Sonne, frische oder feuchte Böden. 5 m x 2 m. Schnellwüchsig, verbessert den Boden.

***Caragana arborescens* 'Lorbergii' ➤:** stark geschlitztes Blattwerk, Laub wirkt wie eine Wolke; kleine, gelbe Blüten im Mai, silbergraue Rinde. Sonne, durchlässiger bis trockener Boden, kalkhaltig. 2 m x 2 m.

***Corylus avellana* 'Heterophylla':** Blätter erinnern an Brennnesseln, zarter als die gewöhnliche Hasel. Kleine Nüsse. Sonne oder Halbschatten, normaler, frischer Boden. 2,50 m x 2 m.

***Fagus sylvatica* 'Heterophylla' ➤:** Buche mit geschlitztem Blatt, im Frühling zartgrün, im Herbst kupfer-rostfarben. Wunderschöner, gestrecker Habitus. Sonne, lehmiger, frischer Boden, feuchtes Klima. 15 m x 10 m. 'Mercedes': ähnlich, Wuchs etwas reduziert, 2 m x 1,50 m.

***Pterocarya stenoptera* 'Fern Leaf':** Blatt gefiedert, Blättchen stark geschlitzt, daher ein Aussehen wie ein Farn. Aufragender Wuchs. Sonne, frischer oder feuchter Boden. 15 m x 10 m.

***Rhus typhina* 'Laciniata' ➤:** lange, gefiederte Blätter, tief eingeschnitten und waagerecht, sehr schöne Herbstfärbung. Sonne, normaler Boden. 2 m x 3 m. Ausläufer.

***Sambucus nigra* 'Laciniata':** sehr leicht wirkende Blätter, im Aussehen wie Petersilie, weiße, flache Schirmrispen, Juni. Wüchsig. Alle Lagen mit indirekter Sonne, lehmiger, feuchter Boden. 4 m x 3 m. 'Linearis' ➤ mit geradezu fadenförmigen Blättern. 'Black Lace' mit purpurnem Laub und rosa Blüten.

Weitere Bäume: *Betula pendula* 'Dalecarlica', *Broussonetia papyrifera* 'Laciniata', *Quercus dentata* 'Laciniata', *Juglans nigra* 'Laciniata'.

KLETTERPFLANZEN

***Ampelopsis aconitifolia* ➤:** grüne Blätter ähnlich den Japanischen Ahornarten, auf schlanken, langen Ästen, trotzdem kräftig. Im Herbst eine goldene Wolke, bläuliche Früchte. Sonne, durchlässiger Boden. 3 m.

***Rubus fruticosus* 'Thornless':** stachellose Brombeere, die Blätter fiederteilig mit stark verkleinerter Blattfläche entlang der Hauptaderung. Schöne, weiße Blüten im Juni, schmackhafte Früchte im August. Sonne oder Halbschatten, frischer Boden. 3 m.

***Vitis vinifera* 'Cioutat' ➤:** Gutedel mit fein gelappten Blättern. Sonne, gut durchlässiger Boden. 4 m.

Weitere Kletterpflanzen: *Parthenocissus tricuspidata* 'Lowii', *Holboellia coriacea* var. *angustifolia*.

STAUDEN

Adiantum pedatum

***Adiantum pedatum* ◄:** immergrüne Wedel, fein handförmig gefiedert. Schwarze Blattspindel. Leichter, dauerfeuchter Boden. 40 cm. ***A. venustum*:** sehr feine, dreifach gefiederte, immergrüne Wedel, annähernd dreieckig, biegsam, mit schwarzer Blattspindel (15 cm). Ununterbrochen feucht halten (z.B. an einem Brunnen). 15 cm.

***Aruncus dioicus* 'Kneiffii':** sehr feine Blätter, was der Pflanze zusammen mit den Blüten ein duftiges Aussehen gibt. Sonne oder Halbschatten, frischer oder feuchter Boden. 60 cm x 50 cm.

***Helianthus salicifolius*:** linealische, weiche Blätter an biegsamen Stängeln, im Herbst endständige Blütensträuße in Gelb. Sonne, normaler, durchlässiger Boden. 1,70 m x 2 m.

Acer palmatum 'Dissectum'

Alnus glutinosa 'Imperialis'

Caragana arborescens 'Lorbergii'

Fagus sylvatica 'Heterophylla'

Rhus typhina 'Laciniata'

Sambucus nigra 'Linearis'

Ampelopsis aconitifolia

Vitis vinifera 'Cioutat'

Blaue Blätter

BÄUME UND STRÄUCHER

Acacia dealbata ❄: kleiner Baum mit fein gefiederten Blättern, grün mit unterschiedlichem Blauschimmer. Blüten in gelben oder blassgelben Büscheln, Dezember bis März. Sonne, karge, durchlässige Böden. 4–6 m × 5 m. Bei mediterranem Klima wuchernd, düngt jedoch karge und sandige Böden auf.

***Andromeda polifolia* 'Glauca'**: ähnelt einem blau gefärbten Rosmarin. Rosa Glöckchen. Sonne, Torfboden, feucht. 30 cm × 30 cm.

Berberis dictyophylla ➤: Busch mit kleinen, blauen Blättern. Blassgelbe Blüten und später bläuliche Früchte. Sonne, durchlässiger Boden, 1,20 m × 1,20 m. *B. temolaica* mit größeren Blättern. *Berberis (Mahonia) triphylla*: kleine Blätter mit 3 spitzen Blättchen, schönes, metallisches Blau, Sonne, sehr gut durchlässige Böden!

Coronilla valentina* subsp. *glauca ❄: gefiederte Blätter mit rundlichen Blättchen, kräftig blau, was die blassgelben Blüten hervorhebt. Sonne, sandige, durchlässige Böden. 0,80 m × 1 m. Mildes Klima.

***Eucalyptus* sp.** ❄: junge Blätter besonders schön bläulich, der Stamm oft mit sehr malerischer Rinde. Sonne, durchlässiger Boden. 3–20 m (und mehr). Im Garten empfiehlt sich regelmäßiger Stockschnitt. Die widerstandsfähigsten Arten (–10 °C bis –15 °C) sind *E. gunnii, E. pauciflora, E. perriniana* und *E. debeuzevillei.*

***Fothergilla* × *intermedia* 'Blue Shadow'** ➤ **und 'Blue Mist'**: laubabwerfende Sträucher mit leuchtenden Blättern für den Schatten/Halbschatten. Flachwurzelnd, lockerer, humoser Boden, feucht. 1 m × 1 m.

***Hebe* sp.** ❄: zahlreiche Arten mit kleinen blauen oder bläulichen Blättern, gewöhnlich nicht einzeln genannt. Schnellwüchsig, relativ ansehnliche Blüte im Sommer. Sonne, leichter, saurer, feuchter Boden. 30–50 cm × 50 cm. Besonders gut im Kübel. Empfohlene Arten und Sorten: *H. pinguifolia* 'Pagei', *H. albicans* ➤, *H. pimeloides* 'Quicksilver', *H. recurva* 'Boughton Silver' usw.

***Rhododendron* sp.**: mehrere Arten tragen bemerkenswertes Laub als Hintergrund schöner Blüten, sind aber eher selten. Halbschatten, humoser, kalkfreier Boden, frisch.
– *Rhododendron campanulatum* subsp. *aeruginosum, R. oreotrephes* und v.a. die Sorten 'Blue Calyptus' sowie 'Alison Johnston' haben rundliche Blätter und wunderbare, längliche Blüten in Lachsrot.
– *R. lepidostylum*: meerblaue Blätter und kleine, gelbe Blüten.
– *R. atlanticum*: laubabwerfende Azelee mit stark duftenden, weißen Blüten und wunderbarem, blauem Laub, liebt feuchte Böden und bildet mäßig Ausläufer. 1,50 m × 1,50 m.

Rosa glauca ➤: metallisch graublaue Blätter, rückseitig je nach natürlicher Varietät mehr oder weniger intensiv purpurn. Ungefüllte Blüten im Mai, rote Früchte im Herbst. Sonne, tiefgründiger, fruchtbarer Boden. 1,80 m × 1,50 m. Weitere Rosen mit bläulichen Blättern: 'Stanwell Perpetual' (Busch, halbgefüllte Blüten), 'Sir Cedric Morris' (kräftig rankend, ungefüllte Blüte).

***Ruta graveolens* 'Jackman's Blue'** ➤: zusammengesetzte Blätter mit kleinen, runden Blättchen, markant herber Geruch, gelbe Blütensträuße im Sommer. Sonne, normaler Boden. 45 cm × 40 cm.

***Salix purpurea* 'Nancy Saunders'** ➤: Weide mit feinen Zweigen und länglichen, schmalen Blättern in unterschiedlichen Blautönen, je nach Blattstadium und Position am Ast. Silbrige Kätzchen im Winter. Sonne, frische, durchlässige Böden. 2 m × 2 m. 'Nana' ist dichter und nicht so intensiv blau.

Yucca glauca ❄: Rosetten steifer, zäher Blätter, bei jungen Blättern kräftig blau. Stängel mit cremeweißen Blüten auf den älteren Blattrosetten. Sonne, durchlässige Böden. 80 cm × 80 cm. Mildes Klima.

***Zenobia pulverulenta* 'Blue Sky'** ➤: ovale, himmelblaue Blätter mit weißer Unterseite auf biegsamen, kupferfarbenen Zweigen. Weiße Blütenglocken, Mai/Juni. Halbschatten, saure, frische oder feuchte Böden.

KONIFEREN

***Abies pinsapo* 'Glauca'**: kurze, derbe Nadeln, spiralig um die Zweige. Kräftige Tanne. Sonne, durchlässiger Boden, eher trocken.
***A. procera* 'Glauca'** ➤: lange Nadeln, zweizeilig (gescheitelt) am Zweig. Sonne (indirekt), frische Luft, frischer Boden. Baum (15–20 m) oder als Strauch in der Sorte 'Prostrata' (0,50 m × 1,50 m).

***Cedrus atlantica* 'Glauca'** ➤: großer Baum, die Nadeln büschelig entlang der Zweige angeordnet. Sonne, durchlässiger Boden mit Neigung zum Austrocknen. Die intensiv blauen Sorten sind veredelt. Freistehend, aber vor starkem Wing geschützt.

***C. deodara* 'Feelin Blue'**: lange, biegsame Nadeln, kompakte Statur mit hängenden Ästen. Sonne, frischer Boden. 1,50 m × 2 m.

***Chamaecyparis lawsoniana* 'Alumii'**: abgeflachte Zweige mit Schuppenblättern, dunkles Blaugrün, etwas heller bei jungen Trieben. Sonne, frischer und tiefgründiger Boden. 15 m × 3 m. Kandelaberähnlicher Wuchs, schlecht schnittverträglich. 'Columnaris' ist schlanker, 'Pelt Blue', 'Pemburry Blue' sind intensiver blau gefärbt.

Berberis dictyophylla

Fothergilla × intermedia 'Blue Shadow'

Hebe albicans

Rosa glauca

Ruta graveolens 'Jackman's Blue'

Salix purpurea 'Nancy Saunders'

Zenobia pulverulenta 'Blue Sky'

Abies procera 'Glauca'

Cedrus atlantica 'Glauca'

***Chamaecyparis pisifera* 'Squarrosa Glauca' ➤:** fedriges Laub in metallischem Blaugrau, der Stamm braunrot. Sonne (nicht zu heiß), reicher, tiefgründiger Boden, feuchtes Klima. 6–8 m x 4 m. 'Boulevard': stärker grau getönt.

***Cunninghamia lanceolata* 'Glauca' ➤:** biegsame Zweige mit langen, blauen Nadeln, im Frühling leuchtend, im Winter matt. In der Regel mehrstämmig, rote Rinde. Sonne oder Halbschatten, leichte, kalkarme Böden. 10–15 m x 4 m. Bessere Winterhärte und Wuchskraft als die grüne Sorte.

***Cupressus arizonica* ➤:** feine Zweige mit himmelblauen Schuppen, bei jungen Trieben heller gefärbt. Volle Sonne (frei stehend), durchlässiger Boden. 6–25 m x 2–8 m. Zahlreiche Selektionen und Kreuzungen mit unterschiedlicher Statur und Farbintensität, darunter 'Blue Wave' in bemerkenswerter, annähernd hängender Form.

***Juniperus squamata* 'Blue Star':** biegsame, abstehende Zweige mit relativ langen, kräftig blauen Nadeln. Vorzüglicher Bodendecker. Sonne, frischer Boden ohne Staunässe. 0,80 m x 1,50 m.

***Larix kaempferi* 'Blue Rabbit':** kompakter Busch, die jungen Nadeln intensiv blau gefärbt (Kontrast zu roten Blütenständen) und im Herbst leuchtende Gelbfärbung. Keine pralle Sonne, tiefgründiger, frischer Boden. 1,20 m x 1 m.

***Picea glauca* 'Echiniformis':** sehr kurze, blaugraue Nadeln an einem Busch ohne Spitze, dadurch struppig ausgebreitete Statur. Sonne, frischer Boden. 1 m x 1,50 m. 'Alberta Blue' mit kurzen, gedrungenen Zweigen, pyramidenförmiger Wuchs.

***Picea pungens*:** wunderbar stahlblaue Nadeln an den jungen Trieben, später dichter und natürlicher Habitus. Sonne, frischer Boden, feuchte Witterung. 15 m x 4 m. Zahlreiche Selektionen, darunter 'Globosa' mit kompakter Statur, 1,50 m x 1 m.

***Pinus parviflora* 'Glauca' ➤:** kompakter, langsam wachsender Baum mit blausilbrigen Nadeln. Ähnelt einem Bonsai. Sonne, frischer, tiefgründiger Boden. 4 x 3 m. 'Tempelhof' ist kräftiger und schnellwüchsiger.

***Pinus strobus* 'Nana':** biegsame, zarte Nadeln in bläulichem Grün. Wunderbare, rote Blütenstände im Frühling. Keine pralle Sonne, kalkfreier Boden. 1,50 m x 1,50 m.

***Sequoia sempervirens* 'Glauca' ❄:** flache, blaue Nadeln an abgeflachten Zweigen, die Äste biegsam. Rascher Wuchs. Keine stechende Sonne, frischer, tiefgründiger Boden. Windgeschützt pflanzen.

Weitere Stauden: *Abies concolor, Juniperus* x *pfitzeriana, Abies koreana, Pinus sylvestris* 'Glauca', *Podocarpus lawrencei* 'Blue Gem', *Pseudotsuga menziesii, Sequioadendron giganteum* 'Powder Blue'.

STAUDEN

***Actaea* 'Misty Blue' ➤:** ein Büschel gefiederter Blätter in wunderbarem metallischem Blau. Weiße Blütenstände, danach weiße Beeren mit rotem Auge. Schatten, normaler Boden (auch trocken). 80 cm x 40 cm.

***Agave americana* ❄:** große, fleischige Blattrosetten, dick, derb und am Ende mit scharfer Spitze. Blüte nur bei ausgewachsener Pflanze. Sonne, durchlässiger Boden, mildes Klima. *A. parryi* bleibt kleiner (50 cm) und ist besser winterhart (–15 °C).

Crambe maritima

***Crambe maritima* ➤:** Meerkohl, mit starren Blättern, intensiv blau und leuchtend, niederliegender Wuchs. Blüte im Spätfrühling, nach Honig duftend. Sonne, normaler Boden, durchlässig. 50 cm x 50 cm.

***Dicentra formosa* 'Langtrees':** Tränendes Herz, mit fleischigen, gefiederten Blättern, bläulich mit türkisfarbenem Schimmer, zahlreiche, cremeweiße Blüten im Frühling. Halbschatten, leichter Boden. 30 cm x 30 cm. Langsame Ausbreitung durch Ausläufer. *D. formosa* 'Pearl Drops' ist nicht so kräftig; 'Stuart Boothman' ist fein gefiedert, stahlblau, die Blüten rosarot.

***Euphorbia characias* ➤:** immergrün; das Laub intensiv blau, im Frühling große Blütenstände, gelbgrün. Volle Sonne, durchlässige Böden. 0,80–1 m. 'Portuguese Velvet': samtige Blätter; *E. myrsinites*: niederliegend.

***Hosta* 'Halcyon' ➤:** dicke, herzförmige Blätter, kräftig blau. Schneckenresistent. Lavendelblaue Blüte im Sommer. Sonne oder Halbschatten. Frischer Boden. 50 cm. Weitere blaue *Hosta*-Sorten: 'Big Daddy', *H. sieboldiana* 'Elegans', 'Blue Angel' usw.

***Mertensia maritima* ➤:** am Boden ausgebreitete Blätter, schön blaugrün gefärbt, überraschender Geschmack nach Austern. Ungewöhnlich. Volle Sonne, durchlässiger, sandiger Boden. 10 cm x 25 cm.

Cupressus arizonica

Chamaecyparis pisifera 'Squarrosa Glauca'

Cunninghamia lanceolata 'Glauca'

Pinus parviflora 'Glauca'

Actaea 'Misty Blue'

Euphorbia characias

Hosta 'Halcyon'

Mertensia maritima

Blaue Blätter

Melianthus major ❄ ➤: gefiedertes, metallisch blaues Blatt mit Erdnussgeruch, bildet üppige Büschel. Blütenstände uninteressant. Sonne, nährstoffreicher, durchlässiger Boden. 1 m × 1 m. Die Stängel erfrieren sofort, aber der Wurzelstock verträgt bis –15 °C.

***Sanguisorba armena* 'Chatto's Form'** ➤: gefiederte Blätter ähnlich wie bei *Melianthus*, aber geruchlos, im Frühling intensiv blau. Rötliche Blütenköpfe im Sommer. Sonne, normaler, frischer Boden. 40 cm × 40 cm. Langsame Ausbreitung.

***Sedum cauticola* 'Lidakense'** ➤: bläuliches Laub, prachtvoll ab März, himbeerrote Blütenstände, endständig an langen, biegsamen Stängeln, Spätsommer. Normaler, eher nährstoffreicher Boden. 20 cm. Weitere *Sedum*-Arten mit blauem Blatt: *S. telephium, S. ruprechtii, S. minor, S. bithynicum* ➤.

***Thalictrum* 'Elin'** ➤: zusammengesetztes Blatt, im Frühling blauviolett, entlang langer Stängel mit endständigen violett-gelben Blütensträußen, Frühsommer. Sonne oder Halbschatten, frischer Boden. *T. flavum* subsp. *glaucum*: hellgelbe Blüten, die Stängel nicht so steif.

Weitere Stauden: *Acaena* 'Blue Haze', *Aethionema grandiflorum, Asphodeline lutea, Baptisia australis, Boltonia asteroides, Dianthus plumarius, Linaria purpurea, Macleaya microcarpa, Mentha longifolia* 'Buddleia', *Rhodiola rosea, Rudbeckia maxima.*

BLAUE GRÄSER

Carex atrata
Schmale, biegsame, trotzdem sehr zähe Blätter, bilden Horste, die sich rasch ausdehnen. 25 cm. *Carex laxiculmis* 'Bunny Blue' hat längere Blätter, Horste standorttreu. 30 cm.

Helictotrichon sempervirens
Immergrüne Büschel mit langen, graubläulichen Blättern. Halm und Ährchen von gleicher Farbe, Mai/Juni. Durchlässiger Boden. 30 cm.

Leymus arenarius
Strandhafer, mit langen, blaugrünen Blättern. Alle Böden, vor allem sandige. 60–70 cm. Starke Ausbreitung.

Sesleria caerulea
Blaue Blätter mit hellerer Unterseite, wächst gut im Schatten und Halbschatten.

Weitere blaue Gräser:

Elymus magellanicus: Blätter, Halme und Ähren leuchtend blau im Sommer. Normaler Boden, im Winter mäßig feucht. 50 cm.
Festuca ovina glauca: im Frühling und Herbst intensiv blau gefärbte Rispen, im Sommer matter. Durchlässiger Boden. 10 cm. 'Elijah Blue' ist derzeit die am stärksten blau gefärbte Sorte. ***Corynephorus canescens***: ähnlich, feiner, braucht stark durchlässige Böden.
Koeleria glauca: raue Blätter, stärker grau, zinnfarben, durchlässiger Boden.
Sesleria caerulea: blaue Blätter, Schatten oder Halbschatten.
***Panicum virgatum* 'Dallas Blues'**: Rispenhirse mit großen, langen Blättern in metallischem Blau, biegsam, späte Blüte. Frischer, durchlässiger Boden, volle Sonne. 1,80 m. 'Prairy Sky' ist feiner, intensiver blau. 'Cloud Nine': noch intensiver blau, 2–2,40 m.

ZWIEBELN, EIN- UND ZWEIJÄHRIGE

Allium karataviense: zwei metallisch blaue Blätter, die vor der Blüte im März aus dem Boden treiben. Volle Sonne, durchlässiger Boden. 15 cm. *A. moly* mit geradem, kräftig blauem Blatt vor gelber Blüte. *A. senescens* mit hübschen blauen Blättern vor einer späten, rosa Blüte.

***Brassica* sp.** ➤: viele Zierkohlarten werden wegen des schönen blauen Blattwerks kultiviert, ganzrandige oder krause Blätter, einzeln oder als „Palme". Sonne, aufbereiteter Boden, nährstoffreich und frisch.

Cerinthe major ➤: fleischige, blaue Blätter, aus denen ein Blütenstand aus gelb-blauen Blüten umhüllt von blauen Brakteen austreibt. Sonne, frischer, durchlässiger Boden.

Tropaeolum polyphyllum ❄ ➤: mehrjährige Kapuzinerkresse mit erstaunlichen, blauen Blüten. Kriecht und klettert. Sonne oder Halbschatten, gut durchlässiger Boden. 0,10 m × 1,50 m und mehr.

Melianthus major

Sanguisorba armena 'Chatto's Form'

Thalictrum 'Elin'

Sedum bithynicum

Sedum cauticula 'Lidakense'

Brassica sp.

Cerinthe major

Tropaeolum polyphyllum

Silbrige Blätter

BÄUME

***Elaeagnus angustifolia* 'Quicksilver'**: schmale, längliche Blätter in leuchtendem Silbergrau. Duftende Blüten im Mai/Juni. Sonne, durchlässiger Boden.

Olea europaea ❄: längliche, feste Blätter in Silbergrau, unterseits silbrig. Rundliche Silhouette mit knorrigen, pittoresken Stämmen. Volle Sonne, leichter, sandiger oder steiniger Boden, kalkhaltig, durchlässig. 3–6 m × 4–6 m.

Populus alba ➤: silbrige Blätter mit weißer Unterseite, die ihre Schönheit beim leisesten Lufthauch zeigen. Kleiner Baum, oft krumm, schöne graue Rinde an den jungen Zweigen. Volle Sonne, normaler Boden, bevorzugt sandig. 3–7 m × 3–5 m.
P.* × *canescens: gewaltiger Baum mit silbergrauer Rinde, die Blätter rundlich und silbrig, unterseits weiß. 30–35 m × 10–12 m.

***Pyrus salicifolia* 'Pendula'** ➤: lange, silbergraue Blätter an überhängenden Zweigen. Weiße Blüten, April. Kleine, harte Früchte. Volle Sonne, normaler, durchlässiger Boden. 2,50 m × 2 m. Normalerweise auf einem Stämmchen veredelt, aber auch schön, wenn er direkt am Boden gepfropft wurde. *P. nivalis*: große, silbrige Blätter, aufrechter, majestätischer Baum.

Salix alba* var. *sericea: intensiv silbriges Laub. Rinde der jungen Zweige braunrot, rascher Wuchs. Sonne, normaler, dauerfeuchter Boden. 4–15 m × 2–8 m. Regelmäßiger Kopfschnitt für schönes Laub. 'Liempde' ist matter, aufrechte Statur. 'Nova' weniger silbrig, dafür orangefarbene Äste.
S. exigua: aschegraues, lichtes Laub, schmal lanzettliche, gerade Blätter. Großer Strauch oder kleiner Baum. Volle Sonne, normaler, nicht zu stark durchfeuchteter Boden. 3–5 m × 3–4 m.

***Sorbus aria* 'Majestica'** ➤: große, graue Blätter mit flaumiger, weißer Rückseite. Schöner Baum mit kompakter, rundlicher Krone. Dichte, weiße Blütensträuße, dicke, rote Früchte. Sonne, normaler, kalkhaltiger Boden. 6–10 m × 3–5 m. *S. acuminata* und *S. wardii* haben ebenfalls große, silbrige Blätter, im Frühling mit leuchtend weißer Rückseite. *S. folgneri* 'Emiel' bietet ebenfalls schöne, silbrige Blätter mit weißer Unterseite, bleibt aber lichter und braucht nicht so viel Platz. 3–5 m × 2–4 m.

PALMEN
***Bismarckia nobilis* 'Silver'**: große, fächerförmige Wedel, schön silbrig leuchtend. Sonne, normaler, durchlässiger Boden. Sehr mildes Klima.
Chamaerops humilis* var. *cerifera: metallisch graue Palmwedel. Volle Sonne und durchlässiger Boden. Winterhart bis –7 °C, trockenheitsverträglich. 1–2 m × 2 m.
Andere: *Brahea clara* (–5 °C), *Sabal uresana* (–3 °C), *Serenoa repens* 'Silver' (–7 °C).

STRÄUCHER

***Artemisia* 'Powis Castle'** ➤: fein fiederteilige, intensiv silbrige Blätter. Biegsame Zweige. Keine Blüte. Volle Sonne, durchlässige, aber nicht zu karge Böden. (60 cm × 80 cm). Im Frühling zurückschneiden. *A. abrotanum* ist intensiver aschefarben und aromatischer im Geruch. Die anderen *Artemisia*-Arten sind mehrjährige Stauden.

***Brachyglottis compacta* 'Sunshine'** ❄ ➤: ovale, silbergraue Blätter, unterseits weiß flaumig. Sträuße gelber Korbblüten im Sommer. Volle Sonne, normaler Boden. 1 m × 1,50 m. *B.* Walberton's® Silver Dormouse ('Walbrach') ❄ ist geringfügig intensiver silbrig.
***B. alternifolia* 'Argentea'**: schmale, längliche Blätter, intensiver silbrig als die Art selbst, an langen, überhängenden Zweigen. Malvenfarbene Blüten, Mai/Juni. Volle Sonne, durchlässige Böden. 2,5 m × 2 m.

Helichrysum italicum: kleine, kompakte Büsche, die an Lavendel erinnern, das Laub mit intensivem Curry-Geruch. Gelbe Blütenknöpfe im Juli. Volle Sonne, gut durchlässige Böden. 40 cm × 60 cm. *H. splendidum*: lang behaarte Blätter, Geruch weniger ausgeprägt.

Hippophae rhamnoides ➤: linealisch-lanzettliche Blätter, bleigrau, mit hellerer Unterseite. Stachelige Zweige, im Spätsommer orangefarbene Früchte auf den weiblichen Pflanzen. Volle Sonne, karge, sandige Böden. 2,50 m × 2,50 m. Breitet sich durch Ausläufer aus.

Phlomis fruticosa ➤: mittelgroße Blätter, die Oberseite silbergrau, von unten samtiger und gelber. Gelbe Blütenkugeln wirtelig um die Stängel, Juni/Juli. Winterhart bis –15 °C in durchlässigem Boden. Volle Sonne. 1 m × 1,20 m.

***Potentilla fruticosa* 'Vilmoriniana'**: kleine, silbrig glänzende Blätter als Kulisse für blassgelbe Blüten. Sonne, normaler Boden, auch kalkhaltig. 100 cm × 50 cm. 'Beesii' ist ähnlich, die Blüten sind kräftiger gelb und die Statur kugelförmig. 50 cm.

***Salix repens* 'Argentea'**: kleine, ovale Blütenstände in Silbergrau, stark glänzend, auf den jungen, aufrechten Trieben. Volle Sonne, normaler Boden. 0,50 m × 1,50 m. 'Dart Silver' ➤ ist etwas leuchtender.

Salvia officinalis: längliche Blätter in schönem Blaugrau, würzig duftend. Blaue Blütensträuße im Juni/Juli. Volle Sonne, nährstoffreicher, durchlässiger Boden. 60 cm × 60 cm. 'Lavandulifolia' mit schmaleren Blättern, 'Berggarten' mit 2- bis 3-mal so großen Blättern.

Populus alba

Pyrus salicifolia 'Pendula'

Sorbus aria 'Majestica'

Artemisia 'Powis Castle'

Brachyglottis compacta 'Sunshine'

Hippophae rhamnoides

Phlomis fruticosa

Salix repens 'Dart' Silver'

Santolina chamaecyparissus ➤**:** aromatisches, dicht bepelztes Laub, eng an den Zweigen anliegend. Gelbe, unattraktive Blüten, Juli. Volle Sonne. Durchlässiger Boden. 50 cm x 50 cm. Kugelförmig trimmen im August. –10 °C.

***Teucrium fruticans*:** breitwüchsiger Busch mit sparrigen, weißen Zweigen, daran kleine, graue Blätter und blaue Blüten (Mai bis Juli). Volle Sonne, durchlässiger Boden. –10 °C.

NADELBÄUME
Blau und Grau sind bei den Nadelbäumen nicht immer klar zu unterscheiden, doch die Züchtungen bieten eher graue Nadeln. *Juniperus virginiana* 'Grey Owl' hat aschegraue, schuppenförmige Blätter an den Zweigen, was diese Rotzeder-Sorte weich aussehen lässt. Der Wuchs ist breiter als hoch. Normaler Boden, kalkfrei, durchlässig, aber frisch. 1 m x 2 m.

Weitere Sträucher: *Acca sellowiana, Atriplex halimus, Buddleja alternifolia* 'Argentea' und 'Silver Anniversary', *Calluna vulgaris, Caryopteris* x *clandonensis* 'Heavenly Blue', *Cistus* x *argenteus, Euryops pectinatus, Elaeagnus ebbingei, Halimodendron halodendron, Helichrysum italicum, Lavandula* sp., *Lavatera* x *clementii* 'Barnsley Grey', *Leptospermum scoparium* 'Silver Sheen', *Lotus hirsutus, Lycium barbarum, Olearia* x *haastii, Ozothamnus rosmarinifolius* 'Silver Jubilee', *Rhododendron* 'Silver Velours', *Salix lanata, S. laponum, S. gracilistyla.*

KLETTERPFLANZEN

***Schizophragma hydrangeoides* 'Moonlight'** ➤**:** intensiv silbrig marmorierte Blätter, flache, weiße Blüten, Juli und August. Bildet Haftwurzeln. Schatten, humusreicher, frischer Boden. 6–8 m.

***Vitis vinifera* 'Incana':** gelappte Blätter in seidigem Grauton, im Sommer etwas grüner. Kleine Trauben. Volle Sonne, tiefgründiger, durchlässiger Boden. 3–5 m.

STAUDEN

Anaphalis triplinervis ➤**:** längliche Blätter mit silbriger Oberseite, unterseits flaumig, weiß. Im Sommer Sträuße weißer Blütenknöpfe. Sonne oder Halbschatten. 35 cm. *A.* x *yedoensis*: identisch, 70 cm.

***Artemisia* sp.:** Pflanzen mit feinem, silbergrauem Blatt, oft intensiv nach Kampfer duftend. Volle Sonne, normale, durchlässige Böden. Wichtigste Arten und Sorten:
- *A. ludoviciana* ➤: biegsame Triebe mit schmalen, matt silbrigen Blättern, 60 cm, Ausläufer. 'Silver Queen' silbrig glänzend; 'Valerie Finis' mit größeren Blättern.
- *A. absinthium* 'Lambrook Silver' ➤: leuchtende, fiederschnittige Blätter, 60 cm.
- *A. canescens*: Triebe aufsteigend, mit fein zerteilten Blättern in hellem Grau, sehr licht, 30 cm
- *A. pontica*: tief geteilte (fiederschnittige) Blätter, aschegrau, aufrechte Triebe, Ausläufer, 50 cm.
- *A. schmidtiana* 'Nana': leichte Blätter, die einen moosigen, silbrigen Teppich bilden. 7 cm.
- *A. stelleriana*: Blätter mit großen Lappen, die an silbern schimmernde *Cineraria* erinnern. 7 cm. 'Broughton Silver' wächst dichter.

NIEDRIG	MITTEL	HOCH
Artemisia schmidtiana	*A. canescens*	*A. absinthium* ➤
A. stelleriana	*A. pontica*	*A. ludoviciana* ➤

***Astelia chathamica* 'Silver Shadow'** ❄ ➤**:** Büschel langer Blätter mit hervorstechender Äderung, immergrün, silbergrau und unterseits eher weißlich. Sonne oder Halbschatten, saurer, torfiger, dauerfeuchter Boden. 1 m x 1,5 m. Winterhart bis –6 °C.

***Athyrium nipponicum* var. *pictum*:** Farn mit grau, silbrig, purpurn und weiß marmorierten Wedeln, je nach Wachstumsphase in unterschiedlichem Verhältnis. Ausdauernd, sehr winterhart. 60 cm. 'Silver Fall': intensiver silbrig. 'Burgundy Lace' und 'Pewter Lace': purpurne Zeichnung in der Mitte des Wedels. 'Ocean Furry': geteilte Wedel. *A.* 'Ghost' ➤ (*A. filix-femina* x *A. nipponicum* var. *pictum*): mit großen, aluminiumgrauen Wedeln, die im Herbst kupferfarben anlaufen. 60 cm.

***Brunnera macrophylla* 'Jack Frost'** ➤**:** herzförmige, silbrige Blätter mit grüner Äderung. Im Frühling Blütensträußchen wie Vergissmeinnicht. Schatten oder Halbschatten, normaler Boden. 50 cm x 50 cm. 'Looking Glass': intensiver silbrig. 'Alexander's Great' und 'Sea Heart' ➤: mit größeren Blättern.

Cerastium tomentosum ➤**:** immergrünes Hornkraut, das einen dichten, silbrigen, filzigen Teppich bildet, im Mai und Juni von unzähligen, samtweißen Blüten überzogen. Volle Sonne, durchlässiger Boden, auch Kies. 10 cm. var. *columnae* ist dichter und wuchert nicht so stark.

Brunnera macrophylla 'Sea Heart'

Santolina chamaecyparissus

Schizophragma hydrangeoides 'Moonlight'

Anaphalis triplinervis

Artemisia ludoviciana

Artemisia absinthium 'Lambrook Silver'

Astelia chathamica 'Silver Shadow'

Athyrium 'Ghost'

Brunnera macrophylla 'Jack Frost'

Cerastium tomentosum

Cynara cardunculus ➤: große, fiederschnittige Blätter, oberseits silbrig, unterweits weißlich, einen großen, ausgestellten Büschel bildend. Purpurviolette Blüten in Form großer Karden. Sonne, normaler, tiefgründiger, durchlässiger Boden. 1,80 m × 1,50 m. *C. scolymus* (Artischocke): ist ähnlich.

***Lamium maculatum* 'White Nancy'** ➤: Teppich aus dreieckigen Blättern, völlig silbrig, halbimmergrün. Weiße Blüten. Schatten oder Halbschatten. 15 cm. 'Beacon Silver' und 'Orchid Frost' mit leuchtend rosa Blüten.
***L. galeobdolon* 'Florentinum':** Blätter marmoriert, Blüten gelb, Pflanze breitet sich stark aus. 30 cm. 'Hermann's Pride', 'Silberteppich' ➤: silbrig gezeichnete Blätter und gelbe Blüten. Breitet sich nicht aus.

Pulmonaria saccharata 'Diana Clare'

***Mentha longifolia* 'Buddleia':** schmal längliche Blätter in bläulichem Grau mit dem markanten Aroma von Pfefferminz-Kaugummi. Blüten in malvenblauen Scheinähren an der Stängelspitze, August. Sonne oder Halbschatten, normaler, frischer Boden. 70 cm. Ausläufer.

***Panicum virgatum* 'Heavy Metal':** Blätter und Halme metallisch grau, ziemlich senkrecht, mit leichten Rispen von Juli bis November. Volle Sonne, frischer, durchlässiger Boden. 80 cm.

***Pulmonaria saccharata* 'Diana Clare'** ◄: große, lange Blätter, platinsilber und leuchtend. Von März bis Mai dicke Sträuße blauvioletter Blüten, die sich später rosa färben. Schatten oder Halbschatten, normaler Boden. 30 cm × 30 cm. Weitere silbrige Lungenkrautsorten:
- 'Cotton Cool': identisch, weniger kräftig.
- 'Excalibur': lange, silbrige Blätter mit grün gespenkeltem Rand, sehr resistent gegen Mehltau.
- 'Majesté': sibrige Blätter, Blüten blau und rosa, scheut Trockenheit.
- 'Samourai' ➤ ('Majesté' × 'Bertram Anderson'): sehr lange, silbrige Blätter.

Stachys byzantina ➤: große, längliche Blätter mit dickem, filzigem Flaum. Blütenstängel dicht bepelzt, kleine rosa Blüten im Frühsommer. Volle Sonne, durchlässiger Boden. 60 cm. 'Big Ears' hat größere Blätter.

Weitere Stauden: *Achillea filipendulina* 'Coronation Gold', *Anthemis cupahiana, Aloe plicatilis, Centaurea simplicicaulis, Cheilanthes lanosa, Helichrysum* 'Schwefellicht', *Heuchera* 'Green Spice', *Leucodendron argenteum, Nepeta mussinii, Opuntia* sp.

ZWIEBELN

***Cyclamen hederifolium* 'Silver Leaf':** Blätter komplett silbrig, im Herbst rosa Blüten. Schatten oder Halbschatten, leichter, humoser Boden. 15 cm. 'Silver Cloud': weiße Blüten. *C. coum* zeigt sich in verschiedenen silbrigen Sorten, Vermehrung nur durch Sämlinge.

Fritillaria persica ➤: dicht von spitzen, länglichen Blättern eingehüllte Stängel, erst grau, dann mattgrün. Purpurschwarze oder elfenbeinweiße Blütentrauben im April. Sonne, nährstoffreicher, durchlässiger Boden. 60 cm.

EIN- UND ZWEIJÄHRIGE

***Digitalis* 'Heywoodii':** schöne, silbergraue Blattrosette, aus der im folgenden Frühling der Blütenschaft sprießt. Halbschatten, lockerer, humoser Boden. 1 m.

***Lychnis coronaria*:** im ersten Jahr ein Büschel grauer, bepelzter Blätter, im folgenden Frühling ein verzweigter Spross mit einer Krone magenta-, rosafarbener oder weißer Blüten. Sonne, normaler Boden. 80 cm, versamt sich.

Matthiola incana ➤: Levkoje mit großen, grauen Blättern als Kulisse für die stark duftenden Blüten, Mai/Juni. Sonne, durchlässiger Boden. 50 cm × 50 cm, versamt sich.

Onopordum acanthium ➤: große, silbergraue Rosette stark stacheliger Blätter. Kandelaberform von bis zu 2 m Höhe und 1,50 m Breite im folgenden Sommer.

***Salvia argentea*:** im ersten Jahr wunderbare Rosette von Blättern mit dichtem, weißem Flaum. Weiße Blütenähren im Juni/Juli des Folgejahres. Volle Sonne, sandiger oder steiniger Boden. 40 cm. Lebensdauer 2–3 Jahre, versamt sich.

***Verbascum bombyciferum*:** große Blattrosetten mit dicken, grauen Blättern, im ersten Jahr samtig bepelzt, daraus entwickeln sich große, unterschiedlich stark verzweigt Stängel mit gelben Blüten, die den Sommer über blühen. 'Polar Summer': Laubblätter fast weiß.

Cynara cardunculus

Lamium maculatum 'White Nancy'

Lamium galeobdolon 'Silberteppich'

Pulmonaria saccharata 'Samourai'

Stachys byzantina

Fritillaria persica

Matthiola incana

Onopordum acanthium

Weiß geränderte Blätter

BÄUME

***Acer* sp.:** Bei jeder Art gibt es mindestens eine panaschierte Varietät. Also lässt sich für jeden Bodentyp (immer Halbschatten) eine geeignete Sorte finden. Sicher gedeihen:
- *Acer campestre* 'Carnival' ➤: neutraler oder alkalischer Boden. 4 m.
- *Acer negundo* 'Elegantissimum': tiefgründiger, frischer Boden. 10 m
- *Acer platanoides* 'Drummondii': normaler Boden. 6–8 m.
- *Acer palmatum* 'Kagiri-nishiki': saurer Boden. 3 m.

***Aralia elata* 'Variegata' ➤:** sehr großes, gefiedertes Blatt mit weißem Rand. Im August weiße Blütenbüschel. Wunderbar gewundene Statur. Halbschatten, normaler, eher frischer Boden ohne Staunässe. 3–4 m × 2 m. 'Silver Umbrella': sehr ähnlich.

***Castanea sativa* 'Variegata' ➤:** große Blätter mit weißem Rand, die Früchte ebenfalls panaschiert. Schöner, strahlender Baum, nicht so raumgreifend wie die Art selbst, 4–6 m × 2–3 m.

***Clerodendrum trichotomum* 'Carnival' ❋:** stark leuchtendes Laub, zartgrün mit cremeweißen Rändern, im Schatten weiß. Normaler, dauerfrischer Boden. 3 m × 2 m.

***Cornus controversa* 'Variegata':** Blätter weiß gerändert und Holz rot, durch den horizontalen Wuchs hervorgehoben. Halbschatten. 6–8 m × 3–5 m.
***C. alternifolia* 'Argentea':** kleine Blätter mit feinem weißen Rand. Wie eine Miniaturversion von *Cornus controversa* 'Variegata', besser angepasst an Kübelhaltung und kleine Gärten. 3–4 m × 2 m.

***C. kousa* var. *chinensis* 'Snowboy' ➤:** Blätter fast rund, weiß gerändert. Normaler Boden, kalkarm oder kalkfrei, dauerfrisch. Nicht starkwüchsig. 1,50–2 m. *C. kausa* 'Wolf's Eyes' mit großen, spitzen Blättern und grüner Blüte, 3 m. 'Eva' mit kleinen Blättern, breit weiß gerändert und rosa überlaufen, 2 m.

***Fagus sylvatica* 'Albo Variegata':** Blätter mit cremeweißem Rand, besonders in Schattenlagen. Alle nicht zu warmen Standorte möglich, nährstoffreicher, tiefgründiger und frischer Boden (lehmig-kalkhaltig). 5 m × 3 m.

***Ilex aquifolium* 'Argentea Marginata':** immergrün; Blätter dunkelgrün mit weißem Rand, stachelig, vor allem bei jungen Exemplaren. Sonne oder Halbschatten, normaler kalkarmer Boden. Busch oder Baum. 2–10 m × 3–4 m. 'Handworth New Silver': Blätter wesentlich länger.

***Liquidambar styraciflua* 'Manon' ➤:** Blätter grau marmoriert und weiß gerändert. Kräftige Statur. Halbschatten, normaler frischer oder feuchter Boden. 6–8 m × 3 m.

***Prunus lusitanica* 'Variegata':** immergrüne Blätter mit weißem Rand und Marmorierung. Im Schatten schöner, vor kaltem Wind schützen. Normaler, frischer Boden, tiefgründig und ohne Staunässe. 4 m × 2 m.

Weitere Bäume: *Cornus florida* 'Cherockee Daybreak', *Quercus cerris* 'Variegata'.

STRÄUCHER

***Abelia* 'Confetti':** kleine, spitze, schimmernde Blätter, dunkelgrün mit weißem Rand, dieser im Frühling rosa überlaufen, im Sommer rosa blühend. Dichter Wuchs. Halbschatten, frischer Boden ohne Staunässe. 0,80 m × 1 m. 'Lucky Lots': ähnlich, aber üppiger, 1,50 m × 1,50 m.

***Buddleja davidii* 'Harlequin':** Blätter mit einem feinen cremeweißen Rand, purpurne Blütenstände. Volle Sonne. Durchlässiger, alkalischer oder neutraler Boden. 1,50–2 m × 1,50 m. 'White Harlequin': ebenso, weiße Blüten. 'Florence': blüht blau.

***Buxus sempervirens* 'Elegantissima' ➤:** kleine, immergrüne Blätter mit cremefarbenem Rand, im Schatten stark leuchtend. Schatten oder Halbschatten, normaler Boden, durchlässig, kalkhaltig. 1,50 m × 1 m.

***Caryopteris* × *clandonensis* 'White Surprise':** kleine Blätter mit unregelmäßiger weißer Randfärbung, dadurch graue Farbwirkung. Himmelblaue Blütenbüschel, endständig an den Trieben, Spätsommer. Sonne, durchlässiger Boden. 1 m × 1 m.

***Cornus alba* 'Elegantissima' ➤:** laubabwerfend, die Blätter weiß gerändert und marmoriert, Blüten in kleinen, weißen Sträußen, wenig dekorativ. Äste im Winter rot. Halbschatten, normaler, frischer Boden. 2 m × 2 m. 'Cream Cracker' eher cremefarben; 'Ivory Halo' zwergförmig (1,20 m), 'Sibirica Variegata' wächst langsamer.

***Cotoneaster horizontalis* 'Variegatus':** kleine, runde Blätter mit feinem weißen Rand an fischgratförmig angeordneten Zweigen. Weiße Blüten im Mai, rote Früchte im Herbst. Halbschatten, normaler Boden. 1 m × 1 m.

***Diervilla sessilifolia* 'Cool Splash' ➤:** spitze, intensiv weiß geränderte Blätter mit grüner Blattmitte. Endständige, gelbe Blütensträuße im Sommer. Halbschatten, alle Typen von frischen Böden. 1 m × 1 m.

***Euonymus japonicus* 'Bravo':** große, ovale Blätter mit breitem weißen Rand. Gedrungener Busch. Schatten oder Halbschatten, alle Böden. 1,50 m × 1 m.

Acer campestre 'Carnival'

Aralia elata 'Variegata'

Castanea sativa 'Variegata'

Cornus kousa var. *chinensis* 'Snowboy'

Liquidambar styraciflua 'Manon'

Buxus sempervirens 'Elegantissima'

Cornus alba 'Elegantissima'

Diervilla sessilifolia 'Cool Splash'

Weiß geränderte Blätter

***Hydrangea macrophylla* 'Tricolor':** große Blätter mit unregelmäßigem weißen Rand und Marmorierung. Flache Blütenstände, weiß und blau oder rosa, Sommer. Halbschatten (besser für die zarten Farben), saurer oder neutraler Boden, humusreich, frisch. 1 m × 1 m.

***Kerria japonica* 'Variegata' ➤ (= 'Picta'):** kleine, spitze Blätter in zartem Grün mit weißem Rand, Wolkeneffekt. Gelbe, ungefüllte Blüten im Frühling. Halbschatten, normaler Boden. 0,80 m × 1 m.

***Ligustrum ovalifolium* 'Argenteum':** halbimmergrüne Blätter, lanzettlich, salbeigrün mit leuchtendem weißen Rand, normaler Boden, im Sommer auch trocken. 1,80 m × 1,50 m. Sehr gut unter Bäumen geeignet. *L. japonicum* 'Texanum Variegatum': größere Blätter, lackglänzend. *L. ibota* 'Musly': unregelmäßig weiß panaschiert, leuchtend.

***Philadelphus coronarius* 'Variegatus':** rundliche Blätter mit breiten weißen Rändern. Blüten cremeweiß und stark duftend, Mai. Normaler Boden, auch kalkhaltig oder trocken. Halbschatten. 1,80 m × 1,20 m.

***Pittosporum tenuifolium* 'Elisabeth' ❄ ➤:** kleine, ovale Blätter, weiß marmoriert und gerändert. Dichter Busch, geruchsintensive Blüte im April/Mai. Sonne oder Halbschatten, durchlässiger Boden. *P. heterophyllum* 'Variegatum' ❄: längliche Blätter (2 m). *P. tobira* 'Variegata' ❄: lange, rundliche Blätter mit breitem Rand (3 m).

***Rhamnus alaternus* 'Argenteovariegatus' ❄:** immergrüne, längliche Blätter mit weißem Rand und Marmorierung, die Blattmitte grau und grün. Sonne oder Halbschatten, durchlässiger Boden. 2 m × 2 m. Überraschend winterhart bei –10 bis –15 °C. Wächst rasch.

***Sambucus nigra* 'Variegata':** gefiederte Blätter mir cremeweißen Rändern, im absoluten Schatten breitere Zeichnung. Weiße Blüten, Mai/Juni. Halbschatten oder Schatten, normaler, nicht zu trockener Boden. 2–3 m × 2 m.

***Skimmia japonica* 'Magic Marlot' ➤:** immergrüne Blätter mit breitem weißen Rand. Männliche Blüten. Schatten, kalkfreier Boden. 0,80 m × 1 m.

***Weigela praecox* 'Variegata' ➤:** längliche Blätter mit ausgeprägtem weißen Rand, rote Blüten, die sich rosa verfärben, Mai. Halbschatten, normaler Boden mit/ohne Kalk, im Sommer nicht zu trocken. 2 m × 1,50 m. *W. florida* 'Monet': kompakte Statur, die älteren Blüten rosa. 0,80 m × 1 m.

Weitere Sträucher: *Azara microphylla* 'Variegata' ❄, *Ceanothus* 'Silver Surprise' ❄, *Cotoneaster atropurpureus* 'Variegatus', *Fatsia japonica* 'Variegata' ❄, *Fuchsia magellanica* 'Sharpitor' ❄, *Hebe* × *franciscana* 'Variegata' ❄, *Hibiscus syriacus* 'Meehanii' ❄, *Ilex* × *meservae* 'Casanova', *Leucothoe fontanesiana* 'White Water', *Lonicera nitida* 'Silver Beauty' ❄, *Osmanthus heterophyllus* 'Variegatus', *Pyracantha* 'Sparkler', *Thymus* × *citriodorus* 'Silver Queen', *Stachyurus chinensis* 'Magpie'.

KLETTERPFLANZEN

***Euonymus fortunei* 'Emerald Gaiety':** immergrünes Laub, oval, marmoriert und mit breitem, strahlend weißem Rand. Lange Triebe mit Adventivwurzeln. Schatten oder Halbschatten, alle Böden. Bodendecker (30 cm), Kletterpflanze (2,50 m) oder Busch (0,80–1 m × 1 m).

***Hedera helix* 'Glacier':** immergrüne Blätter mit weißem Rand und grau-weißer Marmorierung. Halbschatten oder Schatten. Normaler Boden. 3 m. 'Eva' ➤: kleine, grau marmorierte Blätter mit weißem Rand. 'Sagittifolia Variegata': gelappte Blätter, spitzer. 'Little Diamond': eher aufrecht und baumähnlich, blüht nicht, 30 cm × 50 cm. ***H. canariensis* 'Gloire de Marengo':** große, glänzende Blätter mit weißem Rand und Marmorierung. Geschützter Standort. 6 m.

***Hydrangea petiolaris* 'Silver Lining':** schöner weißer Rand an dunkelgrünen Blättern als Widerhall zu den großen, flachen Rispen im Juni. Heftet sich von selbst fest. Halbschatten oder Schatten, humusreicher Boden. 5–6 m.

***Jasminum officinale* 'Variegata' ❄:** gefiedertes Blatt mit feinem, weißem Strich am Rand. Im Sommer stark duftende Blüten. Halbschatten, frischer Boden ohne Staunässe. 3 m.

***Lonicera* × *italica* 'Harlequin' ➤:** Blätter mit unregelmäßig breitem weißen Rand, kurz vor der Blüte rosa überlaufen. Stark duftende, rosa Blüten im Mai. Halbschatten, normaler, frischer Boden. 3 m × 1 m.

STAUDEN

***Aegopodium podagraria* 'Variegata' ➤:** gefiederte Blätter wie bei einem Holunder, hellgrün mit breitem weißen Rand. Weiße, schirmförmige Blütendolden. Halbschatten oder Schatten, normaler, frischer Boden. 50 cm × 50 cm und mehr. Blüten abschneiden, damit sich keine Samen bilden.

***Astrantia major* 'Sunningdale Variegated':** tief gelappte Blätter mit cremegelbem Rand, der sich mit der Zeit aufhellt. Perlweiße Blüten im Mai/Juni. Halbschatten, frischer Boden. 45 cm. × 45 cm.

***Brunnera macrophylla* 'Dawson's White' ➤ (= 'Variegata'):** große, herzförmige Blätter, grün mit Silbermarmorierung und breitem weißen Rand. Blaue Blüten wie Vergissmeinnicht, Frühling. Halbschatten, frischer Boden ohne Staunässe. 50 cm × 50 cm.

***Euphorbia characias* 'Emmer Green':** Blätter mit cremeweißem Rand, cremefarben panaschierte Blütensträuße im Frühling. Halbschatten, gut durchlässiger Boden. 1 m × 1 m. 'Tasmanian Tiger': ähnlich. 'Silver Swan' ➤ und 'Glacier Blue' mit feinem weißen Rand.

Kerria japonica 'Variegata'

Pittosporum tenuifolium 'Elisabeth'

Skimmia japonica 'Magic Marlot'

Weigela praecox 'Variegata'

Hedera helix 'Eva'

Lonicera × italica 'Harlequin'

Aegopodium podagraria 'Variegata'

Brunnera macrophylla 'Dawson's' White'

Euphorbia characias 'Silver Swan'

Weiß geränderte Blätter

***Hosta* sp.:** sehr viele sommergrüne Sorten aller möglichen Größen mit weiß umrandeten Blättern. Halbschatten, frischer Boden.

10-20 CM	'Ginkgo Craig', 'Conutry Mouse', 'Lucky Mouse', 'Sieboldii'
20-40 CM	'Francee', 'Aristocrat', 'Hanky Panky', 'Lime Fizz', 'Stiletto'
40-60 CM	'Patriot', 'Broadway', 'Diamonds are Forever', 'El Nino', 'Firn Line', 'Great Escape', 'Minuteman'
60-90 CM	'Wide Brim', 'American Halo', 'Barbara Ann', 'Crispula' ➤, 'Northern Exposure'
90-150 CM	'Regal Splendour'

***Ilris pallida* 'Variegata':** aufrechte, grüne oder weiße Blätter, im Mai blaue Blüten. Volle Sonne, durchlässiger Boden. 60 cm. *I. ensata* 'Variegata': feinere Blätter, dunkelblaue Blüte im Juli, feuchter Boden. *I. foetidissima* 'Variegata' ➤: immergrünes Laub, unscheinbare Blüte, Schatten.

***Lysimachia punctata* 'Alexander' ➤:** Blätter mit breitem cremefarbenen Rand, bei jungen Trieben rosa. Glockenförmige, im Sommer gelbe Blüten entlang der Stängel. Sonne oder Halbschatten, feuchter Boden. 80 cm × 50 cm und mehr.

***Mentha suaveolens* 'Variegata' ➤:** faltige, flaumig behaarte Blätter in zartem Grün mit weißem Rand, Duft nach grünen Äpfeln, weiße Blüten. Sonne oder Halbschatten, frischer Boden. 40 cm × 50 cm und mehr.

***Sedum* 'Frosty Morn' ➤:** dicke, bläuliche Blätter mit weißen Rändern, rosa Blütenstand an der Spitze der Triebe, September. Halbschatten, frische, durchlässige Böden. 30 cm × 30 cm. *S. spurium* 'Variegata': kleine Blütenstände an abstehenden Verzweigungen, rosa. Bodendecker.

***Vinca major* 'Argenteo Variegata' ➤:** grüne Blätter mit grauer Marmorierung und cremefarbenem Rand, später weiß. Große, blauviolette Blüten ab März. Schatten oder Halbschatten, normaler Boden. 30 cm. Die Triebe bewurzeln, wenn sie die Erde berühren. *Vinca minor* 'Argenteovariegata': kleine Blätter und Blüten direkt über dem Boden, dichterer Teppich. 5 cm.

GRÄSER MIT WEISSEM BLATTRAND

Holcus lanatus 'Variegatus'
Weiche Blätter, im Frühling fast völlig weiß. Rasenbildner, im Sommer schneiden. Halbschatten, frischer Boden. 25 cm.

Calamagrostis 'Overdam'
Schmale Blätter, ab März weiß mit rosa Schimmer. Rosa Rispen im Juli. Sonne, normaler Boden. 1 m. Standorttreu.

Phalaris arundinacea 'Picta'
Die ersten Blatttriebe sehr weiß mit rosa Schimmer. Sonne oder Halbschatten, frischer Boden. Ausläufer. 70 cm.

Carex 'Evereste'
Feine Blätter mit weißem Rand, immergrün. Schatten oder Halbschatten, frischer Boden. 30 cm. Standorttreu.

Weitere Stauden: *Agapanthus* 'Silver Moon', *Arabis caucasica* 'Variegata', *Galega officinalis* 'Kegal', *Glechoma hederacea* 'Variegata', *Kalimeris yomena* 'Shogun', *Oenanthe javanica* 'Flamingo', *Origanum vulgare* 'Polyphant', *Polygonatum multiflorum* 'Variegatum', *Symphytum* × *uplandicum* 'Variegatum', *Thymus* × *citriodorus* 'Silver Queen', *Thypha latifolia* 'Variegata' ➤, *Veronica gentianoides* 'Variegata'.

ZWIEBELN, EIN- UND ZWEIJÄHRIGE

***Brassica* 'Chantilly' ➤:** Kohl mit großen, bläulichen Blättern, breit weiß gerändert. Sonne, gut mit Kompost angereicherter Boden. Vermehrung durch Klone.

***Euphorbia marginata* 'Variegata':** einjährig, mit großen, regelmäßig weiß geränderten Blättern. Sonne oder Halbschatten, mit Kompost aufbereiteter Boden. Aussaat direkt ins Beet, April/Mai.

***Lunaria annua* 'Variegata':** Blätter mit breitem weißen Rand, im ersten Jahr nur bei den beiden ersten Blättern, im Folgejahr bei allen. Blüten magentafarben. Halbschatten, frischer Boden. 80 cm. 'Alba Variegata' mit weißen Blüten.

***Nicotiana tomentosa* 'Variegata':** große Blätter mit breitem cremefarbenen Rand, verblasst zu Weiß. Im Sommer Stängel mit kleinen, weißen Blüten. Sonne oder Halbschatten.

***Tulipa* sp.:** viele Tulpenzüchtungen haben attraktive weiß geränderte Blätter. Sonne, durchlässiger Boden. Zu den bekanntesten Sorten gehören 'Carnaval de Nice', 'Cream Cocktail', 'China Town'.

Hosta 'Crispula'

Iris foetidissima 'Variegata'

Lysimachia punctata 'Alexander'

Mentha suaveolens 'Variegata'

Sedum 'Frosty Morn'

Thypha latifolia 'Variegata'

Vinca major 'Argenteo Variegata'

Brassica 'Chantilly'

Weiß marmorierte Blätter

BÄUME

***Acer campestre* 'Pulverulenta' ➤:** weiße Blätter mit grünen Sprenkeln, schlanker Wuchs. Halbschatten, frischer Boden, neutral oder alkalisch. 1,50–4 m × 2,50 m.

***A. palmatum* 'Uki-gumo':** weiße Blätter mit grünen Sprenkeln, aufrechter Wuchs. Halbschatten, saurer Boden, windgeschützt. 3 m × 2 m.

***Catalpa speciosa* 'Pulverulenta':** große, herzförmige Blätter, cremefarben gesprenkelt, später weiß. Im Sommer weiße Blüten. Kleiner Baum oder großer Strauch. Halbschatten, tiefgründiger, frischer Boden. 3–4 m × 3 m.

***Cercis canadensis* 'Silver Cloud':** herzförmige, weiße Blätter, zunehmend grün gesprenkelt. (Wenige) rosa Blüten im April oder Mai. Normaler Boden, durchlässig, nicht zu kalkhaltig. Langsames Wachstum, trotzdem bevorzugt klein einpflanzen. 3 m × 2 m.

***Crataegus laevigata* 'Gireoudii' ➤:** tief gelappte Blätter, sehr weiß, später grün, im Mai weiße Blüten. Rote Früchte. Halbschatten, frischer Boden. 4 m × 2 m.

***Fagus sylvatica* 'Franken' ➤:** unregelmäßig weiß panaschierte Blätter im Frühling, im Sommer grüner. Halbschatten, tiefgründiger, frischer Boden. 5–8 m × 3 m.

***Sophora japonica* 'Variegata' ➤ (Syn.: *Styphnolobium japonicum*):** seltene Sorte mit unregelmäßig cremefarben panaschierten Blättern, im Schatten kräftig leuchtendes Laub. Alle frischen und durchlässigen Böden. 7–9 m × 4–6 m.

***Ulmus minor* 'Silvery Gem' ➤:** weiße Blätter, unterschiedlich stark grün gesprenkelt. Schatten oder Halbschatten, frischer Boden. 3–5 m × 2 m. Kräftig leuchtend.

STRÄUCHER UND KONIFEREN

***Berberis thunbergii* 'Silver Beauty' ➤:** kleine Blätter mit großem Weißanteil, später grüner, im Herbst rosa. Sonne, normaler Boden. 80 cm × 80 cm. 'Harlequin' und 'Kelleris' sind ähnlich.

***Chamaecyparis pisifera* 'Squarrosa Snow' ➤:** bemerkenswert feines, flaumiges Laub mit großem Weißanteil, ergrünt, bleibt aber leuchtend. Langsames Wachstum. Halbschatten, normaler Boden, kühl. 1,50 m × 1 m.

***Deutzia scabra* 'Punctata' ➤:** weiße Blätter mit grünen Sprenkeln, weiße Blüten im Mai/Juni. Kupferfarbene Rinde. Schatten oder Halbschatten, normaler Boden. 2 m × 1,50 m.

***Euonymus fortunei* 'Pierrolino':** immergrünes Laub, oval, weiß, später marmoriert und mit breitem weißen Rand. Lange Triebe mit Haftwurzeln, die sich an einer senkrechten Stütze anheften können, Schatten oder Halbschatten, alle Böden. Bodendecker (30 cm) oder Kletterpflanze (1,50 m). 'Harlequin': ähnlich.

***Fatsia japonica* 'Spider Web' ➤:** große, immergrüne Blätter, handförmig 7- bis 11-lappig, weiß mit unregelmäßigen grünen Flecken. Schatten, normaler, frischer Boden. 2,50 m × 2 m.

***Metasequoia glyptostroboides* 'White Spot':** laubabwerfend, weiße Nadeln, mit der Zeit ergrünend, dadurch graue Farbwirkung. Halbschatten, normaler Boden, tiefgründig, frisch oder feucht. 6–8 m × 3 m.

***Nandina domestica* 'Twilight':** gefiederte Blätter, unregelmäßig weiß gefleckt, dadurch lichte und strahlende Wirkung, Blütenrispen im Spätsommer. Schatten oder Halbschatten, frischer Boden. 0,80 m × 1 m.

***Pittosporum tenuifolium* 'Irene Paterson':** kleine, länglich-elliptische Blätter, marmoriert, später deutlich zweifarbig weiß und grün. Dichter Busch, geruchsintensive Blüte im April/Mai. Sonne oder Halbschatten, durchlässiger Boden.

***Prunus laurocerasus* 'Marble White':** immergrüne, unregelmäßig weiß marmorierte Blätter, aus der Nähe ziemlich unansehnlich, aus der Ferne schöner Effekt. Schatten oder Halbschatten, normaler Boden. 2,50 m × 2,50 m. 'Ivory' ist ähnlich, intensiver grün.

***Sambucus nigra* 'Pulverulenta':** weiße Blätter mit verschieden großen, grünen Flecken, weiße, duftende Blüten im Juni. Strauch oder kleiner Baum, Halbschatten, normaler Boden, auch kalkhaltig, eher frisch. 3 m × 2 m.

***Tsuga canadensis* 'Gentsch White':** kurze Nadeln, biegsam, weiß, später grün. Dichter und kompakter Wuchs, aber wegen der biegsamen Zweige elegant. Halbschatten, tiefgründiger, frischer Boden, leicht. 3 m × 2 m.

Weitere Sträucher: *Clethra alnifolia* 'Creel's Calico', *Coprosma repens* 'Marble Queen', *Hypericum* 'Gladys Brabazon', *Ribes americanum* 'Variegatum', *R. sanguineum* 'Pulborough Scarlet Variegated', *Rosa wichuriana* 'Variegata', *Salix cinerea* 'Tricolor', *Spiraea thunbergii* 'Mt Fuji', *Ulmus parvifolia* 'Frosty'.

Acer campestre 'Pulverulenta'

Crataegus laevigata 'Gireoudii'

Fagus sylvatica 'Franken'

Sophora japonica 'Variegata'

Ulmus minor 'Silvery Gem'

Berberis thunbergii 'Silver Beauty'

Chamaecyparis pisifera 'Squarrosa Snow'

Deutzia scabra 'Punctata'

Fatsia japonica 'Spider Web'

Weiß marmorierte Blätter

KLETTERPFLANZEN

Hedera helix **'Minor Marmorata':** weiße Blätter, später stärker grün, schließlich grün gefleckt. Das alte Laub bleibt grün. Halbschatten, normaler Boden. 3 m. 'Luzi': unregelmäßig marmoriert.

Humulus japonicus **'Variegatus' ➤:** faltige, weiße Blätter mit grünen Sprenkeln. Rankende Kletterpflanze. Halbschatten, frischer, tiefgründiger Boden. 3 m. Bei Wärme im März/April aussäen.

Lonicera japonica **'Mint Crisp' ➤:** weiße Blätter mit grünen Sprenkeln. Cremefarbene und gelbe Blüten, duftend. Kletternde Ranke. 2,50 m.

Parthenocissus tricuspidata 'Star Shower' **➤:** handförmig zusammengesetzte Blätter, beim Knospen cremefarben, später unregelmäßig grün gemustert. Farbenreiches Herbstlaub. Sonne oder Halbschatten, normaler Boden ohne Staunässe. 3 m.

STAUDEN, EIN- UND ZWEIJÄHRIGE

Acanthus **'Tasmanian Angel' ❄ ➤:** große, fiederspaltige Blätter, anfangs weiß, mit der Zeit immer mehr grün. Blütenstängel ebenfalls weiß. Halbschatten (Morgensonne), frischer, tiefgründiger, aber durchlässiger Boden. 1 m × 0,60 m. 'White Water' ist ähnlich.

Armoracia rusticana **'Variegata' ➤:** panaschierter Meerrettich mit großen, aufrechten Blättern, dunkelgrün mit unregelmäßig gestreutem Weiß. Halbschatten, normaler, tiefgründiger Boden. 1 m.

Boehmeria nivea **'Chantilly':** eiförmige, gesägte Blätter in Weiß, rosa überlaufen, ergrünt fortschreitend. Halbschatten. Normaler Boden. 40 cm.

Calamintha grandiflora **'Variegata':** eiförmige, duftende Blätter mit unterschiedlich starker Weißmusterung. Leuchtend rosa Blüten im Sommer. Sonne, Halbschatten, normaler Boden. Winterhart. 30 cm × 30 cm.

Helleborus argutifolius 'Janet Starnes' **➤:** aus 3 stabilen Blättchen zusammengesetzte Blätter, weiß und rosa gefleckt im Grün. Halbschatten, duchlässiger, nährstoffreicher Boden. 40 cm. 'Pacific Frost': weniger stark panaschiert, dafür kräftiger.

Heuchera sanguinea **'Snow Storm':** weiße Blätter mit grünem Rand, im Lauf der Zeit grün gesprenkelt. Leuchtend rote Blüten in lockeren Rispen. Halbschatten, normaler, nährstoffreicher, frischer Boden. 50 cm × 50 cm. 'Dew Drops' und 'Monet' sind ähnlich, aber wüchsiger. 'Helen Dillon': mit größeren, gebänderten Blättern, creme und grün. Weiße Blüten, wüchsiger.

Tiarella **'Heronswood Mist' ➤:** dreieckige Blätter, rosa und weiß, später mehr und mehr grün gesprenkelt bis gänzlich grün. Weiße Blütenähren im Frühling. Schatten, humusreicher, saurer Boden. 25 cm. Kaum wüchsig.

Tropaeolum majus **'Alaska' ➤:** Zwergform der Kapuzinerkresse mit cremeweiß marmorierten Blättern und gelben oder orangefarbenen Blüten. Sonne, mit Kompost angereicherter, durchgearbeiteter Boden. Direktsaat im Mai. Die Samenkörner überwintern unter einer Schutzschicht aus Laub, dadurch problemlose mehrjährige Kultur.

WEISSE BLATTADERN ODER STREIFEN

Arum italicum 'Pictum'
Pfeilförmige Blätter, dunkelgrün, glänzend, Hauptäderung im Winter weiß. Schatten oder Halbschatten, normaler Boden. 40 cm.

Cirsium diacanthus
Zweijährige Pflanze mit dichten Blattrosetten, die Blätter weißsilbrig geädert. Leuchtend rosa Blütenköpfe im Juni. 80 cm.

Eryngium bourgatii, E. × *zabelii*
Basalblätter kräftig weißsilbrig geädert. Blüte bläulich, Sommer. Sonne, leichter, durchlässiger Boden. 40 cm.

Polygonatum × *hybridum* 'Striatum'
Blätter dünkelgrün, von weißen Streifen durchzogen. Elfenbeinfarbene Glocken. Halbschatten, humusreicher Boden. 50 cm.

Weitere Stauden: *Fallopia japonica* 'Variegata Compacta' ➤, *Geranium macrorrhizum* 'Variegatum', *Geranium thunbergii* 'Jester Jackett', *Saxifraga fortunei* 'Crystal Pink', *Phytolacca americana* 'Silberstein'.

Humulus japonicus 'Variegatus'

Lonicera japonica 'Mint Crisp'

Parthenocissus tricuspidata 'Starshower'

Acanthus 'Tasmanian Angel'

Armoracia rusticana 'Variegata'

Fallopia japonica 'Variegata Compacta'

Helleborus argutifolius 'Janet Starnes'

Tiarella 'Heronswood Mist'

Tropaeolum majus 'Alaska'

Goldfarbene Blätter

BÄUME

***Acer* sp.:** einige bemerkenswerte Arten und Sorten.
– *A. campestre* 'Postelense' ➤: kleine, im Frühling intensiv leuchtende Blätter, später intensiver grün. Kleiner heimischer Baum, Halbschatten, normaler Boden, eher kalkhaltig, nicht zu trocken. 5 m x 3 m.
– *A. palmatum* 'Katsura': Laub Ende März strohgelb, im Sommer grünlicher. Halbschatten, kalkloser, frischer, durchlässiger Boden. 5 m x 3 m. 'Aureum', 'Summer Gold', 'Akane', 'Orange Dream': ähnlich.
– *A. platanoides* 'Princeton Gold' ➤: große, fünflappige Blätter, kupfergelb, später stechender gelb. Wüchsiger Baum, Sonne oder Halbschatten, normaler Boden, eher kalkhaltig. 4–5 m x 3 m.
– *A. shirasawanum* 'Aureum' ➤: große, fächerförmige Blätter, im Frühling kupferfarben schimmernd, später stechende Farbe. Halbschatten, kalklose Böden, frisch, ohne Staunässe. 3 m x 2 m. Langsames Wachstum. 'Jordan': intensiver kupferfarben, wüchsiger, besser sonnenverträglich.

***Alnus incana* 'Aurea':** eiförmige bis elliptische Blätter, erst leuchtendes, später helles Grün. Schlank aufrechter Baum, das junge Holz und Kätzchen orangefarben. Sonne oder Halbschatten, frischer Boden, Bodenverbesserer. 5 m x 2 m.

***Catalpa bignonioides* 'Aurea' ➤:** große, herzförmige Blätter, hellgrün, zur Blütezeit im Sommer leuchtend gelb, weiße Blüten. Sonne oder Halbschatten, frischer Boden. 5 m x 5 m. Gut schnittverträglich.

***Cercis canadensis* 'Melon Beauty' ➤:** Blätter in Herzform, kupferfarben, später gelbgrün. Rosa Blüte. Sonne oder Halbschatten, normaler Boden, frisch, ohne Staunässe. 4 m x 2 m. 'Heart Of Gold': identisch.

***Cornus alternifolia* 'Golden Shadow' ◄:** gelbgrünes, später goldfarbenes Laub. Spektakulär. Keine stechende Sonne, frischer Boden. 8 m x 4 m.

***Fagus sylvatica* 'Zlatia':** fahle Blätter im Frühling, später stärker gelb und im Herbst goldbraun. Breite Silhouette. Halbschatten, frischer Boden. 8 m x 4 m. 'Dawyck Gold': goldene Säule.

***Gleditsia triacanthos* 'Sunburst':** gefiedertes Blatt mit winzigen, elliptischen Blättchen, intensiv leuchtend, später eher zartgrün. Lichter Schatten, Sonne, frischer Boden ohne Staunässe. 5 m x 3 m.

***Ptelea trifoliata* 'Aurea':** dreizähliges Blatt, die ganze Saison hindurch stechend gelb und glänzend. Blüte grün, duftend. Sonne oder Halbschatten, normaler Boden. 3 m x 2 m. Jung anpflanzen.

Weitere Bäume: *Betula pendula* 'Golden Cloud', *Liquidambar styraciflua* 'Narée', *Liriodendron tulipifera* 'Glen Gold', *Quercus robur* 'Concordia', *Q. rubra* 'Aurea', *Ulmus parvifolia* 'Beijing Gold', *U.* x *hollandica* 'Dampieri Aurea', *Zelkova serrata* 'Ogon'.

Cornus alternifolia 'Golden Shadow'

STRÄUCHER

***Berberis thunbergii* 'Aurea' ➤:** kleine, ovale Blätter, ab April goldgelb, im Sommer hell. Halbschatten, normaler Boden, nicht zu trocken. Natürliche Kugelform von 80 cm x 80 cm. 'Tiny Gold' ist kompakter: 40 cm x 40 cm. 'Golden Torch': spindelförmig, golden. 1 m x 0,40 m.

***Caryopteris* 'Worcester Gold':** Blätter schwefelgelb, sonnenverträglich, endständige, blaue Blütenbüschel im Spätsommer. 0,80 m x 1 m. 'Inca Gold': intensiver gelb.

***Choisya ternata* 'Sundance' ➤:** immergrüne, dreizählige Blätter, wachsartig, aromatischer Geruch, das ganze Jahr hindurch zitronengelb, glänzend. Im Mai weiße, duftende Blütensträuße. Alle Lagen, durchlässiger Boden. 1,50 m x 1,50 m. *C.* x *dewitteana* 'Aztec Gold': breitere Blättchen.

***Cornus alba* 'Aurea' ➤:** breite, widerstandsfähige Blätter in schönem Goldblond von April bis Oktober. Zweige himbeerfarben. Sonne oder Halbschatten, frischer Boden. 2 m x 3 m. *C. sericea* 'Kelsey Gold': kompakterer Wuchs, 0,80 m x 1 m.

***Cotinus coggygria* 'Golden Spirit':** elliptische Blätter in durchscheinendem Gelb, später golden, prächtig. Sonne oder Halbschatten, durchlässiger, aber frischer Boden. 1,50 m x 1,50 m. Regelmäßiger Verjüngungsschnitt.

Acer shirasawanum 'Aureum'

Acer campestre 'Postelense'

Acer platanoides 'Princeton Gold'

Catalpa bignonioides 'Aurea'

Cercis canadensis 'Melon Beauty'

Berberis thunbergii 'Aurea'

Choisya ternata 'Sundance'

Cornus alba 'Aurea'

Goldfarbene Blätter

Leycesteria formosa **'Golden Lantern':** gelbe Blätter mit purpurnem Rand, später stechend gelb, was die purpurnen Blütenstände zur Geltung bringt. Halbschatten, frischer Boden. 2 m × 1 m.

Lonicera nitida **'Baggessen's Gold' ➤:** kleine, rundliche Blätter, glänzend, ähnlich wie Buchs. Sonne oder Halbschatten, normaler Boden. 1,50 m × 1,50 m. Rascher Wuchs. *L. pileata* 'Edmee Gold': Blätter länglich, Wuchs in die Breite. 1 m × 2 m.

Nandina domestica **'Lemon Lime':** gefiederte, zitronengelbe Blätter, die an Bambus erinnern, weiße Blütenrispen, rote Früchte. Kompakter Busch. 1 m × 1 m. 'Leucocarpa': normaler Wuchs mit leuchtendem Laub, weiße Früchte.

Osmanthus heterophyllus **'Ogon':** Blätter wie *Ilex*, hellgelb, im Winter golden. Weiße, duftende Blüten im Herbst. Halbschatten, frischer Boden, kalkarm. 1,50 m × 1,50 m.

Philadelphus coronarius **'Aureus' ➤:** intensiv leuchtendes Laub vor Einsetzen der weißen Blüte Ende Mai. Halbschatten oder Schatten, normaler Boden. 2 m × 1 m. 'Gold Nugget': gefüllte Blüten.

Physocarpus opulifolius **'Dart's Gold' ➤:** leuchtendes Laub ab April, als Kulisse für die weißen Blütenkugeln. Sonne oder Halbschatten, frischer oder feuchter Boden. 2 m × 2 m. 'Gold Nugget': etwas mehr kupferfarben; 'Angel Gold': wächst dichter.

Rhus typhina **'Tiger Eyes':** waagerecht stehende, lange, gefiederte Blätter, fein gezähnt, hellen sich im Herbst orangerosa auf. Sonne oder Halbschatten, normaler Boden. 1,50 m × 2 m.

Sambucus racemosa **'Plumosa Aurea':** fein gerändertes, goldbraunes Laub, später kräftiger gelb, cremefarbene, rispenartige Blütenstände, April/Mai. Halbschatten, frischer Boden. 2 m × 1 m. 'Sutherland Gold': identisch, braucht aber Windschutz. *S. nigra* 'Aurea': buschiger, im Sommer gelb, verträgt Kalk und Wind.

Spiraea japonica **'Goldflamme' ➤:** kupferfarbenes, sich gelb färbendes Laub, rosa Blüte im Sommer. Sonne oder Halbschatten, normaler Boden. 1 m × 1 m. 'Gold Mound': goldfarben, kompakter. Weitere goldfarben belaubte Spieren:
- *S. betulifolia* 'Thorgold': rundliche Blätter, weiße Blüte und schöne Herbstfärbung, niedriger Busch (80 cm).
- *S.* × *vanhouttei* 'Gold Fountain': Blätter an der Spitze dreilappig, kupferfarben, dann goldfarben überlaufen. 1,80 m × 1 m.
- *S. thunbergii* 'Aurea': feine, längliche Blätter in leuchtender Farbe ab Februar, weiße Blüten. 1 m.

Viburnum opulus **'Aureum' ➤:** Blätter kupfergelb im Frühling, später zitronengelb-goldfarben. Weiße Blüten, rote Früchte, Herbstlaub in Rosatönen (!). Halbschatten, normaler Boden, frisch oder feucht. 3 m × 2 m. 'Park Harvest': ähnlich. *V. lantana* 'Aurea': Blätter stärker gerundet, für Kalk-Lehm-Böden.

Weigela hortensis **'Looymansii Aurea' ➤:** große, gelb leuchtende Blätter und zartrosa Blüten. Halbschatten oder Schatten, normaler Boden. 1,50 m × 1,50 m. 'Brian Rubidor': rote Blüten.

Weitere Sträucher: *Abelia* × *grandiflora* 'Francis Masson', 'Sunspot' und 'Boule de Feu', *Ceratostigma willmottianum* 'Desert Skies', *Cornus mas* 'Aurea', *Corylus avellana* 'Aurea', *Fuchsia magellanica* 'Aurea' und 'Genii', *Kolkwitzia amabilis* 'Dream Catcher', *Hydrangea quercifolia* 'Little Honey', *Hypericum* × *inodorum* 'Summergold', *Laurus nobilis* 'Aurea', *Ligustrum* × *vicaryi*, *Ribes sanguineum* 'Brocklebankii.

KONIFEREN

Abies nordmanniana **'Golden Spreader' ➤:** ganzjährig große Nadeln in schönem Goldgelb, regelmäßige Verzweigungen, sobald sich ein Haupttrieb mit Spitze gebildet hat. Halbschatten, frischer Boden. 1,50 m × 1 m. Langsamer Wuchs.

Cephalotaxus harringtoniana **'Korean Gold' ➤:** große, gelbgrüne Nadeln, im Winter leuchtender, schraubig um die senkrechten Äste. Sonne oder Halbschatten, frischer Boden. 1,50 m × 0,50 m.

Chamaecyparis lawsoniana **'Minima Aurea':** regelmäßiger Kegel mit völlig gelbem Laub. Ebenmäßiger Wuchs. Halbschatten, frischer Boden. 1,50 m × 0,80 m. 'Stewartii' und 'Lennei': große Kegel mit gelbem und grünem Laub. 10 m × 2 m.
C. pisifera **'Squarrosa Sulphurea' ➤:** wolkiges Aussehen der Zweige, im Frühling stechend gelb, im Winter goldfarbener. Stamm und Äste braunrot. Halbschatten, frischer Boden, feuchtes Klima. 1,50 m × 1 m. 'Filifera Aurea', 'Golden Mop', 'Aurea Nana', 'Golden Spangle' haben eng an den Ästen anliegende Blattschuppen, dadurch fadenförmiges Aussehen, unterschiedlich starker Goldton.

Abies nordmaniana 'Golden Spreader'

Lonicera nitida 'Baggessen's Gold'

Philadelphus coronarius 'Aureus'

Physocarpus opulifolius 'Dart's Gold'

Spiraea japonica 'Goldflamme'

Viburnum opulus 'Aureum'

Weigela hortensis 'Looymansii Aurea'

Cephalotaxus harringtoniana 'Korean Gold'

Chamaecyparis pisifera 'Squarrosa Sulphurea'

Goldfarbene Blätter

***Cupressocyparis leylandii* 'Gold Rider':** waagerechte Äste in schönem Grünblond, im Winter intensiverer Goldton. Rascher Wuchs. 15 m x 3 m. Verträgt trockenen Wind schlecht.

***Cupressus macrocarpa* 'Aureus':** junge Triebe mit kräftiger Gelbfärbung, zunächst hell, später dann golden. Schöner in Hecken als solitär. Sonne oder Halbschatten, durchlässiger Boden. 6 m x 3 m.

***Juniperus* x *pfitzeriana* 'Gold Coast' ➤:** goldfarbenes Laub bis Frühsommer, dann mit Grün gemischt, waagerechte Äste, aufrechte Statur. Sonne, normaler Boden, durchlässig. 1,50 m x 2,50 m.
***J. communis* 'Gold Cone':** kleine Säule mit leicht stechendem Laub, kaltes Gelb im Frühling, später goldfarben. Sonne. Durchlässiger Kalkboden. 1,20 m x 0,30 m.

***Metasequoioa glyptostroboides* 'Ogon' ➤:** von Natur aus kegelförmiger, schlanker Wuchs, im Frühling gelbgrün, später goldfarben und im Herbst kupferfarben. Mächtiger Stamm. Sonne oder Halbschatten, feuchter Boden. 15 m x 3 m.

***Picea orientalis* 'Skylands' ➤:** gerade Kegel mit biegsamen Ästen und kurzen Nadeln, im Frühling und Sommer goldgelb, später Grünfärbung, die Oberseite der Äste bleibt goldfarben. Sonne, frischer Boden. 'Aureospicata': die frischen Triebe gelb und ein Kontrast zum dunkelgrünen Nadelkleid.

***Pinus mugo* 'Wintergold', 'Aurea':** Zwergkiefern mit gelbgrünen Nadeln im Frühling und Sommer, stärkerer Goldton im Winter. Sonne, durchlässiger, frischer Boden. 1 m x 1,50 m.

***Taxus baccata* 'Semperaurea':** weiche, völlig goldfarben schimmernde Nadeln, im Frühling leuchtend, im Winter kräftigeres Rotbraun. Ungleichmäßige Statur. Sonne oder Halbschatten, frischer, kalkhaltiger Boden.

***Thuja occidentalis* 'Rheingold':** farnwedelartige Verzweigungen, im Frühling goldgelb, im Herbst kupferfarben und im Winter gelegentlich rostbraun. Die ersten 10–15 Jahre kugelförmig, dann kegelförmig. Sonne oder Halbschatten, normaler, frischer Boden. 2 m x 2 m. 'Golden Globe': natürliche Kugelform, goldfarben, 1 m x 1 m. 'Golden Tuffet': wedelförmige Zweige, kissenförmiger Habitus, 50 cm x 80 cm. 'Sunkist': gelbe Säule, 3 m x 1 m. 'Zebrina': großer, leuchtender Kegel mit hell-gelbgrünen Schuppenblättern, 10 m x 3 m.

Weitere Stauden: *Cedrus deodara* 'Aurea' und 'Golden Horizon', *Chamaecyparis lawsoniana* 'Ellwoodii Gold', *C. obtusa* 'Crippsii', 'Fernspray Gold', 'Nana Aurea' und 'Nana Lutea', *Cryptomeria japonica* 'Sekkan Sugi', *Cupressus arizonica* 'Golden Pyramid', *Juniperus communis* 'Depressa Aurea', *J. horizontalis* 'Golden Carpet', *Picea abies* 'Aurea', *Pinus strobus, Pinus sylvestris* 'Aurea', *Thuja orientalis* 'Aurea'.

KLETTERPFLANZEN

***Fallopia baldschuanica* 'Aureum':** wüchsige Kletterpflanze mit goldfarben schimmerndem Laub und duftenden, weißen Blüten im Spätsommer. Halbschatten, frischer, tiefgründiger Boden. 3–5 m.

***Humulus lupulus* 'Aureus' ➤:** raue, gelappte Blätter, im Frühling kräftig gelb, im Sommer dunkler. Trauben von Früchten an den weiblichen Exemplaren. Halbschatten, tiefgründiger, frischer, nährstoffreicher Boden. 2,50–3 m x 1 m. Junge Triebe essbar.

***Jasminum officinale* 'Fiona Sunrise' ❄:** gefiederte, strohgelbe Blätter, vor einer schattigen Mauer stark leuchtend. Halbschatten, normaler, frischer Boden ohne Staunässe. 3 m x 2 m.

***Parthenocissus tricuspidata* 'Golden Wall':** große, lackglänzende Blätter in hellem Gelbgrün, im Frühling und Herbst heller. Halbschatten, normaler, frischer Boden ohne Staunässe. 3 m x 2 m.

STAUDEN

***Aralia cordata* 'Sun King':** zitronengelbes Laub im Frühling, später grüner; große, weiße Blütenstände im Spätsommer. Halbschatten, frischer, durchlässiger Boden. 1,50 m x 1,50 m.

***Dicentra spectabilis* 'Goldheart' ➤:** junges Laub kupfergelb, später goldfarben, im Kontrast zu den Blütenstängeln mit leuchtend rosa Herzen. Halbschatten, normaler, frischer Boden. 50 cm.

***Filipendula ulmaria* 'Aurea' ➤:** gefiederte Blätter, im Frühling leuchtend, später kräftiger grün. Weiße Blüten im Sommer. Halbschatten, frischer Boden. 50 cm x 30 cm.

***Hosta* 'Sum and Substance':** sehr große, breite Blätter, glänzend, im Frühling helles Gelbgrün, später kräftiger goldfarben. Im Sommer malvenfarbene Blüte. Sonne oder Halbschatten, normaler, frischer Boden. 1 m x 1 m. Es gibt viele weitere, kleinere Sorten: 'Piedmont Gold', 'Golden Sunburst' und 'Golden Medallion': 70 cm; 'Gold Edger': 40 cm; 'Dancing Queen' ➤: 60 cm.

***Lysimachia nummularia* 'Aurea' (= 'Goldilocks'):** runde Blätter von etwa 1 cm Durchmesser, goldgelb, an kriechenden Stängeln. Kräftig gelbe Blüten im Mai. Halbschatten, frischer Boden. 5 cm.

***Melissa officinalis* 'All Gold' ➤:** knitterige Blätter in leuchtendem Gelbgrün, zitroniger Duft. Unscheinbare, weiße Blüten. Sonne oder Halbschatten, normaler Boden. 60 cm. Versamt sich reichlich.

***Origanum vulgare* 'Thumbles' Variety':** ovale, aromatische Blätter, ab März gelbgrün, später kräftiger grün. Im Sommer weiße Blüten. Sonne oder Halbschatten, normaler Boden. 40 cm x 40 cm.

Picea orientalis 'Skylands'

Juniperus × pfitzeriana 'Gold Coast'

Metasequoia glyptostroboides 'Ogon'

Humulus lupulus 'Aureus'

Dicentra spectabilis 'Goldheart'

Filipendula ulmaria 'Aurea'

Hosta 'Dancing Queen'

Melissa officinalis 'All Gold'

Goldfarbene Blätter

'Aureum' ➤: kräftiger goldfarben mit rosa Blüten; 'Aureum Crispum' ➤: Blätter schrumpelig, dichter, 10 cm. *O. laevigatum* 'Norton Gold': ockergelb, Blüten in lockeren Sträußen, purpurviolett, 'Pink Mist': identisch, mit zartrosa Blüten.

***Petasites palmatus* 'Golden Palms' ➤:** laubabwerfend, große, handförmig gelappte Blätter, im Frühling leuchtend gelbgrün. Weiße Blüten im März. Halbschatten, normaler, frischer Boden. 1 m x 1 m und mehr. Ausläufer.

***Sedum reflexum* 'Angelina':** aufrechte, dicht beblätterte Stängel in unterschiedlichen Gelbtönen, je nach Jahreszeit. Im Sommer gelbe Blüten. Sonne oder Halbschatten, normaler Boden. 15 cm.

***Stachys byzantina* 'Primrose Heron' ➤:** Woll-Ziest mit länglichen Blättern, frische Blätter fein bepelzt mit einem schwefelgelben Flaum. Blütenstängel stark bepelzt. Volle Sonne, durchlässiger Boden. 30 cm x 30 cm und mehr.

***Symphytum ibericum* 'All Gold' ➤:** goldfarbener Beinwell mit großen, lanzettlichen Blättern, ab März. Weiße, blaue und rosafarbene, röhrenförmige Blüten. Halbschatten, normaler, frischer Boden. 60 cm x 50 cm. Nach der Blüte bodennah abschneiden, um den Blattwuchs anzuregen. 'Belsay Gold': identisch.

***Tanacetum vulgare* 'Isla Gold' ➤:** gefiederte Blätter wie ein Farn, gelb schimmernd und mit kräftigem Kampferaroma. Knopfförmige, gelbe Blütenstände im Sommer. Sonne oder Halbschatten, normaler Boden. 60 cm x 50 cm. Ausläufer. 'Golden Feather' mit feiner gefiedertem Laub.

***Tradescantia virginiana* 'Sweet Kate' ➤:** kupferfarben schimmernde, gelbe Blätterbüschel ab April, später hell gelbgrün. Blüten mit 3 königsblauen Kronblättern, ab Mai, Halbschatten, normaler, frischer Boden. 40 cm x 40 cm. 'Blue and Gold', 'Chedglow': ähnlich.

GOLDFARBEN SCHIMMERNDE GRÄSER UND GRASARTIGE PFLANZEN

Acorus gramineus 'Ogon'
Horste aufrechter, schmaler Blätter, standfest, goldgelb mit unterschiedlich starkem, grünem Streifenmuster. Sonne oder Halbschatten, feuchter Boden. 30 cm.

Hakonechloa macra 'All Gold'
Blätter biegsam, lang und vollständig gelb. Hlabschatten, humusreicher, frischer Boden. 40 cm.

Liriope muscari 'Peedee Ingot'
Lange, schmale, gelbgrüne Blätter, immergrün, veilchenfarbene Blütentrauben im Herbst. Halbschatten, normaler Boden, kalkarm. 25 cm.

Luzula sylvatica 'Aurea'
Gras mit langen, immergrünen Blättern, im Winter goldgelb, im Sommer eher grünlich. Sehr lichte Blütenstände. Schatten oder Halbschatten, normaler, frischer Boden. 20 cm.

Weitere goldschimmernde Gräser:

- *Luzula sylvatica* 'Solar Flair': indentisch mit 'Aurea', Blätter gerader.
- *Milium effusum* 'Aureum': junges Laub, Halme und Blütenstände im Frühling leuchtend gelb. Schatten, Halbschatten, normaler, frischer Boden. 25 cm. Versamt sich fleißig.

Weitere Stauden: *Campanula* 'Dickson's Gold', 'Kelly's Gold'; *Centaurea montana* 'Gold Bullion', *Helleborus foetidus* 'Chedglow', Heucherella 'Sunspot', *Persicaria amplexicaulis* 'Cottesbrook Gold', *Thalictrum flavum* 'Illuminator', *Veronica teucrium* 'Trehane', *Convallaria majalis* 'Golden Slippers', *Geranium* 'Blue Sunrise', 'Ann Thompson', 'Sandrine', 'Ann Folkard', *Persicaria amplexicaulis* 'Cottesbrook Gold', 'Golden Arrow'.

EIN- UND ZWEIJÄHRIGE

***Aquilegia* 'Sunburst Ruby':** junges Laub in schönem, leuchtendem Gelbton, Blüten purpurn. Sonne oder Halbschatten, frischer Boden, 50 cm. Versamt sich reichlich. 'Mellow Yellow' ➤: gelb panaschierte Blätter, Blüten in verschiedenen Farben.

***Tanacetum parthenium* 'Aureum' ➤:** Kamille mit gelbgrünem Blatt, ab Januar stark leuchtend, im Sommer weiße Blütenköpfe mit gelber Mitte. Halbschatten, normaler Boden. 30 cm x 30 cm. Versamt sich.

Origanum vulgare 'Aureum'

Origanum vulgare 'Aureum Crispum'

Petasites palmatus 'Golden Palms'

Stachys byzantina 'Primrose Heron'

Symphytum ibericum 'All Gold'

Tanacetum vulgare 'Isla Gold'

Tradescantia virginiana 'Sweet Kate'

Aquilegia 'Mellow Yellow'

Tanacetum parthenium 'Aureum'

Gelb geränderte Blätter

BÄUME

***Acer negundo* 'Aureovariegatum':** gefiedertes Blatt aus 5 (3–7) zartgrünen Blättchen mit gelbem Rand. Leuchtender, lichter Anblick. Schlank aufragender, später breiter Habitus. (Keine stechende) Sonne, frischer oder feuchter Boden. 6 m x 6 m. Starken Rückschnitt vermeiden, ansonsten Austrieb der nichtpanaschierten Form.

***Cornus controversa* 'Gosia':** längliche Blätter mit unregelmäßigem gelbgrünen Rand, im Sommer kräftiger goldfarben und im Herbst rosafarben. Horizontale Äste in regelmäßigen Etagen angeordnet. Halbschatten, frischer Boden ohne Staunässe. 5 m x 3 m.

***Fagus sylvatica* 'Luteo-Variegata':** unregelmäßig gelb geränderte Blätter, die sich cremefarben aufhellen. Sonne, vor trockenem Wind schützen, lehmiger, frischer Boden. 8 m x 4 m.

***Ilex* x *altaclerensis* 'Golden King' ➤:** große, gelbe, mäßig dornige Blätter, die Mitte glänzend dunkelgrün, gelegentlich völlig gelb. Rote Früchte. Halbschatten, frischer Boden. 8 m x 3 m. *I. aquifolium* 'Mme Briot': schlankere, dornigere Blätter.

***Liriodendron tulipifera* 'Aureomarginata' ➤:** schlank aufragender Baum mit vierlappigen Blättern, zartgrün mit leuchtend gelbem Rand. Tulpenförmige, gelbliche Blüten im Juni, erst ab dem Alter von etwa 10–12 Jahren. Sonne oder Halbschatten, frischer, lehmiger Boden.

STRÄUCHER UND KLETTERPFLANZEN

***Abelia* x *grandiflora* 'Kaleidoscope' ❄:** Blätter in goldbraunem Gelb mit einem grünen Fleck, ganzjährig stark leuchtend. Blüten rosaweiß und unauffällig. Sonne oder Halbschatten, normaler Boden ohne Staunässe. 1 m x 1,20 m. 'Sarabande', 'White Gold' mit breitem Rand.

***Buddleja davidii* 'Santana' ❄:** Blätter mit gelbem Rand oder völlig gelbgrün. Blütenstände magentafarben. Sonne oder Halbschatten, durchlässiger Boden. 1,80 m x 1,80 m. Kräftiger Frühlingsschnitt.

Cornus sericea 'Hedgerows Gold'

***Cornus alba* 'Gouchaultii' (= 'Spaethii'):** spitz-ovale Blätter mit grün marmorierter Blattmitte und goldgelbem Rand, im Herbst rosa überlaufen. Himbeerrote Äste. Sonne oder Halbschatten. 2 m x 3 m. *C. sericea* 'Hedgerows Gold' ◄: ähnliche aber wuchskräftiger.

***Daphne odora* 'Aureomarginata' ❄:** immergrüne Pflanze, lange, dunkelgrüne Blätter mit feinem gelben Rand. Stark duftende Blütenstände im Januar/Februar. Schatten, frischer, durchlässiger Boden. 'Mae-Jima' ❄ ➤ mit breiterem Rand.

***Deutzia gracilis* 'Aureovariegata' ➤:** niedriger Busch mit länglichen, gelb geränderten Blättern, weiße Blütenstände im Mai. Halbschatten, frischer Boden. 0,80 m x 1 m.

***Elaeagnus* x *ebbingei* 'Gilt Edge' ❄ ➤:** dicke, starre, leicht wellige Blätter mit goldgelbem Rand und silbriger Unterseite. Unauffällige, duftende Blüten im November. Alle Lagen, durchlässiger, auch karger Boden. 2 m x 2 m.

***Forsythia* x *intermedia* 'Golden Times' ➤:** wüchsiger Strauch mit länglichen, gelb geränderten Blättern, im März mit schönen, kräftig gelben Blüten. Sonne oder Halbschatten, normaler Boden. 1,80 m x 2 m.

***Hedera helix* 'Goldchild' ➤:** deutlich ausgeprägte, fünflappige Blätter mit regelmäßigem gelben Rand. Sonne oder Halbschatten, normaler Boden, eher kalkhaltig. Wüchsige Sorte.

***Ligustrum ovalifolium* 'Aureum' ➤:** spitz-ovale Blätter mit breitem goldfarbenen Rand, ganzjährig strahlende Färbung. Weißliche, duftende Blütenrispen im Juni/Juli. Sonne oder Halbschatten, normaler Boden. 2 m x 1,50 m. Prächtig, sofern er sich frei entfalten kann.

Liriodendron tulipifera 'Aureomarginata'

Ilex × *altaclerensis* 'Golden King'

Daphne odora 'Mae-Jima'

Deutzia gracilis 'Aureovariegata'

Elaeagnus × *ebbingei* 'Gilt Edge'

Forsythia × *intermedia* 'Golden Times'

Hedera helix 'Goldchild'

Ligustrum ovalifolium 'Aureum'

Gelb geränderte Blätter

***Lonicera pileata* 'Lemon Beauty' ❄ ➤:** kleine, ovale Blätter mit schmalem gelben Rand, dadurch leuchtende Wirkung, waagerechte Äste. Halbschatten oder Schatten, normaler Boden. 0,60 m x 1 m.

***Salvia officinalis* 'Icterina' ➤:** flaumige, duftende Blätter, gelb mit einem unregelmäßgen grünen Fleck in der Mitte der jungen Blätter, später größer. Sonne oder Halbschatten. 40 cm x 60 cm.

Weitere Sträucher: *Aucuba japonica* 'Sulphurea Marginata', *Euonymus japonicus* 'Aureus', *E. japonicus* 'Microphyllus Pulchellus', *Luma apiculata* 'Glanleam Gold', *Stachyurus chinensis* 'Joy Forever', *Thymus* x *citriodorus* 'Doone Valley'.

STAUDEN

***Brunnera macrophylla* 'Hadspen Cream' ➤:** große, herzförmige Blätter mit breitem cremefarbenen Rand, die die blauen Vergissmeinnichtblüten zur Geltung bringen. Schatten oder Halbschatten. 45 cm x 45 cm.

***Hemerocallis* 'Golden Zebra' ➤:** bandförmige Blätter mit unterschiedlich breitem cremegelben Längsstreifen. Blüte orangegelb, im Juli. Sonne oder Halbschatten, frischer, tiefgründiger Boden. 50 cm x 40 cm.

***Hosta fortunei* 'Aureomarginata' ➤:** herzförmige Blätter, dunkelgrün mit regelmäßigem goldgelben Rand. Malvenfarbene Blüten im Juni/Juli. Halbschatten, frischer Boden. 60 cm x 60 cm. Alte Zierpflanzensorte, aber immer wüchsig. 'Wide Brim': breiterer Rand, kräftiger cremefarben. 'Frances Williams': sehr große Blätter mit breitem goldenen Rand. 'Autumn Frost' ➤: blau mit breitem gelben Blattrand, später cremefarben. 'Golden Tiara': kleine herzförmige Blätter.

Sedum spectabile 'Lajos'

***Iris pallida* 'Aureovariegata' ➤:** aufragende Blätter, in grüne oder gelbe Abschnitte gegliedert. Im Mai himmelblaue Blüten. Sonne, durchlässiger Boden. 60 cm x 30 cm.

***Sedum spectabile* 'Lajos' ◄** ('Autumn Gold'): Dickblattpflanze mit einem breiten hellgelben Rand. Im September rosa Blüten, vorher kräftiger rot. Sonne oder Halbschatten, normaler Boden. 40 cm x 40 cm.
***S. kamtschaticum* 'Variegatum':** Rosetten dicker Blätter mit einem feinen goldfarbenen Rand, kupferfarben schimmernd. Gelbe Blüten, die sich mit der Zeit orange färben. Sonne oder Halbschatten, normaler Boden. 5 cm x 20 cm.

***Symphytum* x *uplandicum* 'Axminster Gold':** große, gelb marmorierte und geränderte Blätter an Basis und den Blütenstängeln. Röhrenförmige Blüten in Blau oder veilchenfarben. Sonne (nicht prall) oder Halbschatten. 1 m x 0,40 m.

***Vinca minor* 'Aureovariegata' ➤:** kleine, spitze, goldgelb umrandete Blätter, die im Frühling und Sommer einen leuchtenden Teppich bilden, im Winter jedoch dunkler grün. Blaue Blüten von Februar bis März. 5 cm x 25 cm.

Weitere Stauden: *Arabis ferdinandi-coburgii* 'Old Gold', *Aubrieta deltoidea* 'Aureovariegata', *Geranium oxonianum* 'Spring Flying', *Gaura lindheimeri* 'Corrie's Gold', *Phlox paniculata* 'Becky Towe', *Teucrium viscidum* 'Lemon and Lime', *Scrophularia aquatica* 'Variegata', *Lysimachia punctata* 'Golden Alexander', *Phormium* 'Yellow Wave', *Sedum spectabile* 'Lajos'.

ZWIEBELN

***Fritillaria imperialis* 'Aureovariegata':** lange Blätter mit breitem gelben Rand, was die orangefarbenen Blüten betont. Sonne, normaler, nährstoffreicher und durchlässiger Boden. 60 cm x 20 cm.

***Tulipa* sp. ➤:** zahlreiche Sorten haben gelb umrandete Blätter, wodurch sie schon vor der Blüte interessant aussehen. Die Zwiebeln werden im September oder Oktober 5 cm tief gepflanzt. Volle Sonne, normaler, durchlässiger Boden. Empfehlenswerte Sorten: 'Panach', 'Calimero' (gefüllt blühende, späte Gruppe, gelb); 'Okura', 'Triomphe' (orange); 'Fire of Love' (Greigii-Tulpe, früh, rot); 'Anne Linde' (gefüllt blühende, späte Gruppe, rosa).

Lonicera pileata 'Lemon Beauty'

Salvia officinalis 'Icterina'

Brunnera macrophylla 'Hadspen Cream'

Hemerocallis 'Golden Zebra'

Hosta fortunei 'Aureomarginata'

Hosta fortunei 'Autumn Frost'

Iris pallida 'Aureovariegata'

Vinca minor 'Aureovariegata'

Tulipa sp.

Gelbe Blattmitte

BÄUME, STRÄUCHER UND KLETTERPFLANZEN

***Aucuba japonica* 'Picturata' ➤:** große, grüne Blätter mit gelben Flecken und einer von Blatt zu Blatt unterschiedlich großen, gelben Mittelzeichnung. Halbschatten, normaler Boden. 2 m x 2 m.

***Brachyglottis* 'Moira Read' ➤:** silbrige Blätter, mittig mit gelber und hellgrüner Marmorierung, dadurch leuchtendes Aussehen. Gelbe Korbblüten im Sommer. Sonne, durchlässiger Boden. 0,80 m x 1 m.

***Camellia* x *williamsii* 'Golden Spangles':** kleine, spitze Blätter, durch gelbe und hellgrüne Marmorierung aufgehellt. Ungefüllte, leuchtend rosa Blüten, Februar/März. Halbschatten, frischer, kalkloser Boden. 2 m x 1,50 m.

***Coprosma* 'Beaton's Gold':** kleine Blätter, glasig, bronzegrün mit einem gelben Fleck in der Mitte. Ausgebreitete Zweige. Sonne oder Halbschatten, kalkfreier, leichter Boden, frisch, aber ohne Staunässe. 0,60 m x 1 m. Mildes Klima.

***Cornus kousa* var. *chinensis* 'Goldspot':** spitz-ovale, grüne Blätter mit einem großen, gelben Fleck in der Blattmitte, wie ein Scheinwerferlicht. Blüht wenig, trägt aber hübsche Früchte und zeigt wunderbare Herbstfarben. Halbschatten, normaler, frischer Boden. 3 m x 2 m.

***Elaeagnus pungens* 'Maculata' ❄ ➤:** breit-längliche Blätter mit Spitze, unregelmäßig gelb und hellgrün marmoriert, mit teils kräftiger, dunkelgrüner Zeichnung, Unterseite silbrig. Rascher Wuchs, auch auf kargen Böden. Halbschatten, durchlässiger Boden. 2 m x 2 m. 'Gold Splash' ('Eleador') ❄ eine kompaktere Sorte. *E.* x *ebbingei* 'Limelight' ❄: größeres, längeres und weicheres Blatt mit graugrünem Rand. 3 m x 3 m.

***Euonymus fortunei* 'Sunspot' ➤:** ovale Blätter in dunklem Grün mit einem aufhellenden, gelben Fleck unterschiedlicher Größe. Kletternd oder kriechend. Halbschatten, normaler Boden. 1 m x 1,50 m. 'Blondie' mit sehr großem Fleck und feinem grünen Rand.

***E. japonicus* 'Président Gauthier' ❄:** große, ovale Blätter, aufgehellt durch unregelmäßig geformten hellgelben Fleck. Halbschatten, normaler Boden. 2 m x 1,50 m.

***Forsythia* 'Fiesta':** längliche Blätter mit gelber und hellgrüner Marmorierung und unregelmäßig zartgrün umrandet. Goldgelbe Blüten, März. Halbschatten, normaler Boden. 1,80 m x 1,50 m.

***Hedera helix* 'Goldheart':** immergrüner Efeu, Blätter dunkelgrün, das junge Laub mit deutlichem Fleck gezeichnet, zusehends verblassend. Halbschatten oder lichter Schatten, normaler Boden. 6 m.
***H. colchica* 'Paddy's Pride':** große, kaum gelappte Blätter mit gelbgrüner Marmorierung und grün umrandet. 3 m. Eher aufrecht wachsend als kletternd.

***Ilex* x *altaclerensis* 'Lawsoniana' ➤:** große, leicht stachlige Blätter mit einem aufhellenden, gelben Fleck, der hellgrün marmoriert ist, dadurch leuchtende Wirkung. Halbschatten, normaler, frischer Boden. 3 m x 2 m. *I. aquifolium* 'Golden Milkboy': kleinere, stachligere Blätter, der gelbe Fleck kleiner, neigt zur Rückentwicklung zur grünen Art, 3 m x 1,50 m. *I.* 'Myrtifolia Variegata': kleines, zartes Blatt mit feinem grünen Rand, 2 m x 1 m.

***Liriodendron tulipifera* 'Mediopictum':** große, vierlappige Blätter, aufgehellt durch einen gelben Fleck mit grüner Marmorierung. Sonne, normaler, frischer Boden. 8 m x 3 m.

***Trachelospermum asiaticum* 'Ogon Nishiki' ❄:** immergrüne Kletterpflanze, kleine, spitze, glänzende Blätter, gelb mit grünem Rand, bei den jungen Trieben kupferrosa überlaufen. Cremefarbene, duftende Blüten im Frühling. Sonne oder Halbschatten, normaler Boden. 1,50 m x 1,50 m.

***Weigela* 'Milk and Honey':** große, gelb gezeichnete Blätter, weiße Blüten. Halbschatten, normaler Boden. 1,80 m x 1,50 m.

STAUDEN

***Carex oshimensis* 'Evergold' ➤:** immergrünes Gras, gelbes Blatt mit dunkelgrünem Rand. Schatten oder Halbschatten, normaler oder feuchter Boden. 30 cm x 40 cm. *C. elata* 'Bowles' Golden': lange, schmale Blätter mit feinem zartgrünen Rand. Sonne oder Halbschatten, feuchter Boden. 80 cm x 80 cm.

***Hosta* 'Catherine' ➤:** breite, blaue Blätter, aufgehellt durch einen großen, gelben Fleck, der grün marmoriert ist. Halbschatten, frischer Boden. 60 cm x 80 cm. Weitere empfehlenswerte Sorten: 'June' (etwas dichter), 'Gold Standard' (schmaleres Blatt, fast vollständig gelb), 'Guacamole' (große, gelb-grüne Blätter, färben sich gelb mit grünem Rand), 'War Paint' (riesige Blätter mit farbiger Äderung), 'Orange Marmelade' ➤ (Mitte goldorange, Rand blau).

***Sedum alboroseum* 'Aureovariegatum' ➤:** dicke Blätter in blassem Gelb, grün umrandet. Stark leuchtend. Blüten weiß-rosa, September. Halbschatten, frischer, durchlässiger Boden. 40 cm x 40 cm. 'T. Rex': gezähntes Blatt, kräftiger.

***Vinca minor* 'Illumination':** kleine, spitz-ovale Blätter, die frischen Triebe weitgehend gelb aufgehellt, im Spätsommer und Winter kräftiger grün. Blaue Blüten zum Frühlingsanfang. 5 cm x 25 cm.

Aucuba japonica 'Picturata'

Brachyglottis 'Moira Read'

Elaeagnus pungens 'Maculata'

Euonymus fortunei 'Sunspot'

Ilex × altaclerensis 'Lawsoniana'

Carex oshimensis 'Evergold'

Hosta 'Catherine'

Hosta 'Orange Marmelade'

Sedum alboroseum 'Aureovariegatum'

Gelb marmorierte Blätter

BÄUME, STRÄUCHER UND KONIFEREN

***Aucuba japonica* 'Picta' ➤:** immergrün; große, spitz-ovale Blätter, unregelmäßig gelb gefleckt, sogar und vor allem in Schattenlagen. Rote Früchte auf den weiblichen Pflanzen. Halbschatten oder Schatten, normaler Boden, trockenheitsverträglich. 2 m × 2 m.

***Euonymus fortunei* 'Golden Harlequin':** immergrün; kleine, ovale Blätter, gelb mit unregelmäßigem, grünem Streifen- und Fleckenmuster. Biegsame Zweige, aufrecht, kriechend oder rankend, wenn Gerüst vorhanden. Halbschattem, normaler Boden. 1,50 m × 1 m.

***Osmanthus heterophyllus* 'Goshiki' ➤:** immergrün; Blätter ähnlich wie *Ilex*, jedoch nicht so dornig, unregelmäßig gelb gefleckt und dadurch leuchtend gelbe Wirkung in Schattenlagen. Schatten oder Halbschatten, normaler, frischer Boden. 2 m × 1,50 m.

***Philadelphus coronarius* 'Innocence' ➤:** gelbe Blätter mit unregelmäßiger, grüner Marmorierung. Wunderbar zur duftenden Blüte Mitte Juni. Halbschatten, frischer, durchlässiger Boden. 1,80 m × 1 m.

***Quercus cerris* 'Marmorata' ➤:** Eiche mit länglichen, gelappten Blättern, vor cremefarbenem Grund, gelbgrün gepudert. Halbschatten, normaler Boden, tiefgründig und frisch. 3 m × 1,50 m.

***Sambucus nigra* 'Marmorata' ➤:** fein gelb gesprenkelte Blätter, später kräftiger grün, aber dennoch hell. Spärliche Blüte. Halbschatten. 1,50 m × 1,50 m.

***Thuja plicata* 'Zebrina' ➤:** Schuppenblätter zufällig verteilt gelb oder grün, dadurch von Weitem hellgelb leuchtend, selbst im völligen Schatten. Halbschatten oder Schatten, normaler, tiefgründiger Boden. 5 m × 2 m.

Weitere Arten: *Forsythia* 'Ero', *Populus* × *jackii* 'Aurora', *Calocedrus decurrens* 'Variegata', *Pinus densiflora* 'Oculus Draconis', *Taxus baccata* 'Adpressa Aurea'.

STAUDEN

***Artemisia vulgaris* 'Cragg-Barber Eye' ➤:** fiederteilige Blätter, kräftig gelb, dann grün gesprenkelt und schließlich grün. Sonne oder Halbschatten. 80 cm × 50 cm. Wuchert etwas.

***Bergenia* 'Tubby Andrews':** immergrün; rundliche Blätter mit gelber und zartgrüner Marmorierung, zunehmend rosa im Winter. Im April magentafarbene Blüte. Halbschatten, normaler Boden. 30 cm × 30 cm.

***Geranium* 'Spring Fling':** gelappte Blätter mit cremegelber und grüner Marmorierung und purpurnen Flecken. Blüte purpurn. Wunderbar und wüchsig. Halbschatten, frischer Boden. 45 cm × 45 cm. 'Margaret Wilson': hellere Blätter ohne purpurne Sprenkel. Blüten bläulich.

***Ligularia tussilaginea* 'Aureomaculata' ❄:** kräftige, wachsähnliche Blätter, grün mit unregelmäßigen, seltsam geformten, gelben Flecken. Schatten, frischer Boden. Mildes Klima. 45 cm × 45 cm.

***Persicaria filiformis* 'Painter's Palette' ➤:** spitz-ovale Blätter, gelb und grün gestreift mit einem purpurnen Abzeichen. Winzige, rote Blüten an fadenförmigen Blütenständen, Spätsommer. Halbschatten, frischer Boden. 70 cm × 70 cm. 'Variegata': bis auf das Abzeichen identisch. Vermehrt sich reichlich durch Samen.

***Tellima grandiflora* 'Delphine':** rundlich-herzförmiges Blatt, gezähnt, hellgrün, mit großer Menge gelber Flecken, im Winter und Frühling hell leuchtend. Halbschatten oder Schatten, frischer Boden. Reichliche Aussaat.

***Tolmiea menziesii* 'Taffes' Gold':** immergrün; zartgrüne Blätter mit vielen, gelben Sprenkeln. Jungpflanzen entwickeln sich am Blattstiel-Ansatz und bewurzeln sich bei Berührung mit dem Boden. Schatten oder Halbschatten, leichter, humoser Boden. 45 cm × 45 cm.

GELBE BLATTADERN

Canna × *generalis* 'Bengal Tiger' ❄
Große, senkrechte Blätter, deren Blattadern teils gelb gefärbt sind. Dadurch überraschendes Streifenmuster. Sonne oder Halbschatten, frischer Boden. 1,50 m × 0,50 m. 'Striata': ähnlich.

Lonicera japonica 'Aureoreticulata'
Rankende Kletterpflanze, die Blätter mit kräftig gelben Blattadern, blüht wenig. Schatten, normaler, frischer Boden. 2 m × 1 m.

Weitere:

***Forsythia viridissima* var. *koreana* 'Kumson':** grüne Blätter mit gelber Äderung von Frühling bis Frühsommer. Im März spärliche Zahl gelber Blüten. 1,50 m × 1,50 m.

Aucuba japonica 'Picta'

Osmanthus heterophyllus 'Goshiki'

Thuja plicata 'Zebrina'

Philadelphus coronarius 'Innocence'

Quercus cerris 'Marmorata'

Sambucus nigra 'Marmorata'

Artemisia vulgaris 'Cragg-Barber Eye'

Persicaria filiformis 'Painter's Palette'

Bronze- und kupferfarbene Blätter

BÄUME, STRÄUCHER UND KONIFEREN

Cryptomeria japonica **'Elegans'** ➤: Zweige mit fadenförmigen, sichelartigen Nadeln, wolkenähnliches Aussehen. Im Sommer dunkelgrün und im Winter je nach Froststärke bronzefarben oder purpurn. Sonne oder Halbschatten, frischer Boden, vor Zugluft geschützt. 6 m × 3 m.

Hebe ochracea **'James Stirling'** ❄: Schuppenblätter auf regelmäßig verzweigten Ästen wie bei einer Konifere. Winzige, weiße Blüte zu Beginn des Sommers. Sonne, humoser Boden, locker, frisch. 35 cm × 40 cm. *H. armstrongii*: ähnlich, kräftiger. 50 cm × 60 cm.

Magnolia grandiflora **'Russet'** ❄ ➤: Blattrückseite mit kupferfarbenem Pelz überzogen, dadurch Farbwirkung wie Bronze. Blüten cremefarben, mit Zitronenduft. Sonne, normaler Boden. 3 m × 2 m.

Photinia serratifolia **'Crunchy'** ➤: längliche Blätter mit gezähntem Rand, im Frühling wunderbarer Kupferbronzeton, später im Sommer auch die neuen Triebe. Weiße Blüten, eher spärlich. Sonne oder Halbschatten, normaler Boden.

Physocarpus opulifolius **'Diable d'Or'** ➤: von Frühling bis Herbst kupferorangefarbenes Laub, Rinde zimtfarben. Keine stechende Sonne, Halbschatten, normaler Boden, nicht zu trocken. 2,50 m × 2 m. Ggf. im Frühling verjüngen. 'Amber Jubilee' ist heller.

Podocarpus nivalis **'County Park Fire'**: Äste erinnern an Eibe, mit kurzen Nadeln, im Sommer dunkelgrün, im Winter Bronzefärbung, je nach Minusgraden. Breiter Wuchs, kann geschnitten werden. Sonne, leichter, humusreicher Boden, kalkarm. 0,50 m × 1,50 m.

Spiraea japonica **'Magic Carpet'**: junge Triebe sind kupferorange- oder bronzefarben, erneuern sich von April bis September. Im Sommer rosa Blüte, kompakter Wuchs. Sonne oder Halbschatten, normaler Boden, nicht zu trocken. 'Double Play Big Bang': vergleichbar.

Weitere Sorten: *Acer* 'Minorient' (Orientalia), *Calluna vulgaris* 'Blazeway', *Liquidambar acalycina, Metasequoia glyptostroboides* 'Bronze', *Microbiota decussata, Quercus acuta, Rhaphiobotrya* 'Coppertone', *Styrax* 'Purple Dress'.

STAUDEN, ZWIEBELN, EIN- UND ZWEIJÄHRIGE

Acaena microphylla **'Kupferteppich'** ➤: kleine, gefiederte Blätter, die Blättchen gezähnt, in einem Kupferpurpur-Ton, insbesondere im Spätsommer; an kriechenden, dunklen Stängeln. Blüten in igelförmigen, kupferbraunen, kugeligen Ständen. Sonne, durchlässiger Boden. 5 cm. Teppichbildend.

Blechnum alpinum: immergrüne Wedel, beim Entfalten im Mai/Juni kupferrot. Sonne oder Halbschatten, humoser, saurer Boden, feucht. 10 cm. Ausläufer.

Canna **'Tropicanna'** ❄ ➤: große, senkrecht aufwachsende Blätter, die Adern teils orange und teils grün-purpurn gefärbt, überraschend effektvoller Streifenlook. Orangefarbene Blüten. Sonne, frischer, nährstoffreicher und tiefgründiger Boden. 1,50 m × 0,50 m. 'Pink Sunburst' ❄: ähnlich, rosa Blüte.

Carex buchananii ➤: immergrün; aufrechte, kupfern schimmernde Blätter. Einzigartige Färbung. Volle Sonne, normaler, durchlässiger Boden, aber nicht zu trocken. 50 cm. *C. comans* 'Bronze', *C. dipsacea, C. flagelliformis* und *C. testacea*: ähnlich, teils kräftiger orangefarben.

Crocosmia **'Solfatare'** ❄: aufgestellte Blätter, im Sonnenlicht wunderschöne Purpurfärbung mit Kupferschimmer. Im August kupfergelbe Blüte. Sonne, frischer Boden ohne Staunässe. 50 cm. Weitere Sorten mit purpurnem Laub: 'Twilight Fairy Crimson' ❄ (rote Blüte), 'Twilight Fairy Gold' ❄ (gelbe Blüte), 'Zeal Tan' ❄ (ziegelrote Blüte, Blätter purpurn schimmernd), 'Dusky Maiden' ❄ (etwas heller).

Dryopteris erythrosora: große, immergrüne Wedel, beim Entfalten im Juni/Juli kupferrot, später ergrünend und den ganzen Winter hindurch hellgrün. Halbschatten oder Schatten. 1 m × 1 m. 'Prolifica' ist kleiner, 60 cm × 60 cm.
D. lepidopoda ➤: aufrechte Wedel, beim Entfalten im April kupferrot (für 2–3 Wochen). Halbschatten, leichter, frischer Boden. 80 cm × 40 cm.

Heuchera **'Caramel'**: große, kupfer-orangefarbene Blätter mit purpurner Rückseite. Große, weiße Blütenstände im September/Oktober. Halbschatten oder Sonne, frischer Boden. 50 cm × 70 cm. Ausdauernde Staude. 'Mega Caramel' ist größer, 1 m × 1 m. 'Mango' hat gekräuselte Blätter, unterseits rosa. Die anderen bronzefarbenen *Heuchera*-Sorten wie 'Marmelade', 'Amber Waves' usw. müssen alle 2 Jahre geteilt werden, damit sie überleben. × *Heucherella* 'Sweet Tea': kräftig kupferfarbenes Laub im Frühling, wenige Blätter im Winter.

Rumex flexuosus: Neuseeland-Ampfer, mit langen, schmalen Blättern, kupferbraun. Fadenförmige Blütenstände in gleicher Farbe. Eine Besonderheit im Gemüsegarten. Sonne, leichter, humusreicher und frischer Boden. 15 cm × 20 cm.

Uncinia uncinata ➤: Büschel langer, schmaler Blätter in leuchtendem Kupfer-Purpurton. Sonne oder Halbschatten, feuchter Boden. 20 cm × 35 cm. Besonderheit für Kübel.

Weitere: *Haloragis* 'Wellington Bronze'.

Cryptomeria japonica 'Elegans'

Magnolia grandiflora 'Russet'

Photinia serratifolia 'Crunchy'

Physocarpus opulifolius 'Diable d'Or'

Acaena microphylla 'Kupferteppich'

Canna 'Tropicanna'

Carex buchananii

Dryopteris lepidopoda

Uncinia uncinata

Purpurne Blätter

BÄUME

***Acer palmatum* 'Atropurpureum' ➤:** Japanischer Fächerahorn mit purpurrotem Laub, leuchtend und durchscheinend. Rascher Wuchs. Sonne (nicht zu prall) oder Halbschatten. 3 m × 1,80 m. Weitere empfehlenswerte Sorten: 'Trompenburg', 'Dissectum Nigrum' ➤, 'Inaba Shidare'.
***A. platanoides* 'Crimson King':** breite, glänzende Blätter, den gesamten Sommer über dunkelpurpurn. Sonne oder Halbschatten, normaler, frischer, tiefgründiger Boden. 8 m × 3 m.

***Albizia* 'Summer Chocolate' ❄:** gefiedertes Blatt mit feinen, purpurschwarzen Teilblättchen, ab Frühlingsbeginn. Im Sommer wenige, rosarote Blüten. Volle Sonne, nährstoffreicher, tiefgründiger Boden ohne Staunässe. 4 m × 3 m. Schnellwüchsig.

***Catalpa* × *erubescens* 'Purpurea':** große, purpurviolette Blätter, die im Sommer grün werden. Weiße Blütenstände, Juli. Sonne, windgeschützt, normaler, tiefgründiger Boden. 15 m × 6 m.

***Cercidiphyllum japonicum* 'Rotfuchs':** runde, dunkelpurpurne Blätter auf einem schlanken, säulenförmigen Baum. Sonne, frischer oder feuchter Boden, aber nicht staunass. 4 m × 1 m.

***Cercis canadensis* 'Forest Pansy':** herzförmiges Blatt, im Frühling purpurschwarz, später eher rot. Zartrosa Blüten im Mai. Sonne, durchlässiger Boden. 4 m × 3 m.

***Corylus colurna* 'Te Terra Red':** Hasel mit purpurrotem Laub, von Natur aus pyramidenförmige Krone. Im Februar rote Kätzchen, im September rote Früchte, 8 m × 2 m.

***Fagus sylvatica* Purpurea-Gruppe:** Rot-Buche, Blätter je nach Exemplar unterschiedlich dunkel gefärbt. Sonne, tiefgründiger, nährstoffreicher, alkalischer Boden. Gewöhnlich als Heckenpflanze, jedoch schön wachsender Solitärbaum. 35 m × 15 m. Weitere empfehlenswerte Sorten: 'Ansorgei': schmale, gerade Blätter (6 m × 3 m). 'Dawyck Purple': Säulenform, 8 m × 1,50 m. 'Rohanii': Blätter mit welligem Rand, 10 m × 4 m.

***Gledistia triacanthos* 'Ruby Lace' ➤:** gefiedertes Blatt mit kleinen, rosa, purpurnen oder schokoladenfarbenen Blättchen, auf jungen Trieben kräftiger gefärbt. Sonne, durchlässiger Boden. 8 m × 4 m.

***Malus* × 'Coccinella Courtarou':** purpurnes Laub, unterseits altrosa, im April/Mai mit rosaroten Blüten. Resistent gegen Krankheiten. Sonne oder Halbschatten, normaler, lehmiger Boden. 4 m × 3 m. Weitere empfehlenswerte Sorten: 'Royalty' mit dunklerem Laub, anfällig für Rost. 'Profusion', *M.* × *purpurea* 'Aldenhamensis', 'Eleyi', 'Lemoinei': rosarote Blüten.

***Prunus cerasifera* 'Pissardii':** sehr dunkles Laub, rosa Blüten im Frühling, kaum fruchtend. Sonne, normaler, frischer Boden ohne Staunässe. 4 m × 3 m für ein nicht veredeltes Exemplar. 'Hessei': purpurn und gelb panaschiertes Laub, weiße Blüten. 'Trailblazer' (= 'Hollywood') ist nicht so kräftig purpurn, hat dafür gute Pflaumen. Weitere empfehlenswerte Sorten: *P.* × *blireana* 'Moseri', *P. spinosa* 'Purpurea', *P. spinosa* 'Rosea', 'Royal Burgundy' ➤, *P. persica* 'Purpurea', *P. padus* 'Coloratus', *P. virginiana* 'Shubert'.

***Sambucus nigra* 'Thundercloud' ➤:** gefiederte, leuchtend purpurrote Blätter, im Juni rosa Blüten. Sonne, tiefgründiger, nährstoffreicher Boden, feucht. 5 m × 3 m.

Weitere Bäume: *Betula* 'Ruby Frost', *Juglans regia* 'Purpurea', *Quercus robur* 'Atropurpurea'.

STRÄUCHER

***Berberis thunbergii* 'Atropurpurea Nana':** kleine, rundliche Blätter, purpurrot glänzend. Unauffällige, gelbe Blüten und rote Früchte. Sonne, gewöhnlicher Boden. Wächst als Halbkugel, 60 cm × 60 cm. 'Bagatelle' ➤ ist kompakter, 30 cm × 30 cm. 'Atropurpurea': Wuchsform diffus, 1,20 m × 1,20 m. 'Red Chief': schmales, dunkles Blatt, sehr schöner Wuchs, diffus, bogig überhängend, 1,50 m × 1 m. *B.* × *ottawensis*: wüchsiger, 2,50 m × 1,50 m.

***Corylus maxima* 'Purpurea' ➤:** im Frühling große, dunkelpurpurne Blätter, im Sommer kräftiger rot. Im Februar purpurne Kätzchen, schmackhafte Haselnüsse im Herbst. Sonne, Halbschatten, normaler Boden. 4 m × 3 m. 'Rote Zellernuss': im Frühling purpurn, im Sommer kräftiger grün. 'Red Majestic': purpurn und knorrig verwunden.

***Cotinus coggygria* 'Royal Purple' ➤:** rundliche Blätter, im Sommer dunkel purpurrot, im Frühling durchscheinend, Herbstfärbung orange. Volle Sonne, gut durchlässiger Boden. 2,50 m × 2,50 m. 'Red Beauty' ist nicht so dunkel, 'Grace' hat größere Blätter, schimmert kupferfarben, wunderbare Herbstfärbung.

***Hydrangea macrophylla* 'Merveille Sanguine' ➤:** dunkelpurpurne Blätter, leuchtend rosa Blütenkugeln, die sich dunkelrot färben. Halbschatten, nährstoffreicher, tiefgründiger Boden. 1,10 m × 0,80 m. Langsamer Wuchs. 'Julisa' ist kräftiger. 'Selina, 'Sandra' und 'Victoria' sind eine Reihe der „Niederländerinnen" mit purpurnem Laub im Frühling und tellerförmigen oder kugeligen Blütenständen.
***H. aspera* 'Hot Chocolate':** große, samtige Blätter, purpurn mit rosa Unterseite, zartrosa Blüten. 2 m × 2,50 m.

Acer palmatum 'Atropurpureum'

Acer palmatum 'Dissectum Nigrum'

Gledistia triacanthos 'Ruby Lace'

Prunus 'Royal Burgundy'

Sambucus nigra 'Thundercloud'

Berberis thunbergii 'Bagatelle'

Corylus maxima 'Purpurea'

Cotinus coggygria 'Royal Purple'

Hydrangea macrophylla 'Merveille Sanguine'

Purpurne Blätter

Loropetalum chinense* fo. *rubrum ❄ ➤**:** immergrün; Blätter dunkelpurpurn, später rot. Bandförmige Blütenkronblätter, rosa, Januar/Februar. Sonne oder Halbschatten, mildes Klima. 'Chang Nian Hong' ❄ blüht rot, 'Firedance' ❄ kräftig rosa.

***Nandina domestica* 'Plum Passion'** ➤**:** immergrün; gefiedertes Blatt, im Frühling kräftig purpurrot, später dunkler. Im Sommer weiße Blütenrispen. 'Purpurea': größere Blättchen, nur im Frühling farbig. 'Richmond', 'Obsessed', Little Princess', 'Flirt' sind kompakte Sträucher mit rötlichen Jungtrieben.

***Physocarpus opulifolius* 'Summerwine'** ➤**:** kleine, purpurrote Blätter am Frühlingsanfang, im Sommer purpurschwarz. Sonne, Halbschatten, normaler Boden, nicht zu trocken. 1,50 m × 1 m. Kann alljährlich im Frühling verjüngt werden. 'Little Devil' hat kleinere Blätter.

***Pittosporum tenuifolium* 'Purpureum'** ❄**:** immergrün; länglich-elliptische, glänzende Blätter in purpurn schimmerndem Grün, werden später dunkelgrün. Sonne, gewöhnlicher Boden ohne Staunässe. 2 m × 1,20 m.

***Prunus* × *cistena*:** im Frühling durchscheinendes, purpurnes Laub, im März ungefüllte, rosa Blüten. Sonne, normaler, durchlässiger Boden. 1,50 m × 1,50 m. Nach der Blüte einkürzen.

***Weigela* 'Alexandra'** ➤**:** Blätter schokoladenfarben-purpurn, was die rosaroten Blüten im Mai zur Geltung bringt. Sonne, normaler Boden (oder Kübel). 1 m × 1,10 m. *W. florida* 'Purpurea' ist nicht so kräftig, 'Minor Black' ➤ blüht weiß.

JUNGE BLATTTRIEBE ROT ODER PURPURN

Photinia × *fraseri* 'Red Robin'
Junges Laub karminrot, es wird im Sommer dunkelgrün. Sonne, Halbschatten, normaler, nicht zu trockener Boden. 2,50 m × 2,50 m. 'Birmingham': ähnlich, etwas dichterer Wuchs.

Osmanthus heterophyllus 'Purpureus'
Blätter erinnern an *Ilex*, erst purpurviolett, dann dunkelgrün. Im Herbst duftende Blüten. 2 m × 1,50 m.

Pieris japonica und *P. floribunda*
Junge Triebe rot, je nach Sorte mit unterschiedlich starkem Orange-, Rosa- oder Purpurschimmer. Im März/April weiße Blütenglocken. Halbschatten, saurer Boden. 0,50–2 m × 1 m. 'Katsura': junge Triebe purpurn.

Weitere Sträucher: *Calycanthus floridus* 'Purpureus', *Cornus alba* 'Kesselringii', *Hypericum* × *inodorum* 'Albury Purple', *Viburnum sargentii* 'Onondaga', *Rhododendron* 'Black Pearl', *Viburnum tinus* 'Purpureum'.

KLETTERPFLANZEN

***Parthenocissus tricuspidata* 'Atropurpurea':** junges Laub purpurrot, später dunkelgrün, im Herbst wieder rot. Kaum sichtbare, nektarreiche Blüten. Sonne, normaler Boden. 6–7 m.

***Vitis vinifera* 'Purpurea'** ➤**:** dunkelpurpurnes Blatt, später grün. Schwarze Trauben, bitter. Heilpflanze. Sonne, durchlässiger Boden. 3 m.

STAUDEN

***Actaea simplex* 'Brunette'** ➤**:** große, fein gefiederte Blätter, dunkelpurpurn, fast schwarz. Biegsame Blütentrauben, rosa Knospen, später reinweiß, Herbstblüte. Sonne oder Halbschatten, frischer Boden, windgeschützt. 1,30 m. 'Atropurpurea': ähnlich. 'Pink Spire': die Trauben kräftiger rosa.

***Aster lateriflorus* 'Lady in Black':** frische Blätter schwarz, später purpurn, an waagerechten Verzweigungen mit Blütenständen (September). Sonne oder Halbschatten, frischer Boden. 1,20 m. 'Horizontalis': identisch, 60 cm. 'Prince': identisch, 40 cm.

***Eupatorium rugosum* 'Chocolate'** ➤**:** spektakuläre, dunkelpurpurne Blätter mit Beginn des Frühlings, im Oktober und November weiße Blüten. Sonne oder Halbschatten, frischer Boden. 1,50 m × 0,50 m.

Loropetalum chinense fo. *rubrum*

Nandina domestica 'Plum Passion'

Physocarpus opulifolius 'Summerwine'

Weigela 'Alexandra'

Weigela 'Minor Black'

Vitis vinifera 'Purpurea'

Actaea simplex 'Brunette'

Eupatorium rugosum 'Chocolate'

Purpurne Blätter

***Euphorbia amygdaloides* 'Purpurea' ➤:** längliche Blätter, im Winter dunkelpurpurn. Von März bis Mai gelbgrüne Blüten. Schatten oder Halbschatten, normaler Boden, 60 cm. Versamt sich reichlich.
***E. dulcis* 'Chameleon':** Bütenschäfte und Blätter ab März wunderbar purpurn schimmernd, 45 cm.

***Geranium pratense* 'Midnight Reiter':** im Frühling tiefpurpurne Blätter, später bronzefarben. Kräftig blaue Blüten im Juni und Juli. Sonne, normaler Boden. 30 cm. 'Victor Reiter': heller. 'New Dimension': ähnlich. 'Black Beauty', 'Hocus Pocus' : kompakter.
***G.* 'Chocolate Candy':** kleine, purpurbraune Blätter, von Juni bis August rosa Blüte. Sonne, nährstoffreicher, durchlässiger Boden. 30 cm. 'Bertie Crüg': magentafarbene Blüten, breiter Wuchs.

***Heuchera* 'Brownies' ➤:** große, purpur-schokoladenfarbene Blätter mit rosa Unterseite. Weiße Blüten an verzweigten Stängeln, Juni bis September. Alle Lagen, normaler Boden. 50 cm × 50 cm. 'Mocha': etwas dunkler. 'Bronze Beauty': sehr große Blätter und stark wüchsig, 80 cm × 80 cm. 'Brown Sugar', 'Cassis': rosa Blüten.

***Imperata cylindrica* 'Red Baron':** aufgerichtete Blätter in hellem Grün, ab Juli Rotfärbung von der Blattspitze zur Basis hin, dann leuchtend rot. Sonne, leichter, kalkarmer Boden. 40 cm. Ausläufer.

***Lobelia cardinalis* 'Queen Victoria':** purpurrote Blattrosetten und im Juli/August große, kardinalrote Blüten. Sonne, Halbschatten, normaler, frischer Boden. 60 cm.

***Lysimachia ciliata* 'Firecracker':** ab März Laub dunkelpurpurrot, bemerkenswert durchscheinend. Blassgelbe Blüten in Form lockerer Blütenstände, Juli und August. Sonne oder Halbschatten, frischer oder feuchter Boden. 1 m. Ausläufer.

***Persicaria microcephala* 'Red Dragon' ➤:** wunderhübsche, spitzovale Blätter in dunklem Bordeauxrot mit silbriger Zeichnung. Im August/September weiße Blüten. Sonne oder Halbschatten, frischer Boden. 1 m × 1 m.

***Phormium tenax* 'Purpureum':** immergrün; große, purpur-schokoladenfarbene, aufrechte Blätter, teils etwas gefaltet, zäh. Ausgewachsene Pflanzen mit großem Blütenstand im Sommer. Sonne, tiefgründiger, mit Humus aufgebesserter Boden ohne Kalk. Mildes Klima. 2 m × 2 m. 'Bronze Baby': ebenso, nur kompakter, 1 m × 1 m.

***Ranunculus ficaria* 'Brazen Hussy' ➤:** kleine, herzförmige Blätter, dunkelpurpurn, gelbe Blüten. Alle Lagen, Lehmboden. 10 cm.

***Sedum telephium* 'Purple Emperor' ➤:** dicke, sehr dunkle, fast schwarze Blätter. Endständige, große Blütenstände in Rosarot, August bis Oktober. Sonne oder Halbschatten, normaler Boden, eher frisch; 60 cm. 'Arthur Branch', 'El Cid', 'Postman Pride': ähnlich, aber nicht so kräftig (40 cm). *S. telephium* subsp *maximum* 'Atropurpureum': kriechende Triebe mit großen, schokoladenfarbenen Blätter und üppigen, karminroten Blütenständen.

***Tellima grandiflora* 'Purpurteppich' ➤:** immergrün; flaumige Blätter, im Sommer purpurn schimmernd, im Winter dunkler Purpurton. Kleine, grünlich gelbe Glöckchen im Frühling. Schatten oder Halbschatten, normaler Boden, auch trocken. 45 cm.

Weitere Stauden: *Artemisia lactiflora* Guizhou-Gruppe, *Astrantia* 'Hadspen Blood' und 'Moulin Rouge', *Begonia grandis* 'Sapporo', *Campanula punctata* 'Plum Wine', *Dianthus barbatus* 'Sooty', *Epimedium pinnatum* subsp. *colchicum* 'Black Sea', *Lychnis × arkwrigthii*, *Ligularia dentata* 'Britt Marie Crawford', *Ophiopogon planiscapus* 'Nigrescens', *Penstemon digitalis* 'Husker's Red', *Phlox paniculata* 'Starfire', *Rheum palmatum* 'Atropurpureum', *Rodgersia podophylla, Rodgersia* 'Chocolate Wings', *Rumex acetosa* 'Purpurea', *Saxifraga fortunei* 'Black Ruby' und 'Velvet', *Trifolium repens* 'Quadrifolium Purpureum', *Viola labradorica*.

ZWIEBELN, EIN- UND ZWEIJÄHRIGE

***Angelica sylvestris* 'Vicar's Mead' ➤:** dunkelpurpurne, gefiederte Blätter an kräftigen Stängeln, altrosa Dolden im Sommer. Sonne, Halbschatten, frischer Boden. 1,50 m × 1 m. Versamt sich leicht.

***Anthriscus sylvestris* 'Ravenswing':** Wiesen-Kerbel mit farnartigen, gefiederten Blättern, im Frühling dunkel schokoladenfarben. Weiße, lockere Dolden, Mai. Sonne oder Halbschatten, frischer, tiefgründiger Boden. 1 m. Versamt sich.

***Beta vulgaris* 'Bull's Blood':** Rote Bete mit gleichermaßen hübschen Blättern (essbar) und Wurzeln. Sonne, leichter, frischer und durchlässiger Boden. Im Mai oder Juni Aussaat ins Freiland.

***Canna* 'Wyoming' ➤:** große Blätter, die an Bananenstauden erinnern, jedoch senkrecht aufragend, purpur-schokoladenfarben. Im Spätsommer rote Blüten. Sonne, tiefgründiger, nährstoffreicher Boden. Im April/Mai pflanzen, Winterschutz vorsehen.

***Ensete ventricosum* 'Maurelii' ➤:** sehr große, purpurrote Blätter, sehr rasche Entwicklung. Sonne, tiefgründiger, feuchter Boden. 2 m × 1,50 m. Im Februar im Warmen aussäen und Ende Mai pikieren.

***Eucomis* 'Sparkling Burgundy':** lange, aufragende Blätter, die eine wunderbare, purpurne Rosette bilden. Im Sommer rosa- und bronzefarbene Blütentrauben. Sonne, nährstoffreicher, tiefgründiger, frischer Boden. 60 cm. Im April/Mai 15 cm tief einpflanzen, bei mildem Klima (bis –15 °C) im Boden belassen.

***Pennisetum setaceum* 'Rubrum' ❄:** purpurnes Gras mit weiß-rosa Blütenähren im August und September. Sonne, tiefgründiger, nährstoffreicher und frischer Boden. 80 cm × 80 cm. Im März/April aussäen. Überlebt keinerlei Minusgrade.

Euphorbia amygdaloides 'Purpurea'

Heuchera 'Brownies'

Persicaria microcephala 'Red Dragon'

Ranunculus ficaria 'Brazen Hussy'

Sedum telephium 'Purple Emperor'

Tellima grandiflora 'Purpurteppich'

Angelica sylvestris 'Vicar's Mead'

Canna 'Wyoming'

Ensete ventricosum 'Maurelii'

Schwarze Blätter

BÄUME UND STRÄUCHER

***Acer palmatum* 'Bloodgood' ➤:** eine der dunkelsten japanischen Ahornsorten, auch wenn sie nur bei manchen Lichtverhältnissen schwarz erscheint. Sonne oder Halbschatten, kalkloser Boden. 3 m × 3 m.
***A. platanoides* 'Faassen's Black':** große, handförmig gelappte Blätter, glatt und glänzend, bei dichten Kronen sehr dunkel. 'Black Prince': ähnlich.

***Fagus sylvatica* 'Swat Magret':** Selektion mit großen, sehr dunklen Blättern. Sonne, normaler Boden, tiefgründig und gehaltvoll. 8 m × 4 m. 'Black Swan': sehr dunkle Trauerform.

***Physocarpus opulifolius* 'Diabolo' ➤:** laubabwerfend, sehr dunkle Blätter, im Mai rosaweiße Blütenkugeln, später rote Früchte. Sonne oder Halbschatten, normaler oder feuchter Boden. 2 m × 1,50 m.

Pittosporum tenuifolium 'Tom Thumb' ❄: kugelförmiger Wuchs, länglich-elliptische Blätter, glänzend dunkelpurpurn. Langsames Wachstum. Volle Sonne, normaler, durchlässiger Boden. 0,80 m × 1 m.

***Sambucus nigra* 'Black Beauty' ➤:** im Frühling sehr dunkle Blätter, was die roten, später kräftig rosa Blüten hervorhebt. Sonne, normaler, frischer Boden. 3 m × 2 m. 'Black Lace': identisch, aber Blätter gebuchtet.

STAUDEN

***Actaea simplex* 'Hillside Black Beauty':** das frische Laub sehr attraktiv schwarz und faltig, gefiederte Blätter, sehr elegant, weiße, duftende Blütenkerzen im September. Sonne oder Halbschatten, frischer Boden. 1,50 m × 0,80 m.

***Aeonium arboreum* 'Schwarzkopff' ❄ ➤:** dickblättrige Pflanze mit glänzenden, schwarzen Blattrosetten, die bis zum Stadium der gelben Blüte mit dem Stängel nach oben wachsen. Sonne, leichter, durchlässiger, kalkfreier Boden. Nicht frostverträglich.

***Ajuga reptans* 'Purpurea':** gedrungene Rosetten, bilden einen dichten, halbimmergrünen Teppich, den im Frühling blaue Blütenstände schmücken. Halbschatten, normaler Boden. 15 cm × 30 cm und mehr. 'Black Scallop': Blätter etwas gekräuselt, dichter und sehr dunkel.

***Euphorbia amygdaloides* 'Black Bird':** immergrün; dichte Blätterbüschel in dunklem Purpur, bei Frost noch dunkler; im April gelbgrüne Blütenstängel. Sonne oder Halbschatten, normaler Boden, auch kalkhaltig. 45 cm × 45 cm. Unfruchtbar.

***Heuchera* 'Dark Secret' ➤:** glänzendes Laub, die Ränder wellig gekräuselt, ziemlich robuste Immergrüne. Wüchsiger Bodendecker. Leichte, weißrosa Blüte im Sommer. Sonne oder Halbschatten, alle Böden. 45 cm × 45 cm. Viele weitere Sorten, die bei meinen Versuchen nicht so ausdauernd waren: 'Obsidian', 'Black Sea', 'Black Taffeta', 'Blackout' usw.

***Leptinella squalida* 'Platt's Black' ❄:** sehr flach wachsende Pflanze mit fein gefiederten Blättern, im Sommer dunkelgrün und im Winter schwarz. Sonne oder Halbschatten, kalkloser Boden.

***Ophiopogon planiscapus* 'Nigrescens' ❄ ➤:** linealische Blätter, glänzend schwarz, in grasähnlichen Horsten. Kleine, lila Blütenähren im Sommer, rasche Entwicklung schwarzer Beeren. 15 cm × 20 cm und mehr. Von selbst aufgegangene Pflanzen haben im ersten Jahr grüne Blätter.

EIN- UND ZWEIJÄHRIGE

***Capsicum annuum* 'Black Pearl' ➤** und **'Purple Flash':** Paprikapflanzen mit sehr dunklem Blatt, häufig in Pflanzkübeln oder im Gemüsegarten. Sonne, leichter, frischer Boden ohne Staunässe. 25 cm. Warm aussäen, März/April.

***Colocasia esculenta* 'Black Magic' ➤:** große, herzförmige Blätter in schönem, samtigem Schwarz auf schwarzen Stielen, Blüten unauffällig. Sonne oder Halbschatten, feuchter Boden. Friert ab, lässt sich aber dank der Wurzelstöcke leicht überwintern.

Ocimum basilicum 'Dark Opal': Basilikum mit sehr dunklen Blättern, ebenso schmackhaft wie die grünen Sorten. Sonne, warmer Standort. Leichter, nährstoffreicher, frischer Boden. Warm aussäen, April/Mai. 'Purple Ruffles' ist heller.

***Perilla frutescens* var. *purpurascens* ➤:** asiatische Gewürzpflanze, so schön wie schmackhaft. Faltiges, gezähntes Blatt, dunkelpurpurn. Im Spätsommer blaue Blüten. Sonne, guter Boden. 45 cm. Ab April/Mai im Haus säen.

***Solenostemon scutellarioides* 'Black Dragon':** wunderbare Buntnessel mit sehr dunklem, samtigem Blatt. Blüte malvenviolett, Spätsommer. Sonne oder Halbschatten, leichter, frischer Boden. 'Black Prince' und 'Palissandra' sind ähnlich frostempfindlich.

Acer palmatum 'Bloodgood'

Physocarpus opulifolus 'Diabolo'

Sambucus nigra 'Black Beauty'

Aeonium arboreum 'Schwarzkopff'

Heuchera 'Dark Secret'

Ophiopogon planiscapus 'Nigrescens'

Capsicum annuum 'Black Pearl'

Colocasia esculenta 'Black Magic'

Perilla frutescens var. *purpurascens*
shiso

Rosafarbene oder rosa panaschierte Blätter

BÄUME UND STRÄUCHER

***Acer palmatum* 'Beni-komachi':** junge Blätter je nach Temperatur etwa 4–5 Wochen lang leuchtend rosa, dann mattrosa und zartgrün. Halbschatten, frischer Boden ohne Kalk. 2 m x 2 m. Zugluftempfindlich. Weitere empfehlenswerte Sorten: 'Orido-nishiki' ➤, 'Shirazz', Butterfly', 'Kagiri-nishiki', 'Higasayama'.
***A. pseudoplatanus* 'Brilliantissimum':** junges Laub rosa, später blassgelb und dann zartgrün. Halbschatten, normaler Boden, auch kalkhaltig. 4 m x 2 m. Weitere empfehlenswerte Sorten: 'Prinz Handjery', 'Nizetti', 'Simon Louis Frères', 'Eskimo Sunset'.
***A.* x *conspicuum* 'Red Flamingo':** Blatt kräftig rosa, hellt sich weiß auf und wird zusehends grün gesprenkelt. Korallenrote Rinde. Halbschatten, kalkloser Boden. Kleiner, buschiger Baum. 2,50 m x 1,50 m.

***Aesculus neglecta* 'Erythroblastos' ➤:** Blatt rosa, später kupferfarben schimmernd rosa und zartgrün. Im Mai gelbrosa Blütenstände. Sonne oder Halbschatten, frischer, tiefgründiger Boden.

***Berberis thunbergii* 'Rosy Glow':** verkehrt eiförmige Blätter, purpurn mit weißer Äderung, dadurch rosa Farbwirkung, insbesondere bei den jungen Trieben. Sonne, Halbschatten, normaler Boden. Vergeichbare Sorten: 'Harlequin', 'Inspiration'.

***Fuchsia magellanica* 'Versicolor':** Blätter grau marmoriert und auf jungen Trieben rosa überlaufen. Blüten rot und lila. Halbschatten, tiefgründiger, frischer Boden. 1,50 m x 1 m. Winterhart bis –15 °C.

***Hypericum moserianum* 'Tricolor':** Blätter mit einem breiten Rand in Creme und Rosa. Während des Sommers kleine, gelbe Blüten. Halbschatten, frischer Boden ohne Staunässe. 60 cm x 50 cm. *H.* 'Glady's Brabazon' hat auch rosa Nuancen auf den jüngsten Blättern.

***Photinia* x *fraseri* 'Louise' ➤:** junge Blatttriebe kräftig rosa, später graue Marmorierung und cremefarbener Rand, das ganze Jahr über kräftig rosa schattiert. Wenige weiße Blüten. Halbschatten, normaler Boden, frisch. 2 m x 1 m. Weitere empfehlenswerte Sorten: 'Pink Marble', 'Pink Crispy', 'Palette'.

***Phormium* 'Sundowner' ❄ ➤:** immergrün; standfeste Blätter mit cremefarbenem Rand, zur Mitte hin purpurn und rosa. Sonne, tiefgründiger, humusreicher Boden, kalkfrei. Mildes Klima. 1,50 m x 1,50 m. Bei 'Pink Panther' überwiegt Rosa gegenüber Purpur.

***Salix integra* 'Hakuro-Nishiki' ➤:** junges Laub weiß, dann rosa gesprenkelt, später grün. Äste im Winter mit orangerosa Rinde. Halbschatten, frischer Boden. 1,50 m x 1,50 m. Gelegentlich kräftig zurückschneiden.

***Sorbaria sorbifolia* 'Sem' ➤:** junge Triebe goldfarben schimmernd und rosa, von März bis Juni/Juli. Rispen aus weißen Blüten im Sommer. Halbschatten, frischer Boden. 1 m. Ausläufer.

***Spiraea* x *vanhouttei* 'Pink Ice':** rundliche, weiße Blätter mit grünen Sprenkeln, im Frühling eher kräftiger rosa und zunehmend zartgrün. Weiße Blüten, Mai. Halbschatten, frischer Boden. 1,50 m x 1 m.

***Toona sinensis* 'Flamingo':** junge Triebe rosa, später cremegelb und schließlich grün, sobald die langen Blätter sich entfaltet haben. Halbschatten oder Sonne, tiefgründiger, frischer Boden. 5–6 m.

***Weigela florida* 'Monet':** Blätter mit weißem Rand, kräftig rosa überlaufen. Altrosa Blüten, Mai. Gedrungener, dichter Wuchs. Halbschatten, normaler Boden. 1 m x 1,50 m.

Weitere Sträucher: *Acer crataegifolium* 'Veitchii', *Pieris* 'Evie', 'Flaming Silver', 'Little Heath', 'Bert Chandler', 'Havila', *Pyracantha* 'Sparkler', *Rubus microphyllus* 'Variegatus', *Pittosporum tenuifolium* 'Elisabeth' ❄, *Nandina domestica* 'Twilight', 'Gulfstream', 'Orihime', 'Blush Pink', *Ugni molinae* 'Flambeau' ❄.

KLETTERPFLANZEN

***Actinidia kolomikta* ❄ ➤:** Kletterpflanze, laubabwerfend, Blatt spitz, im Frühling zur Hälfte rosa mit einer weißen Partie, später grün. Halbschatten, normaler Boden, 3 m. *A. pilosula*: schmalere Blätter.

***Ampelopsis brevipedunculata* 'Elegans' ❄:** gebuchtete, dreilappige Blätter, cremefarben marmoriert und beim Austrieb rosa schattiert. Türkisfarbene Früchte im Herbst. Halbschatten, normaler Boden. 1,50 m x 1 m.

***Parthenocissus tricuspidata* 'Starshower' ➤:** dreizähliges Blatt, cremeweiß marmoriert und im Frühling rosa überlaufen, im Herbst rosa-rot. Halbschatten, normaler Boden. 3 m x 1,50 m.

***Trachelospermum asiaticum* 'Tricolor' ❄:** immergrün; längliches, glänzendes Blatt, die jungen Triebe grünweiß und rosa panaschiert. Duftende, weiße Blüten, Sommer. Halbschatten, frischer, durchlässiger Boden. 2 m x 1 m.

ROSA BELAUBTE STAUDEN
Sie sind nicht sehr zahlreich und kaum bekannt. Ihr Farbeffekt ist vorübergehend, getrocknet im Winter oder zum Frühjahrsaustrieb: *Helleborus argutifolius* 'Pacific Frost' und 'Janet Starnes', *Aconitum carmichaelii* 'Royal Flush', *Calamagrostis* 'Overdam', *Phalaris arundinacea* 'Feesey', *Phytolacca americana* 'Silberstein', *Saxifraga fortunei* 'Crystal Pink'.

Acer palmatum 'Orido-nishiki'

Aesculus neglecta 'Erythroblastos'

Photinia × fraseri 'Louise'

Phormium 'Sundowner'

Salix integra 'Hakuro-Nishiki'

Sorbaria sorbifolia 'Sem'

Actinidia kolomikta

Parthenocissus tricuspidata 'Starshower'

Gelbe Herbstfärbung

BÄUME UND STRÄUCHER

***Acer palmatum* 'Orange Dream'**: ab Mitte Oktober für 2 Wochen leuchtend gelbes Laub. Keine pralle Sonne oder Halbschatten. 4 m x 3 m. Weitere empfehlenswerte Sorten: 'Sangokaku'.

***Betula alleghaniensis* ➤**: goldgelbes Herbstlaub, wie alle Birken, aber 2–3 Wochen früher als die normalen Arten. Prächtig aufgrund der Blättgröße. Sonne, normaler Boden, frisch. 10 m x 3 m.

***Cercidiphyllum japonicum* ➤**: rundliche Blätter, Gelbfärbung ab Mitte/Ende September und dazu kräftiger Karamellgeruch, gelegentlich auch kupferfarben oder orange. Sonne oder Halbschatten, frischer, durchlässiger Boden. 10 m x 6 m.

Clethra alnifolia: Blätter färben sich buttergelb, etwa 2 Wochen lang. Sonne oder Halbschatten, saurer, frischer oder feuchter Boden. 1,50 m x 2 m.

***Cotinus coggygria* 'Golden Spirit'**: ganzjährig gelbgrünes Laub, aber besonders im Herbst goldfarben oder mit braunen und rosa Partien geschmückt. Sonne, durchlässiger Boden. 1,50 m x 1,50 m.

***Frangula rhamnus* 'Asplenifolia' ➤**: bandförmige Blätter, im Sommer kräftig grün und ab Oktober goldgelb, wie eine Wolke. Sonne, frische oder feuchte Böden. 2 m x 1 m.

Ginkgo biloba: fächerförmiges Blatt, färbt sich ab Mitte Oktober direkt vor dem Blattfall goldgelb. Sonne, normaler, tiefgründiger Boden. 15 m x 5 m.

***Larix decidua* ➤**: laubabwerfender Nadelbaum, die Nadeln färben sich im Oktober vor dem Abfallen gelb. Schlanke Silhouette, raschwüchsig. Sonne (nicht stechend), normaler Boden, frisch.

Lindera obtusiloba: dreilappiges, dickes Blatt mit aromatischem Geruch, das sich leuchtend gelb färbt, teils auch mit orangefarbener Nuance. Blüte im Winter. Sonne, Boden humos, frisch, kalkfrei. 3 m x 2 m.

Liriodendron tulipifera: große, vierlappige Blätter, im Oktober leuchtend gelb. Sonne, tiefgründiger und frischer Boden. 25 m x 6 m. Schellwüchsig.

***Ostrya carpinifolia* ➤**: ähnelt der Hainbuche und wird ebenso gelb im Herbst. Sonne oder Halbschatten, durchlässiger Boden. 6–10 m x 3 m.

***Poncirus trifoliata* ❄**: winterhartes Zitrusgewächs mit kleinen, dreizähligen Blättern, erst dunkelgrün, dann leuchtend gelb und später blasser. Aromatische Früchte, Zweige stachelig. Sonne, normaler Boden. 2–2,50 m x 1,50 m.

***Rosa rugosa* ➤**: raue, dunkelgrüne Blätter im Sommer, nicht anfällig für Krankheiten, im Herbst oft schöne leuchtende Gelbfärbung, was die roten Früchte hervorhebt. Sonne, normaler oder sandiger Boden. 1,50 m x 1 m.

***Spiraea japonica* 'Albiflora'**: Blätter im Sommer zartgrün und im Herbst buttergelb. Sonne oder Halbschatten, normaler Boden. 80 cm x 80 cm. *Spiraea* x *cinerea* 'Grefsheim' und *S. thunbergii* sind ebenfalls sehr attraktiv, weil sehr spät.

Weitere Bäume und Sträucher: *Acer campestre, Aesculus parviflora, Callicarpa bodinieri, Carpinus, Celtis, Chionanthus, Cladrastis, Clethra barbinervis, Corylopsis, Corylus colurna, Ficus, Fraxinus, Gymnocladus, Hamamelis mollis, Kerria japonica, Maackia, Morus, Phellodendron, Poncirus trifoliata, Populus, Ptelea trifoliata, Quercus phellos, Robinia, Stachyurus, Staphylea, Salix alba, Sophora, Symphoricarpos, Tamarix, Tilia, Ulmus, Weigela.*

KLETTERPFLANZEN

Ampelopsis aconitifolia: gefiedertes Blatt, das sich einige Tage lang buttergelb färbt. Violette Beeren. Sonne, normaler Boden. 3 m.

Weitere Kletterpflanzen: *Actinidia deliciosa, Celastrus orbiculatus, Hydrangea petiolaris.*

STAUDEN

***Amsonia tabernaemontana* ➤**: dichte Büschel mit schmalen Blättern, die sich im September/Oktober einige Wochen lang goldgelb zeigen. Blaue Blüten, Mai. Sonne, frischer Boden. 80 cm x 80 cm. Langlebige Staude.

Athyrium filix-femina: Wedel fein gefiedert, im Oktober kräftig gelb. Halbschatten, frischer oder feuchter Boden. 80 cm x 80 cm.

***Molinia caerulea* subsp. *altissima* ➤**: dicke Grasbüschel mit langen Halmen, biegsam, im Sommer grün und fast unsichtbar, Ende Oktober und November dann golden. Sonne, frischer oder feuchter Boden. 2 m x 1 m. 'Heidebraut' und 'Moorhexe': 1,50 m.

Betula alleghaniensis

Cercidiphyllum japonicum

Frangula rhamnus 'Asplenifolia'

Larix decidua

Ostrya carpinifolia

Rosa rugosa 'Blanc Double de Coubert'

Amsonia tabaernaemontana

Molinia caerulea subsp. *atissima*

Orangefarbene Herbstfärbung

BÄUME UND STRÄUCHER

Acer triflorum **➤:** dreilappige Blätter, im Sommer hellgrün, ab Anfang Oktober kupferorange. Schöne, schuppige Rinde, Sonne oder Halbschatten, kalkarmer Boden, windgeschützt. 4 m x 2 m. *Acer shirasawanum* 'Autumn Moon': handförmig gelapptes Blatt in wunderbaren Farbtönen, kalkfreier Boden, 3 m.

Amelanchier lamarckii **(=** ***A. canadensis*****):** prächtige Herbstfarben im Oktober, orange und rostbraun. Im Frühling reinweiße Blüten. Sonne oder Halbschatten, alle nicht zu trockenen Böden. 4 m x 2 m.

Aralia elata **➤:** große, gefiederte Blätter, die sich nach der Fruchtreife Ende September gelb, kupferfarben und orange färben. Sonne oder Halbschatten, windgeschützt, normaler Boden. 4 m x 2 m.

Berberis amurensis **'Rugidicans' ➤ (= 'Flamboyant'):** hellgrünes Laub, das sich ab August erst kupferfarben, dann orange und schließlich gegen Ende Oktober karminrot färbt, daher fast 3 Monate lang Herbstfärbung! Sonne, normaler Boden. 1,40 m x 1,60 m.

Cercis canadensis **'Forest Pansy':** herzförmige Blätter in dunklem Purpurton, im November rostrote Färbung. Sonne oder Halbschatten, durchlässiger Boden. 3–4 m x 2 m. Der Judasbaum mit dem schönsten Herbstlaub.

Cornus kousa **'Tsukuba-no-Mine':** Blätter färben sich im Oktober nach der Reife der rötlich-orangefarbenen Früchte kupferorange. Halbschatten, frischer Boden. 3 m x 3 m. 'Norman Hadden': halbimmergrün. 'Blushing Bride' ist kupferfarben mit Rosaton. *C. officinalis* zeigt Orangetöne.

Cotinus coggygria **'Grace':** Sorte mit großen, orange schimmernden Blättern im Sommer und leuchtend orangefarbenem Herbstlaub. Volle Sonne, normaler Boden, durchlässig. 2 m x 2 m. 'Royal Purple' ➤ und die anderen Perückensträucher (der Art *C. coggygria* und *C. obovatus*) färben sich je nach Jahr orange und karminrot in unterschiedlicher Intensität.

Diospyros kaki **➤:** spitz-ovale Blätter, Mitte Oktober orange-rot. Die dicken, orangefarbenen Früchte reifen langsam nach dem Laubabwurf. Sonne, frischer Boden, tiefgründig.

Hamamelis x ***intermedia*** **'Orange Peel':** Ende Oktober und Anfang November färben sich die Blätter orangerot, etwa 1 Monat vor Einsetzen der Blüte. Halbschatten, saurer Boden, frisch. 3 m x 3 m.

***Koelreuteria paniculata*:** große, gefiederte Blätter, fortschreitende Verfärbung ab Mitte September. Im Sommer gelbe Blüten. Sonne, normaler Boden. 6 m x 3 m.

Lagerstroemia indica **➤:** nach Ende der Blütezeit färben sich viele Sorten kupferorange. Achtung, einige werden auch rötlich schwarz. Sonne, frischer Boden. 2–6 m x 2 m.

***Photinia villosa*:** kleine, längliche, spitze Blätter, die sich im Herbst kupferorange färben, rote Früchte, im Frühling hübsche, weiße Blüte. Sonne oder Halbschatten, frischer Boden. 3 m x 1,50 m.

Pseudolarix amabilis **➤:** Gold-Lärche, laubabwerfend, mit langen Nadeln, die sich vor dem Abwurf Ende Oktober wunderschön färben. Sonne, frischer Boden. 6–8 m x 2,50 m.

Rhus glabra **➤:** große, gefiederte Laubblätter, im Sommer leuchtend grün, und je nach Jahr im Herbst kupferfarben, orange oder karminrot. Sonne oder Halbschatten, normaler Boden. 2,50 m x 4 m und mehr. *R. typhina, R.* x *pulvinata*: ähnliche Farben.

Spiraea betulifolia **var.** ***aemiliana*** **➤:** rundliche Blätter dicht am Zweig, die sich ab August von den Adern her über das ganze Blatt kupferfarben färben. Weiße Sommerblüte. Sonne oder Halbschatten, frischer Boden. Niedriger Busch und Bodendecker. 50 cm x 80 cm.

***Taxodium distichum*:** schlank aufragender Baum mit kegelförmigem Wipfel, hellgrünes Sommerlaub. Im Oktober/November Färbung rostrot-kupferfarben. Sonne, feuchter Boden. 15 m x 3 m.

Weitere Bäume und Sträucher: *Ceratostigma plumbaginoides, Cornus sanguinea* 'Midwinter Fire', *Fagus sylvatica, Fothergilla, Malus coccinella* 'Courtarou', *Prunus incisa, Rubus spectabilis, Sassafras albidum, Sorbus aria, Spiraea nipponica, Stephanandra tanakae, Stewartia sinensis, Viburnum carlesii, V. carlcephalum, V.* x *burkwoodii, V. lantana*.

STAUDEN

***Gillenia trifoliata*:** dreiteilige Blätter, sehen aus wie gefaltet, im Sommer dunkelgrün, im Herbst orange, kupfer- und bronzefarben. Im Mai/Juni weiße Blüten. Sonne oder Halbschatten, frischer Boden. 1 m x 0,50 m.

***Osmunda regalis*:** riesengroßer Farn mit gigantischen Wedeln, die sich im Oktober oder November erst orange und später rostrot färben. Alle Lagen, feuchter Boden. 2 m x 2 m.

Weitere Stauden: *Geranium pratense, G. sanguineum, Persicaria microcephala* 'Red Dragon'.

Acer triflorum

Aralia elata

Berberis amurensis 'Rugidicans'

Cotinus 'Royal Purple' und *Hydrangea quercifolia*

Diospyros kaki

Lagerstroemia indica

Pseudolarix amabilis

Rhus glabra

Spiraea betulifolia var. *aemeliana*

Rote Herbstfärbung

BÄUME UND STRÄUCHER

***Acer freemanii* 'Autumn Blaze':** rasch wachsender Baum mit gelappten Blättern, die sich von Mitte September bis November orange und rot färben. Ersatz für den Rot-Ahorn (*Acer rubrum*) auf alkalischen oder neutralen Böden. Sonne, normaler, kalkhaltiger Boden. 15 m x 4 m. Weitere empfehlenswerte Arten/Sorten: *Acer griseum* mit dreilappigen Blättern und zimtfarbener Rinde. *Acer palmatum* 'Osakazuki', 'Tsukubane' und 'Atropurpureum' ➤: für kalkfreie Böden, benötigen Windschutz.

***Cornus alba* 'Sibirica' und 'Kesselringii':** recht früh einsetzende Herbstfärbung Ende September oder Anfang Oktober, von Rot zu Purpur verlaufend. Sonne, feuchter Boden. 1,50 m x 1,50 m. *C. sanguinea*: identisch, durchlässiger Boden.

***Euonymus grandiflorus* ➤:** große, ovale Blätter, spät im November dunkelpurpurn. Halbschatten, frischer Boden. 4 m x 3 m.

***Liquidambar styraciflua* 'Lane Robert' ➤:** handförmig gelappte Blätter (ähnlich wie Ahorn), die sich mehrere Wochen lang in Purpur-Weinrot-Tönen färben. Sonne, frischer Boden. 8 m x 3 m.

***Parrotia subaequalis*:** längliche, glänzende Blätter, ab Mitte August bis November dunkelpurpurn gefärbt. Sonne, frischer, durchlässiger Boden. 6 m x 4 m.

***Prunus incisa* 'Kojou-no-mai':** kleine, eiförmige Blätter mit Spitze, im Oktober langsame Verfärbung in Orange und Purpurrot. Gewundene Statur. Sonne oder Halbschatten, frischer Boden. 2 m x 1 m. ***P. sargentii* ➤:** ab Anfang Oktober scharlach- und purpurrotes Laub. Anfang April ungefüllte, rosa Blüten. Sonne, fruchtbarer, tiefgründiger Boden. 6 m x 3 m.

***Quercus rubra* ➤:** Blätter stark gebuchtet, erst scharlachrot und von Mitte Oktober an dunkler. Sonne, frischer, tiefgründiger Boden, kalkfrei. *Q. coccinea*: sehr ähnliches Aussehen, Blätter tiefer gebuchtet. *Q. palustris*: ebenso, nasser Boden.

***Vaccinium corymbosum* ➤:** Heidelbeere mit großen Früchten und elliptischen Blättern, im Sommer bläulich grün, von Mitte Oktober bis Ende November scharlachrote Färbung mit Orange- und Rosatönen. Sonne, saurer, feuchter Boden. 1 m x 1 m.

***Viburnum sargentii* 'Onondaga' ➤:** die im Sommer purpurnen Blätter werden in manchen Jahren rostrot, orange oder kupferfarben, bisweilen zeitgleich mit den roten Früchten. Sonne oder Halbschatten, frischer Boden. 2 m x 2 m. Weitere empfehlenswerte Arten: *V. plicatum* (orangefarbene Früchte), *V. opulus* 'Roseum'.

***Zelkova serrata*:** Baum mit breiter Krone, die gezähnten Blätter färben sich weinrot mit Nuancen von Orange und Rosa. Sonne oder Halbschatten, frischer, tiefgründiger Boden. 10 m x 8 m.

Weitere Bäume und Sträucher: *Acer shirasawanum* 'Aconitifolium', *Berberis* x *stenophylla, Cornus kousa* var. *chinensis* 'Teutonia', *Disanthus cercidifolius, Euonymus hamiltonianus, Hamamelis* x *intermedia* 'Jelena', *Hydrangea quercifolia, Nyssa, Physocarpus opulifolius* 'Diabolo', *Ribes odoratum, Rosa nitida, R. virginiana, Rhododendron luteum, Stewartia*.

KLETTERPFLANZEN

***Parthenocissus quinquefolia* ➤:** handförmig zusammengesetztes Blatt, im Oktober Färbung von Gelb über Orange bis Bordeauxrot. Sonne, Halbschatten, normaler Boden. 8 m. *P. tricuspidata* 'Veitchii' mit großen dreizähligen Blättern in denselben Farben.

***Vitis vinifera* 'Brant':** große, tief eingeschnittene Blätter, im Oktober orange- oder rosarot. Trägt im Norden auch Trauben. Sonne, durchlässiger Boden. 4 m.

STAUDEN

***Cornus canadensis*:** kriechender Wuchs, Triebe mit 4 Blättern, die sich zwischen Mitte September und Dezember orange, rot und und purpurn färben. Halbschatten, saurer Boden. 15 cm x 30 cm.

***Darmera peltata*:** schildförmige, runde Blätter, färben sich kupferorange und rot. Sonne oder Halbschatten, feuchter Boden. 1 m x 1 m.

***Imperata cylindrica* 'Red Baron':** Gras mit aufrecht stehenden, grünen Blättern, die sich ab Hochsommer immer kräftiger rot färben. Sonne, leichter Boden, frisch, aber durchlässig. 40 cm. Ausläufer.

***Miscanthus sinensis* 'Ghana' ➤:** eine Chinaschilf-Sorte mit schöner roter Herbstfärbung im Kontrast zu den silbrigen Rispen. Sonne, normaler, tiefgründiger Boden. 1,80–2,50 m x 1 m. Weitere empfehlenswerte Sorten: 'Afrika', 'Poseidon', 'Purpurascens', 'Sirene'.

***Panicum virgatum*:** aufrechtes Gras mit attraktiver Rotfärbung der Blätter ab Hochsommer. Sonne, frischer, leichter Boden. 1 m x 0,50 m. 'Rehbraun', 'Rotstrahlbusch' und vor allem 'Shenandoah', 'Warrior' und 'Kulsenmoor' zählen zu den intensivsten roten Sorten.

Acer palmatum 'Atropurpureum'

Euonymus grandiflorus

Liquidambar styraciflua 'Lane Robert'

Prunus sargentii

Quercus rubra

Vaccinium corymbosum

Viburnum sargentii 'Onondaga'

Parthenocissus quinquefolia

Miscanthus sinensis 'Ghana'

Rosa Herbstfärbung

STRÄUCHER

***Abelia* × *grandiflora* 'Confetti'** ➤: halbimmergrün; kleine Blätter mit weißem Rand, der sich mit dem ersten Frost rosa färbt. Sonne oder Halbschatten, frischer Boden ohne Staunässe. 0,80 m × 1 m

***Acer palmatum* 'Shishio Improved'** ▼: kleine Blätter, die sich im Herbst nach einer eher grünen Phase im Sommer wieder leuchtend rosarot färben. Halbschatten, kalkfreier Boden. 2 m × 1,50 m. Langsames Wachstum.

Acer palmatum 'Shishio Improved'

***Berberis thunbergii* 'Silver Queen'** ➤ und **'Harlequin'**: purpurnes Laub, weiß panaschiert, dadurch im Sommer rosa Farbwirkung, im Herbst kräftiger. Sonne, Halbschatten, normaler Boden. 1,50 m × 1,50 m.

***Callicarpa dichotoma* 'Cardinal'** ➤: Laub im Herbst vollständig violett, dazwischen verschwinden die kleinen Früchte von gleicher Farbe. Sonne oder Halbschatten, frischer oder trockener Boden im Sommer. 1,50 m × 1,50 m.

***Cornus alba* 'Gouchaultii'** und **'Sibirica Variegata'** ➤: gelb oder weiß panaschiertes Laub, das im Herbst kräftig rosa wird. Sonne oder Halbschatten, normaler, frischer Boden. 2 m × 2 m. *Cornus florida* 'Rainbow' und 'Daybreak' ➤ verhalten sich ebenso.

Euonymus alatus ➤: Laub normalerweise rot, nach einem trockenen Sommer aber schön rosa. Auch wegen der Zweige mit den großen Korkleisten attraktiv. Halbschatten, normaler Boden. 2 m × 2 m.

***Spiraea betulifolia* 'Tor Gold'**: rundliche Blätter, die sich im September und Oktober kupferfarben und rosa färben. Im Sommer weiße Blüten. Sonne oder Halbschatten, frischer Boden. Niedriger Busch, Bodendecker. 50 cm × 80 cm.

***Viburnum opulus* 'Aureum'** ➤: gelbes Laub im Sommer, das sich erst an den Rändern und dann komplett rosa färbt. Die Rosafärbung ist nach einem schönen Sommer kräftiger und hebt die roten Früchte hervor. Halbschatten, frischer Boden. 2 m × 1,80 m.

STAUDEN

***Sedum sieboldii* 'Variegata'**: rundliche Blätter an biegsamen Stängeln, grün oder cremeweiß panaschiert und im Herbst und frühen Winter kräftig rosa getönt. Sonne oder Halbschatten, durchlässiger Boden. 25 cm × 30 cm. Gedeiht gut in Töpfen.

***Euphorbia polychroma* 'Lacy'** ➤: Blätter mit feinem weißen Rand, im Herbst vor dem Laubfall rosa überlaufen. Von April bis Juni gelbgrüne Blüten.

***Heuchera* 'Guacamole'** ◄: große Blätter, im Sommer gelbgrün und zum Herbst/Winter mit dem Einsetzen des Frosts rosa. Sonne oder Halbschatten. 30 cm × 30 cm. 'Forever Purple' hat eine violette Schattierung im Herbst und Winter.

Heuchera 'Guacamole'

Abelia × grandiflora 'Confetti'

Berberis thunbergii 'Silver Queen'

Callicarpa dichotoma 'Cardinal'

Euonymus alatus

Cornus alba 'Sibirica Variegata'

Cornus florida 'Daybreak'

Viburnum opulus 'Aureum'

Euphorbia polychroma 'Lacy'

Ein Teppich orangefarbener *Schizostylis* vor einem *Viburnum plicatum* 'Cascade' mit ausgebreiteten roten Zweigen und einer japanischen Gold-Lärche (*Pseudolarix amabilis*), alle zusammen unter den ausgreifenden Ästen eines *Prunus* 'Royal Burgundy', dessen dunkelpurpurne Blätter schon zu Scharlachorange umschlagen. (Garten Le Vasterival, Frankreich).

Früher Blattaustrieb

BÄUME

Sambucus nigra

***Acer palmatum* 'Akane':** junge Blätter lebhaft orangegelb ab Mitte März, kräftigere Gelbfärbung ab Juni. Halbschatten, kalkfreier Boden. 4 m x 3 m.
***A. palmatum* var. *formosanum* ➤:** grün belaubt vom Frühjahr bis in den Spätherbst, 10 m x 10 m.

***Cercidiphyllum japonicum* ➤:** Blattaustriebe purpurn und durchscheinend, ab Anfang April. Sonne oder Halbschatten, normaler, frischer Boden. 10 m x 6 m.

***Sambucus nigra* ◄:** Blattaustriebe purpurn, ab Ende März, vor allem an geschützten Stellen. Unempfindlich gegenüber Frühlingsfrösten. Sonne oder Halbschatten. 4 m x 2 m.

STRÄUCHER

***Deutzia gracilis*:** Blattaustrieb ab Ende März, Blüte Mitte bis Ende April, empfindlich gegenüber Spätfrost (geschützt unter einem Baum pflanzen). Halbschatten, normaler Boden. 1 m x 1 m.

***Lonicera maackii* ➤:** zartgrüne Blätter schon vor Ende März zu sehen, unempfindlich gegenüber Spätfrost, im Mai weiße Blüten, schöne Rinde. Halbschatten, normaler, frischer Boden. 3 m x 3 m. *L.* x *purpusii* und *L. standishii* treiben ebenfalls sehr früh aus, unmittelbar nach Ende der Blüte (vor Mitte März).

***Oemleria cerasiformis* ➤:** lichter Busch mit unauffälliger Blüte im Februar, unmittelbar danach die ersten Blätter. Sonne oder Halbschatten, vor kaltem Wind geschützter Standort. 1,50 m x 1,50 m.

***Ribes alpinum* ➤:** kleine, zartgrüne Blätter Ende März oder Anfang April, im Juni grünliche Blüten und rote Beerenfrüchte. Sehr robust.

***Sambucus racemosa* ◄:** junge Blatttriebe sehr hell, ab Mitte März, den April hindurch, z.T. bis Anfang Mai cremefarbene Blüte, rote Früchte. Halbschatten, kalkfreie, frische Böden. 3 m x 2 m.

***Sorbaria sorbifolia*:** Blattentwicklung ab Mitte März, zartgrün oder gold-rosa bei der Sorte 'Sem' ➤. Im Juli weiße Blüten. Sonne oder Halbschatten, frischer Boden. 1–1,50 m x 1,50 m. Ausläufer.

***Spiraea thunbergii* ➤:** feine, längliche Blätter in zartem Grün zu gleicher Zeit wie die Blüte ab Ende Februar. Halbschatten, normaler Boden. 1,20 m x 1 m.

***Viburnum farreri* ➤:** länglich-eiförmiges Laub, bei der Art kupferfarben, bei der Sorte 'Candidissima' in zartem Grün, zusammen mit den letzten Blüten im März. Sonne oder Halbschatten, normaler Boden. 2 m x 1,50 m.

Sambucus racemosa

Acer palmatum var. formosanum

Cercidiphyllum japonicum

Lonicera maackii

Oemleria cerasiformis

Ribes alpinum

Sorbaria sorbifolia 'Sem'

Spiraea thunbergii

Viburnum farreri

Duftende Blätter

BÄUME

Cinnamomum camphora ❖ ➤: große, feste Blätter, dunkelgrün glänzend, beim Reiben kräftiger Kampfergeruch. 3 m × 1,50 m. Busch oder kleiner Baum, besser kälteverträglich als gedacht (–10 °C).

Eucalyptus citriodora ❖: junges Laub oval und blau gefärbt, verströmt frisch oder getrocknet einen kräftigen Zitronenduft. Sonne, normaler, durchlässiger Boden.

Laurus nobilis ❖ ➤: feste, dünne Blätter mit dem gut bekannten Würzaroma. Volle Sonne, gut durchlässiger Boden. 2–10 m × 1–3 m. Je nach klimatischen Bedingungen ein Busch oder sogar großer Baum (–15 °C). Das Laub von *Magnolia virginiana* ❖ hat ein ähnliches Aroma.

Umbellularia californica ❖: immergrün; längliche, feste Blätter mit einem sehr kräftigen, angenehmen Geruch nach Kampfer und Menthol. Kleiner Baum oder dezenter Busch. Sonne oder Halbschatten, gut durchlässiger Boden. 3 m × 2 m.

Weitere Bäume: *Cercidiphyllum* (Herbst), *Clerodendrum, Ptelea, Thuja*.

STRÄUCHER

Artemisia abrotanum: Mischung aus kampferähnlich-zitronigem Duft, die angenehmste *Artemisia*-Art. Sonne, durchlässiger Boden. 1 m × 1 m. Weitere empfehlenswerte Arten: *A. absinthium* ➤, *A. canescens, A.* 'Powis Castle'.

Comptonia peregrina ➤: sehr schöne, längliche, fiederspaltige Blätter, die an Farn erinnern, angenehmer Balsamgeruch bei Wind. Sonne, kalkfreier, lockerer, frischer Boden. 1 m × 1 m. Breitet sich leicht durch Ausläufer aus. *Myrica gale* (laubabwerfend) und *M. pensylvanica* (immergrün) haben den gleichen Duft und die gleichen Ansprüche.

Helichrysum italicum ❖ ➤: feine, silbrige Blätter mit kräftigem Curry-Geruch. Im Juni/Juli gelbe Blüten, Sonne, gut durchlässiger Boden. 80 cm × 80 cm. *H. splendidum* ❖: größere, flaumige Blätter mit kräftigerem Geruch.

Hyssopus officinalis ➤: kleine, aromatische, immergrüne Blätter in kräftigem Grün. Im Sommer ährige Blütenstände mit dunkelblauen, rosa oder weißen Blüten. Sieht aus wie sehr grüner Lavendel und blüht unmittelbar danach. Volle Sonne, durchlässiger Boden. 50 cm × 50 cm. Subsp. 'Aristatus': dichtere Statur und Blüte, 30 cm × 30 cm.

Lavandula* × *intermedia: allgemein bekannter Lavendelduft, blaue Blüten. Sonne, sehr durchlässiger Boden. 80 cm × 80 cm.

Prostanthera cuneata ❖ ➤: kleine, dicht an den Zweigen anliegende Blätter mit kräftigem Mentholaroma. Große, weiße Blüten an den Triebspitzen, Mai und Juni. Sonne, Halbschatten, humusreicher, frischer Boden ohne Staunässe. 50 cm × 80 cm. –10 °C.

Rosmarinus officinalis ❖: längliche Blätter, oberseits dunkelgrün, unterseits silbrig, sehr zäh, intensiv im Duft. Himmelblaue Blüten von März bis Mai. Aufrechter Wuchs. Volle Sonne, sehr gut durchlässiger Boden. 1 m × 1 m.

Salvia officinalis ❖ ➤: halbimmergrün; Blätter grau-grünlich mit aromatischem Geruch. Blaue Blütenstände, Juni. Sonne, gut durchlässiger Boden. 50 cm × 70 cm. Alle dekorativeren Sorten haben den gleichen Duft.

Thymus vulgaris ❖ ➤: kleine, kräftig duftende Blätter entlang der Stängel, endständige, rosa Blütensträuße im Juni und Juli. Volle Sonne, leichter, durchlässiger Boden. Bei lehmigem Boden in Kiesel setzen. *T.* × *citriodorus* ❖: Duft intensiver zitronig. Viele dekorative Sorten lassen sich in der Küche nutzen.

Weitere Sträucher: *Calycanthus, Caryopteris, Choisya, Gaultheria procumbens, Perovskia, Rhododendron impeditum* und andere Arten, *Ruta, Santolina, Skimmia japonica* und *S. anquetilla, Vitex, Zanthoxylum*.

STAUDEN

Agastache foeniculum: Blätter erinnern an Brennnesseln, brennen aber nicht, riechen nach Fenchel mit einer Mentholnote. Blaue Blütenkerzen von Juli bis Oktober. Sonne, normaler Boden. 1 m. Lebensdauer 2–3 Jahre, versamt sich. 'Blue Fortune': kräftig blaue Ähren; 'Red Fortune': große, rosa Blüten. *A. mexicana*: Blätter mit purpurn schimmernder Unterseite, fruchtigeres Aroma, Blüten orange, geringere Winterhärte.

Aloysia triphylla (früher ***Lippia citriodora***): längliche Blätter mit kräftigem Zitronenduft. Stängelbasis verholzend, aber kaum winterhart. Sonne, normaler Boden, ein geschützter Standort oder abdeckbarer Kübel im Winter. 60 cm × 60 cm.

Artemisia dracunculoides: Französischer Estragon, mit schmalen, länglichen Blättern und markantem Aroma, aufrechte Stängel, später schlaff. Sterile Blüten (keine Samenbildung). Sonne, normaler Boden,

Cinnamomum camphora

Laurus nobilis

Artemisia absinthium

Comptonia peregrina

Helichrysum italicum

Hyssopus officinalis

Prostanthera cuneata

Salvia officinalis

Thymus vulgaris

durchlässig aber nicht zu trocken. 40 cm. Der „russische" Estragon (*A. dracunculus*) aus Samen ist nicht so aromatisch.

Calamintha nepeta ➤: kleine, rundliche Blätter mit kräftigem Minzaroma, von Juli bis Oktober von unzähligen kleinen, weißen, nektarreichen Blüten überzogen, die sich zum Ende der Blüte himmelblau färben. Volle Sonne, normaler Boden, durchlässig. 45 cm × 45 cm.

Chamaemelum nobile: Römische Kamille, mit feinen, fiederschnittigen Blättern an kriechenden Trieben, smaragdgrün, aromatischer Geruch, bildet eine Art Rasen. Weiße Blütenköpfchen im Juli und August, unscheinbar.

Foeniculum vulgare ➤: gefiedertes Blatt mit fadenförmigen Blättchen, hellgrün, kräftiger Anisgeruch, bildet diffuse Büschel, aus denen im Spätsommer gelbe Blütendolden ragen. Volle Sonne, normaler Boden, tiefgründig und durchlässig. 1,80 m × 0,50 m.

Houttuynia cordata ➤: dicke, herzförmige Blätter, grün oder panaschiert, mit kräftigem Zitrusgeruch (auch die Wurzeln), im Sommer weiße Blüten. Alle Lagen, frischer Boden. 40 cm × 60 cm. Ausläufer.

Levisticum officinale ➤ (Liebstöckel): gefiedertes Blatt mit kräftigen Stielen und gelappten Blättchen, smaragdgrün, mit Sellerieаroma, als Suppenwürze. Sonne oder Halbschatten, normaler, tiefgründiger Boden. 1,50 m × 0,80 m.

Melissa officinalis: kerbig gesägte, mittelgrüne Blätter, mit kräftigem Zitronengeruch. Kleine unscheinbare, weiße Blüten im Sommer. Sonne oder Halbschatten, normaler Boden. 60 cm × 60 cm. Versamt sich reichlich. 'All Gold' hat gelbe Blätter, 'Variegatus' ist gelb panaschiert.

Mentha longifolia: Minze mit länglichen Blättern, smaragdgrün, mit markantem Geruch (Kaugummi, Pfefferminztee). Im Sommer endständige Blütenstände mit malvenblauen Blüten. Sonne oder Halbschatten, normaler Boden, frisch. 70 cm × 100 cm und mehr. Wuchert durch Wurzelausläufer. 'Crispa' hat gezähnte, krause Blätter, 'Moroccan' ist am berühmtesten. 'Buddleia' hat die größten Blätter, grau, Blüten am kräftigsten blau.
Weitere Minzearten:
– *M. aquatica*: große, rundliche Blätter, purpurn schimmernd grün, kräftiges, minziges Aroma. 'Citrata' duftet wie Kölnisch Wasser, 'Lavande' wie Lavendel.
– *M. suaveolens*: kerbig gesägte Blätter mit dem Duft grüner Äpfel, weiße Blüten. 60 cm. 'Variegata': weiß umrandete Blätter, 40 cm.
– *M. gentilis* 'Variegata' ➤: große Blätter mit Ingwergeruch, gelb panaschiert, 40 cm.
– *M. pulegium*: kleine Blätter, direkt über dem Boden, kräftiger Mentholduft, 25 cm.
– *M. requienii*: winzige Blättchen, auf dem Boden hingebreitet, 1 cm.
– *M.* × *piperita* ➤: große Blätter mit herbem Aroma, 80 cm. 'Crispa': spitze, gezähnte und gekräuselte Blätter.
– *M.* × *villosa*: sehr große Blätter, dicht bepelzt, mit kräftigem Minzgeruch und Apfelnote. 1 m.

Myrrhis odorata ➤: gefiedertes Blatt wie Farn, zartgrün, flaumig, süßlicher, anisähnlicher Geruch. Weiße Blütendolden im Mai. Schatten oder Halbschatten, normaler, frischer Boden. 70 cm.

Origanum vulgare: eiförmige, flaumige Blätter mit einem Aroma wie Thymian und Rosmarin, gemischt mit Minze und Piment. Im Sommer Scheinrispen aus zartrosa, kräftig rosa oder purpurn getönten Blüten an der Spitze aufrechter Stängel. Sonne, normaler, lehmiger Boden. 10–60 cm. 'Aureum' mit gelbem Laub, 'Compactum' sehr dicht (10 cm), 'Thumble's Variety' mit gelbgrünem Blatt und weißen Blüten.

Satureja montana: Bohnenkraut, mit kleinen, länglichen, dunkelgrünen Blättern und dem Aroma von scharfem Thymian. Im Sommer rosa Blütenstände an der Spitze der Stängel. Sonne, normaler Boden, gut durchlässig. 20 cm.

Tanacetum balsamita: große, längliche Blätter, graugrün, mit kräftigem Mentholduft. Weiße, eher unattraktive Blütenköpfe im Sommer, Sonne, normaler, frischer Boden. 1,50 m.
T. vulgare: gefiederte Blätter wie ein Farn, smaragdgrün, kräftiger Kampfergeruch. Stängel mit endständigem Strauß gelber Blütenknöpfe im Sommer. Sonne oder Halbschatten, normaler Boden. Ausläufer. 'Isla gold': leuchtend gelbe Blätter. 'Crispum' ➤: prächtige, tief eingeschnittene, gekräuselte Blätter. Nicht zum Verzehr.

Weitere Stauden: *Anthemis tinctoria, Chrysanthemum, Geranium macrorrhizum, Iris foetidissima, Monarda, Salvia, Viola odorata.*

GRÄSER

Die Blüten der Gräser sind zwar geruchlos, doch können die Blätter durchaus duften.
Hierachloe odorata (Duftendes Mariengras): nicht dekorativ, ähnelt einer Quecke, würzt jedoch den Wodka. Sonne, normaler Boden. 40 cm.
Anthoxanthum odoratum (Gewöhnliches Ruchgras): unauffällig, gibt dem Heu einen angenehmen Kumaringeruch. Sonne, saurer und frischer Boden. 50 cm.
Cymbopogon citratus (Zitronengras): ein Süßgras mit Zitronenaroma, das in der ostasiatischen Küche reichlich verwendet wird. Sonne, frischer, tiefgründiger Boden. 80 cm. Frostempfindlich.

ZWIEBELN

***Allium* sp.**: die Mehrzahl der Laucharten haben geruchsintensive Blätter. Besonders ausgeprägt sind *A. ursinum, A. schoenoprasum* ➤ (Schnittlauch), *A. tuberosum* (Schnittknoblauch), *A. ampeloprasum* (Lauch) usw. Sonne, durchlässiger Boden. 15–100 cm.

Calamintha nepeta

Foeniculum vulgare

Houttuynia cordata

Levisticum officinale

Mentha gentilis 'Variegata'

Mentha × piperita

Myrrhis odorata

Tanacetum vulgare 'Crispum'

Allium schoenoprasum

ESSBARE BLÄTTER

BÄUME UND STRÄUCHER	MERKMALE
Atriplex halimus ➤	Busch mit grauen Blättern, salzig, zarte Blätter schmecken besser. Sonne, sandiger Boden, Küste. Regelmäßiger Schnitt sorgt für größeren Blattwuchs.
Fagus sylvatica ➤	Junge, zarte Blätter haben angenehmen, tanninartigen Geschmack. An Hecken leicht zu ernten. Sonne oder Halbschatten, frischer, tiefgründiger Boden.
Tilia sp. ➤	Reichlicher Ertrag, die jungen Blätter lassen sich mit Pflücksalat vergleichen. Sonne, tiefgründiger Boden. Regelmäßig verjüngen, um den Blattwuchs anzuregen.
Toona sinensis ➤	Junge Blätter schmecken nach Zwiebel und sollten in Öl angedünstet oder im Dampf gegart werden, um die Bitterstoffe zu entziehen. Blätter der Sorte 'Flamingo' sollen am schmackhaftesten sein. Oft zurückschneiden.
Phyllostachys sp. ➤	Essbare Sprossen, bevor sie eine Länge von 30 cm erreichen, mindestens zweistündiges Kochen erforderlich, um die toxischen Substanzen herauszulösen. *P. edulis* ist erste Wahl, aber weitere 110 Arten sind ebenfalls essbar, darunter *P. bambusoides, P. bissetii, P. nigra, P. vivax* und *Fargesia robusta*. Einige sind sehr delikat, andere bitterer oder faseriger.
Vitis vinifera ➤	Junge Blätter etwas säuerlich, aber angenehm, werden oft zum portionsweisen Einhüllen von Reis verwendet. Sonne, durchlässiger Boden. 1,50–6 m.

STAUDEN	MERKMALE
Aegopodium podagraria 'Variegata' ➤	Junges Laub, roh oder leicht blanchiert verwenden, der Geschmack ähnlich wie Petersilie, aber kräftiger. Sehr reich an Nährstoffen. Halbschatten, frischer Boden. 30 cm.
Bellis perennis ➤	Junge Blätter und Blüten angenehm im Salat, weil knackig und leicht herb, frischer, fester Boden. 15 cm
Borago officinalis ➤	Einjährige Pflanze, die ganz frischen Blätter vor Ausbildung des Pelzes haben Gurkenaroma. Blaue oder weiße, nektarreiche Blüten. 45 cm.
Cardamine sp.	Junge, frühe Blätter sehr delikat und reich an Nährstoffen und Vitaminen, relativ kräftiger, pfeffriger Geschmack. Angenehm in Salaten. Alle Arten eignen sich, u.a. *C. pratensis, C. quinquefolia* ➤, oder die Zierarten. Sonne oder Halbschatten, frischer Boden.
Centranthus ruber	Die ganz frischen Blätter sind knackig, saftig und frisch, haben aber keinen ausgeprägten Geschmack. Im Mai rosa, rote oder weiße Blüten. Sonne, durchlässige Böden. 70 cm × 70 cm.
Cichorium intybus	Zweijähriger oder mehrjähriger Chicorée, die jungen Blätter sehr bitter, aber für Salate als Würze interessant. Blaue Blüten. Sonne, tiefgründiger, durchlässiger Boden. 1,50 m × 0,50 m.
Crambe maritima ➤	Staudenkohl, dessen gebleichte junge Triebe (unter einem umgedrehten Pflanztopf) wie Spargel schmecken. Blaues Blatt und duftende Blütensträuße. Volle Sonne, normaler, durchlässiger Boden. 50 cm × 50 cm.
Humulus lupulus ➤	Kletterpflanze, deren junge zarte Triebe blanchiert werden und nach Spargel schmecken. Alle Lagen, frischer Boden. 3–6 m.
Malva alcea	Gebuchtete, dicke, schleimige Blätter, die Salaten eine butterweiche Struktur geben. Sonne, karge, durchlässige Böden. 50 cm × 50 cm. *M. sylvestris* hat ganzrandige, viel größere Blätter.
Mertensia maritima	Am Boden ausgebreitete Blätter in schönem Blaugrün, überraschender Geschmack ähnlich wie Austern. Volle Sonne, durchlässiger, sandiger Boden. 10 cm × 25 cm.
Montia sibirica ➤	Wüchsige Ein- oder Zweijährige, deren kleine, fleischige Blätter einen delikaten, säuerlichen Geschmack haben. Den Frühling hindurch bis zum Frühsommer kleine, rosa oder weiße Blüten. Halbschatten, frischer Boden. *Claytonia perfoliata* ➤ hat die gleichen Merkmale, die runden Blättchen sind stängelumfassend. 20 cm × 20 cm.
Sanguisorba sp. ➤	Junge Blätter mir Gurkenaroma, was Salaten oder Beilagen einen Hauch Frische gibt. Sonne, normaler Boden. 20–150 cm × 20–50 cm.
Sedum sp. ➤	Alle Arten sind essbar, haben aber unterschiedliches Aroma. Die großen *Sedum*-Arten sind frisch und knackig, vor allem die jungen Blätter. Die panaschierten Sorten sind zarter. Die kleinwüchsigen Arten (*S. album, S. acre* und *S. rupestre*) haben einen scharfen Geschmack und würzen Salate. 5–50 cm × 30 cm.
Viola odorata	Die jungen, etwas zähen Blätter schmecken wie das Aroma der Blüte. Halbschatten, frischer Boden. 10 cm × 25 cm.

Atriplex halimus

Fagus sylvatica

Tilia sp.

Toona sinensis

Phyllostachys sp.

Vitis vinifera

Aegopodium podagraria 'Variegata'

Bellis perennis

Borago officinalis

Cardamine quinquefolia

Crambe maritima

Humulus lupulus

Montia sibirica

Claytonia perfoliata

Sanguisorba sp.

Sedum 'Angelina'

Weiße und rosa Früchte

WEISS

Bäume und Sträucher

Callicarpa japonica 'Leucocarpa': endständige Sträuße kleiner, weißer Beeren, während das Laub sich strohgelb färbt. Halbschatten, normaler Boden. 1,50 m × 1,50 m.

Cornus alba ➤: bläulich weiße Früchte, nicht spektakulär, aber aus der Nähe attraktiv. Sonne oder Halbschatten, frischer oder feuchter Boden. 1,50 m × 1,50 m. 'Siberian Pearl' wurde zwar für frühe Früchte selektiert, ist aber nicht früher als die anderen.

Skimmia japonica var. repens 'Fructuoalbo' (= 'Kew White'): endständige, weiße Fruchtstände, eingeschlossen in dichtem, immergrünem Laub der weiblichen Pflanzen. Schatten, kalkfreier Boden. 0,80 m × 1,20 m.

Symphoricarpos orbiculatus 'White Edge'

Sorbus cashmiriana ➤: kleiner Baum mit bemerkenswerten Sträußen großer, weißer Früchte, September bis November. Gefiederte Blätter. Sonne oder Halbschatten, frischer Boden. 4 m × 2 m. *S. vilmoriana*: ziemlich ähnlich.

Symphoricarpos orbiculatus 'White Edge' ◄: große, kugelige, mattweiße Früchte. Kleiner, Ausläufer bildender Strauch, guter Bodendecker unter hohen Bäumen oder am Fuß einer Hecke. Schatten oder Halbschatten, normaler Boden. 1,20 m × 2 m.

Stauden

Actaea pachypoda: Trauben weißer Früchte im August und September nach den unscheinbaren weißen Blüten. Gefiedertes Laub ähnlich wie Astilben. Schatten oder Halbschatten, frischer, humusreicher Boden. 60 cm × 60 cm.

Fragaria vesca 'Alpine White': kleine, längliche Erdbeeren, weißlich gelb, trotz der Farbe sehr wohlschmeckend, Juni/Juli. Werden von Vögeln übersehen. Halbschatten, frischer Boden. 15 cm × 25 cm. 'Annablanca', 'Capron Framboisé' und 'Pineberry' bieten unterschiedliche Geschmacksrichtungen.

Iris foetidissima 'Fructuo Albo': weiße Kerne in großen Früchten, die fast den ganzen Winter stehen bleiben. Immergrüne Blätter, lang und smaragdgrün. Schatten oder Halbschatten, normaler Boden, 45 cm.

ROSA

Callicarpa bodinieri 'Profusion' ➤: Sträuße leuchtender Früchte an der Basis der Jahrestriebe. Sehr spektakulär. Sonne (nicht stechend) oder Halbschatten, normaler Boden. 1,80 m × 1,80 m.

Euonymus europaeus 'Red Cascade' ➤: früh fruchtend, rosa, im August und September deutlich vom Laub und dem Beginn der Herbstfärbung abgesetzt. Halbschatten, normaler, eher kalkhaltiger Boden. 3 m × 2 m. *E. hamiltonianus* ➤: dicke, rosa Früchte und zartgrünes Laub, das sich im Herbst orange-rostbraun färbt. *E. phellomanus*: noch größere Früchte und Äste mit Korkleisten. 1,50 m × 1,50 m.

Pernettya mucronata: Ausläufer bildender Busch mit kleinen, spitzen Blättern, die eng an den biegsamen Zweigen sitzen. Große, weiße oder rosa Früchte von Oktober bis Februar. Sonne oder Halbschatten, humoser, frischer Boden, sauer. 0,80 m × 1,20 m.

Sorbus hupehensis 'Rosea' ➤: kleiner Baum mit gefiedertem Laub, im Spätsommer und Frühherbst dicke Fruchtstände mit leuchtend rosa Früchten. (Keine pralle) Sonne oder Halbschatten. 3–4 m × 2 m.

Symphoricarpos 'Mother Of Pearl' ➤: kugelige, zartrosa Früchte. Kleiner, anspruchsloser Strauch für die Unterpflanzung von frei gewachsenen Hecken. Schatten oder Halbschatten, normaler Boden. 80 cm × 80 cm.

Vaccinium corymbosum 'Pink Lemonade' ➤: geschmackvolle Früchte, rosa, in kleinen Sträußen, von Juli bis September, unmittelbar nach den weißen Blütenglöckchen des Frühlings. Sonne oder Halbschatten, frischer, humoser Boden, sauer. 1–1,20 m × 0,80 m. Gedeiht gut im Pflanzkübel.

Viburnum nudum 'Pink Beauty': große Fruchtstände zwischen halbimmergrünem Laub, das im Herbst rosa-grün wird. Schöne Farben. Sonne oder Halbschatten, normaler Boden. 2 m × 2 m.

Cornus alba

Sorbus cashmiriana

Euonymus europaeus 'Red Cascade'

Callicarpa bodinieri 'Profusion'

Euonymus hamiltonianus

Sorbus hupehensis 'Rosea'

Symphoricarpos 'Mother of Pearl'

Vaccinium corymbosum 'Pink Lemonade'

Gelbe und orangefarbene Früchte

GELB

***Cornus mas* 'Aurea'** ➤: längliche Früchte wie kleine Oliven, hellgelb und bei Vollreife goldfarben. Von Vögeln unbeachtet. Säuerlicher Geschmack, reich an Vitamin C. Im Januar/Februar gelbe Blüten. Sonne oder Halbschatten, normaler, auch kalkhaltiger Boden.

***Malus* 'Golden Hornet'** ➤ (Zierapfelbaum): gelbe, kirschgroße Früchte, die beim ersten Frost reifen und abfallen, essbar. Blüten rosa und weiß, April. Aufrechter, später bogig überhängender Wuchs. Sonne, normaler Boden. 3 m x 4 m. 'Yellow Siberian': ähnlich, 'Comtesse de Paris': kleinere Früchte, dafür reichlicher und im Winter am Baum. *M. transitoria*: kleine Früchte, dafür reichlicher, der Baum anmutiger.

***Photinia davidiana* 'Fructuo Luteo' (= *Stranvaesia davidiana*)**: hängende Fruchtstände mit leuchtend gelben Früchten. Immergrün; Blätter grün und im Herbst teils rot gefärbt. Schatten oder Halbschatten, normaler Boden. 3 m x 2 m.

***Pyracantha* 'Renault d'Or'** ➤: große Fruchtstände mit leuchtend gelben Früchten nach cremeweißer Blüte. Prächtig bei Spalieren oder geschnittenen Exemplaren. Dornige Zweige. Sonne oder Halbschatten, normaler Boden. 2,50 m x 2,50 m. 'Orange Glow': ähnlich, die Früchte kräftig orange.

***Rosa roxburghii* 'Xanthocarpa'** ➤: botanische Rose mit großen, gelben, stachligen und zähen Früchten, die sich nach den ungefüllten, rosafarbenen Blüten entwickeln. Schöne Rinde. 1,50 m x 1,50 m.

***Sorbus* 'Joseph Rock'**: Rispen leuchtend gelber Früchte, die sich schön vom grünen Laub im September oder dem später orangefarbenen Herbstlaub im Oktober/November abheben. Sonne oder Halbschatten, frischer Boden. 4 m x 2 m.

***Viburnum opulus* 'Xanthocarpum'**: Sträuße mit großen, kräftig gelben Früchten an der Spitze der Äste, überdauern den Winter, von Vögeln unbeachtet. Unzählige weiße Blüten im Frühling. Halbschatten oder milde Sonne, normaler, frischer Boden. 2 m x 2 m.

Weitere Bäume und Sträucher: *Chaenomeles*, *Daphne mezereum* 'Album', *Ilex aquifolium* 'Bacciflava', *Nandina domestica* 'Fructuo Albo', *Rubus idaeus* 'Fall Gold', *Poncirus trifoliata*.

ORANGE

Bäume und Sträucher

Cotoneaster franchetii: unzählige kleine, orangefarbene Früchte in der oberen Partie der Zweige, was ihnen eine hübsche Krümmung gibt. Kleine, silbrige Blätter. Sonne oder Halbschatten, normaler, durchlässiger Boden. 1,80 m x 1,50 m.

Euonymus planipes ➤: dicke, purpurrote Früchte, aus denen orangefarbene Samen heraushängen. Herbstfärbung purpurrot. Halbschatten, frischer Boden. 2 m x 1,50 m. Bei *E. wilsonii* sind die Früchte komplett orange.

***Hedera helix* 'Poetarum'** ➤: baumförmiger Efeu, von Natur aus kugelig wachsend. Grüne Blütenstände, im Herbst orangefarbene Früchte. Volle Sonne, gewöhnlicher Boden. 1,20 m x 1,20 m. Sehr winterhart. Ideal für Formschnitt und Kulturkübel.

Hippophae rhamnoides: Sanddorn entwickelt auf weiblichen Exemplaren sehr viele leuchtend orangefarbene Früchte entlang der Vorjahrestriebe. Essbar und sehr reich an Vitamin C. Schönes, graues Laub und dornige Äste. Volle Sonne, karge, leichte, sandige Böden. 2,50 m x 2,50 m. Ausläufer.

***Ilex aquifolium* 'Aurantiaca'**: doldige Stände mit orangefarben marmorierten Früchten an der Spitze kurzer Triebe. Grünes Laub, kaum stachlig. Sonne oder Halbschatten, frischer Boden. 4 m x 1,50 m.

***Viburnum opulus* 'Lady Marmelade'** ➤: Sorte mit großen, bernsteingelben Früchten. Tellerförmige, weiße Blütenstände im Mai. Sonne oder Halbschatten, frischer Boden. 2 m x 1,50 m.

Stauden

Iris foetidissima ➤: dicke Früchte unmittelbar nach den kurzlebigen, braun-blauen Blüten. Im Oktober öffnen sich die Früchte, darin sind leuchtend orangefarbene Samen, die den ganzen Winter über hängen bleiben. Große, smaragdgrüne Blätter, beim Reiben entsteht übler Geruch. Schatten oder Halbschatten, normaler Boden. 45 cm.

***Maianthemum racemosum* (*Smilacina racemosa*)**: Sträuße orangefarbener Beeren im August und September, nach cremeweißer Blüte mit Zitronenduft im Mai. Endständig an einem biegsamen, bogenförmigen Stängel mit waagerechten Blättern wie Salomonssiegel. Schatten oder Halbschatten, normaler Boden mit reichlich Kompost. 80 cm.

Physalis alkekengi: leichte Lampions in Orange, die beim Trocknen von standfesten Stängeln herabhängen. Sonne oder Halbschatten, normaler, eher frischer Boden. 1 m. Ausläufer.

Weitere Bäume und Sträucher: *Malus* 'Evereste', *Viburnum plicatum*.

Pyracantha 'Renault d'Or'

Cornus mas 'Aurea'

Malus 'Golden Hornet'

Rosa roxburghii 'Xanthocarpa'

Euonymus planipes

Hedera helix 'Poetarum'

Viburnum opulus 'Lady Marmelade'

Iris foetidissima

Rote Früchte

BÄUME UND STRÄUCHER

Aronia arbutifolia **'Brilliant':** kleine Rispen mit roten Früchten an der Spitze der Jahrestriebe nach der weißen Blüte im Mai. Herbstlaub orange und rot. Kleiner, Ausläufer bildender Strauch. Schatten oder Halbschatten, normaler Boden. 1,20 m × 1,50 m.

***Cornus kousa*:** viele Sorten tragen orangerote und dunkelrote Früchte, die Menge variiert mit den Jahren. Weiße oder rosa Blüten im Mai/Juni. Halbschatten, frischer Boden.
C. mas ➤**:** Früchte in der Form und Größe einer Olive, scharlachrot und bei voller Reife purpurn. Gelbe Blütendolden im Februar. Alle Lagen und Böden. 3 m × 3 m.

Cotoneaster salicifolius ➤**:** ab September unzählige scharlachrote Früchte, so dass die Zweige sich biegen, vorher weiße Blüten. Längliche, schmale Blätter, halbimmergrün. Halbschatten, normaler Boden. 2 m × 2 m. *C. lacteus*: identisch, Blätter kleiner und breiter.

Ilex aquifolium ➤**:** Gewöhnliche Stechpalme, mit langen Dolden roter Früchte an der Spitze der jungen Äste weiblicher Pflanzen, die Menge variiert mit den Jahren.

Ilex aquifolium

Malus **'Crittenden'** ➤**:** kirschgroße, karminrote, essbare Früchte, die den ganzen Winter hängen bleiben. Vorher üppige, weiße Blüte im Frühling. Sonne, normaler Boden. 2 m × 2 m. 'Red Sentinel': große Früchte, unter denen sich die eigentlich geraden Zweige biegen. 'Red Jewel': kleine, harte Früchte, die gut überwintern.

Nandina domestica ➤**:** nach der Blüte Rispen orangeroter Früchte im Sommer und Herbst, sie überdauern den ganzen Winter gewöhnlich unbeschädigt. Gefiedertes, immergrünes Laub. Sonne oder Halbschatten, normaler Boden. 0,50–2 m × 1 m.

Pyracantha **sp.:** kleine, leuchtend rote Früchte in unterschiedlich schweren Schirmtrauben zwischen Oktober und Januar/Februar, vorher schöne, weiße Blüten. Dornige Zweige. Sonne, normaler Boden. 2 m × 2 m.

Rosa **sp.:** viele Rosenarten fruchten im Herbst reichlich in Form von orangefarbenen oder roten Hagebutten. Diese sind reich an Vitamin C. Sonne, kalkarme, tiefgründige Böden. Empfehlenswerte Arten: *R. moyesii, R. glauca, R. rugosa* ➤.

Skimmia **sp.** ➤**:** reichlich rote Früchte in kleinen, endständigen Rispen auf den weiblichen Pflanzen, Oktober bis März, von den Vögeln unbeachtet. Im März/April duftende Blütenstände. Laub immergrün. Schatten, kalkfreier Boden. 0,50–2 m × 1–2 m.

Viburnum opulus ➤**:** orangerote Früchte in großer Menge, hängen bis in den Spätwinter. Sonne oder Halbschatten, frischer Boden. 'Notcutt' (= 'Notcutt's Variety'): größere rote Früchte, die rasch von den Vögeln verspeist werden. 3 m × 2 m. 'Compactum': 1,80 m × 1,80 m. *V. rhytidophyllum* ➤: große, immergrüne Blätter und schöne, rote Früchte.

Weitere Bäume und Sträucher: *Arbutus unedo, Aucuba japonica, Crataegus laevigata, Daphne mezereum, Gaultheria procumbens.*

STAUDEN

Arum italicum **'Pictum':** dicke, runde Früchte an einem Kolben, zuerst leuchtend orange, später orangerot, im August und September nach dem Vertrocknen der Blätter. Halbschatten oder Schatten, normaler Boden. 35 cm. Spektakulärer Anblick, aber hochgiftig.

Cornus canadensis ➤**:** rote Fruchtstände inmitten von 4 Blättern auf einem kurzen Stängel wenige Zentimeter über dem Boden. Im Frühling weiße Blüten. Bodendecker. Halbschatten, saurer, frischer Boden.

***Duchesnea indica*:** kleine, rote Beeren, die appetitlich aussehen, aber hart und ungenießbar sind, folgen auf kleine, gelbe Blüten. Blatt wie bei der Wald-Erdbeere. Schatten oder Halbschatten, normaler Boden. 15 cm. Vermehrt sich durch unzählige Absenker.

Cornus mas

Cotoneaster salicifolius

Malus 'Crittenden'

Nandina domestica

Rosa rugosa

Skimmia sp.

Viburnum opulus

Viburnum rhytidophyllum

Cornus canadensis

Blaue und schwarze Früchte

BLAU

Berberis darwinii ❄ ➤: blauviolette Früchte im August und September nach der orangefarbenen Blüte im April, kleine, immergrüne Blätter. Alle Lagen und Böden, mäßige Winterhärte. 1,80 m × 1,50 m.

Clerodendrum trichotomum ❄ ➤: Blüten mit rotem Kelch, später bilden sich türkisblaue Früchte, sofern die Herbsttemperaturen längere Zeit mild bleiben. Sonne oder Halbschatten, frischer Boden. 2–4 m × 2 m.
C. bungei ❄: Früchte in kugeligen Fruchtständen.

Cornus alternifolia: in Etagen angeordnete, breit ausgreifende Äste mit grünem Laub, das sich im Herbst purpurn färbt. Im Mai weiße Blüten und im Herbst blauviolette Früchte. Halbschatten, frischer Boden. 10 m × 5 m.

Daphniphyllum macropodum ❄: ab August traubige Fruchtstände unter den jüngsten Blättern nach der Blüte im April/Mai. Eleganter, immergrüner Strauch. Sonne oder Halbschatten, frischer, durchlässiger Boden. 3 m × 2 m. 'Nanum' fruchtet reicher, 1 m × 1 m.

Decaisnea fargesii ➤: etwa 10 cm lange, blaue, bohnenartige Früchte, die in Trauben unter der Krone der Terminalblätter herabhängen. Im Mai grüne Blüten. Sonne oder Halbschatten, windgeschützt, normaler Boden. 3–4 m × 2 m.

Mahonia japonica ➤: Trauben aus blauvioletten Beeren, die im Juli und August reif sind, inmitten der endständigen Blätter. *M.* × *media* und *M. aquifolium* fruchten ebenfalls reichlich, ihre Beeren sind essbar. Schatten oder Halbschatten, normaler Boden. 2 m × 1,50 m.

Viburnum davidii ➤: türkisblaue Früchte auf den weiblichen Pflanzen im August und September (zu diesem Zeitpunkt aussuchen). Immergrünes, festes Laub. Schatten oder Halbschatten, kalkloser Boden. 1 m × 2 m.

Symplocos paniculata: kobaltblaue Früchte in dichten Rispen an den Stängelspitzen. Rundliche Blätter und kleine, weiße Blüten im Mai/Juni. Halbschatten, normaler, frischer Boden. 2 m × 1 m.

SCHWARZ

Bäume und Sträucher

Aronia melanocarpa ➤: kleine Schirmrispen aus glänzend schwarzen Früchten an der Spitze der Jahrestriebe, zeitgleich mit dem orangeroten Herbstlaub. Weiße Blüten im Mai. Kleiner, Ausläufer bildender Strauch. Schatten oder Halbschatten, normaler Boden. 1,20 m × 1,50 m.

Hedera helix 'Arborescens': baumförmiger Efeu mit kugeligen, mattschwarzen Früchten, Februar bis April. Hübsche Ergänzung zur Wuchsform und zum immergrünen Laub. Sichere Nahrungsquelle für Vögel im Spätwinter. Sonne, normaler Boden. 1,20 m × 1,20 m.

Leycesteria formosa: fast schwarze Früchte, die sich rasch nach den weißen Blüten entwickeln, in hängenden Fruchtständen, endständig an den Ästen, August bis Oktober. Äste mit grüner Rinde, eleganter, schirmförmiger Wuchs. Schatten oder Halbschatten, normaler, frischer Boden. 2 m × 1,50 m.

Sambucus nigra: schwarze, glänzende Früchte in Schirmrispen, essbar, gewöhnlich an kurzen, roten Stielchen. In manchen Jahren sehr reichlich im August nach der weißen Blüte im Juni. Sonne, frischer oder feuchter Boden. 3 m × 2 m.

Sarcococca sp. ➤: kleine, schwarze Beeren entwickeln sich langsam nach den Blüten und reifen genau dann, wenn die nächste Blühperiode beginnt. Schatten, normaler Boden. 0,60–2 m × 0,60–2 m.

Viburnum tinus ❄ ➤: im Herbst flache Fruchtstände aus blauvioletten Beeren, die rasch schwarz werden, oft zeitgleich mit den ersten Blüten des Winters. Immergrünes Laub. Schatten oder Halbschatten, normaler Boden. 1,50–2 m × 1,50 m.

Stauden

Aralia racemosa ➤: krautige Aralie mit sehr großen Rispen schwarzer Beeren im September nach der sommerlichen weißen Blüte. Dichte Büschel gefiederter, breiter Blätter, prachtvoll. Sonne oder Halbschatten, normaler, frischer Boden.

Ophiopogon planiscapus 'Nigrescens': ähriger Fruchtstand aus kleinen, glänzenden Perlen, erst violett, dann schwarz, inmitten von schwarzem Laub, spektakulär. Schatten, frischer, humusreicher Boden. 15 cm × 20 cm.

Phytolacca americana: Kermesbeere mit langen Trauben schwarzer Früchte an der Spitze der oberen Verzweigungen, September bis November. Spektakulärer Anblick in Kombination mit dem herbstlich gelben und violetten Laub. Sonne oder Halbschatten, frischer Boden. 1,50 m.

Berberis darwinii

Clerodendrum trichotomum

Decaisnea fargesii

Mahonia japonica

Viburnum davidii

Aronia melanocarpa

Sarcococca sp.

Viburnum tinus

Aralia racemosa

An der Pflanze trocknende Früchte

BÄUME UND STRÄUCHER

Catalpa bignonioides ➤: lange, dünne Kapselfrüchte (25–30 cm lang), die nach dem Fall der Blätter weithin sichtbar im Winter am Baum hängen. Große, herzförmige Blätter, im Sommer weiße Blüten, schnellwüchsig. Sonne, nährstoffreicher, durchlässiger Boden, windgeschützt. 6–15 m x 3–6 m.

Cercis siliquastrum ➤: lange, flache und etwa 1 cm breite Hülsenfrüchte, die sich bei Reife öffnen und die Samen freigeben. Nur nach heißen Sommern. Sonne, durchlässiger Boden. 2–6 m x 3 m.

Colutea arborescens: Blasenstrauch mit Früchten in Form von aufgeblasenen Hülsen, die beim Platzen ein heftiges Geräusch machen. Sie folgen rasch auf kleine, gelbe Blüten. Sonne, normaler Boden, auch schlechter. 2,50 m x 2 m. Rascher Wuchs.

Ptelea trifoliata: die Kleeulme entwickelt scheibenförmige Früchte, die mit einer papierähnlichen Membran umgeben sind, sogenannte Flügelnüsse oder Samaras, und teils den Winter überdauern. Dunkelgrünes Laub und grünliche, stark nach Honig duftende Blüten im Juli. Sonne, normaler Boden. 3 m x 2 m.

KLETTERPFLANZEN

***Wisteria* sp.** ➤: Glyzinen bringen oft lange, flache Hülsenfrüchte hervor, sehr attraktiv im Spätsommer, wenn sie sehr zahlreich sind. Sonne, normaler Boden. 10–15 m.

STAUDEN

Iris sibirica ◄: erst dunkelbraune, später schwarze Kapseln, bleiben auf den zähen Stängeln den ganzen Winter über fast völlig geschlossen. Als Masse sehr attraktiv. Sonne, frischer Boden. 80 cm x 50 cm.

Lunaria rediviva ➤: längliche Schötchen mit perlmuttfarbener Scheidewand (innen), die im Winter das Licht reflektieren. „Schälen“ nicht erforderlich, Schötchenhüllen fallen von selbst ab. Duftende lila Blüte im Mai/Juni. Halbschatten, frischer Boden. 1 m x 0,50 m.
L. annua ➤: eiförmige Schötchen, die man schälen muss, damit die perlmuttfarbene Scheidewand zur Geltung kommt.

Monarda didyma ➤: dunkle Kugeln, in denen zahlreiche Samen eingeschlossen sind, im Winter bei Vögeln beliebt. Im Sommer zerzauste Blüten, rot, malvenrosa, lila oder weiß. Sonne, frischer Boden. 60–100 cm x 30 cm.

Phlomis russeliana ➤: Kugeln, die aus den Resten der Blütenkelche bestehen und in Etagen am Stängel sitzen. Im Winter sehr malerisch. Sonne, durchlässiger Boden. 80 cm x 50 cm.

Physalis alkekengi: spitze Lampions in leuchtendem Orange, papierähnliche Textur, darin eine essbare Frucht. Sonne oder Halbschatten, frischer Boden. 80 cm x 60 cm. Ausläufer.

Rudbeckia fulgida* var. *sullivantii ➤: der schwarze Blütenboden hält sich nach dem Abfallen der gelben Blütenblätter den ganzen Winter hindurch, dadurch grafische Wirkung. Sonne, normaler Boden. 60 cm x 35 cm.

Iris sibirica

Catalpa bignonioides

Cercis siliquastrum

Wisteria sp.

Lunaria rediviva

Lunaria annua

Monarda didyma

Phlomis russeliana

Rudbeckia 'Goldsturm'

DEKORATIVE UND ESSBARE FRÜCHTE

BÄUME	MERKMALE
Amelanchier ➤	Aussehen und Geschmack ähnlich wie Blaubeeren, Juni. *A. ovalis* trägt große Früchte.
Cornus kousa ➤	Dicke, rote Früchte, fade aber erfrischend, roh oder als Konfitüre.
Corylus	Die Haselnüsse der Sorte 'Rote Zellernuss' sind in große, rote und dekorative Brakteen gehüllt. Sonne, Halbschatten, frischer Boden.
Crataegus pinnatifida ➤	Große Früchte, kandiert oder als Marmelade delikat. Schön gebuchtete, graue Blätter. Üppige weiße Blüte im Mai.
Cydonia oblonga	Quittenart mit dicken, länglichen, harten Früchten, goldgelb und duftend, delikat als Gelee. Kleiner Baum, neutraler Boden.
Diospyros kaki	Kakis sind sehr schmackhafte Früchte, sobald sie vollreif sind, also sollte man einen eigenen Baum haben, um sie so zu genießen.
Juglans	Die Walnuss (*Juglans regia*) ist ein schöner Baum, aber die Sorten mit purpurnem ('Purpurea' ➤) und weiß gezeichnetem ('Laciniata') Laub sind dekorativer und nicht so mächtig.
Malus sp. ➤	Nach üppiger Blüte lassen sich die kleinen Äpfel zu wunderbaren Gelees verarbeiten.
Mespilus germanica ➤	Die Echte Mispel trägt seltsam geformte Früchte, die gefrostet die Textur und den Geschmack von Apfelkompott haben.
Morus alba und *M. nigra*	Weiße und schwarze Maulbeeren sind je nach Sorte oft lecker, verursachen aber Flecken.
Prunus tomentosa ➤	Kleine Kirschen, die direkt am Zweig sitzen, daher von Vögeln unbeachtet. Frühe, sehr dekorative Blüte.
Sorbus domestica	Speierling und viele andere Ebereschen entwickeln ausreichend große und fleischige Früchte, um Gelee daraus zu bereiten.
Ziziphus jujuba	Jujuben sind wunderbar und fruchten ausreichend in frostarmen Regionen.

STRÄUCHER	MERKMALE
Arbutus unedo ➤	Bei Vollreife dicke, rote Früchte, roh fade, aber gut in Marmeladen mit anderen Früchten.
Aronia sp. ➤	Roh fade, aber sehr energiespendend in Marmelade.
Berberis darwinii ➤	Alle Berberitzen sind sehr vitaminreich. Diese blauen Früchte haben aber das meiste Fruchtfleisch und sind getrocknet besser.
Chaenomeles sp.	Identischer Geschmack und Verwendung wie die echten Quitten (*Cydonia*).
Decaisnea fargesii ➤	Das Gelee um die Samen in den blauen Schoten kann man essen.
Elaeagnus sp. ➤	Die Beeren aller Ölweiden sind ideal für Gelees und Konfitüren (ähnlich wie Jujuben).
Gaultheria shallon	Beeren ähneln den Blaubeeren, aromatischer, nur auf sauren Böden.
Hippophae rhamnoides ➤	Leuchtend orangefarbene, saure Beeren, vitaminreich. Getrocknet wie Bonbons.
Lonicera caerulea var. *edulis*	Sehr früh Ende Mai/Anfang Juni fruchtend, frischer, leicht säuerlicher Geschmack wie große Blaubeeren.
Lycium barbarum	Längliche, rote Früchte (Goji), für ihre Inhaltsstoffe geschätzt, am besten getrocknet. Ein Ausläufer bildender Strauch mit langen, dornigen Ästen und grauem Blatt. Sonne, leichter Boden. 1,50 m × 3 m. –15 °C.
Mahonia sp. ➤	Wie Berberitzen mit blauen Beeren, nur größer; besser getrocknet genießen.
Ribes	Die blühenden Johannisbeeren fruchten mit schwarzen, aromatischen Beeren (Cassis).
Rosa	Alle Hagebutten ergeben wunderbare Konfitüren, die reich an Vitamin C sind.
Rubus phoenicolasius ➤	Wunderbar säuerliche, himbeerähnliche Früchte im Juli. Weitere Himbeersträucher mit leckeren Früchten sind *Rubus biflorus, R. irenaeus*
Sambucus sp.	Aus Schwarzem Holunder (*Sambucus nigra*) lassen sich gute Konfitüren kochen (wunderbar mit Äpfeln), aber den Roten Holunder (*S. racemosa*) darf man nicht verwenden.
Vaccinium corymbosum ➤	Blaue Früchte, spitz-ovale Blätter, oft bläulich und mit schöner Herbstfärbung.

Amelanchier

Cornus kousa

Crataegus pinnatifida

Juglans regia 'Purpurea'

Malus sp.

Mespilus germanica

Prunus tomentosa

Arbutus unedo

Aronia sp.

Berberis darwinii

Decaisnea fargesii

Elaeagnus sp.

Hippophae rhamnoides

Mahonia sp.

Rubus phoenicolasius

Vaccinium corymbosum

Rinde weiß und gelb

WEISS

***Betula utilis* var. *jacquemontii* ➤:** leuchtend weiße, glänzende Rinde mit kaum sichtbaren, cremefarbenen Lentizellen. Sonne, normaler Boden. Gewöhnlich veredelt auf *B. pendula*. 15–20 m x 5–8 m. Es gibt mehrere Auslesen wie 'Doorenbos', 'Silver Shadow' usw. sowie zahlreiche ähnliche Arten (*B. papyrifera* u.a.), die sich für den Laien kaum unterscheiden.

***Berberis dictyophylla* ❄:** noch seltener Strauch, die jungen Triebe weißlich, das Blatt blau und die Blüten blassgelb. Sonne, normaler, durchlässiger Boden. 1,50 m x 1,50 m. Reagiert empfindlich auf kalten Wind.

***Elaeagnus umbellata* ❄:** käftige Triebe mit grauweißer Rinde, die im Folgejahr viele duftende Blüten und essbare Früchte hervorbringen. Sonne, durchlässiger, tiefgründiger Boden. 2 m x 2 m. *E. multiflora*: vergleichbar. *E. angustifolia* hat silbriges Laub und erst weiße, dann schwarze Äste.

***Perovskia atriplicifolia* ➤:** aufrechter Busch mit feinen, weißen, geisterhaften Zweigen, im Sommer blaue Blütenstände und ein schönes, silbrig glänzendes, duftendes Laub. Volle Sonne, durchlässiger Boden. 1 m x 1 m.

***Populus alba*:** Baum mit bläulich weißen Ästen und prächtigem, silbrigem Laub mit weißer Rückseite, das sich im Herbst goldgelb färbt. Sonne, normaler, leichter (Sand-)Boden. 7 m x 4 m.
***P.* x *canescens*:** ähnlich, aber wüchsiger, der dicke Stamm auch silbergrau, wunderbares, nicht faulendes Holz, 35 m. *P. tremula* ➤: gerader, heller Stamm, je nach Population weißlich, 15–30 m. *P. tremuloides* ist oft noch heller.

***Rubus thibetanus* 'Silver Fern':** aufrechte, bläulich weiße Triebe mit silbrigem Laub. Sonne oder Halbschatten, normaler Boden. 2 m x 1,50 m. Wuchert nicht. *R. cockburnianus* ➤ und *R. biflorus* haben die gleichen Farben, gebogene Triebe und stark wuchernde Wurzeln! *R. occidentalis* (Schwarze Himbeere): hat weiß bemehlte, purpurne Triebe und trägt einmal im Jahr schwarze Früchte (Juni/Juli).

***Rosa soulieana*:** die jungen, kräftigen, grünen Triebe färben sich bläulich weiß. Große, weiße, ungefüllte Blüten in üppigen Sträußen, kleine, orangefarbene Hagebutten. Sonne oder Halbschatten. 2–4 m x 2 m. Halb-kletternd.

***Salix irrorata*:** dünne Zweige mit bläulich weißer Rinde, sehr schön vor dem Laubfall der silbrigen Blätter. Sonne, frischer Boden. 1,50 m x 1,50 m. *S. daphnoides* und *S. acutifolia*: dickere Zweige, die man am besten in jedem Spätwinter verjüngt.

GELB

***Acer rufinerve* 'Erythrocladum':** gelbe Äste mit weißen Streifen, korallenrote Knospen, im Winter kräftig leuchtend. Langsamer Wuchs. Halbschatten, frischer Boden ohne Staunässe, kalkfrei. 4 m x 2 m.
***A. pensylvanicum* 'Erythrocladum':** ähnlich, kräftiger korallenrot, größere Blätter.
***A. negundo* 'Winter Lightning' ➤:** hellgelbe Rinde auf den jungen Zweigen.

***Cornus stolonifera* 'Flaviramea':** Zweige mit gelbgrüner Rinde, die am Höhepunkt des Winters aufhellt. 'White Gold' hat zudem noch weiß umrandete Blätter. Halbschatten oder Sonne, frischer oder feuchter Boden. 1,80 m x 1,80 m.

***Fargesia robusta* ➤:** horstig wachsender Bambus mit grünen Halmen, die sich gelb färben, kontrastreich zu hellen Blattscheiden. Relativ große Blätter. Üppiger und kräftiger Wuchs, breitet sich aus. 4–6 m x 3 m. Sehr kälteverträglich.

***Fraxinus excelsior* 'Jaspidea':** Baum mit buttergelb gefärbter Rinde bei Trieben und jungen Ästen, im Winter goldfarben und ein Kontrast zu den schwarzen Knospen. Sonne, frischer, durchlässiger Boden. 8 m x 3 m. Gut geeignet für Kopfschnitt. 'Jaspidea Pendula' ist eine Trauerform, schöne Wirkung gepfropft auf kurzem Stamm. 3 m x 3 m.

***Kerria japonica* 'Aureovittata':** gelb (längs-)gestreifte oder völlig gelbe Triebe, im April ungefüllte, gelbe Blüten. Sonne oder Halbschatten, normaler Boden. 1,50 m x 2 m und mehr. Wuchernde Wurzelausläufer.

***Phyllostachys aureosulcata* 'Aureocaulis' ➤:** mittelmäßig stark ausläuferbildender Bambus mit schönen, goldgelben, unregelmäßig grün gestreiften Halmen. Lichtes Laub. Sonne oder Halbschatten, frischer, nährstoffreicher Boden. 6–8 m. *P. aureosulcata* 'Spectabilis': ähnlich. *P. vivax* 'Aureocaulis': ähnlich, die Halme fühlen sich rau an.

***Salix alba* 'Vitellina':** grünliche einjährige Zweige, die sich im Winter buttergelb färben. Normalerweise ein Baum, aber leicht durch alljährlichen Schnitt als Busch zu zähmen. Sonne, feuchter Boden. 2 m x 2 m 'Vitellina Pendula' ➤: Trauer-Weide mit gelben Zweigen. 6–8 m x 6–8 m.

Populus tremula

Betula utilis var. *jacquemontii*

Perovskia atriplicifolia

Rubus cockburnianus

Acer negundo 'Winter Lightning'

Fargesia robusta

Phyllostachys aureosulcata 'Aureocaulis'

Salix alba 'Vitellina Pendula'

Rinde orange und rot

ORANGE

***Acer palmatum* 'Bi-hoo':** Äste leuchtend orangegelb im Winter. Raschwüchsig, helles Laub. Halbschatten, frischer, humoser, kalkfreier Boden. 3 m × 2 m.
***A.* × *conspicuum* 'Phoenix' ➤:** junge Äste leuchtend korallenrot mit weißen Streifen, die älteren Äste kräftig orange, im Winter sehr auffällig. Halbschatten, frischer Boden, kalklos und durchlässig. 4 m × 2 m.

***Alnus incana* 'Aurea' ➤:** kleiner Baum, die jungen Äste orangegelb, mit orangefarbenen Kätzchen und frisch nach dem Austrieb gelben Blättern. Halbschatten, frischer Boden. 4–5 m × 2 m. Verjüngungs- oder Kopfschnitt.

***Cornus sanguinea* 'Winter Beauty' ➤:** Busch mit ockergelb berindeten Zweigen, die sich nach den ersten Frösten leuchtend orange färben, fast fluoreszierend. Zartgrünes Laub, im Herbst ockergelb. Sonne oder Halbschatten, normaler Boden, auch trocken und kalkhaltig. 1,80 m × 1,80 m.

***Corylus avellana* 'Aurea':** junge Äste kupferorange, dann grau. Orangefarbene Kätzchen und im Frühling goldfarbenes Laub. Halbschatten, frischer Boden 3 m × 3 m.

***Liquidambar* 'Golden Sun' ❄:** junge Äste goldgelb oder orange, je nach Kälte. Lang anhaltende, attraktive Herbstfärbung. 6–8 m × 3 m. Mildes Klima.

***Prunus maackii* ➤:** Amur-Traubenkirsche, mit schöner, kupferfarbener, glatter Rinde während der ersten 25 Jahre, später dunkler. Im Mai weiße Blütentrauben. Sonne, normaler, frischer Boden. 12 m × 4 m. 'Amber Beauty' als Jungbaum heller.

***Salix alba* 'Nova' ➤:** Busch oder Baum mit korallenroter Rinde an den Zweigen, sobald der Frost einsetzt. Sehr schönes, graues Sommerlaub. Sonne, feuchter Boden. 2 m × 2 m. 'Chermesina' ist ähnlich, aber das Laub grün.

ROT

***Acer palmatum* 'Sangokaku' ➤:** kleiner Baum mit aufrechten Zweigen, Rinde im Winter kräftig korallenrot. Halbschatten, frischer, humoser Boden ohne Kalk. 5–7 m × 3 m.

***Cornus alba* 'Sibirica' ➤:** Busch mit korallenrot berindeten Zweigen bei stärkster Kälte im Winter, später himbeerrot. Dunkelrote Herbstfärbung des Laubs. Sonne oder Halbschatten, normaler, frischer Boden. 1,50 m × 1,50 m. 'Westonbirt' und 'Baton Rouge' sind identisch.

***Rosa nitida*:** kurze, senkrechte Triebe, im ersten Winter dunkelrot. Kleine Blüten und rote Hagebutten, hübsche Herbstfärbung. Sonne, normaler Boden. 60 cm × 100 cm. Ausläufer. *R. virginiana* ist ähnlich, hat weniger Stacheln und wächst kräftiger, 1,20 m.
***R.* 'Therèse Bugnet' ➤:** eine der seltenen Hybriden mit schöner, rosaroter Rinde auf den 1–2 Jahre alten Trieben. Große, üppig gefüllte, duftende Blüten. Nicht krankheitsanfällig. Sonne, normaler, tiefgründiger Boden. 2 m × 2 m.

***Rubus phoenicolasius* ➤:** Himbeere mit karminroten Ruten, dicht von Borsten überzogen, aber nicht stechend. Orangerote, schmackhafte Früchte, Juli. Alle Lagen, frische Böden. 1,80 m × 2 m.

Acer palmatum 'Sangokaku' im Garten Le Vasterival.

Acer × conspicuum 'Phoenix'

Alnus incana 'Aurea'

Cornus sanguinea 'Winter Beauty'

Prunus maackii

Salix alba 'Nova'

Cornus alba 'Sibirica'

Rosa 'Thérèse Bugnet'

Rubus phoenicolasius

Rinde purpurn und schwarz

PURPURN

Betula lenta: glänzende Rinde, bei jungen Exemplaren hell, dann dunkler und mit dem Alter bräunlich rot. Gelbes Herbstlaub. Sonne, normaler, frischer Boden. 15–20 m x 5–6 m.

Metasequoia glyptostroboides ➤: laubabwerfende Konifere, schellwüchsig, der Stamm mit schöner, kupferroter Rinde und bei Regen glänzend. Sonne, frischer oder feuchter Boden. 25 m x 5 m.

Prunus serrula: Rinde an Stamm und Hauptästen unterschiedlich kräftig mahagonirot, glänzend und von hellen Lentizellen durchzogen. Sonne oder Halbschatten, frischer, tiefgründiger Boden, windgeschützt. 6 m x 3 m. *P. canescens*: ähnlich aber graziler. *P. rufa* ➤: mehr Lentizellen.

Rosa carolina: stachelige Zweige, purpurbraun und später dunkel schokoladenfarben. Ungefüllte, zartrosa Blüten. Laub mit schöner Herbstfärbung. Sonne, normaler Boden, frisch. 1 m x 1,50 m. Ausläufer.

***Rubus* 'Dart's Defender'** ➤: kräftige Brombeere mit schönen, mahagonifarben glänzenden Ruten. Blätter unterseits weiß. Attraktive Blüten und leckere, schwarze Früchte. Sonne, frischer Boden. 2 m x 1,50 m.

Sequoia sempervirens: Mammutbaum, immergrün und schlank aufragend, der Stamm von einer dicken, braunroten Borke überzogen. Sonne oder Halbschatten, windgeschützt. 50 m x 6 m.

SCHWARZ

Bäume und Sträucher

Betula nigra ➤: Rinde erst hell cremegelb, mit 20–25 Jahren dann braunschwarz. Markantes, rautenförmiges Blatt. Sonne oder Halbschatten, dauerfeuchter Boden. 8–15 m x 5–8 m. Auf *B. pendula* gepfropfte Exemplare gedeihen auf normalem Boden.

***Cornus alba* 'Kesselringii'** ➤: Zweige mit glänzend schwarzer Rinde, wie lackiert. Laub purpurn schimmernd, schöne Herbstfärbung in Purpurtönen. Sonne, frischer Boden. 2 m x 2 m.

Fargesia nitida ➤: nicht-ausläuferbildender Bambus mit purpurschwarzen Halmen und kontrastreich hellen Blattscheiden. Feine Blätter. Horste bleiben an der Basis dicht. 4–5 m x 3 m. Sehr kälteverträglich. 'Black Pearl': intensiv schwarze Auslese, schon bei den jungen Halmen.

***Hydrangea macrophylla* 'Zorro'** ➤: junge Triebe lackschwarz, sehr schön vor der Blüte, dann im Sommer und im ersten Winter. Sonne oder Halbschatten, frischer und humoser Boden. 1,50 m x 1,50 m. Weitere Sorten:
- Tellerhortensien: 'Zambia Pink' (rosarot), 'Choco Chic' (weiß).
- Ballhortensien: 'Oregon Pride' (rot), 'Nigra' (rosa), 'Zebra' (weiß).

Salix nigricans: dünne, pechschwarze Zweige, längliche Blätter, in nassen Böden krankheitsanfällig. Sonne, frischer Boden ohne Staunässe. 1,20 m x 1 m.

Phyllostachys nigra ❄ ➤: mittelmäßig stark ausläuferbildender Bambus mit grünen, schwarz marmorierten Halmen, im zweiten Jahr glänzend schwarz werdend. Lichtes Laub. Sonne oder Halbschatten, frischer, nährstoffreicher Boden. 6–8 m. Windgeschützt.

Stauden

***Aster laevis* 'Calliope'** ➤: standfeste Stängel in glänzendem Schwarz, mit dichtem, immergrünem Laub. Blaue, leuchtende Blütensträuße ab Mitte Oktober. Sonne, normaler, frischer Boden. 1,50 m–2 m x 0,50 m. Stützen möglich.

Kirengeshoma koreana ➤: manche Züchtungen haben schwarze Stängel, wodurch die zartgrünen Blätter und blassgelben Lampionblüten im Herbst besonders betont werden. Halbschatten, frischer Boden. 1 m x 1 m.

Hydrangea macrophylla 'Zorro'

Metasequoia glyptostroboides

Prunus rufa

Betula nigra

Rubus 'Dart's Defender'

Cornus alba 'Kesselringii'

Fargesia nitida

Phyllostachys nigra

Aster laevis 'Calliope'

Kirengeshoma koreana

Rinde grün und gestreift

BÄUME UND STRÄUCHER

***Cornus sanguinea* 'Green Light'** ➤: Busch mit hellgrünen Zweigen, was in der Masse effektvoll wirkt. Laub hellgrün, im Herbst ockergelb. Sonne oder Halbschatten, normaler Boden, auch trocken oder kalkhaltig. 1,80 m × 1,80 m.

***Cytisus* sp.** ➤: alle Ginster einschließlich der Gattungen *Genista, Spartium* und *Ulex* haben schöne, grüne Triebe, die auch im Winter ansehnlich bleiben. Sonne, leichter, sandiger Boden.

Kerria japonica ➤: zahlreiche, dünne, smaragdgrüne Triebe, die im April dicht von gelben Blüten (einfach oder gefüllt) überzogen sind. Zartgrünes Laub, auch weiß oder gelb umrandet. Sonne oder Halbschatten, normaler Boden. Wuchert durch Ausläufer. 1,50 m × 2 m und mehr.

Leycesteria formosa ➤: aufrechte, schlanke Jahrestriebe, jadegrün, an den Spitzen unter der Last der weißen Blütenstände und (im Herbst) dunkelpurpurnen Früchte bogig überhängend. Schatten oder Halbschatten, normaler, frischer Boden. 1,80 m × 1,50 m.

Jasminum nudiflorum: verholzender Strauch, die Zweige im ersten Jahr biegsam und grün, von November bis März von gelben Blüten bedeckt. Sonne oder Halbschatten, normaler Boden. 2 m × 1 m.

Poncirus trifoliata ➤: Busch mit kräftigen Zweigen, großen, glänzend grünen Dornen und kleinen, dreizählig gefiederten Blättern. Weiße, duftende Blüten und grüngelbe Zitronen, sehr hart aber aromatisch. Sonne oder Halbschatten, normaler, frischer Boden. 2 m × 2 m.

***Sophora japonica* (Syn.: *Styphnolobium japonicum*)**: wüchsiger Baum mit langen Ästen, Zweige im ersten Jahr biegsam und grün, voller kleiner, gefiederter Blätter. Sonne, frischer, durchlässiger Boden. 10 m × 5 m. Die Farbe der Zweige ist bei Exemplaren mit Kopfschnitt intensiver.

SCHLANGENHAUT

Viele asiatische oder amerikanische Ahornarten haben eine grüne Rinde, die in den ersten 20 Lebensjahren mehr oder weniger von weißen Streifen durchzogen ist. Die Streifen verblassen und hinterlassen einen leuchtend grünen Anblick. Halbschatten (kleine Bäume für Unterpflanzungen), neutraler oder saurer Boden, frisch, windgeschützt. Durschnittliche Größe: 6–8 m × 4 m. Sie unterscheiden sich durch die Blattformen.

Acer capillipes
Längliche Blätter mit rotem Blattstiel.

Acer davidii
Blätter länger als breit. 'Serpentine': kräftig gestreifte Rinde, eleganter Baum. 'Rosalie': junges Laub purpurn.

Acer pensylvanicum
Große Blätter, im Herbst buttergelb.

Acer tegmentosum
Junge Bäume fast weiß, großes Blatt, im Herbst gelb. 'Joe Witt' hat sehr viele Streifen und dadurch eine fast weiße Rinde.

Weitere gestreifte Ahornarten:

- *Acer grosseri* var. *hersii:* große Blätter, gelbe Herbstfärbung.
- *Acer laxiflorum:* schlankes, längliches, spitzes Laub.
- *Acer rufinerve:* breite Blätter, Herbstfärbung orange und rot.

STAUDEN

Equisetum hyemale* var. *camtschaticum ➤: Schachtelhalm mit geraden Stängeln, immergrün und kaum verzweigt, smaragdgrün mit schwarzen und weißen Streifen. Alle Lagen, feuchter Boden. Diese wüchsige Varietät wird bis zu 2 m hoch, während die Art (*E. hyemale*) nur 80 cm erreicht.

Cornus sanguinea 'Green Light'

Cytisus sp.

Leycesteria formosa

Kerria japonica

Poncirus trifoliata

Equisetum hyemale var. camtschaticum

Rinde zimtfarben oder marmoriert

ZIMTFARBEN

Acer griseum ➤: zimtfarbene Rinde, die sich in Streifen ablöst, dreizählig gefiederte Blätter, rote Herbstfärbung. Sonne oder Halbschatten, normaler Boden, frisch (sogar Kalkboden). 10 m x 3 m.

Arbutus x ***andrachnoides*** ➤: rote Rinde mit grünbraunen Schattierungen beim Ablösen. Immergrünes Laub. Sonne, durchlässiger Boden, empfindlich gegen Staunässe. 6 m x 4 m, Winterhärte −10 bis −12 °C. *A. menziesii*: erstaunliche, orangerote Rinde, große Blätter. Winterhärte bis −10 °C.

Betula albosinensis: kupferfarbene Rinde mit unterschiedlich kräftiger grau-rosa Nuancierung, je nach Alter und Herkunft der Pflanze. Sonne oder Halbschatten, windgeschützt. 7 m x 3 m.
B. nigra: Rinde der jungen Exemplare (unter 20 Jahren) hell zimtfarben, löst sich in großen Blättern. Sonne, frischer oder feuchter Boden. *B. costata* und *B. ermanii* bewahren den Farbton lange.

Dipelta floribunda: schlank aufragender Baum mit zimtbraunen Trieben, ab dem zweiten Jahr großflächig ablösende Rinde. Hübsche, röhrenförmige Blüte. Sonne oder Halbschatten, frischer Boden. 2,50 m x 1,50 m.

Rhododendron griffithianum ❄: prächtige Rinde, dunkel zimtfarben auf Exemplaren älter als 20 Jahre. Große, weiße, duftende Blüten im Mai. Halbschatten, saurer Boden, vor Wind und starkem Frost schützen. 5–7 m x 5 m. *R. halopeanum* ❄: Rinde stärker durch helle Flächen nuanciert. Bei *R. nipponicum* ❄ ➤, *R. genesterianum* ❄ haben die jungen Exemplare in Buschform auch eine schöne Rinde. 1,50 m x 1,50 m, mildes Klima.

Salix x ***grahamii***: kleine Weide mit kupfergelben Ästen, die bei Frost dunkler werden, silbrige Kätzchen im Spätwinter. Sonne, frischer oder feuchter Boden. 1,50 m x 1,50 m.

Spiraea salicifolia ➤: junge Triebe mahagonirot oder etwas heller, je nach Sorte der im Frühling verjüngten Büsche. Sonne oder Halbschatten, normaler Boden. 80 cm x 80 cm.

Stephanandra tanakae: sehr schöne, dunkel zimtfarbene Rinde, glänzend. Weiße Blütenstände im Juni, schirmförmige Statur. Halbschatten, normaler, frischer Boden. 1,50 m x 1 m.

Weitere Art: *Taxodium distichum*.

MARMORIERT

Clethra barbinervis ➤: Stämme und Äste in Tarnfarben mit Marmorierung in Kaki, Grün, Hellbraun und Zimtfarben, das ganze Jahr hindurch attraktiv. Schöne, duftende, cremefarbene Blüten im Sommer und prächtige Herbstfärbung. Halbschatten, saurer, frischer Boden. 5 m x 2 m.

Cornus kousa* var. *chinensis: braune Rinde, die sich bei älteren Bäumen im Sommer in großen Platten löst, darunter heller. Sonne oder Halbschatten, frischer, humoser Boden. 5 m x 4 m. *C. wilsonii*: graubraune Marmorierung.

***Eucalyptus* sp.** ❄: Die meisten Arten habe eine bemerkenswerte Rinde. Entweder löst sie sich in Fetzen oder erneuert sich in Platten. *E. pauciflora* subsp. *niphophila*, *E. pauciflora* var. *debeuzevillei*, *E. globulus* und *E. viminalis* gehören zu den widerstandsfähigsten.

Lagerstroemia indica: die Chinesische Kräuselmyrte zeigt je nach Saison eine nuancenreiche Rinde mit großen Schuppen in Grau, Bläulich, Rosa, grünlichem Gelb oder Zimtbraun. Sonne, frischer Boden. 3–6 m x 3 m.

Parrotia persica ➤: der dunkelbraune Stamm hellt sich durch rosa, kupferfarbene, hellbraune, graue und gelbe Flecken auf, wenn er sich im Sommer oder Herbst häutet. Sonne, durchlässiger Boden, vor trockenem Wind schützen. 8 m x 5 m.

Pinus bungeana: „Herrscher" aller Kiefern mit wunderbarer, grauer und brauner Marmorierung bei Emplaren älter als 12–15 Jahren. Sonne, normaler, durchlässiger Boden. 10 m x 5 m. Liebt Klimazonen mit klar abgegrenzten Jahreszeiten (heiße Sommer, kalte Winter).
P. sylvestris: die Wald-Kiefer hat gewöhnlich eine kupferrote Rinde und gelegentlich fleckige rosa und graue Nuancen auf den starken Ästen. Sonne, leichter, sandiger Boden. 20 m x 5 m. 'Watereri': Zwergform (5 m x 4 m), sehr malerisch. 'Fastigiata: lang gestreckter Wuchs und gut sichtbare Rinde. *P. densiflora* und *P. thunbergii* haben ebenfalls eine attraktive rote Rinde, nur dunkler.

Platanus orientalis ➤: spektakuläre Häutung, bei der sich im Sommer grüne und hellgelbe Partien zeigen. Sonne, normaler Boden, frisch und tiefgründig. 15–25 m x 7–8 m. *P.* x *acerifolia*: Rinde insgesamt eher grau, aber auch prächtig nuanciert.

Pseudocydonia sinensis: sehr schöner, dunkel braunroter Stamm, der sich bei der sommerlichen „Mauser" durch Nuancen von Gelb oder Zimt aufhellt. Sonne oder Halbschatten, leichter, tiefgründiger und durchlässiger Boden. 5 m x 3 m. *Cydonia oblonga*: dieser fruchtende Quittenbaum kann eine sehr hübsche Wuchsform haben.

Stewartia pseudocamellia ➤: kupferbraune Rinde, die hellere und graue Partien zeigt. Auch durch Blüten und Herbstfärbung attraktiv. Sonne oder Halbschatten, frischer, kalkfreier Boden. 6–8 m x 4 m.

Acer griseum

Arbutus × andrachnoides

Rhododendron nipponicum

Spiraea × salicifolia

Clethra barbinervis

Parrotia persica

Platanus orientalis

Stewartia pseudocamellia

Schöne Dornen, Stacheln oder Kork

BEWEHRTE ZWEIGE ODER STÄMME

Aralia elata ➤: dicke Zweige mit zahlreichen Dornen, die mit der Zeit verschwinden und verdicken. Große Blätter, Blüten im August. 3–4 m × 2 m.

Araucaria araucana ➤: seltsame Koniferen, deren Zweige mit gerade abstehenden, fürchterlich dornigen Schuppen bedeckt sind. Urzeitlich anmutende Silhouette. Sonne, normaler, frischer Boden ohne Staunässe, tiefgründig. 15–25 m × 8 m.

Berberis julianae ➤: lange Dornen an den Blattstielen, Dornblätter und dazu noch dornige Blattspitzen. Sonne oder Halbschatten, normaler Boden. 2 m × 1,50 m. Alle Berberitzen tragen Dornen und bilden undurchdringliche Hecken.

Colletia cruciata ❄ ➤: seltsamer Strauch mit jungen, grünen, bedornten Zweigen, aus denen im Spätfrühling kleine, weiße Blüten hervorbrechen. Sonne, frischer, durchlässiger Boden.

Crataegus crus-galli: lange Dornen (2–3 cm) entlang der jungen oder etwas älteren Äste, besonders spitz. Weiße Blüten und dicke rote Früchte, prächtige Herbstfärbung. Sonne, durchlässiger Boden. 4–5 m × 2 m.

Genista hispanica ❄: niedriger, stämmiger Ginster mit Zweigen voller grüner Dornen, die die winzigen Blätter kaschieren. Im Mai gelbe Blüten. Volle Sonne, gut durchlässiger Boden. 0,50 m × 1 m.

Gleditsia triacanthos: Baum, dessen Äste und Stamm von abschreckenden, langen, gebündelten Dornen überzogen sind. Das gefiederte Laub lässt viel Licht hindurch. Sonne, normaler Boden. 10 m × 4 m. Diese Pflanze wird gewöhnlich nicht außerhalb von botanischen Gärten kultiviert, man kann sie aber aus Samen der unbewehrten Sorten ziehen, die wegen ihres schönen grünen, gelben oder purpurnen Laubs beliebt sind.

Kalopanax pictus: dicke Triebe mit schwarzen Dornen, große, fünflappige Blätter. Sonne oder Halbschatten, windgeschützt, normaler, frischer Boden. 2,50 m × 1,50 m. *K. pictus* var. *maximowiczii*: Blätter tief gelappt.

Maclura pomifera: Baum mit ovalem, zartgrünem Laub, ähnlich wie bei der Ulme, die jungen Zweige mit langen Dornen bewehrt. Dicke, runde Früchte mit harter Schale. Sonne, normaler, frischer Boden. 6 m × 4 m.

Poncirus trifoliata: grüne Äste mit großen Dornen und kleinen, dreizählig gefiederten Blättern. Weiße, intensiv duftende Blüten im Frühling, danach sehr harte Zitronen. Sonne, normaler Boden. 2 m × 2 m.

Rosa sericea* fo. *pteracantha: Zweige mit langen, roten Stacheln, die im Sonnenuntergang glänzen. Gefiedertes Blatt, ungefüllte, weiße Blüte im Frühling. Sonne, normaler Boden. 2 m × 1 m.

Ulex europaeus ➤: Stechginster mit grünen Zweigen voller Dornen unterschiedlicher Länge, oft länger als die Blätter. Von Februar bis Juni gelbe Blüten mit Kokosduft. Volle Sonne, Wind, sandiger Boden und Küste. 2 m × 2 m.

***Zanthoxylum* sp.** ➤: Sträucher oder kleine Bäume mit dornigen Zweigen und gefiederten Blättern, kräftiges Aroma, kleine rosa oder rote Beeren, die man unter dem Namen Sichuan-Pfeffer und Nepal-Pfeffer (zwei verschiedene Arten) als Gewürz nutzt. Einfach zu kultivieren und recht winterhart. Sonne, normaler Boden. 2–5 m × 1,50 m.

KORK

***Acer palmatum* 'Arakawa'** ➤ **(Syn.: 'Rough Bark')**: schon im geringen Baumalter eine tief rissige Borke, die einen alten Eindruck macht. Grünes Laub mit gelber Herbstfärbung. Halbschatten, kalkloser, frischer Boden. 6 m × 5 m.

Corylus colurna ➤: schlanker Baum mit konischer Krone und Korkrinde auf jungen Ästen und Stamm. Kleine Haselnüsse. Sonne, nährstoffreicher, frischer Boden, tiefgründig. 8–12 m × 3 m.

Euonymus alatus: grüne Äste mit 2, 3 oder 4 flügelähnlichen Korkleisten, die sich auch auf den alten Ästen erhalten. Rosa Herbstlaub. Sonne oder Halbschatten, normaler Boden. 2 m × 1,50 m. *E. phellomanus*: seltener, noch größere Korkleisten. 1,50 m × 1,50 m.

Liquidambar styraciflua: junge Äste haben teils ausgeprägte Korkleisten, das gilt auch für den Stamm einiger Individuen. Blätter gleichen jenen von Ahorn, schöne Herbstfarben. 10–25 m × 4 m.

Quercus suber ❄: Kork-Eiche, der Kork wird aus der dicken, weichen Borke auf dem mehr oder weniger gewundenen Stamm gewonnen. Kleine, ovale Blätter, gezähnt, oberseits dunkelgrün und glänzend, unterseits weiß. Sonne, normaler Boden, tiefgründig und gut durchlässig. 5 m × 3 m.

Ulmus parvifolia ➤: Stamm und Hauptgeäst von einer dicken, korkigen und rissigen Rinde überzogen, die später durch eine harte, rissige Borke ersetzt wird. Sonne, nährstoffreicher, tiefgründiger und frischer Boden. 15–20 m × 5 m.

Aralia elata

Araucaria araucana

Berberis julianae

Colletia cruciata

Ulex europaeus

Zanthoxylum sp.

Acer palmatum 'Arakawa'

Corylus colurna

Ulmus parvifolia

Gewundene Äste

BÄUME

***Crataegus monogyna* 'Tortuosa':** gewundene Äste, kleine, gebuchtete Blätter und rosa Blüten im Frühling. Für malerische Exemplare unbedingt buschig klein halten. Sonne, normaler, kalkhaltiger Boden. 3–5 m x 2 m.

***Fagus sylvatica* 'Tortuosa' ➤:** Buche mit schlangenartig gewundenen Ästen, bildet keine Spitze und damit auch keinen Hauptstamm aus, wächst in die Breite und entwickelt eine große Kuppel. Sonne oder Halbschatten, tiefgründiger Boden. 2–5 m x 3–8 m.

***Morus latifolia* 'Spirata' ➤:** große, herzförmige Blätter, wellig wachsende, aber aufrechte Zweige, daher eine kräftige, seltsam anmutende Silhouette. Sonne, nährstoffreicher, tiefgründiger und durchlässiger Boden. 3–5 m x 3 m.

***Salix alba* 'Dart's Snake' ➤:** Korkenzieher-Weide mit gewundenen Ästen und schwarzer Rinde. Im Sommer graues Laub. Volle Sonne, normaler Boden, nicht staunass. 2–12 m x 1–5 m. Deutliche Verbesserung von *S. erythroflexuosa* 'Tortuosa'. *S.* 'Golden Curls' und 'Caradoc' sind vergleichbar, haben aber im Winter ockergelbe Äste.

STRÄUCHER

***Camellia japonica* 'Curly Lady':** schlangenartig gewundene Zweige, Blätter rot, Blüten rot und gefüllt. Halbschatten oder Schatten, kalkfreier, frischer Boden. 1,80 m x 1 m. Ganzjährig im Topf attraktiv.

Corylus avellana 'Contorta'

***Corokia cotoneaster* ❄ ➤:** Strauch mit zickzackförmigen, weißlichen Ästen, kleinen, grauen Blättern und kleinen, gelben Blüten im Frühling. Sonne, durchlässiger Boden. 2,50 m x 1,80 m.

***Corylus avellana* 'Contorta' ◄:** Haselnussstrauch mit korkenzieherartig oder wellig gewundenen Ästen, sehr spektakulär bei Raureif und wenn die Kätzchen blühen, Februar und März. Im Sommer sehr hässlich! Sonne oder Halbschatten, normaler Boden. 2 m x 2 m. 'Red Majestic' ➤ ist identisch, hat purpurnes Laub.

***Poncirus trifoliata* 'Flying Dragon' ❄ ➤:** grüne, wellig wachsende Äste mit großen Dornen. Blätter dreizählig gefiedert, im Herbst gelb; laubabwerfende Sorte. Große, sehr harte, aber aromatische Früchte. Sonne, normaler Boden. 1,80 m x 1 m. Winterhart bis –20 °C.

***Prunus incisa* 'Kojou-no-mai' ➤:** kantige Äste mit komplizierten Verzweigungen, dadurch eingeschränktes Wachstum und das Aussehen wie ein Bonsai-Baum. Hübsche, weiße Blüten, sehr früh im Februar und März. Wunderbare pupurrote Herbstfarben im Oktober und November. 1,50 m x 1,50 m.

***Robinia pseudoacacia* 'Pygmy' ➤:** kantige Äste mit reduziertem, welligem Wuchs. Hängende Zweige, Blätter mit hellerer Rückseite. Sehr interessant. Sonne, normaler Boden ohne Staunässe. 1,80 m x 1,50 m. 'Tortuosa' sieht ebenso aus, ist aber ein Baum von 8 m x 4 m.

***Salix udensis* 'Sekka':** Amur-Weide mit verbänderten und gekrümmten Zweigen, purpurrot, silbrige Kätzchen im Februar und März. Kurios. Nach den Kätzchen zurückschneiden. Sonne, feuchter Boden. 2 m x 2 m.

STAUDEN

***Juncus effusus* 'Spiralis':** immergün; zylindrische, grüne Halme, wie eine Spiralfeder gerollt, zumindest an der Basis. Sonne oder Halbschatten, feuchter Boden. 50 cm x 30 cm.

Fagus sylvatica 'Tortuosa'

Morus latifolia 'Spirata'

Salix alba 'Dart's Snake'

Corokia cotoneaster

Corylus avellana 'Red Majestic'

Poncirus trifoliata 'Flying Dragon'

Prunus incisa 'Kojou-no-mai'

Robinia pseudoacacia 'Pygmy'

Wuchs und Größe

Aufrecht, säulenförmig, fächerförmig

BÄUME

***Acer platanoides* 'Columnare':** Baum mit steil aufragenden Ästen, breiten, spitz gelappten Blättern, im Sommer dunkelgrün und im Herbst goldgelb. Sonne, normaler, durchlässiger Boden. 10 m × 2 m. Sehr robust und ideal in einer Reihe. Weitere empfehlenswerte Sorten: für neutrale oder kalkfreie Böden *Acer rubrum* 'Armstrong', 'Columnare' (noch schlanker), *Acer saccharum* 'Temple's Upright' ➤, *Acer palmatum* 'Shishigashira' (3 m).

***Betula pendula* 'Fastigiata':** Stamm und Hauptäste aufsteigend, junge Äste etwas gewunden, silberweiße und schwarze Rinde, lichtes Laub. Sonne, normaler Boden. 8–10 m × 1,50 m. Schnellwüchsig.

***Carpinus betulus* 'Columnaris' ➤:** schmale Krone, die sich im Alter von 15–20 Jahren verbreitert, aber regelmäßig bleibt. Sonne, normaler, kalkhaltiger Boden. 5–6 m × 3–5 m. Dichter und langsamer im Wachstum als 'Fastigiata' (15–20 m).

***Fagus sylvatica* 'Dawyck':** schöne Säule mit zartgrünem Laub im Frühling, dunkler im Sommer und kupferfarben im Herbst. Sonne, gehaltvoller, frischer Boden. 15 m × 1,20 m. Goldfarben schimmernde Sorte: 'Dawyck Gold' ➤; in Purpur als 'Dawyck Purple' oder purpurn schimmernd mit gewelltem Blatt als 'Rohan Obelisk'. Prächtig bei frischer Witterung.

Pyrus calleyriana 'Chanticleer'

***Ilex aquifolium* 'Pyramidalis' ➤:** ähnelt der Gewöhnlichen Stechpalme, entwickelt aber von Natur aus eine konische und dichte Form. Reichlich rote Früchte. Alle Lagen, normaler, frischer Boden. 5–6 m in 25 Jahren.

***Malus* 'Van Eseltine':** senkrechte Äste voller rosa Blüten im April und Anfang Mai. Volle Sonne, normaler Boden. 3 m × 0,80 m. Weitere empfehlenswerte Arten und Sorten: 'Street Parade': gefüllte, rosaweiße Blüten; *M. tschonoskii*: grau schimmernde Blätter, im Herbst orangerot; *M.* 'Red Sentinel': rote Früchte; 'Balerina' und viele andere Sorten zeigen sich als schöne Säulen mit schmackhaften Äpfeln.

***Prunus serrulata* 'Amanogawa':** unzählige gefüllte, zartrosa Blüten an den senkrechten Zweigen, hübsche Herbstfärbung in Orange. Sonne, gehaltvoller Boden ohne Staunässe. 4 m × 0,80 m. Weitere empfehlenswerte Sorten: 'Spire': kräftige Säule mit leuchtend rosa Blüten im April und roter Herbstfärbung; 'Umineko' ➤: große Säule voller weißer Blüten im April.

***Pyrus calleryana* 'Chanticleer' ◄:** spindelförmig, im März und Anfang April dicht mit weißen Blüten bedeckt, dann grünes, glänzendes Laub mit roter Herbstfärbung. Sonne, tiefgründiger Boden ohne Staunässe. Schöner Baum für Reihenpflanzung, trockenheitsverträglich und lange beblättert.

***Quercus robur* 'Fastigiata' ➤:** durch aufsteigende Zweige entstehen schöne, gestreckte, robuste Säulen, im Herbst kupferfarben. Sonne, normaler, tiefgründiger Boden, nicht zu schwer. 10 m × 1,50 m. Pärchtig als Reihenpflanzung, da kein Schnitt erforderlich.

Weitere Bäume: *Acer lobelii, Amelanchier alnifolia* 'Obelisk', *Cercidiphyllum japonicum* 'Rotfuchs', *Corylus colurna, Liquidambar styraciflua* 'Slender Silhouette', *Liriodendron tulipifera* 'Fastigiata' und 'Arnold', *Magnolia* 'Wada's Memory', *Populus nigra* 'Italica', *P. simonii* 'Fastigiata', *P. tremula* 'Erecta', *Prunus lusitanica* 'Myrtifolia', *Robinia pseudoacacia* 'Pyramidalis', *Tilia cordata* 'Erecta' und *T. platyphyllos* 'Fastigiata', *Ulmus minor* (= × *hollandica*) 'Wreddei'.

KONIFEREN

***Calocedrus decurrens* ➤:** Säule mit dunklem, glänzendem Laub, klar abgesetzt vom Stamm mit rötlicher Rinde. Relativ schnell wachsend. Sonne, durchlässiger Boden, wärmeliebend. 10 m × 2 m. 'Columnaris' ist dichter.

***Cephalotaxus harringtoniana* 'Fastigiata' ➤:** aufragende Zweige mit eibenähnlichen Nadeln, doch breiter und länger. Alle Lagen, normaler, frischer Boden. 2,50 m × 1 m. 'Korean Gold': goldfarben schimmerndes Laub, langsamerer Wuchs.

Fagus sylvatica 'Dawyck Gold'

Acer saccharum 'Temple's Upright'

Carpinus betulus 'Columnaris'

Ilex aquifolium 'Pyramidalis'

Prunus serrulata 'Umineko'

Quercus robur 'Fastigiata'

Calocedrus decurrens

Cephalotaxus harringtoniana 'Fastigiata'

Aufrecht, säulenförmig, fächerförmig

***Chamaecyparis lawsoniana* 'Ellwood's Empire' ➤:** junges Laub zart und flaumig, bläulich grün. Äste aufsteigend. Sonne oder Halbschatten, frischer Boden, windgeschützt. 3 m × 1,50 m. Weitere empfehlenswerte Sorten: 'Fletcheri' mit grünem Laub, 'Yellow Transparent' ist eine goldfarbene Selektion, 'Ellwoodii Gold' hat goldene Neutriebe, 'Ellwood's Empire' ist grün und goldschimmernd. *C. lawsoniana* ist von Natur aus säulenförmig, aber die verbreiteten Sorten wie 'Columnaris', 'Alumii' und 'Pottenii' bleiben schlanker.

***Cupressus sempervirens* 'Totem Pol':** eine sehr schlanke Zypresse, die wenig oder gar nicht fruchtet (und daher nicht geschnitten werden muss). Laub fein und dunkelgrün. Sonne, durchlässiger Boden. 5 m × 0,50 m. Für Regionen mit mildem Klima. 'Stricta' ➤ ist eine alte Sorte, die unter dem Gewicht der Früchte in die Breite gehen kann. 'Green Pencil' ist eine Sorte aus England und kälteverträglicher.

***Juniperus communis* 'Suecica Erecta':** schlanke, dichte Kerzen mit leicht stechenden Nadeln. Sonne, durchlässiger, kalkhaltiger Boden. 3 m × 0,50 m. 'Sentinel': vergleichbar, 'Compressa': 1 m × 0,30 m. 'Gold Cone' ➤ hat schwefelgelbe Nadeln. *J. scopulorum* 'Skyrockett' ist eine schlanke Säule mit grünblauen Nadeln für kalkarme Böden.

***Taxus baccata* 'Stricta' ➤:** senkrechte, dichte Zweige, das Laub grün. Sonne oder Halbschatten, normaler, kalkhaltiger Boden. 2,50 m × 0,50 m.
'Fastigiata' wird mit dem Alter breiter. 'Fastigiata Aurea' hat gold panaschiertes Laub. 'Standishii' ist identisch, wächst aber langsamer.

***Thuja occidentalis* 'Smaragd' ➤ (= 'Emeraude'):** ebenmäßige Säule mit glänzend grünem Laub. Sonne oder Halbschatten, frischer Boden. 5 m × 0,80 m. 'Pyramidalis Compacta' ist identisch, das matte Laub färbt sich im Winter rötlich.

Weitere Koniferen: *Cedrus atlantica* 'Glauca Fastigiata', *Ginkgo biloba* 'Fastigiata' und 'Princeton Sentry', *Metasequoia glyptostroboides*, *Picea abies* 'Cupressina', *Picea omorika* und *P. omorika* 'Pendula', *Picea glauca* 'Conica', *Pinus leucodermis* 'Iseli Fastigiate', *Pinus nigra* 'Molette', *Sciadopitys verticillata*, *Taxodium distichum*.

STRÄUCHER

***Berberis thunbergii* 'Helmond Pillar':** dünne, aufrechte Zweige mit Dornen und pupurnem Laub. Volle Sonne, normaler Boden. 80 cm × 30 cm. 'Golden Torch' ➤: ähnlich, mit gelbem Laub. Halbschatten. 50 cm × 20 cm.

***Buxus sempervirens* 'Pyramidalis' ➤:** von Natur aus kegelförmiger Buchs mit leicht gerunzeltem Blatt, regelmäßiger Wuchs. Volle Sonne, normaler Boden. 2 m × 0,50 m.

***Ilex crenata* 'Fastigiata':** senkrechte Zweige mit kleinen Blättchen, die Buchs ähneln. Volle Sonne oder Halbschatten, kalkfreier Boden. Langsames Wachstum (2 m × 0,40 m in 15 Jahren), schlank.

***Sambucus nigra* 'Fastigiata' ➤:** aufragende Äste, dicht belaubt. Weiße Blüten auf den kurzen Verzweigungen, Juni. Sonne oder Halbschatten. 2 m × 0,50 m. Farbvarianten in Purpur ('Black Tower') und goldfarben schimmernd mit gefiedertem Blatt ('Golden Tower').

Weitere Sträucher: *Hedera helix* 'Conglomerata Erecta', *Perovskia*, *Philadelphus* 'Erectus', *Potentilla fruticosa* 'Vilmoriniana' und 'Primrose Beauty'.

AUFRECHTE STAUDEN

Die Vertikale, die durch senkrecht aufwachsende Bäume und Sräucher vorgegeben wird, kann man durch standfeste Stauden wieder aufnehmen.

Miscanthus 'Gracillimus', *Calamagrostis* 'Karl Foerster' oder 'Overdam', *Molinia caerulea* subsp. *altissima*.

Die zweijährigen (*Alcea rosea*) oder halbstrauchigen Stockrosen (*Alcalthaea* 'Parkallee', *Alcea cannabifolia*).

Königskerzen (*Verbascum* sp.).

Ehrenpeis (*Veronica spicata*) und Arznei-Ehrenpreis (*V. virginicum*).

Chamaecyparis lawsoniana 'Ellwood's Empire'

Juniperus communis 'Gold Cone'

Thuja occidentalis 'Smaragd'

Cupressus sempervirens 'Stricta'

Taxus baccata 'Stricta'

Berberis thunbergii 'Golden Torch'

Buxus sempervirens 'Pyramidalis'

Sambucus nigra 'Fastigiata'

Von Natur aus kugelförmig

BÄUME

***Acer platanoides* 'Globosum':** dichte Kugel mit großen, spitz gelappten Blättern, zartgrün im Sommer und im Herbst goldfarben. Volle Sonne, normaler Boden, auch Kalk. Krone: 1,50 m × 2 m. 'Golden Globe' ➤: identisch, aber goldfarbenes Laub, sehr leuchtend! Weitere empfohlene Sorte: *Acer campestre* 'Nanum', sehr dicht, 2 m × 2 m.

***Berberis thunbergii* 'Atropurpurea Nana':** perfekte Halbkugel, in der schönen Jahreszeit purpurn belaubt. Volle Sonne, normaler Boden, 60 cm × 60 cm. 'Kobold': gleichartig mit grünem Laub. 'Bagatelle' ist gedrungener 30 cm × 30 cm. 'Bonanza Gold': identisch, gelbes Laub.

***Buxus microphylla* 'Morris Midget':** der junge Baum kugelförmig, später kissenförmig, schmale, länglich-ovale Blätter, sehr dicht. Wächst 2 3 cm pro Jahr. Alle Lagen, normaler Boden. 30 cm × 50 cm. 'Morris Dwarf' ist runder und höher: 50 cm × 50 cm.

***Catalpa bignonioides* 'Nana':** dichte und kompakte Masse herzförmiger Blätter, eines am anderen. Keine Blüte. Volle Sonne, normaler Boden, windgeschützt. Krone: 1,50 m × 2 m.

***Cornus stolonifera* 'Kelseyi' ➤:** eine Halbkugel aus dünnen Zweigen, dicht stehend, von unten her grün, zur Spitze hin purpurrot. Dichtes, dunkelgrünes Laub. Alle Lagen, frischer Boden. 80 cm × 80 cm. 'Kelsey Gold' mit goldfarben schimmerndem Laub.

***Euonymus alatus* 'Compactus' ➤:** Pfaffenhütchen mit dichtem, mehr oder weniger kugeligem Wuchs. Sonne oder Halbschatten, normaler Boden. 1,20 m × 1,20 m. Lebhafte Herbstfärbung.

***Hedera helix* 'Arborescens':** baumförmiger Efeu, von Natur aus kugelige Statur, immergrüne, rundliche oder rautenförmige Blätter an aufrecht stehenden Zweigen. Grüne Blütensträuße im Oktober und November, danach schwarze Früchte. Sehr winterhart. Ideal für Formschnitt oder im Kübel. Volle Sonne, normaler Boden. 1,20 m × 1,20 m. 'Arborescens Nana': Blätter runder, Wuchs kompakter: 1 m × 1 m; 'Poetarum': orangefarbene Früchte; 'Zorgvield': längere Blätter, kompakter Wuchs, normaler Boden, 60 cm × 60 cm.

***Lonicera nitida* 'Twiggy' ➤:** sehr kompakte, immergrüne Strauchheckenkirsche mit kleinen, runden Blättern, hellgrün, im Winter goldfarben schimmernd. Alle Lagen, normaler Boden. 30 cm × 30 cm.

***Prunus fruticosa* 'Globosa':** dichte Kugel mit länglichen, glänzenden Blättern. Zwischen Februar und April reichliche, weiße Blüte. Oft auf einen sehr geraden Stamm veredelt. Sonne, normaler Boden. Krone: 1,50 m × 1,50 m.

***Robinia pseudoacacia* 'Umbraculifera' ➤:** typischer, kugelförmiger Baum mit dichter Krone, die Blätter gefiedert, Blättchen elliptisch. Bleibt licht. Krone: 1,20 m × 1,20 m. Am besten schneidet man alle 2 3 Jahre alle Äste bis an den Ansatz zurück.

***Viburnum opulus* 'Compactum':** kompakt, aber schnell wachsend, reichlich Blüten und Früchte, diese halten sich bis in den Spätwinter. Sonne oder Halbschatten. 1,80 m × 1,80 m. 'Nanum' ist dichter, blüht kaum, 80 cm × 80 cm.

Weitere Sträucher: *Acer palmatum* 'Dissectum' und 'Coonara Pygmy', *Caryopteris × clandonensis, Choisya ternata, Hydrangea* 'Pia', 'Tovelit', *Ilex* 'Little Rascal', *Lavandula* sp., *Morus alba* 'Globosa', *Potentilla fruticosa, Rhododendron impeditum, R. williamsianum, Salix purpurea, Sarcococca confusa, Spiraea japonica* 'Bullata', *Syringa meyeri* 'Palibin', *Viburnum tinus* 'Compactum' und 'Spirit', *Viburnum farreri* 'Nanum', *Weigela* 'Alexandra', 'Monet', 'Pink Poppet'.

KONIFEREN

***Abies concolor* 'Compacta':** lange, bläuliche Nadeln, grausilbrige Rinde. Sonne, durchlässiger, kalkhaltiger Boden. 2 m × 2 m. Unregelmäßiger Wuchs, mit der Heckenschere leicht rund zu trimmen. 'Archer's Dwarf': ähnliches Aussehen; *A. procera* 'Blaue Hexe': bläulich grüne Nadeln mit 2 weißen Streifen auf der Rückseite, sehr dicht. Sonne, tiefgründige und frische Böden. 40 cm × 40 cm.

***Chamaecyparis lawsoniana* 'Green Globe' ➤:** natürliche Kugelform, dicht und langsam wachsend. Sonne oder Halbschatten, frischer Boden. 50 cm × 50 cm in 10 Jahren. 'Gnome': dichter (30 cm); 'Mini Globus': noch dichter (20 cm) ; 'Minima Glauca': bläuliche Kugel 1,50 m); 'Minima Aurea' mit goldenen Jungtrieben (1 m); 'Pygmaea Argentea' mit silbrigen Jungtrieben (1 m).

***Cryptomeria japonica* 'Globosa' ➤:** dichter Busch, das Laub eng an den biegsamen Zweigen wie Schnüre anliegend, kompakter, regelmäßiger Wuchs. Sonne (nicht prall), Halbschatten oder Schatten, feuchter oder frischer Boden. 2 m × 2 m. 'Globosa Nana': 1 m × 1 m; 'Bandai' und 'Vilmoriniana': 80 cm × 80 cm; 'Vilmorin Gold': ebenso, goldfarben schimmernd; 'Mushroom': flaumiges Laub, im Winter violett überlaufen (60 cm × 60 cm).

***Thuja occidentalis* 'Globosa' ➤:** duftendes Laub, im Winter mehr oder weniger bronzefarben, je nach Kälte. Sonne oder Halbschatten, normaler Boden, frisch. 2,50 m × 2,50 m. 'Little Champion': ebenso, 1 m × 1 m; 'Danica' wird im Winter nicht braun (0,60 m × 1 m); 'Teddy', 'Tiny Tim' und 'Hetz Midget': 50 cm × 80 cm; 'Golden Globe', 'Rheingold': goldfarben schimmernd, 2 m × 2 m.

Acer platanoides 'Golden Globe'

Robinia pseudoacacia 'Umbraculifera'

Cornus stolonifera 'Kelseyi'

Euonymus alatus 'Compactus'

Lonicera nitida 'Twiggy'

Chamaecyparis lawsoniana 'Green Globe'

Cryptomeria japonica 'Globosa'

Thuja occidentalis 'Globosa'

Kriechend

STRÄUCHER

Ceanothus thyrsiflorus* var. *repens ➤: immergrüne Säckelblume mit länglichen Zweigen, die sich gern über den Boden breiten. Eiförmige Sträuße hellblauer Blüten, auch bei jungen Pflanzen in großer Menge, Mai bis Juni. Volle Sonne, steiniger, durchlässiger, eher karger Boden. Gute Winterhärte bis –15 °C. 0,70 m × 2 m. 'Yankee Point' ist ähnlich aber kompakter und 'Silver Surprise' ist eine weiß panaschierte Variante von Letztgenannter.

Cotoneaster horizontalis ➤: Äste wie Fischgräten verzweigt und waagerecht ausgreifend, vor allem an Böschungen. Üppige weiße Blüten im Mai, rote Früchte von September bis November. Alle Lagen, normaler Boden. 1 m × 3 m. *C. dammeri, C. microphyllus* und *C. salicifolius* 'Parkteppich' bleiben noch enger am Boden.

***Forsythia* × *intermedia* 'Maree d'Or'** ➤ **(= 'Courtasol')**: üppige Blüte, zitronengelb, hübsches zartgrünes Laub, das sich im Herbst mehr oder weniger violett färbt. Sonne oder Halbschatten, normaler Boden. 0,60 m × 1,20 m. 'Boucle d'Or' ist ähnlich, 0,70 m × 1 m.

***Lithodora diffusa* 'Heavenly Blue' (Syn.: *Lithospermum diffusum*)**: Steinsame mit kleinen, enzianblauen Blüten an der Spitze abstehnender Zweige. Kleine, dunkelgrüne Blätter, immergrün. Schatten, frischer, durchlässiger Boden ohne Kalk. 10 cm × 60 cm.

Lonicera pileata ➤: immergrünes Laub, kräftig grün, ähnlich wie Buchs aber länglich. Zweige breiten sich seitwärts übereinander aus, vor allem wenn der Strauch an Böschungen oder Hängen steht. Alle Lagen, nur nicht zu trocken, alle Böden. 1 m × 2 m.

***Prunus laurocerasus* 'Zabeliana'** ⋎: waagerechte Äste mit länglichen, immergrünen Blättern. Aufrechte, weiße Blütenstände, die wie Kerzen aussehen. Alle Lagen, normaler Boden. 1,50 m × 3 m. 'Cherry Brandy' und 'Dart's Low Green' sind deutlich kleiner (0,50 m × 1,50 m) und an kleine Flächen angepasst.

***Rosmarinus officinalis* 'Corsican Blue'** ❄ ➤: biegsame, überhangende oder kriechende Zweige, dicht beblättert, längliche, von oben dunkelgrüne und unterseits silbrige, feste Blätter, stark duftend. Himmelblaue Blüten, März bis Mai. Volle Sonne, Boden absolut wasserdurchlässig (als Garant für Winterhärte). 0,40 m × 1 m.

Prunus laurocerasus 'Zabeliana'

Weitere Sträucher: *Berberis thunbergii* 'Green Carpet', *Chaenomeles* × *suberba* 'Nicoline', × *suberba* 'Cameo' und 'Kinshiden', *Erica carnea, Euonymus fortunei* var. *radicans, Mahonia repens, Pieris* 'Little Heath Green', *Prunus laurocerasus* 'Mount Vernon' und 'Zabeliana', *Prunus pumila depressa, Sarcococca hookeriana* var. *humilis, Skimmia japonica* var. *repens, Symphoricarpos* × *chenaultii* 'Hancock'.

KONIFEREN

Chamaecyparis obtusa* var. *repens ➤: viele Verzweigungen an breitwüchsigen Ästen, dadurch eine Art Nest, das sich fortwährend verbreitert. Sonne oder Halbschatten, normaler Boden, kalkarm und frisch. 0,50 m × 1 m.

Microbiota decussata: im Sommer hellgrünes Laub, im Winter bronzefarben und mit fortschreitender Kälte kräftigerer Farbton. Sonne oder Halbschatten, normaler Boden, nicht zu trocken. 0,20 m × 1,50 m.

Juniperus horizontalis ➤: zarte Nadeln, an langen, kräftigen, auf den Boden gebreiteten Zweigen eng anliegend. Kalkloser oder -armer Boden, frisch, aber ohne Staunässe. Wunderbarer Bodendecker, durchschnittlich 0,20 m × 1,50 m. 'Andorra Compact' wird im Winter violett; 'Blue Chips', 'Glauca' und 'Wiltonii' sind unterschiedlich blau. 'Hughes' ist wüchsig und geht stark in die Breite.

J.* × *pfitzeriana: zarte Nadeln, gelegentlich stechend, jedoch nur an einigen Ästen, auf den hoch aufgeschossenen, dann horizontalen Ästen. Berühmt für den relativ breitwüchsigen Habitus, aber manche Sorten richten sich im Lauf der Zeit auch senkrecht auf. Sonne, normaler Boden. 2 m × 3 m. 'Old Gold', 'Gold Coast', 'Mordigan Gold' sind im Frühling eher gelblich; 'Mint Julep' ist smaragdgrün; 'Aurea' ➤, 'Compacta', 'Glauca' sind Varianten derselben wüchsigen Sorte (4 m × 3–6 m).

Weitere Koniferen: *Abies procera* 'Glauca Prostrata', *Juniperus communis, J. sabina, Picea pungens* 'Prostrata', *Podocarpus nivalis*.

Ceanothus thyrsiflorus var. repens

Cotoneaster horizontalis

Forsythia × intermedia 'Marée d'Or'

Lonicera pileata

Rosmarinus officinalis 'Corsican Blue'

Chamaecyparis obtusa var. repens mit Persicaria elata

Juniperus horizontalis

Juniperus pfitzeriana 'Aurea'

Breitwüchsig, etagenförmig

BÄUME

Cornus alternifolia: Äste horizontal ausgebreitet, in Etagen übereinander, Laub grün, im Herbst purpurn. Im Mai weiße Blüten und im Herbst lila Früchte. Halbschatten, frischer Boden. 10 m × 5 m. 'Argentea' ➤: kleine Blätter mit schmalem, weißem Rand, im Herbst rosa, ersetzt *C. controversa* 'Variegata' in kleinen Gärten, 3 m × 2 m. 'Golden Shadow' mit gelbem oder gelb panaschiertem Laub, wüchsig, 6 m × 3 m.

Cornus controversa: Äste mit roter Rinde, Laub grün, im Mai weiße Blütenstände. Halbschatten, frischer Boden. 6–8 m × 4 m in 20 Jahren. Prächtig und majestätisch. 'Variegata' ➤ mit weiß umrandetem Blatt, im Herbst rosa. Viele Sorten.

Cornus kousa ➤: das Gewicht von Blüten und Früchten biegt die Zweige in die Horizontale und der Strauch entwickelt einen bemerkenswerten, breit-etagenförmigen Habitus. Sonne oder Halbschatten, frischer, kalkarmer oder -loser Boden. 5 m × 4 m.

***Zelkova* sp.**: Verwandte der Ulme mit markantem, breitwüchsigem Habitus und berühmt für die Herbstfärbung. Sonne oder Halbschatten. Normaler, frischer und tiefgründiger Boden. 5–8 m × 6–8 m. *Z. carpinifolia* ➤ hat kleinere Blätter, die im Herbst früher als die von *Z. serrata* abfallen. Glatte Rinde, die später abblättert.

Weitere Bäume: *Albizia julibrissin, Aralia elata, Azara microphylla, Cercis* sp., *Clerodendrum trichotomum, Enkianthus campanulatus, Nothofagus antarctica, N. betuloides*.

KONIFEREN

***Abies* sp.**: große Nadelbäume mit pyramidenförmigem Wuchs, kräftiger und regelmäßiger als die Fichten. Sonne oder Halbschatten, normaler, frischer Boden ohne Staunässe (Hang). *A. nordmanniana* ➤ mit großen, smaragdgrünen Nadeln, *A. alba*, die in Bergwäldern heimisch oder angepflanzt ist, und *A. grandis* mit ihren sehr flachen Trieben sind am markantesten, allerdings wachsen sie sehr hoch auf.

Cedrus libani* subsp. *atlantica: Konifere mit pyramidenförmigem Wuchs im juvenilen Stadium, im Alter von 80–100 Jahren eher waagerecht ausgreifend. Arttypisch sind grüne Nadeln, die Sorte 'Glauca' ist bläulich. Sonne, durchlässiger Boden. 35–40 m × 20 m.

Picea pungens: lange, auf der Oberseite blaugrüne, auf der Unterseite bläulich weiße Nadeln. Sehr regelmäßige Verzweigungen und pyramidenförmiger Wuchs, zumindest während der ersten 30–40 Lebensjahre. Sonne, normaler, tiefgründiger Boden, alkalisch oder sauer. 6–15 m × 3–5 m. 'Glauca', 'Koster' und 'Hoopsii' sind die 3 häufigsten Sorten (veredelt).

Wollemia nobilis ❄: eigenartige Konifere mit waagerechten Ästen, lange, weiche Nadeln. Schnellwüchsig. Sonne oder Halbschatten, frischer, humoser Boden ohne Staunässe. Dimensionen des ausgewachsenen Baumes in unseren Breiten noch unbekannt, da diese Konifere erst vor 20 Jahren entdeckt wurde. Winterhart bis –12 °C.

STRÄUCHER

Hamamelis* × *intermedia: Strauch, dessen Äste erst aufrecht austreiben und später waagerecht in die Länge wachsen. Im Januar und Februar von Blüten bedeckt. Halbschatten, frischer, kalkfreier Boden. 2,50 m × 4 m.

Rubus thibetanus ➤: die Tibet-Himbeere bildet aufrechte, weiß leuchtende Triebe mit horizontalen Verzweigungen ähnlich wie Gräten. Im Winter sehr attraktiv. Sonne oder Halbschatten, frischer Boden. 1,80 m × 1,50 m. Wuchert nicht.

Viburnum plicatum: alle Sorten dieses chinesischen Schneeballs wachsen markant in ausgreifenden Etagen, was durch die weißen Blüten im Mai noch betont wird. Die Blütenstände sind tellerförmig ('Mariesii', 'Lanarth' ➤, 'Cascade', 'Summer Beauty') oder kugelförmig ('Rotundifolium', 'Rosace') und sitzen an der Basis jedes Laubblatts entlang der Äste, dadurch wirkt die Pflanze wie schneebedeckt. Sonne oder Halbschatten, frischer, kalkfreier Boden. 1–2,50 m × 1–3 m.

STAUDEN

***Aster lateriflorus* 'Horizontalis'**: ein Strauß standfester, senkrechter Stängel mit waagerechten Verzweigungen, dunkelpurpurnem Laub und zahlreichen kleinen Blüten in Weiß-Rosa, September bis Ende Oktober. Sonne, normaler, nährstoffreicher und frischer Boden. 60 cm × 60 cm. 'Prince': identisch, 35 cm; 'Lady in Black' ➤: identisch, 1,20 m; 'Chloe': grünes Blatt, größere, stärker weiße Blüten, 1 m.

Cornus alternifolia 'Argentea'

Cornus controversa 'Variegata'

Cornus kousa

Zelkova carpinifolia

Abies nordmanniana 'Golden Spreader'

Rubus thibetanus

Viburnum plicatum 'Lanarth'

Aster lateriflorus 'Lady in Black'

Hängend

BÄUME

***Fagus sylvatica* 'Pendula' ➤:** sich „schlängelnde" Äste und herabhängende Zweige, die einen Vorhang grüner Blätter bilden. Sonne oder Halbschatten, normaler Boden, lehmig, tiefgründig, frisch. 20 m × 20 m, langsames Wachstum. Am besten auf dem Stamm veredelte Exemplare wählen. 'Purpurea Pendula': Blätter im Frühling dunkel, später kräftiger rot. Langsamer Wuchs. 5 m × 2 m.

***Prunus subhirtella* 'Pendula' ➤:** zahlreiche, weiße Blüten im März. Lichtes Laub und schöne Herbstfärbung. Der Wuchs relativ breit. Sonne oder Halbschatten, normaler Boden, Krone: 1,80 m × 3 m. 'Rosea': kleinere, leuchtend rosa Blüten. *P. cerasifera* 'Feketeana': bogenförmige Äste und dadurch gerundete Form, im März von weißen Blüten bedeckt, wohlschmeckende Früchte im August.

***Pyrus salicifolia* 'Pendula':** Birnbaum mit schmal-länglichen Blättern, silbergrau, im März weiße Blüten, dann harte Früchte. Sonne, durchlässiger Boden. Krone: 1 m × 1,50 m.

***Sophora japonica* 'Pendula':** vom Veredelungspunkt her kaskadenförmig herabhängende Zweige, dadurch mit der Zeit ein hübsches „Gewölbe". Zusammengesetztes Blatt, selten blühend. Sonne, leichter Boden. 3 m × 2 m.

***Malus* 'Red Jade':** bogenförmig überhängende Zweige, im Mai voller großer, weißer Blüten, danach rote Äpfelchen. Prächtig, sofern auf einem Stamm veredelt. Sonne, normaler Boden. 1,80 m × 2,50 m.

***Morus alba* 'Pendula' ➤:** lange, biegsame Zweige, hängender Wuchs, aber mit relativ breiter Krone. Im Sommer weiße Maulbeeren. 3 m × 3 m und mehr.

Weitere Bäume: *Cercidiphyllum japonicum* 'Pendulum', *Corylus avellana* 'Pendula', *Salix babylonica* 'Aurea Pendula', *Fraxinus excelsior* 'Pendula', *Salix purpurea* 'Pendula', *Ilex aquifolium* 'Pendula' und 'Argenteomarginata Pendula'.

STRÄUCHER

***Caragana arborescens* 'Pendula' ➤:** bogenförmig herabhängende Zweige mit kleinen, gefiederten Blättern und gelben Blüten im Mai. Volle Sonne, durchlässiger Boden, auch kalkhaltig. Gewöhnlich auf einen Stamm von 1,50 m oder 1,80 m Höhe gepfropft.

***Exochorda* × *macrantha* 'The Bride':** biegsame Zweige mit bläulich grünen Blättern, im April oder Mai gebeugt unter der Last großer, schneeweißer Blütenstände. Sonne oder Halbschatten, normaler Boden. 1,50 m × 1,50 m.

***Lespedeza thunbergii* ➤:** strauchförmige Leguminose mit weichen Zweigen, die sich unter den purpurrosa Blütenständen im Herbst herunterbiegen. Volle Sonne, normaler Boden, durchlässig. 1,50 m × 1,50 m.

***Salix caprea* 'Pendula'** und **'Kilmarnock':** breite Äste, zum Boden überhängend, im Februar und März mit großen, silbrigen Kätzchen. Oft in der Höhe von 1 m auf einen geraden Stamm gepropft, entwickelt aber eine schönere Trauerform auf eigenem Stamm. Sonne oder Halbschatten, normaler, frischer Boden. 1,20 m × 1 m. Im April einkürzen. *S. purpurea* 'Pendula' hat lange, biegsame Äste mit bläulich grünem Laub und sieht daher wie eine echte Trauerweide aus, erreicht maximal 2 m × 2 m.

Weitere Sträucher: *Buxus sempervirens* 'Pendula' und 'Aurea Pendula', *Ilex aquifolium* 'Argenteomarginata Pendula' und 'Pendula'.

KONIFEREN

***Cedrus atlantica* 'Glauca Pendula' ➤:** Äste senkrecht herabhängend, langsame Ausbreitung, blaue Nadeln, büschelig am Ast. Sonne, durchlässiger Boden. 3 m × 6–8 m. Anfangs langsamer Wuchs.

***Chamaecyparis pisifera* 'Filifera':** fadenförmige Äste, gelb und grün panaschiert, sehr elegante, hängende Form. Sonne oder Halbschatten, frischer Boden. Sehr langsamer Wuchs, am Schluss aufragend als schöner, kleiner Baum. 'Filifera Aurea' ➤: goldfarben schimmernd.

***Juniperus communis* 'Horstmann':** Hauptäste aufragend, die sekundären Verzweigungen überhängend, dadurch je nach Art, wie der Baum erzogen wird, ein sehr malerischer Anblick. Durchlässiger (Kalk-)Boden. 2 m × 3 m.

***Larix kaempferi* 'Pendula':** kaskadenförmiger Wuchs, meist auf einen Stamm gepropft. Laub im Frühling bläulich grün, im Herbst goldfarben. Sonne, frischer, durchlässiger Boden. 2,50 m × 4 m. 'Puli': Äste zeigen Rückentwicklung in die Vertikale, Krone bleibt schlank.

***Tsuga canadensis* 'Jeddeloh' ➤:** biegsame Äste mit kurzen Nadeln, kräftig grün, bilden ein Nest, das sich immer stärker vergrößert. Halbschatten, frischer Boden. 1,50 m × 3 m.

Weitere: *Chamaecyparis lawsoniana* 'Intertexta', 'Pendula', 'Imbricata Pendula', *C. nootkatensis* 'Pendula' und 'Van den Akker', *Picea omorika* 'Pendula', *P. abies* 'Pendula', *Pinus strobus* 'Pendula', *Sequoiadendron giganteum* 'Pendulum', *Taxodium distichum* 'Cascade Falls'.

Fagus sylvatica 'Pendula'

Prunus subhirtella 'Pendula'

Morus alba 'Pendula'

Caragana arborescens 'Pendula'

Lespedeza thunbergii

Cedrus atlantica 'Glauca Pendula'

Chamaecyparis pisifera 'Filifera Aurea'

Tsuga canadensis 'Jeddeloh'

Schirmförmig

STRÄUCHER

Cotoneaster lacteus ➤: lange Äste mit halbimmergrünem Laub, durch die Menge an roten oder gelben Früchten im Herbst stark herabgebogen. Halbschatten, normaler Boden. 3 m x 3 m.

Danae racemosa: längliche Blätter, kräftig grün und glänzend wie Plastik, alljährlich im Frühling neue Triebe, langlebig. Prachtvoll. Sonne, Halbschatten, tiefgründiger, durchlässiger Boden. 1 m x 1 m.

***Deutzia* sp.**: alle jungen Triebe der Deutzie ragen senkrecht auf und biegen sich dann unter dem Gewicht der Blüten nach unten. *D. scabra, D.* x *hybrida, D. pulchra* ➤ und *D.* x *magnifica* sind dabei am bemerkenswertesten.

Kolkwitzia amabilis: ähnelt den Weigelien durch die glockenförmigen, rosa Blüten im Juni und den Deutzien wegen des erst gestreckten und dann gebogenen Habitus. Sonne oder Halbschatten, normaler Boden, 2 m x 1,50 m.

Leycesteria formosa ➤: lange, flexible Zweige mit smaragdgrüner Rinde, die sich im Herbst unter dem Gewicht der Frucht- und Blütenstände extrem niederbiegen. Schatten oder Halbschatten. 2 m x 1,50 m.

Rubus cockburnianus

Neillia thibetica ➤: biegsame, bogenförmige Zweige, im Frühling purpurn schimmerndes Laub, die Blüten in endständigen Trauben, kräftig rosa und später heller, Mai und Juni. Halbschatten, normaler, frischer Boden. 2 m x 1 m und mehr. Sehr elegant. Ausläufer.

***Philadelphus* 'Lemoinei'** ➤: dünne, elastische Zweige, die sich unter den zahlreichen, samtweißen, nach Orangenblüten duftenden Blüten biegen. Sonne oder Halbschatten, normaler Boden. 1,80–2,50 m x 0,70 m.

Rubus cockburnianus ⮟: die einjährigen Triebe sind weiß und senken sich hübsch gebogen ab, so dass die Spitze im Herbst den Boden berührt und anwurzeln kann. Sonne oder Halbschatten, frischer Boden. 1,80 m x 2 m. Ausläufer. *R. biflorus* ist ähnlich, aber wüchsiger. *R. phoenicolasius* hat rote Triebe und ist ebenfalls schön gebogen.

Sorbaria aitchisonii ➤: große, kräftige Triebe, die erst aufrecht stehen und sich dann unter der immensen, weißen Sommerblüte niederbiegen. Gefiedertes Blatt. Sonne oder Halbschatten, normaler, frischer Boden. 2–2,5 m x 2 m. Ausläufer.

Spiraea* x *vanhouttei ➤: aufragende Äste, die sich im Mai unter den zahlreichen Blütensträußen niederbiegen. Schöne Herbstfärbung. Sonne oder Halbschatten, normaler Boden. 1,50 m x 1,80 m.

Stephanandra tanakae ➤: anfangs aufrechte Zweige, die sich unter der Last der weißen Blütentrauben im Juni biegen. Sehr schöne, dunkel zimtfarbene Rinde, manchmal auch rostbraun oder mahagonirot glänzend. Schirmförmiger Habitus. Halbschatten, normaler, frischer Boden. 1,50 m x 1 m.

Syringa josiflexa: große, leuchtend rosa Blütensträuße, locker und anmutig an den Spitzen der Langtriebe, die sich unter dem Gewicht niederbiegen. Sonne oder Halbschatten, normaler, tiefgründiger Boden. 2 m x 2 m. *Syringa* x *swegiflexa* ist ähnlich. *S.* x *prestoniae* ist kräfiger und etwas steifer.

***Weigela* sp.**: im Mai und Juni viele glockenförmige Blüten an den Vorjahrestrieben, diese biegen sich unter dem Gewicht herunter. Sonne oder Halbschatten, normaler, tiefgründiger Boden, frisch. 2 m x 2 m.

VERJÜNGUNGSSCHNITT

Ein Rückschnitt der alten Äste bis fast zum Boden nach Abschluss der Blütezeit provoziert neue Austriebe, dadurch lässt sich die markante Form der Sträucher erzielen.

Cotoneaster lacteus

Deutzia pulchra

Leycesteria formosa

Neillia thibetica

Philadelphus 'Lemoinei'

Sorbaria aitchisonii

Spiraea × vanhouttei 'Golden Wale'

Stephanandra tanakae

Rosetten

STAUDEN

Agave americana ❄ ➤: sehr große Rosette mit dicken, an den Rändern und der Spitze dornigen Blättern. Extrem hoher Blütenschaft (4–5 m), der den Tod der Pflanzen ankündigt. Reichlich Seitensprosse garantieren die leichte Vermehrung. 2 m × 2 m. Stirbt bei Temperaturen unter –5 °C ab.
A. parryi ❄: dicke Blätter in schönem Graublau. Verträgt bis –15 °C, wenn sie vor Regen geschützt ist. Viele andere Agaven sind im Winter robuster als man annehmen würde.

Asphodelus albus: rosettenartig angeordnete, große, bläulich grüne Blätter im Frühling, sie fassen die weißen Blütenstängel im Juni ein. Volle Sonne, normaler Boden ohne Staunässe. 70 cm × 60 cm. Die Pflanze stirbt in staunassem Boden unter –15 °C ab.

Aspidistra elatior ❄ ➤: immergrüne, lange, spitze und zähe Blätter, dunkelgrün oder panaschiert. Weiße Blüten mit violettem Auge unmittelbar über dem Erdboden, Juni. Schatten oder Halbschatten, frischer, durchlässiger Boden. 60 cm × 60 cm. Unter Bäumen setzen, die Blätter erfrieren bei –5 bis –10 °C, die Wurzel ab –15 °C.

Astelia chathamica ❄ ➤: zähe, biegsame Blätter, immergrün und als sibriger Tuff sehr spektakulär. Schatten oder Halbschatten, saurer, humusreicher, frischer Boden. 1 m × 1,50 m. Die Blätter vertragen bis –6 °C, die Pflanze stirbt bei –10 °C ab. 'Bronze Spear' hat bronzefarben schimmernde, purpurne Blätter.

Beschorneria yuccoides ❄: dichte Büschel von teils standfesten Blättern, bläulich grün, spitz, aber nicht stechend (anders als bei *Yucca*). Kräftige, rote Schäfte mit grün-roten Blüten. Sonne, gut durchlässiger, steiniger Boden. 1,50 m × 1,50 m. Kann auch im Norden mehrere Jahre alt werden, sofern sie geschützt an einer Südwand steht. Stirbt unter –10 °C ab.

Dianella tasmanica ❄: Horste zäher Blätter, das obere Drittel überhängend, wie kleine *Phormium*-Exemplare. Winzige, violette Blüten in lichten Blütenständen. Sonne, saurer, frischer, humoser Boden. 60 cm. × 50 cm. 'Variegata' ➤: prächtiges, stark leuchtendes Laub.

Dracaena australis ❄ ➤: ein Schopf streifenförmiger Blätter, grün, purpurn oder panaschiert, der in frostfreien Lagen langsam einen Stamm ausbildet und höher wird. Sonne oder Halbschatten, leichter, humusreicher Boden. Die Wurzel überlebt bis zu –12 °C und treibt im Spätfrühling wieder aus.

Fascicularia bicolor ❄: widerstandsfähige, erdwüchsige Bromelie mit langen, schmalen, gezähnten Blättern, die in dichten Rosetten zusammenstehen und sich teils im Spätsommer um den Blütenstand in der Mitte rot färben. Sonne oder Halbschatten, leichter Boden. Erfriert bei –12 °C völlig. *Puya* ist eine weitere bedingt winterharte Bromelie mit silbrigem Blatt, die man bis –6 °C kultuivieren könnte.

Eryngium agavifolium: mehrjährige Edeldistel (Mannstreu) mit schmalen, zähen, gezähnten Blättern, bildet üppige Büschel von 1 m Höhe und verzweigte Blütenstängel von 1,50–2 m Höhe aus. Sonne, durchlässiger, nährstoffreicher Boden. Winterhart bis –15 °C.

***Phormium* sp.** ❄ ➤: bandförmige, aufrechte Blätter, standfest oder biegsam, grün, purpurn oder mehrfarbig. Sie bilden attraktive, bunte Büschel (viele panaschierte Sorten). Im Sommer sehr schöne, aufrechte Blütenstände, nicht unbedingt jedes Jahr. Sonne, frischer oder feuchter Boden, kalkfrei. Mildes Klima (–12 °C).

***Yucca* sp.**: Rosetten zäher, standfester Blätter (mit Ausnahme von *Y. filamentosa*) mit einer Spitze. Im Sommer wächst ein Schaft mit elfenbeinfarbenen Blüten, danach stirbt die Rosette ab und zahlreiche junge Triebe erscheinen. Volle Sonne, normaler Boden ohne Staunässe. 0,80–1 m × 1 m oder mehr. *Y. filamentosa*: bläulich grünes Laub, mit faserigen Rändern. *Y. aloifolia, Y. gloriosa* ❄ ➤: steife, feste Blätter, die unter –15 °C erfrieren.

Weitere Stauden: *Acanthus spinosus, Aloe, Cycas, Dasylirion, Libertia formosa*.

ZWEIJÄHRIGE

Cirsium diacanthum ➤: Rosetten weiß geäderter, sehr hübscher Blätter. Der Schaft mehr oder weniger verzweigt, im zweiten Sommer mit purpurnen, kardenartigen Korbblüten. 60 cm.

Echium pininana ➤: riesige Rosetten länglicher, flaumiger Blätter, die sich im zweiten oder dritten Jahr mit einem Schaft zieren, 2–4 m hoch und voller blauer Blüten. Sonne, durchlässiger Boden. Mildes Klima.

Onopordum acanthium: im ersten Jahr und Winter, wenn es nicht zu kalt ist, eine Rosette breiter, silbriger Blätter. Im folgenden Sommer ein kandelaberförmiger Blütenstand mit violetten, kardenartigen Blütenkörben. Sonne, durchlässiger Boden. 2 m.

Agave americana

Aspidistra elatior 'China Moon'

Astelia chathamica

Dracaena australis var. *purpurea*

Dianella tasmanica 'Variegata'

Phormium sp.

Yucca gloriosa 'Variegata'

Cirsium diacanthum

Echium pininana

Ausläufer

BÄUME

Aralia elata ➤: fleischige Wurzeln, die bei der geringsten Verletzung austreiben und kräftige, dornige Triebe mit großen, gefiederten, exotisch aussehenden Blätter bilden. Sonne oder Halbschatten. 4–5 m × 3 m und mehr.

Populus × ***canescens***: graue Blätter mit weißer Rückseite, Stamm mit grauweißer Rinde. Schnellwüchsig, wuchernd durch Ausläufer. 35 m. *P. alba:* gleiches Verhalten, kleiner (7 m). *P. tremula* und *P. tremuloides* ➤: reichlich wuchernde Ausläufer, dadurch bilden sich dichte Bestände.

Prunus virginiana **'Shubert'** ➤: elliptische bis verkehrt eiförmige, grüne Blätter, die sich dunkelpurpurn färben. Weiße Blütentrauben im April/Mai. Sonne, frischer Boden. 6–10 m × 4 m.

Salix exigua: aufrechte, aber biegsame Triebe sprossen in relativ regelmäßigen Abständen aus den unterirdischen Wurzeln. Feine, graue Blätter, dadurch nebulöser Anblick. Sonne, frischer, durchlässiger Boden. 3–4 m × 2 m und mehr.

Weitere Bäume: *Ailanthus altissima, Pterocarya × rehderiana, Rhus chinensis, Robinia pseudoacacia, Toona sinensis, Syringa vulgaris.*

STRÄUCHER

Aesculus parviflora ➤: Busch, der sich durch neue Seitentriebe ständig verbreitert, die Triebe blühen im Folgejahr. Aufrechte Rispen mit weißen Blüten im Juli. Schatten oder Halbschatten, frischer Boden. 2 m × 2,50 m und mehr.

Sorbaria sorbifolia 'Sem'

Cornus canadensis ➤: unterirdische Rhizome, Triebe mit Quirlen aus 4 Blättern und 1 weißen Blüte, Mai und Juni. Herbstfärbung, halbimmergrün. Halbschatten, saurer, frischer Boden. 15 cm × 150 cm und mehr.

Gaultheria procumbens ➤: kriechende Triebe mit kleinen, duftenden Blättern und sehr dekorativen, roten Früchten im Winter, ungiftig. Halbschatten, saurer, frischer Boden. *G. shallon* hat große, feste, immergrüne Blätter, glockenförmige Blüten und blaue Früchte. 1,20 m.

Sorbaria aitchisonii ◄: große, kräftige Triebe, erst aufrecht und dann unter dem Gewicht der riesigen, sommerlichen, weißen Blütenstände gebeugt. Gefiedertes Laub. Sonne oder Halbschatten, normaler Boden. 2 m–2,5 m × 2 m. Ausläufer.

Spiraea douglasii ➤: senkrechte Triebe mit endständigen, rosa oder weißen Blüten, bilden dichte Nester, die sich rasch vergrößern. Volle Sonne, frischer, leichter Boden. 1,50 m. *S. salicifolia* ist ähnlich.

Weitere Sträucher: *Clerodendrum bungei, Clethra alnifolia, Diervilla splendens, Hippophae rhamnoides, Hydrangea serrata* 'Blue Billow' oder 'Hallasan', *Hydrangea sargentiana, Hypericum calycinum, Itea virginica, Kerria japonica, Rosa nitida, R. virginiana, Rubus cockburnianus, Sarcococca hookeriana.*

STAUDEN

Achillea ptarmica **'La Perle'**: weiße Körbchenblüten stehen in Pompons, Juli bis September. Blätter kräftig duftend, können Niesreiz auslösen. Volle Sonne, lehmiger, frischer oder feuchter Boden. 80 cm × 50 cm.

Aster macrophyllus ➤: große Basalblätter, die den Boden bedecken, und lange, dünne Stängel mit bläulich weißen Blüten, August und September. Schatten oder Halbschatten, frischer Boden. 60 cm. 'Twilight': bläuliche Blüten. *A.* 'Asran' breitet sich langsam durch Ausläufer aus.

Aralia elata

Populus tremuloides

Prunus virginiana 'Shubert'

Aesculus parviflora

Cornus canadensis

Gaultheria procumbens

Spiraea douglasii 'Alba'

Aster macrophyllus

Ausläufer

Lysimachia punctata ➤: Nester von aufrechten Stängeln, die sich pro Jahr 10–15 cm ausbreiten. Zahlreiche, gelbe Blütenglocken, Juni bis August. Sonne oder Halbschatten, frischer Boden. 1 m. *L. ciliata* 'Firecracker' hat pupurnes Laub, blassgelbe Blüten. *L. clethroides* ➤ hat weiße, gebogene Blütenstände.

Persicaria elata ➤: spitz-ovale Blätter, im Frühling rosa und später rötlich mit silbrig-purpurner Zeichnung, kleine, rosa Blüten. Bildet rasch einen hübschen Teppich. Sonne oder Halbschatten, frischer Boden. 25 cm × 30 cm und mehr. 'Purple Fantasy' ➤ ist höher (60 cm).

PFLANZEN MIT STOLONEN

Manche Pflanzen wandern mit Hilfe von Stolonen (Absenkern) über den Boden, also Trieben, an denen sich Wurzeln und damit neue Pflanzen bilden. Die Teilung ist einfach. Bei den Sträuchern sind das *Rubus, Symphoricarpos, Stephanandra incisa*. Bei den Stauden *Ajuga reptans* ➤, *Duchesnea indica, Fragaria ananassa* ➤, *Ranunculus repens, Saxifraga stolonifera* ➤, *Tiarella cordifolia, Trifolium pratense, Vinca minor* ➤, *Vinca major.*

FARNE

Blechnum chilense
Feste, breite Wedel, bei der Entfaltung rot, immergrün. 1 m.

Gymnocarpium dryopteris
Dreieckige, gefiederte Wedel in hellem Grün; sommergrün. 20 cm.

Polypodium vulgare
Über den Boden kriechende Stängel, gefiedertes Blatt, immergrün. 30 cm.

Onoclea sensibilis
Fiederschnittige Wedel, Herbstfärbung; sommergrün. 50 cm.

Weitere Farne: *Pteridium aquilinum* mit mehreren Lagen dreieckiger Wedel, bildet im Unterholz Kolonien. 1,50–2 m.

GRÄSER

Die meisten Bambusarten breiten sich durch ihre Rhizome (Ausläufer) aus, Ausnahmen sind die Gattungen *Fargesia* und *Chusquea*, die keine Ausläufer bilden.

Phalaris arundinacea
Bläuliches oder panaschiertes Laub, oberflächliche, rötliche Rhizome. 1 m.

Elymus arenarius
Feste, blaue Blätter, kräftige Ausläufer in sandigem Boden. 50 cm.

Carex riparia
Feine Stängel mit dreieckigem Querschnitt. Feuchte Böden. 50 cm.

Miscanthus sacchariflorus
Bambusähnliche Halme mit gebogenen, grünen Blättern, ähnlich wie Zuckerrohr. 2–3 m.

Weitere Gräser: *Imperata cylindrica* 'Red Baron' mit roter Blattfärbung im Herbst, leichter Boden, 30 cm.

Weitere Stauden: *Acanthus, Alstroemeria, Asclepias syriaca, Anaphalis margaritacea, Anemone hupehensis, Artemisia ludoviciana, Bidens aurea, Campanula takesimana, Cardamine pentaphylla, Ceratostigma plumbaginoides, Convallaria majalis, Coronilla varia, Dicentra eximia, Epilobium angustifolium, Equisetum hyemale* var. *camtschaticum, Euphorbia cyparissias, E. griffithii, Galium odoratum, Helianthus atrorubens, Mentha, Nepeta nervosa, Ophiopogon japonicus, Persicaria wallichiana, Petasites japonicus, Physalis, Physostegia, Polygonatum, Rodgersia podophylla, Saponaria, Typha latifolia.*

Lysimachia punctata

Lysimachia clethroides

Persicaria elata

Persicaria 'Purple Fantasy'

Ajuga reptans

Fragaria ananassa

Saxifraga stolonifera

Vinca minor

PFLANZEN NACH WUCHSHÖHE

0–5 CM

STRÄUCHER

Cotoneaster microphyllus, C. dammeri
Euonymus fortunei var. *minimus* 'Kewensis'
Hedera helix 'Needle Point', 'Duckfoot'
Rubus 'Betty Ashburner', *R. nepalensis*
Salix repens 'Voorthuizen'

STAUDEN

Acaena novae-zelandiae
Ajuga reptans
Anemone nemorosa, A. blanda
Antennaria dioica
Arabis caucasica
A. ferdinandi-coburgii
Armeria maritima
Artemisia schmidtiana, A. stelleriana
Asarum europaeum
Aster ericoides 'Snowflurry'
Aubrieta deltoidea
Azorella trifurcata
Campanula portenschlagiana, C. carpatica
Cerastium tomentosum
Chamaemelum nobile
Delosperma cooperi
Dianthus deltoides
Erigeron karvinskianus
Galium odoratum
Glechoma hederacea
G. hederacea 'Variegata'
Ophiopogon planiscapus
Raoulia australis
Saxifraga cuneifolia
Sedum album, S. acre, S. spurium
Sempervivum
Vinca minor
Viola odorata, V. labradorica

5–25 CM

STRÄUCHER

Andromeda polifolia 'Glauca'
Cornus canadensis
Euonymus fortunei var. *radicans*
Hebe pinguifolia 'Pagei'
Gaultheria procumbens
Genista pilosa

KONIFEREN

Juniperus horizontalis
Microbiota decussata

STAUDEN

Acorus gramineus
Alchemilla mollis
Alyssum saxatile
Artemisa canescens
Bergenia cordifolia
Brunnera macrophylla
Ceratostigma plumbaginoides
Chrysogonum virginianum
Convallaria majalis
Dicentra formosa
Diascia fetcaniensis
Duchesnea indica
Epimedium rubrum, E. × *versicolor* 'Sulphureum'
Geranium sanguineum, G. × *cantabrigiense, G. cinereum*
Helianthemum nummularia
Heuchera × *brizoides*
Houttuynia cordata
H. cordata 'Chameleon'
Iberis sempervirens
Lamium maculatum
Oenothera macrocarpa
Omphalodes cappadocica, O. verna
Pachyphragma macrophylla
Pachysandra terminalis
Persicaria affine, P. elata
Phlox arendsii, P. stolonifera
Polemonium reptans
Primula vulgaris, P. veris
Pulmonaria saccharata
Saxifraga fortunei
Sedum cauticola 'Lidakense', 'Ruby Glow'
Symphytum grandiflorum
Tellima grandiflora
Teucrium chamaedrys
Tiarella cordifolia
Tolmiea menziesii

ZWIEBELN

Allium neapolitanum
Chionodoxa lucillae
Colchicum autumnale
Crocus tommasinianus, C. chrysanthus, C. vernalis
Cyclamen coum, C. hederifolium,
Iris reticulata
Galanthus nivalis
Eranthis hyemalis
Scilla sibirica
Sternbergia lutea
Ipheion uniflorum
Fritillaria meleagris
Muscari armeniacum
Narcissus bublbocodium
Ornithogalum umbellatum
Tulipa pulchella, T. tarda

EIN- UND ZWEIJÄHRIGE

Alyssum maritimum
Bellis perennis
Limnanthes douglasii
Matthiola bicornis
Myosotis biennis
Viola × *wittrockiana*

25–50 CM

STRÄUCHER

Berberis thunbergii 'Bagatelle'
Heidekräuter: *Erica carnea, E.* × *darleyensis, Calluna vulgaris*
Buxus microphylla 'Morris Dwarf', 'Morris Midget', 'Herrenhausen'
Deutzia crenata 'Nikko'
Mahonia repens, M. nervosa
Potentilla 'Elisabeth'
Lithodora diffusa 'Heavenly Blue'
Parahebe carractae
Pieris japonica 'Little Heath'
Prunus laurocerasus 'Mont Vernon'
Rosmarinus officinalis 'Repens'
Salvia officinalis
Sarcococca hookeriana var. *humilis*
Spiraea japonica 'Bullata'
Thymus vulgaris

KONIFEREN

Podocarpus nivalis
Chamaecyparis lawsoniana 'Minima'

STAUDEN

Anaphalis triplinervis
Artemisia absinthium, A. ponticum
Aster dumosus
Astilbe chinensis 'Pumila'
Astrantia major
Calamintha nepeta
Centaurea montana
Coreopsis verticillata
Geranium pratense, G. × *oxonianum*
Helleborus × *hybridus, H. niger*
Hemerocallis 'Stella de Oro' etc.
Hosta 'Chinese Sunrise'
Leucanthemum vulgare
Liriope spicata
Lychnis viscaria
Malva alcea
Meconopsis cambrica
Melissa officinalis
Nepeta × *faassenii*
Oenothera fruticosa
Origanum vulgare
Phuopsis stylosa
Salvia nemorosa
Scabiosa columbaria
Sedum telephium
Stachys byzantina
Trachystemon orientalis
Tricyrtis formosana
Trollius europaeus
Verbascum nigrum
Veronica spicata

ZWIEBELN

Allium schoenoprasum
Amaryllis bella-donna
Arum italicum
Hyacinthoides non-scripta, H. hispanica
Leucojum aestivum
Liatris spicata
Narcissus-Hybriden
Nerine bowdenii
Schizostylis coccinea
Triteleia laxa
Tulipa-Hybriden

50–100 CM

STRÄUCHER

Acer palmatum 'Filigree' und 'Red Pigmy'.
Berberis thunbergii 'Atropurpurea Nana' und 'Bonanza Gold'
Buddleja davidii 'Blue Chip'
Caryopteris × *clandonensis*
Ceratostigma willmottianum
Chaenomeles × *superba*
Cornus stolonifera 'Kelsey'
Deutzia gracilis und *D.* × *rosea*
Forsythia 'Marée d'Or'
Genista tinctoria
Hedera helix 'Arborescens'
Hydrangea 'Hörnli', 'Pia', 'Tovelit', 'Annabelle' und 'Preziosa'
Hydrongea serrata 'Beni Gaku', 'Mont Aso', 'Diadem', 'Blue Deckle', 'Rosalba', 'Koreana'
Hypericum 'Hidcote'
Lavandula
Lonicera pileata
Mahonia 'Apollo', 'Moseri' und 'Versicolor'
Perovskia atriplicifolia
Philadelphus 'Silberregen', *P. microphyllus*
Pieris 'Debutante', 'Prelude', 'White Pearl'
Potentilla
Rhododendron 'Blue Tit', 'Jock' und 'Elisabeth'. *R. degronianum* subsp. *yakushimanum* und *R. williamsianum*
Rosa 'The Fairy', 'Bonica', 'Frau Dagmar Hastrup', 'Swanny', Schneezwerg', 'Little White Pet'
Salix repens 'Argentea'
Sarcococca confusa, S. hookeriana
Spiraea japonica 'Little Princess', Gold Princess', 'Gold Mound' und 'Magic Carpet'
Viburnum davidii und *V. farreri* 'Nanum', *V.* × *carlcephalum* 'Eskimo'
Weigela florida 'Purpurea', 'Alexandra', 'Pink Poppet'

KLETTERPFLANZEN

Hedera helix 'Needle Point', 'Duckfoot'

STAUDEN

Achillea filipendulina
Amsonia
Anthemis tinctoria
Anthriscus
Asphodeline liburnica
Aster
Astilbe
Astrantia
Buphthalmum
Campanula persicifolia
Centaurea macrocephala
Centranthus ruber
Chelone obliqua
Dictamnus
Doronicum
Echinacea
Gaillardia
Gaura
Geranium psilostemon
Hemerocallis
Hosta

Iris barbata
Kirengeshoma
Knautia
Kniphofia
Leucanthemum
Lupinus
Lychnis
Lysimachia
Mentha
Paeonia
Papaver
Persicaria amplexicaulis
Phlomis russeliana
Phlox paniculata
Physostegia
Rudbeckia
Sanguisorba
Scabiosa caucasica
× *Solidaster*
Tanacetum vulgare
Veronica

ZWIEBELN

Allium
Amaryllis
Camassia
Crocosmia
Dracunculus
Galtonia
Hyacinthoides
Iris
Nectaroscordum
Schizostylis

EIN- UND ZWEIJÄHRIGE

Agastache
Anchusa
Aquilegia
Cosmos
Cynoglossum
Lunaria
Lupinus
Malva
Matthiola
Oenothera
Papaver
Penstemon
Pentaglottis
Scabiosa
Sidalcea
Tanacetum
Verbascum

1–1,5 M

STRÄUCHER

Artemisia abrotanum
Berberis
Brachyglottis 'Sunshine'
Ceanothus × *delilianus*
Clethra alnifolia
Exochorda × *macrantha* 'The Bride'
Forsythia 'Mêlée d'Or' und 'Week End'
Kerria japonica
Mahonia aquifolium 'Soft Caress', 'Cabaret'
Nandina domestica
Paeonia suffruticosa
Prunus fruticosa 'Globosa', *P.* × *cistena*
Rosa 'Cornelia', 'Felicia', 'Ballerina', Buff Beauty', 'Thérèse Bugnet', 'Ferdy', 'Blanc Double de Coubert' etc.
Stephanandra tanakae
Syringa patula 'Miss Kim', *S. meyeri* 'Palibin'
Viburnum opulus 'Compactum'

KLETTERPFLANZEN

Clematis × 'Avalanche', 'Pixie' etc.
Clematis flammula, C. 'Odorata'
Lonicera periclymenum 'Chic & Choc'

STAUDEN

Acanthus
Actaea
Aconitum
Anemone-Hybriden
Aralia
Artemisa lactiflora
Aruncus dioicus
Aster 'Coombe Fischacre'
Echinops
Euphorbia
Gillenia
Lythrum
Monarda
Phlox
Rodgersia
Rudbeckia
Solidago
Typha
Veronicastrum
Yucca

ZWIEBELN

Crinum
Crocosmia
Eremurus
Hedychium
Lilium
Zantedeschia

EIN- UND ZWEIJÄHRIGE

Agastache
Alcea
Lupinus
Oenothera
Silybum
Verbascum

1,5–2 M

STRÄUCHER

Abelia × *grandiflora* 'Edward Goucher'
Acer palmatum 'Uki-gumo'
Aesculus parviflora
Aronia arbutifolia 'Brilliant'
Baccharis halimifolia
Callicarpa bodinieri 'Profusion'
Calycanthus
Camellia sasanqua
Chaenomeles 'Pink Lady', 'Crimson and Gold', 'Ernst Finken'
Choisya ternata
Clerodendrum bungei
Cornus alba
Corylopsis pauciflora
Cotoneaster franchetii, *C. lacteus*
Deutzia × *hybrida*
Escallonia virgata
Euonymus japonicus, *E. alatus*
Hibiscus syriacus
Hydrangea macrophylla

Lonicera fragrantissima
Magnolia stellata
Osmanthus heterophyllus
Philadelphus 'Erectus', 'Beauclerck, 'Avalanche, 'Belle Étoile'
Photinia davidiana
Physocarpus opulifolius
Pieris 'Bert Chandler' und 'Forest Flame'
P. incisa 'Compacta', *P. nipponica* var. *kurilensis* 'Ruby' und *P. triloba*
Prunus laurocerasus 'Otto Luyken'
Ribes sanguineum, R. nigrum
Rubus odoratus, R. spectabilis
Spartium junceum
Spiraea 'Van Houttei'
Viburnum carlesii
Vitex agnus-castus

KLETTERPFLANZEN

Clematis alpina, C. macropetala
Lathyrus latifolius
Lonicera

STAUDEN

Acanthus
Aconitum
Anemone-Hybriden
Artemisia lactiflora
Aruncus
Aster laevis, A. novae-angliae
Crambe cordifolia
Cynara
Delphinium
Epilobium
Eupatorium
Euphorbia
Filipendula
Foeniculum
Helenium
Helianthus
Heliopsis
Inula
Ligularia
Lythrum
Phormium
Phytolacca
Rheum
Rudbeckia laciniata
Sanguisorba canadensis
Solidago
Thalictrum
Veronicastrum
Yucca
Zantedeschia

ZWIEBELN

Cardiocrinum giganteum
Crinum × *powellii*
Eremurus himalaicus
Lilium tigrinum, L. henryi

EIN- UND ZWEIJÄHRIGE

Alcea rosea
Angelica
Digitalis
Onopordum
Verbascum
Verbena bonariensis

2–4 M

STRÄUCHER

Acer palmatum 'Atrolineare', 'Bloodgood', 'Shin-deshojo', 'Garnet', 'Ornatum', 'Senkaki'
Acer campestre 'Nanum', 'Carnival', 'Postelense', 'Pulverulenta'
Acer pseudoplatanus
Amelanchier lamarckii
Arbutus unedo
Aucuba japonica
Berberis julianae
Buddleja
Buxus sempervirens 'Handworthiensis', 'Arborescens', 'Rotundifolia'
Camellia
Caragana arborescens
Cornus mas, C. officinalis, C. kousa, C. alternifolia
Corylus avellana
Cotinus
Decaisnea fargesii
Euonymus europaeus 'Red Cascade'
Hamamelis mollis und *H.* × *intermedia*
Hippophae rhamnoides
Hydrangea paniculata, H. sargentiana, H. aspera subsp. *villosa*
Philadelphus 'Minnesota Snowflake', 'Natchez'
Prunus incisa, P. cerasifera, P. lusitanica
P. spinosa, P. mume
Rhododendron-Hybriden
Rhus
Rubus tridel
Syringa vulgaris, S. × *hyacinthiflora, S.* × *prestoniae*
Viburnum
Tamaris
Viburnum opulus 'Notcutt's Variety', 'Xanthocarpum'

STAUDEN

Dahlia imperialis
Ferula communis
Gunnera manicata
Heracleum mantegazzianum
Macleaya cordata
Miscanthus sinensis 'Giganteus'
Onopordum acanthium
Silphium perfoliatum

4–7 M

BÄUME

Acer davidii und andere Schlangenhaut-Ahorne
Acer palmatum
Alnus
Aralia elata
Broussonetia papyrifera
Carpinus betulus 'Columnaris'
Cercis
Clerodendrum trichotomum
Cornus controversa
Crataegus
Cupressus sempervirens 'Stricta'
Cydonia oblonga
Cytisus battandieri
Davidia involucrata
Decaisnea fargesii
Diospyros

Eucryphia
Fraxinus ornus
Halesia monticola
Idesia polycarpa
Ilex × *altaclerensis*
Laurus nobilis
Malus hupehensis u.a.
Magnolia grandiflora, M. × *soulangeana* 'Lennei' oder 'Brozzonii', 'Star Wars', 'Iolanthe', 'Norman Gould', Wada's Memory'
Morus
Olea europaea
Ptelea trifoliata
Sambucus nigra 'Laciniata'
Salix alba, S. daphnoides, S. erythroflexuosa
Stewartia pseudocamellia
Taxus baccata

STRÄUCHER

Clethra barbinervis
Corylus maxima 'Purpurea'
Elaeagnus angustifolia 'Quicksilver'
Enkianthus campanulatus
Erica arborea 'Alpina'
Hydrangea heteromalla
Prunus laurocerasus 'Caucasica'
Sorbaria tomentosa
Viburnum rhytidophyllum

KLETTERPFLANZEN

Ampleposis megalophylla
Lonicera japonica
Vitis vinifera

7–25 M

BÄUME

Acer pseudoplatanus, A. platanoides
Abies
Alnus sp.
Albizia julibrissin
Araucaria
Betula
Calocedrus
Catalpa
Celtis australis
Cercidiphyllum
Chamaecyparis pisifera, C. obtusa
Cladrastis kentukea
Cornus 'Norman Hadden'
Corylus colurna
Cryptomeria japonica
Gleditsia triacanthos
Gymnocladus dioica
Ilex aquifolium
Juglans regia
Koelreuteria
Laburnum
Larix
Liquidambar
Magnolia campbellii und Hybriden, *M. officinalis, M. tripetala, M. macrophylla*
Metasequoia
Nyssa
Parrotia
Paulownia
Phellodendron
Picea
Pinus
Platanus
Populus
Prunus avium und Hybriden
Pterocarya
Pyrus calleryana
Quercus
Robinia
Salix
Sophora
Sorbus aria, S. torminalis
Tetradium
Zelkova

KLETTERPFLANZEN

Holboellia
Schizandra
Actinidia

HÖHER ALS 25 M

BÄUME

Abies
Aesculus hippocastanum
Ailanthus altissima
Carpinus betulus
Carya ovata
Chamaecyparis lawsoniana
Cedrus libani
Cupressus
× *Cupressocyparis*
Fagus sylvatica
Fraxinus excelsior
Ginkgo biloba
Liriodendron
Picea
Pinus
Sequoiadendron giganteum
Sequoia sempervirens
Taxodium
Thuja

KLETTERPFLANZEN

Clematis montana
Fallopia baldschuanica
Parthenocissus tricuspidata
Rosa filipes 'Kitsgate'

Blut-Buche (*Fagus sylvatica* 'Purpurea Group') und *Sequoiadendron giganteum*, zwei schöne Baumarten, die für ihre Entfaltung Platz brauchen (Benmore Botanic Garden, Schottland).

Standorte und besondere Verwendung

Küste

BÄUME

Pinus nigra* subsp. *laricio ◄: dunkelgrüne Nadeln, zu zweit stehend, kürzer als bei *P. nigra* subsp. *nigra*, gut an Küstenlagen angepasst. Sonne, leichter, sandiger Boden. 15–35 m × 4–10 m.

Populus alba ►: kleiner, breitwüchsiger Baum mit häufig asymmetrischer Krone (vom Wind geformt). Laub grau mit weißer Unterseite, stark leuchtend. Rinde der jungen Äste grauweiß. Volle Sonne, leichter, sandiger Boden. 3–7 m × 3–5 m.

Quercus ilex ❄ ►: Baum mit schönem, *Ilex*-ähnlichem Laub, mattgrün und unterseits weißlich. Knorrige, gewundene Statur bei Windlagen, schnellwüchsig. Volle Sonne, normaler, durchlässiger Boden, auch kalkhaltig. 4–10 m × 3–5 m. Schnittverträglich, für Zierschnitt.

Salix alba ►: schmal-längliche Blätter, oft in eine Richtung gedreht, je nach Sorte grün oder silbrig. Zweige biegsam, orange, gelb oder braungrau. Sonne, normaler, dauerfeuchter Boden. 4–15 m × 2–8 m. Schnitt als Kopfweide oder regelmäßig bodennah für einen dichten Windschutz.

Weitere Bäume: *Acer campestre, Alnus glutinosa, Crataegus oxyacantha, Cupressus macrocarpa, Laurus nobilis, Phoenix canariensis, Populus nigra, Prunus spinosa, Robinia pseudoacacia, Sambucus nigra, Ulmus minor* var. *vulgaris*.

Pinus nigra subsp. *laricio*

STRÄUCHER

Baccharis halimifolia ❄: graugrünes Laub auf rasch wachsenden Trieben. Im Spätsommer malvenfarbene Blüten, endständig. Sonne, leichter Boden. 2 m × 1,50 m.

Escallonia virgata ❄ ►: immergrüne Sträucher mit duftendem Laub, den Sommer über bis in den Frühherbst kleine Blüten. Sehr wüchsig, auch auf kargen Böden. Verträgt Gischt und kann zur Hecke getrimmt werden. Sonne, alle Böden, bis −10 °C winterharter Wurzelstock. 2,50 m × 2,50 m. 'Red Dream' ❄ ist eine kompakte Sorte, von Natur aus kugelig (80 cm × 80 cm). 'Gold Brian' ❄ hat leuchtendes, gelbes Laub.

Griselinia littoralis ❄ ►: große, dicke, elliptische Blätter in schönem Apfelgrün. Ideal für eine frei wachsende oder geschnittene Hecke. Kann zu einem kleinen Baum heranwachsen, sofern der Standort selten Minusgrade erlebt. Sonne, leichter Boden, Wurzel bis −5 °C winterhart. 2 m × 2 m. 'Variegata' hat gelb und grün gesprenkeltes Laub. Sehr hübsch.

Hippophae rhamnoides ►: Sanddorn mit dornigen Ästen und linealisch-lanzettlichen, silbrigen Blättern, von September bis Dezember tragen die weiblichen Exemplare reichlich orangegelbe Früchte. Geht an Küstenstrichen von selbst auf. Sonne, alle kargen Böden. 2,50 m × 2,50 m. Ausläufer.

Olearia* × *haastii ❄ ►: kleine, zähe Blättchen wie Buchs. Üppige, weiße Blüte im Juli und dekorative Früchte im Herbst. Sonne, normaler oder sandiger Boden, winterhart bis −15 °C. 1,80 m × 1,80 m.

Phillyrea angustifolia ►: immergrün; schmale, längliche Blätter, dunkelgrün auf einem rundlichen, dichten Busch. Gelbe, stark duftende Blüten im Mai. Kann geschnitten werden, alle Lagen, alle Böden. 1,50 m × 1,50 m.

Weitere Sträucher: *Brachyglottis greyi, Convolvulus cneorum, Elaeagnus* × *ebbingei, Euonymus japonicus, Garrya elliptica, Hebe, Hydrangea macrophylla, Lavandula, Lavatera thuringiaca, Pittosporum, Potentilla, Santolina chamaecyparissus, Tamaris pentandra* und *T. tetrandra*.

Populus alba

Quercus ilex

Salix alba

Escallonia virgata und Olearia virgata

Griselinia littoralis

Hippophae rhamnoides

Olearia × haastii

Phillyrea angustifolia

KLETTERPFLANZEN

Lonicera periclymenum ➤: lange, röhrenförmige Blüten, überwiegend cremefarben mit rosa oder roten Partien, Mai bis Juli, nochmals im September/Oktober. Halbschatten, normaler, frischer Boden. 3 m x 2 m.

Trachelospermum jasminoides: duftende Blütenstände von Mai bis Juli, immergrünes Laub. Sonne, Halbschatten, normaler Boden 3–5 m x 2 m.

STAUDEN, EIN- UND ZWEIJÄHRIGE

Alyssum maritimum ➤: flacher Teppich mit kleinen Blütensträußen, weiß, rosa oder violett und stark duftend, Juni bis Oktober. Sonne, leichter Boden. 5 cm x 20 cm.

Crambe maritima ➤: große, zähe Blätter, kräftig blau und glänzend, Triebe niederliegend. Füllige Sträuße weißer Blüten mit Honigduft, Mai und Juni. Volle Sonne, normaler, durchlässiger Boden. 50 cm x 80 cm.

Delosperma cooperi: Blüten mit feinen, rosa oder gelben Blütenblättern im Juli bis September, breite, dicke Blätter. Bodendecker. Volle Sonne. 5 cm. Breitet sich sehr schnell aus.

Erigeron glaucus: rosa margeritenartige Blüten, Juni bis Oktober, in einem Büschel graugrüner Blätter. Breitet sich zu großen Kissen aus. Volle Sonne. 30 cm x 40 cm. 'Sea Breeze' ⮟: Laub kräftiger blau.

Erigeron 'Sea Breeze'

***Libertia* sp.** ❄: ein Horst schmaler, bandförmiger Blätter, immergrün, ähnlich wie *Iris*. Weiße Blüten in endständigen Sträußen. Sonne oder Halbschatten, frischer Boden. *L. formosa* ❄ ➤ blüht von Mai bis Juli, 90 cm. *L. ixioides* ❄: Blüte im Juli und August, im Winter kupferfarbenes Laub. *L. peregrinans* ❄ ➤ ist vergleichbar, Ausläufer.

Limonium latifolium ➤: große, malvenblaue Blütensträuße über einer Rosette großer Blätter, Juli/August. Volle Sonne, Boden in tieferen Schichten eher feucht. 45 cm x 45 cm. 'Violetta' hat veilchenfarbene Blüten, getrocknet besonders schön.

Mertensia maritima ➤: über den Boden gebreitete Blätter in schönem Blaugrün, mit erstaunlichem Austerngeschmack(!). Außergewöhnlich. Volle Sonne, eher frischer, durchlässiger Boden. 10 cm x 25 cm.

Osteospermum jucundum ❄ ➤: Körbchenblüten mit bläulichem Auge, schließen sich am Abend, März bis Oktober. Blätter mit gelapptem Rand, dunkelgrün, an ausgebreiteten Stängeln. Bildet rasch ein großes Kissen. Sonne, durchlässiger Boden. 25 cm. Zahlreiche weiße, gelbe, tabak-, rosa-, malvenfarbene und purpurne Sorten.

Othonna cheirifolia ❄: dicke, bläuliche Blätter, rundlich und seltsam abstehend, einzelne, gelbe Körbchenblüten, Juli bis Oktober. Volle Sonne, durchlässiger Boden. 25 cm. Ähnelt einer Sukkulente.

Silene maritima: anmutige, zartrosa Blüten, Juni und Juli, aufrecht an kriechenden Trieben mit blauem Laub. Sonne, durchlässiger Boden. 50 cm. Bildet rasch einen schönen Teppich. 'Alba' ➤ hat weiße Blüten, 'Druett's Variegated' cremegelb umrandete Blätter.

Weitere Stauden: *Achillea filipendulina, Agapanthus, Allium, Alstroemeria, Anthemis, Armeria maritima, Artemisia, Aster, Centaurea, Centranthus ruber, Crocosmia, Dierama, Eryngium, Euphorbia, Geranium cinereum, Kniphofia, Malva officinalis, Nepeta, Oenothera, Papaver, Phormium, Romneya, Salvia, Verbascum, Yucca.*

Gräser: *Arundo, Helictotrichon, Leymus, Stipa* sowie die bronzefarbenen Seggen *Carex buchananii, C. flagellifera* und mehr.

ZWIEBELN

Die meisten Zwiebeln gedeihen sehr gut auf Sandböden.

Lonicera periclymenum

Alyssum maritimum

Crambe maritima

Libertia formosa

Libertia peregrinans

Limonium latifolium

Mertensia maritima

Osteospermum jucundum

Silene maritima 'Alba'

Unterholz und Schatten

BÄUME

Acer tegmentosum ➤: Blätter zartgrün und im Herbst buttergelb, elegante und lichte Gestalt, Stamm und Hauptäste schlangenhäutig mit grün-weißer Rinde. Halbschatten, lichtes Unterholz, Boden kalkarm oder kalkfrei. 3–6 m x 4 m. *A. davidii, A. capillipes, A. pensylvanicum, A.* 'Silver Cardinal' ➤ und 'Red Flamingo' sind prächtige kleine Bäume, die gern unter sehr großen Bäumen wie Eichen stehen.

Cercis canadensis: rosa oder weiße Blüten am Stamm oder den Hauptästen, Blätter fast kreisrund. Schnellwüchsig. Lichtes Unterholz oder Gehölzränder, durchlässiger Boden.

Clethra barbinervis ➤: weiße Blütentrauben im August/September, längliche Blätter, im Herbst goldgelb, wunderschöne Rinde, die sich in farbigen Fetzen ablöst. Heller Schatten, dauerfrischer Boden, kalklos oder kalkarm. 3–5 m x 2 m.

Cornus kousa: im Juni und Juli weiße oder rosa Blüten, danach Früchte und teils schöne Herbstfärbung. Halbschatten, normaler Boden. 5 m x 3 m. *C. florida, C. nuttallii* sind gleich, aber für saure Böden. *C. rutgersiensis, C.* 'Venus' für neutrale Böden.

Weitere Bäume: *Fagus* (jung), *Carpinus* (jung), *Corylus, Styrax, Stewartia*.

KONIFEREN

Cryptomeria japonica: schlanke Konifere mit biegsamen Ästen und breiten Nadeln an den Zweigen. Rötliche Rinde und relativ gerade wachsender Stamm, sofern sich ein „Lichtschacht" zwischen zwei großen Bäumen bietet. Frischer, tiefgründiger, humusreicher Boden. 10 m x 3 m.

Taxus baccata ➤: Gewöhnliche Eibe mit weichen, dunklen Nadeln und von Natur aus elegantem, schlankem Wuchs. In manchen Jahren rote Beeren mit giftigen Kernen im Herbst. Alle Schattenlagen, normaler, kalkhaltiger Boden. 3–6 m x 4 m.

Tsuga canadensis ➤: schlanke Konifere mit biegsamen Ästen und weichen, kurzen Nadeln, kleine Zapfen. Schnellwüchsig. Schatten oder Halbschatten, frischer, humusreicher Boden. 6–10 m x 5 m. *T. heterophylla* ist ähnlich, aber kräftiger.

STRÄUCHER

Camellia japonica

Aucuba japonica ➤: große, lanzettlich-spitze, zähe Blätter, dunkelgrün. Im Herbst und Winter rote Beeren an den weiblichen Pflanzen. Normaler, sogar trockener Boden. 2,50 m x 2 m. In vielen panaschierten Sorten zu haben, alle im Schatten schöner als in der Sonne.

***Camellia* sp.** ❄ ◄ ➤: Sträucher oder kleine Bäume, die je nach Sorte im Herbst, Winter oder Frühling blühen. Immergrün; die Blätter matt oder lackglänzend, dunkelgrün. Im Schatten laubabwerfender Bäume (benötigt im Winter Helligkeit). 2–6 m x 3 m. Unterholz schützt die winterliche Blüte, die länger anhält.

Daphne odora ➤: niedriger Busch mit dunklen, länglichen Blättern, im Februar und März duftende, rosa Blütensträuße. Alle Schattenlagen, frischer, durchlässiger Boden. 1 m x 1,20 m. So klein wie möglich einpflanzen. *D. tangutica* trägt rosa Blüten im April/Mai; *D. laureola*: grüne Blüten vom März bis Mai.

Euonymus fortunei: Sträucher mit langen, biegsamen Ästen, diese können klettern, kriechen oder sich zu einem kompakten Strauch aufrichten, ovale, dunkelgrüne Blätter mit hellerer Äderung. Alle Schattenlagen und Böden. 0,50–5 m x 0,50–5 m. Zahlreiche Sorten mit panaschiertem Laub.

Acer tegmentosum

Acer 'Silver Cardinal'

Taxus baccata

Clethra barbinervis

Tsuga canadensis

Aucuba japonica

Camellia × *williamsii* 'Donation'

Daphne odora

***Hydrangea aspera* Villosa-Gruppe** ➤: dunkle, samtige Blätter, malvenrosa Blüten und zimtfarbenes Holz. Verträgt weder Wind noch Trockenheit oder Morgen- bzw. Mittagssonne. 2 m x 2 m. *H. serrata* und *H. quercifolia* eignen sich auch wunderbar für Unterpflanzungen.

Mahonia* x *media ➤: Sträuße gelber Blüten, aufrecht, mit Maiglöckchenduft. Große Blätter. 2–4 m x 2 m. Auch alle anderen Mahonien sind Schattenliebhaber.

Sarcococca confusa: immergrüner, duftender Strauch, wächst als Busch und trägt im Januar/Februar zahlreiche weiße, duftende Blüten. Frischer, durchlässiger Boden. 1,20 m x 1,50 m. *S. hookeriana* ist ähnlich, bildet Ausläufer. Die Fleischbeere ersetzt den mit ihr verwandten Buchs in schattigen Lagen oder in dichtem Bestand.

Skimmia japonica ➤: zweihäusiger Strauch, d.h. Pflanzen mit nur männlichen und Pflanzen mit nur weiblichen Blüten. Im Februar und März füllige, endständige Rispen, Maiglöckchenduft (männliche Blüten). An den weiblichen Pflanzen hängen fast den ganzen Winter über rote oder weiße Beeren. Eiförmig-elliptische, zähe Blätter, immergrün. Schatten oder Halbschatten, normaler oder frischer Boden. Zahlreiche Sorten von 0,50–2 m Höhe und Breite.

Weitere Sträucher: *Cornus alba* 'Variegata', *C. canadensis, C. mas* 'Variegata', *Cotoneaster, Corylus, Corylopsis, Fatsia* und *Fatshedera, Hamamelis, Ilex, Kalmia latifolia, Leucothoe, Ligustrum, Lonicera, Osmanthus heterophyllus, Pieris, Prunus larocerasus, Ribes, Rhododendron, Sambucus nigra* 'Variegata', *Skimmia, Stachyurus, Viburnum tinus, V. davidii.*

STAUDEN

Asarum europaeum: immergrün; Triebe mit rundlichen bis nierenförmigen Blättern bilden einen Teppich. Dunkler, feuchter Schatten, normaler, durchlässiger, frischer Boden. 10 cm x 25 cm und mehr.

Cardamine trifolia ➤: dreizählige Blätter, direkt auf dem Boden, im Sommer matt dunkelgrün, im Winter violett oder schwarz. Weiße Blüten in kurzen Blütenständen, Februar bis April. Normaler Boden, mit Humus angereichert. 5 cm x 20 cm und mehr.

Chrysogonum virginianum ➤: von Mai bis September gelbe Blüten, zartgrünes Laub, unterseits dunkler. Halbschatten oder Sonne, normaler Boden, eher frisch für eine längere Blütezeit. 25 cm x 25 cm.

Convallaria majalis: Maiglöckchen, mit den bekannten Trauben weißer Blütenglöckchen, stark duftend, zwischen Ende April und Ende Mai. Blütenstängel zwischen zwei spitz-ovalen, zartgrünen Blättern. Schatten oder Halbschatten. Normaler, humusreicher Boden. Breitet sich aus. 25 cm x 50 cm und mehr.

Galium odoratum ➤: zartgrüne Blätter quirlig am Stängel, duftende, weiße Blütensträuße im Mai. Halbschatten oder Schatten, normaler Boden. 15 cm x 30 cm und mehr. Blätter mit Waldmeisterduft.

Geranium nodosum ➤: kleine, leuchtend rosa Blüten von Juni bis zum Einsetzen des Frosts, an grazilen Laubbüscheln, die sich langsam durch Aussaat oder Ausläufer ausbreiten. Die Blätter sind dreilappig, leuchtend grün. Sehr interessant für den Schatten oder Halbschatten. Normaler Boden, angereichtert mit Laubkompost. 'Svelte Lilac' hat fliederfarbene Blüten, 'Whiteleaf' ist rosa. *G. phaeum* 'Album' ist ebenfalls sehr schön und einfach im Schatten zu halten.

Heuchera villosa ➤: hohe Blütenstängel mit leichten, weißen Blüten, erst im August/September. Blätter immergrün, bepelzt, auf kräftigen, kriechenden Rhizomen, dadurch beeindruckend große, langlebige Horste. Normaler, frischer Boden. 50 cm x 50 cm.

***Hosta* sp.** ➤: Pflanzen mit prächtigem Laub und interessanten weißen oder malvenfarbenen Blütenständen, manche auch duftend. Heute gibt es mehrere hundert Sorten in allen Größen und Farben. Normaler Boden, frisch oder feucht. 0,20–1,20 m x 0,20–1 m. Im Schatten am leuchtendsten sind die Sorten mit weiß umrandeten Blättern.

Iris foetidissima: immergrün; große, smaragdgrüne Blätter, im Herbst große Kapselfrüchte, die in 3 Teile aufplatzen und leuchtend orangefarbene Kerne zeigen. Kurzlebige Blüten in Gelb und Blau mit feiner, schwarzer Äderung. Schatten oder Halbschatten, normaler Boden, eher trocken. 'Variegata' hat grün-weiß panaschierte Blätter.

Ophiopogon japonicus ➤: immergrün; Trauben malvenfarbener Blüten, dann türkisfarbene Beeren. Mehr oder weniger verdickte Wurzeln. Halbschatten oder Schatten, normaler, humusreicher, frischer Boden. 15 cm x 20 cm und mehr. 'Minor' wächst sehr kompakt und niedrig, *O. planiscapus* 'Nigrescens' hat schwarze Blätter und Beeren.

Chrysogonum virginianum

Hydrangea aspera

Mahonia × media

Skimmia japonica

Cardamine trifolia

Galium odoratum

Geranium nodosum

Heuchera villosa

Hosta 'Blue Angel'

Ophiopogon japonicus

Pachysandra terminalis ➤: Rosetten fleischiger Blätter, dunkelgrün, im Mai kleine, weiße Blüten. Schatten oder Halbschatten, normaler, humusreicher Boden, dauerfrisch. 15 cm x 30 cm und mehr. 'Variegata' hat cremeweiß umrandete Blätter.

Podophyllum 'Spotty Dotty': fast kreisrundes Blatt mit gebuchtetem Rand, braun marmoriert. Große, rote Blüte unter dem Blatt, unmittelbar danach eine dicke, orangerote Frucht. Humusreicher, dauerfrischer Boden. 50 cm x 50 cm.

Polygonatum multiflorum 'Variegatum': bogenförmiger Trieb, die Blätter wechselständig mit cremefarbenem Rand, im Mai cremeweiße, längliche, glockenförmige Blüten. Humusreicher Boden. 40 cm x 50 cm. *P.* x *hybridum* 'Striatum' ➤: cremefarben gestreift.

Tiarella cordifolia ➤: Blätter drei- oder fünflappig, herzförmig, zartgrün, mehr oder weniger stark silbrig marmoriert und purpurn gefleckt, bilden einen Teppich. Im Mai und Juni aufrechte, weiße Blütentrauben oder -rispen. Halbschatten, normaler, humushaltiger Boden. 25 cm x 30 cm und mehr. Zahlreiche wegen des Laubs oder der reichen Blüte (weiß oder rosa) interessante Hybriden, standorttreu.

Trachystemon orientalis: blaue Blütenstände vor dem Laubaustrieb. Alle Lagen, normaler Boden. 80 cm. Sehr robuste Pflanze, ideal als Bodendecker, essbare Blüten.

FARNE

Alle Farne sind exzellente Schattenbewohner und passen sich an mehr oder weniger feuchte Böden an. Zu den Gattungen *Dryopteris* und *Polystichum* gehören die anpassungsfähigsten Arten, die sowohl mit sehr feuchten als auch sehr trockenen Bedingungen oder dem Wechsel beider zurechtkommen. Dies gilt besonders für *Dryopteris filix-mas* ➤ und *Polystichum setiferum*.

Tricyrtis formosana ➤: kräftige Büschel aufrechter Triebe mit flaumigem Laub und purpurroten, gesprenkelten, weißrosa Blüten im September und Oktober. Halbschatten, frischer, humusreicher Boden. 80 cm x 50 cm und mehr.

Vinca minor ➤: kleine Blätter, die Blüten blau, weiß oder purpurn, flacher, dichter Teppich. Schatten oder Halbschatten, normaler Boden, eher kalkhaltig. 5 cm x 50 cm und mehr.

Weitere Stauden: *Acanthus mollis*, *Anemone*-Hybriden, *Aster divaricatus*, *Astilbe*, *Astrantia major*, *Begonia evansiana*, *Brunnera macrophylla*, *Dicentra formosa*, *Doronicum orientale*, *Epimedium*, *Helleborus*-Hybriden, *Lithospermum purpurocaeruleum*, *Primula*, *Tolmiea menziesii*, *Trachystemon orientalis*.

DIE BESTEN GRÄSER FÜR DEN SCHATTEN

Chasmanthium latifolium
Große Blätter und Rispen mit platten Ährchen. 60 cm.

Carex 'Evergold'
Panaschierte, leuchtende Blätter, immer ordentlich. 20 cm.

Melica uniflora 'Variegata'
Aufrecht bogenförmige Blätter, im Frühling sehr weiß. 25 cm.

Milium effusum 'Aureum'
Im Frühling hellgelbe Rispen und Blätter, 50 cm.

Weitere Gräser für den Schatten:

***Hakonechloa macra* und deren Sorten**: breite, elegante Horste biegsamer Blätter, 60 cm.

ZWIEBELN

Allium ursinum ➤: Bärlauch mit kleinen, weißen Blüten in kugeligen Scheindolden, zwischen langen Blättern, die wie Maiglöckchen-Blätter aussehen. Blätter und Blüten riechen markant nach Lauch und sind essbar. Schatten oder Halbschatten, lehmiger, frischer Boden. 40 cm.

Anemone nemorosa ➤: je nach Sorte einfache, halbgefüllte oder gefüllte Blüten, weiß, rosa oder bläulich, als dichter Teppich im Unterholz oder als Hecken-Unterpflanzung. Knollige Wurzeln flach unter der Erde. Halbschatten, humoser Boden. 10 cm. Wird im Frühling gepflanzt, wie eine Staude.

Pachysandra terminalis

Polygonatum × hybridum 'Striatum'

Tiarella cordifolia

Vinca minor

Dyopteris filix-mas

Tricyrtis formosana

Allium ursinum

Anemone nemorosa

Unterholz und Schatten

***Arisaema* sp.** ➤: seltsame, wie der Kopf einer Kobra geformte Blüten, Blätter zusammengesetzt aus 3 oder mehr Blättchen, je nach Art oder Sorte grün oder silbrig durchzogen. Schatten oder Halbschatten, humusreicher Boden. Fällt nach der Blütezeit in Vegetationsruhe.

Arisarum proboscideum ➤: kleine Blätter ähnlich wie die des Aronstabs, bodendeckend im Frühling, ziehen im Juli ein. Blüten liegen auf dem Boden, Spatha mit langem, grauem Fortsatz wie der Schwanz einer Maus. Schatten oder Halbschatten, normaler Boden, eher frisch oder feucht, darf im Sommer trocken sein. 15 cm × 30 cm und mehr. Knolliges Rhizom, bildet einen kompakten Ballen, wuchert aber nicht.

***Erythronium* 'Pagoda'** ➤: kräftige Pflanze mit 2 großen, langen Blättern und 1 Blütenstängel, Blüten ähnlich wie bei manchen Lilienarten. Schatten oder Halbschatten (unter laubabwerfenden Bäumen). Humusreicher Boden (Laubkompost-Erde). 35 cm × 20 cm.

Hyacinthoides hispanica ➤: himmelblaue Glöckchen, größer als bei *H. non-scripta*, die Blüten stehen allseitswendig um den Stängel. Halbschatten oder Schatten, normaler Boden. 35–40 cm. Pflanzung im September/Oktober, 5 cm tief. *H. non-scripta* ist eine heimische Art mit Blüten in einseitswendiger Traube. 25 cm.

Weitere Zwiebeln: *Arum italicum, Chionodoxa, Corydalis, Cyclamen, Muscari, Scilla.*

EIN- UND ZWEIJÄHRIGE

Digitalis purpurea ➤: rosa oder weiße Blütenglocken an einem Stängel, der sich erst im zweiten Vegetationsjahr aus der regelmäßigen Blattrosette des ersten Jahres entwickelt. Lichtes Unterholz oder Gehölzränder, leicht kalkhaltiger, lockerer Boden. 1,50–2 m.

Smyrnium perfoliatum ➤: Pflanze mit dreijähriger Vegetation, bildet erst ein Blatt, dann ein kleines Büschel und im dritten Jahr einen Stängel aus, diesen krönen im April, Mai und Juni gelbe Blütendolden mit großen, gelbgrünen, fast fluoreszierenden Hochblättern. Normaler Boden. 50 cm. Nach Eingewöhnung sehr wüchsig.

Weitere Ein- und Zweijährige: *Aquilegia vulgaris, Meconopsis cambrica, Montia sibirica.*

IM SCHLAGSCHATTEN

Viele Pflanzen lieben den Schatten und seine Kühle, mögen es aber nicht, wenn sie ein Blätterdach unmittelbar über ihren Köpfen haben. Sie schätzen Mauern oder Innenhöfe. Schlagschatten bewahrt die Blätter der Immergrünen vor Frosttrocknis, macht frostempfindliche Pflanzen unanfälliger und schützt empfindliches Laub wie panaschierte oder goldfarbene Blätter vor der prallen Sonne, manchmal auch vor Wind. Und die Bäume können ungestört und senkrecht in den Himmel wachsen.

Bäume
- *Acer palmatum* 'Uki-gumo' und 'Butterfly'
- *Betula albosinensis*
- *Amelanchier canadensis*
- *Aesculus neglecta* 'Erythroblastos'
- *Castanea sativa* 'Variegata'
- *Nothofagus antarctica*
- *Prunus incisa*
- *Robinia pseudoacacia* 'Frisia'
- *Catalpa speciosa* 'Pulverulenta'
- *Cercis canadensis* 'Melon Beauty', 'Hearts of Gold' und 'Silver Cloud'
- *Clerodendrum trichotomum* 'Carnival'
- *Cornus alternifolia* 'Argentea' und *C. controversa* 'Variegata'
- *Decaisnea fargesii,*
- *Gleditsia triacanthos* 'Sunburst'
- *Prunus serrula* und *P. maackii,*
- *Magnolia stellata* und *M.* × *loebneri*
- *Malus*
- *Rhus typhina* und *R. glabra*
- *Salix alba* 'Aurea'
- *Sorbus aria* und *S. folgneri*

Sträucher
- *Chaenomeles*
- *Danae racemosa*
- *Deutzia*
- *Fuchsia magellanica*
- *Garrya elliptica*
- *Hydrangea macrophylla* und *H. paniculata*
- *Philadelphus*
- *Rhododendron*
- *Rhodotypos scandens*
- *Ribes laurifolium*
- *Sambucus racemosa* und *S. nigra*
- *Sarcococca*
- *Stephanandra incisa*
- *Symphoricarpos*
- *Weigela florida* 'Variegata' ➤
- *Xanthorhiza simplicissima*

Koniferen
- *Abies*
- *Chamaecyparis*
- *Ginkgo biloba*
- *Larix decidua*
- *Sciadopitys verticillata*
- *Taxus*

Kletterpflanzen
- *Akebia*
- *Ampelopsis*
- *Clematis*
- *Hedera*
- *Holboellia*
- *Humulus*
- *Lonicera*
- *Parthenocissus* ➤

Stauden
- *Corydalis flexuosa*
- *Epimedium acuminatum, E. davidii* und zahlreiche asiatische Hybriden
- *Hosta*
- *Iris japonica*
- *Liriope*
- *Miscanthus sinensis* 'Variegatus' und 'Cabaret'
- *Paris polyphylla*
- *Primula*
- *Rodgersia aesculifolia* ➤
- *Tiarella polyphylla*

Zwiebeln
- *Cardiocrinum giganteum*
- *Crocosmia* × *crocosmiiflora*
- *Lilium regale* und *L. auratum*

Ein- und Zweijährige
- *Begonia*
- *Impatiens*

Arisaema sp.

Arisarum proboscideum

Erythronium 'Pagoda'

Hyacinthoides hispanica

Digitalis purpurea

Smyrnium perfoliatum

Parthenocissus quinquefolia

Weigela florida 'Variegata'

Rodgersia aesculifolia

Der Schatten unter Bäumen bietet die Chance, etliche Sträucher zu kultivieren, die es gerne kühl haben und Boden mit Laubkompost mögen. Dazu gehören diese wundervollen Rhododendren. (Garten Le Vasterival, Frankreich)

Windlagen

BÄUME

***Acer pseudoplatanus* 'Spaethii'** ➤: purpurne Blätter, unterseits rosa getönt, sehr hübsch bei Wind. Sonne, normaler, lehmiger oder sandiger Boden. 8–12 m x 4 m.
***A. saccharinum* 'Pyramidale'** ➤: gelapptes Blatt in hellem Grün, die Unterseite silbrig, glitzert im Wind. Sonne, normaler, lehmiger, frischer Boden. 10 m x 3 m.

Crataegus laevigata: kleine, gelappte Blätter, eng an den Zweigen anliegend und daher kaum Angriffsfläche für den Wind bietend. Weiße, rosa oder rote Blüten. Sonne, normaler, kalkhaltiger Boden. 6–8 m x 3 m.

***Laburnum* x *watereri* 'Vossii'** ➤: oft mehrstämmige Bäume mit dreizählig gefiederten Blättern, gelbe Blütentrauben von 20–25 cm Länge, Mai oder Juni. Volle Sonne, normaler, durchlässiger Boden, kalkliebend, wächst aber auch auf sauren Böden.

Nothofagus antarctica ➤: lichte Silhouette, die Äste wie Fischgräten, kleine, ovale, gezähnte Blätter, etwa 1,5 cm lang. Schöne, schwarze Rinde, bei jungen Bäumen deutliche, weiße Lentizellen. Sonne oder Halbschatten, normaler Boden, im Sommer nicht zu trocken. 9–15 m x 3 m.

Weitere Bäume: *Pinus nigra* subsp. *laricio, P. pinaster, Populus alba, Quercus ilex, Q. robur, Salix alba.*

Laburnum x watereri 'Vossii'

KONIFEREN

Cupressus macrocarpa ❄ ➤: graugrünes, eher mattes Laub. Große Früchte (1,5–2 cm Durchmesser). Kräftiger Stamm mit kupfergrauer Rinde, die sich in Fetzen ablöst. Mit dem Alter flache, tafelförmige Statur. Sandiger, durchlässiger Boden. 25–35 m x 10–15 m.

Juniperus communis ➤: aufragender Busch, mehr oder weniger hoch und breit, stechende Nadeln, zartgrün, auf der Innenseite bläulich silbrig. Hübsche, blaue Beeren, würzig (Wacholderbeeren). Sonne, normaler, kalkhaltiger Boden ohne Staunässe.

- 'Compressa', 'Sentinel' und 'Hornibrookii' bleiben von Natur aus gedrungen (1 m x 0,50 m, und 2–3 m x 0,50 m)
- 'Gold Cone': goldfarbenes Laub (1,50 m x 0,30 m)
- 'Green Carpet' und 'Repanda': sehr breitwüchsig. (0,50 m x 3 m).

Pinus pinaster ❄ ➤: Strand-Kiefer, bläuliche Nadeln, schlank aufragender Stamm, Borke löst sich in grauen, rosa oder bläulichen Platten. Im Alter öffnet sich die Krone. 20 m x 5 m. Die meisten Kiefern vertragen Wind.

STRÄUCHER

***Berberis* 'Chenaultii'** ➤: immergrün; schmale Blätter, dunkelgrün mit weißer Rückseite, im Winter purpurn, im Mai gelbe Blüten. Alle Lagen, normaler, eher frischer Boden. 1,50 m x 2 m und mehr. Ausläufer. *B.* x *stenophylla* ist ebenso perfekt für Windlagen.

***Buddleja* x *weyeriana* 'Golden Glow'** ❄ ➤: Hybride mit silbrigem Laub, unterseits weiß. Im Sommer gelb-malvenfarbene Blüten, in kugeligen Sträußen entlang des Stängels angeordnet. Sonne, durchlässiger Boden. 2,50 m x 2,50 m. 'Sungold': kräftiger orange.

Acer pseudoplatanus 'Spaethii'

Acer saccharinum 'Pyramidale'

Nothofagus antarctica

Cupressus macrocarpa

Juniperus communis

Pinus pinaster

Berberis 'Chenaultii'

Buddleja × *weyeriana* 'Golden Glow'

Windlagen

***Dorycnium hirsutum*:** im Juni und Juli eher unauffällige, weißrosa Blüten. Laub graugrün und samtig, ganzjährig sehr hübsch. Volle Sonne, luftig. Durchlässiger, neutraler oder alkalischer Boden. 60 cm x 60 cm.

***Escallonia*-Hybriden:** immergrün; wohlriechendes Laub. Im Sommer und Frühherbst kleine Blüten. Sehr kräftiger Wuchs, selbst auf kargen Böden. Sonne, eher humusreiche, frische Böden ohne Staunässe. Verträgt Gischt, kann als Hecke oder wolkig geschnitten werden. 2,50 m x 2,50 m.

***Lavatera* x *clementii*:** große, zartrosa, pinkfarbene, weiße oder zweifarbige Blüten, ähnlich wie *Hibiscus*. Büsche sind ab dem ersten Jahr sehr blühfreudig. Volle Sonne, normaler, durchlässiger Boden. 1,80 m x 1,80 m. Im Frühling unmittelbar über dem Boden zurückschneiden.

***Ligustrum vulgare*:** halbimmergrün; länglich-eiförmige bis lanzettliche Blätter, im Juli und August duftende, weiße Blüten. Alle Lagen, verträgt Gischt sehr gut. Alle Böden, selbst sandige. 2,50 m x 2,50 m. 'Atrovirens': schön grün und sehr winterhart; 'Aurea': goldfarben; 'Lodense': bleibt klein (1 m x 1 m).

***Olearia virgata*:** kleine, lanzettliche Blätter, fest und graugrün, sorgen bei geschnittenen Pflanzen für interessante Struktur. Sonne, normaler oder sandiger Boden. 3 m x 2 m, wächst rasch und formbar. Alle *Olearia*-Arten vertragen Wind.

***Phlomis fruticosa*:** mittelgroße, grausilbrige Blätter, unterseits flaumiger und gelblicher. Gelbe Blüten, kugelförmig in Etagen um die Stängel gruppiert, August. Volle Sonne, gut durchlässiger Boden. 1 m x 1,20 m.

***Rosa rugosa*:** Blätter etwas faltig und deutlich geädert. Ungefüllte, halbgefüllte oder gefüllte Blüten, danach große, hübsche Hagebutten. Sonne, freier Standort, normaler Boden, auch sandig. 1–2 m x 2 m. Schnitt unnötig, nur leicht oder einfach wenige Zentimeter über dem Boden.

Weitere Sträucher: *Abelia, Buxus, Calluna, Caragana, Caryopteris, Colutea, Cytisus, Elaeagnus* sp., *Erica, Fuchsia magellanica, Genista, Griselina, Hebe, Lavandula, Parahebe carractae, Perovskia atriplicifolia, Potentilla fruticosa, Myrica gale, Phillyrea angustifolia, Phlomis fruticosa, Teucrium chamaedrys*.

Dorycnium hirsutum

STAUDEN

***Linum perenne*:** dünne, biegsame Stängel mit kleinen, bläulich grünen Blättern, von Juni bis August an sonnigen Tagen wunderbar blaue Blüten. Volle Sonne, freier Standort, durchlässiger Boden (steinig oder sandig). 35 cm x 20 cm.

***Osteospermum*-Hybriden:** Korbblüten mit blauer Mitte, öffnen sich nur bei Sonnenschein. Breitwüchsig, Teppiche bildend, die Blätter leicht fleischig. Volle Sonne, auch Windschneisen, sandiger, leichter Boden. 20 cm x 60 cm. Zahlreiche Farbvarianten. Erfrieren unter –5 °C.

***Phormium* sp.:** attraktive Büschel bandförmiger, senkrechter Blätter, standfest oder biegsam, grün, purpurn oder mehrfarbig. Zahlreiche panaschierte Sorten. Sehr schöne, aufrechte Blütenstände im Sommer, jedoch nicht in jedem Jahr. Sonne, frischer oder feuchter Boden, kalkfrei. Mildes Klima bis –12 °C.

***Stokesia laevis*:** große, flache, blaue Blütenköpfe, ähnlich wie Flockenblumen, lange, schmale Blätter. Die Blüten schließen sich abends und an Regentagen. Unbekannt, obwohl sehr robust. Volle Sonne, normaler, mit Kompost verbesserter Boden. 40 cm x 45 cm.

Weitere Stauden: *Agapanthus, Anthemis, Armeria, Artemisia, Asphodeline, Aster amellus, Ballota, Bergenia, Calamintha, Campanula carpatica, Centranthus ruber, Ceratostigma, Dianthus, Echinops, Eryngium, Euphorbia characias, Libertia formosa, Origanum, Persicaria affine, Phlomis russeliana, Potentilla, Pulsatilla*.

Gräser: *Anemanthele lessoniana, Calamagrostis, Cortaderia, Helictotrichon, Stipa*.

Escallonia-Hybriden

Lavatera 'Barnsley Grey'

Ligustrum vulgare

Olearia virgata

Phlomis fruticosa

Rosa rugosa 'Frau Dagmar Hastrupp'

Osteospermum-Hybriden

Phormium sp.

Stokesia laevis

Gute Gartenböden*

* z.B. wie in Blumenbeeten

GARTENPFLANZEN

Durch den Gartenbau wurden über Jahrhunderte hinweg Kreuzungen von Pflanzen zu unterschiedlichen Zwecken selektiert: mehr Ertrag, größere Blüten, längere Saison und mehr. Die Mehrheit der dadurch enstandenen Sorten braucht nahrhafte, tiefe Böden, die regelmäßig aufbereitet werden. Und sie leiden sehr, wenn sie in Konkurrenz zu wilden Pflanzen stehen oder nicht regelmäßig gepflegt werden. Das betrifft vor allem die krautigen Pflanzen wie Stauden, Zwiebeln und Ein- oder Zweijährige, weniger die Bäume und Sträucher mit Ausnahme der Rosen.

STAUDEN

***Achillea*-Hybriden** ➤: sagenhafte Farbpalette von Cremegelb und Strohgelb, über Aprikosen- oder Lachsfarben bis Rosa oder Granatapfelrot, manchmal mit grauem Laub. Volle Sonne, normaler, durchlässiger Boden. 40–70 cm × 50 cm.

***Alstroemeria*-Hybriden** Y: große Blüten, gedrungener Wuchs, leuchtende, exotische Farben, die sich schlecht in die Gartengestaltung einbinden lassen, dafür im Topf umso schöner aussehen. Volle Sonne oder Halbschatten, leichter, humusreicher Boden, regelmäßig gießen. 30–50 cm.

Alstroemeria-Hybride

***Aster novi-belgii*-Hybriden** ➤: Die Hybriden und Selektionen haben glatte Blätter und große ungefüllte, halbgefüllte oder gefüllte Blüten in den Farben Weiß, Blau, Rosa oder Purpur. Sonne, normaler Boden, der im Sommer nicht austrocknet. 0,30–1,20 m. Viele sind schwächlich und anfällig für Mehltau. Alljährliche Teilung ist nötig, um sie kräftig und blühfreudig zu halten. Pflanzung im Frühling oder im Herbst (blühend auswählen).

Chrysanthemum rubellum ➤: einfache, halbgefüllte oder gefüllte Chrysanthemen in vielen warmen Farben, das Laub grüngrau, gelappt und mit kräftigem Geruch. Können in den meisten Regionen im Boden überwintern. Nährstoffreicher, mit Kompost angereicherter, bearbeiteter Boden. 50–70 cm × 50–70 cm. Spätestens alle 2 Jahre teilen oder Stecklinge ziehen.

***Coreopsis*-Hybriden** ➤: neuere Sorten mit großen, roten, ziegelfarbenen, zweifarbigen oder blassgelben Blütenkörbchen. Volle Sonne mit großem Abstand zu Sträuchern, reicher, durchlässiger Boden. 30–50 cm × 30 cm. Alljährlich im September Stecklinge ziehen, um junge Pflanzen zu erhalten.

***Delphinium*-Hybriden** ➤: kräftige Stängel mit blauen, malvenfarbenen, rosa oder weißen Blüten im Juni und September. Blätter hellgrün, nur im unteren Drittel der Stängel. Sonne, nährstoffreicher, gut belüfteter Boden, im Winter nicht staunass und im Sommer nicht völlig trocken. 1–2 m × 50 cm. Pacific-Gruppe: riesig, einfach aus Samen zu ziehen. Belladonna-Gruppe: zarter, kleiner, aus Samen zu ziehen; Elatum-Gruppe: groß und spektakulär im Anblick, Stecklingsvermehrung.

***Echinacea*-Hybriden** ➤: Körbchenblüten mit großem, kegelförmig gewölbtem Blütenboden, zu Beginn der Blüte orange, dann magentafarben, orange, rot, grün, blassgelb oder goldfarben. Länglich-spitze Basalblätter. Sonne, leichter, kalkarmer Boden, humusreich und frisch. 60 cm × 20 cm.

***Erigeron*-Hybriden:** Blütenkörbchen endständig an Stängeln, die oft nicht standfest genug für die Menge der Korbblüten sind. Bildet lockere Horste. Sonne. Normaler, aufgedüngter und belüfteter Boden. 50 cm × 60 cm.

Gaillardia* × *grandiflora ➤: große, margeritenähnliche Blütenkörbchen in leuchtenden Farben, an der Spitze biegsamer Stängel, Juni bis September. Wächst rasch und blüht schon im ersten Sommer reichlich. Volle Sonne, normaler Boden, im Sommer nicht zu trocken und im Winter nicht zu feucht. 25–70 cm × 50 cm. Im September zurückschneiden, um Winterschutz besser anbringen zu können.

Achillea-Hybride

Aster novi-belgii

Chrysanthemum rubellum

Coreopsis-Hybride

Delphinium-Hybride

Rabatte mit Gartenblumen

Echinacea-Hybride

Gaillardia × grandiflora

***Hemerocallis*-Hybriden:** trompetenförmige Blüten zwischen Juni und September (3–5 Wochen), bandförmige, gebogene Blätter. Sonne oder Halbschatten, normaler oder feuchter Boden. 40–200 cm × 30–100 cm und mehr. Die besonderen Sorten mit samtigen, mehrfarbigen oder am Rand gekräuselten Blüten brauchen intensivere Pflege als die anderen.

***Iris barbata* ➤:** große Blüten mit 3 zurückgebogenen Hängeblättern und 3 aufrechten Domblättern, einfarbig, zweifarbig, ganzrandig oder gefranst. Büschel standfester, aufrechter Blätter in bläulichem Grün. Volle Sonne, durchlässiger Boden, steinig und wenn möglich kalkhaltig. 80–100 cm × 30 cm. Pflanzung zwischen Juli und September. Alle 3 Jahre zu Beginn des Sommers teilen.

***Geum*-Hybriden:** einfache, halbgefüllte oder gefüllte Blüten, gelb oder rot, aber auch blassgelb, lachsfarben, rötlich oder aprikosenfarben. Dünne Stängel, faltige, niedrige Laubblätter. Sonne. Normaler Boden, gehaltvoll. 45–60 cm × 30 cm.

***Leucanthemum* × *superbum* ➤:** Margeriten, einfach, halbgefüllt oder gefüllt, weiß, aber inzwischen auch blassgelb, Juni und Juli. Volle Sonne. Normaler, mit Kompost angereicherter, durchgearbeiteter Boden. 40–80 cm × 50 cm. Wunderbare Schnittblume. Außer 'Becky' müssen alle Sorten oft geteilt werden.

***Lupinus polyphyllus*:** im Juni große Ähren mit ein- oder zweifarbigen Blüten, blau, lila, rosa, gelb, weiß oder in Abtönungen, auf kräftigen Stängeln mitten in einem Büschel eleganter, gefiederter Blätter. Volle Sonne. Normaler, tiefer und nährstoffreicher Boden ohne Kalk. 60–120 cm × 80 cm. Pflanzung im September für prächtige Blüten im Juni. Nach 3 oder 4 Jahren sind die Pflanzen ausgelaugt und sollten durch junge Setzlinge ersetzt werden.

***Penstemon*-Hybriden ➤:** röhrenförmige Blüten in Weiß, Rot, Blau oder Rosa, einfarbig oder mit hellerer Innenseite, Ende Juni bis Ende September. Sonne, normaler Boden, im Sommer frisch und im Winter durchlässig. 60 cm × 30 cm. Im August/September zum Erhalt Stecklinge ziehen.

***Phlox paniculata* ➤:** die Sorten mit großen Blüten sind anspruchsvoller und benötigen einen nährstoffreichen Boden, der mindestens alle 2 Jahre aufbereitet wird. Sonnen oder Halbschatten, normaler, nährstoffreicher Boden, im Sommer frisch. 60–120 cm × 40 cm.

***Sidalcea*-Hybriden:** senkrechte Blütenschäfte, hell- bis dunkelrosa, einige mit gefransten Petalen, Blätter rund, gelappt. Volle Sonne. Normaler, humusreicher, frischer Boden. 50 cm × 60 cm.

***Veronica longifolia* ➤:** von Juni bis Anfang August Blütentrauben in kräftigem Blau, Rosa oder Weiß an der Spitze aufrechter Stängel mit lanzettlichen Blättern. Interessant im Kontrast zu auffälligeren Blüten wie Margeriten oder Phlox. Sonne, mit Humus angereicherter Boden. 50–70 cm × 30 cm.

Weitere Stauden: *Dianthus, Geranium* (gefüllte), *Helenium, Heuchera* × *brizoides, Paeonia, Polemonium, Viola cornuta*.

ZWIEBELN

***Dahlia*-Hybriden ➤:** Es gibt u.a. die Klassen einfach blühende Dahlien, Anemonen-Dahlien, dekorative Dahlien, Kaktus-Dahlien. Ein- oder zweifarbig, Juni bis November, auf rasch wachsenden Pflanzen. Frostempfindliche Knolle, die im April/Mai gepflanzt und vor dem ersten Frost im November wieder herausgenommen wird. Sonne, tiefgründiger, gut durchgearbeiteter Boden. 30–150 cm × 50 cm.

***Lilium*-Hybriden:** gewöhnlich in Richtung Himmel weit geöffnete Blüten auf kurzen, standfesten Stängeln. Über die Jahre schwierig zu kultivieren, weil bei Schnecken und im Winter bei Nagern beliebt. Sonne oder Halbschatten, leichter und tiefgründiger Boden, frisch, aber nicht staunass. 45–100 cm.

***Narcissus*-Hybriden ➤:** großkronige, gefülltblühende und Split-Corona-Narzissen ermüden rasch und sind in einem Garten mit Wildpflanzen fehl am Platz. Zwiebeln sollten alle 3 Jahre nach der Blüte herausgenommen, geteilt und wieder eingepflanzt werden. Sonne, nahrhafter, tiefgründiger, Boden.

***Tulipa*-Hybriden ➤:** die meisten Ziertulpen blühen ein- oder zweimal und ziehen dann ein. Wenn man die Zwiebeln im Juni ausgräbt und an einem warmen Ort lagert, halten sie sich besser und die kommende Blüte wird angeregt. Durch geschickte Wahl der Sorten kann man die Blüte von Ende März bis Anfang Mai genießen.

BLUMENRABATTEN

Sie sind die traditionellen Beete voller beeindruckender, aber anspruchsvoller Blumen. Gewöhnlich sorgten sie als Einfriedung des Gemüsegartens oder als gemischte Rabatten für unsere Schnittblumen, wurden im Lauf der Zeit aber auch ein eigenständiges Gestaltungselement, wenn man sie mit Dahlien und Rosen mischte, die mehr als Blumen denn als Büsche galten. Zusammen mit Sträuchern oder „wilderen", robusteren Gewächsen machen diese Pflanzen viel Arbeit, damit sie gut gedeihen.

EIN- UND ZWEIJÄHRIGE

Alle einjährigen Pflanzen, die pikiert werden, zählen zu den Rabattenpflanzen: *Ageratum*, Studentenblumen (*Tagetes*), Petunien, Begonien (sukkulente Begonien wie *Begonia semperflorens*), Löwenmaul (*Antirrhinum*), Fleißige Lieschen (*Impatiens walleriana*), Zinnien und Ziertabak.

Iris barbata

Leucanthemum 'Old Court Variety'

Penstemon-Hybride

Phlox paniculata

Veronica longifolia

Dahlia-Hybride

Tulipa-Hybriden

Narcissus-Hybride

Saure Böden

ERFORDERLICHER SÄUREGEHALT DES BODENS BEI BÄUMEN UND STRÄUCHERN:	
Sehr sauer (pH < 6)	*Andromeda, Cornus canadensis Kalmia, Zenobia, Vaccinium*
Sauer (pH 6–6,8)	*Calluna, Fothergilla, Gaultheria, Leucothoe, Pieris, Rhododendren* (und Azaleen)
Gering sauer (pH 6,8–7)	*Acer palmatum, Camellia, Drimys, Enkianthus, Eucryphia, Hydrangea macrophylla, Magnolia, Pterostyrax, Stewartia, Styrax*
Neutral oder leicht alkalisch (pH > 7, bei frischen Böden)	*Erica, Hydrangea aspera, H. paniculata, H. arborescens, Skimmia*

BÄUME

Acer palmatum: Blätter fünf- oder siebenlappig, grün, purpurn, goldfarben oder panaschiert, Statur gewöhnlich eher locker, hoch und breit, gelegentlich aber dichter und fast säulenförmig. Sonne, Halbschatten oder Schatten, frischer Boden, kann bei oberflächlicher Pflanzung auch gehaltvoll und lehmig sein. 2–7 m x 2–4 m. Empfehlenswerte Sorten: 'Osakazuki' ➤, 'Sangokaku', 'Katsura', 'Nicholsonii'. *A. shirasawanum* sieht ähnlich aus, die Wuchsform ist aber offener und breiter.

Enkianthus campanulatus

Enkianthus campanulatus ➤: aufrecht, stufenförmig, gewöhnlich vielstämmig, mit kleinen, länglichen Blättern, die sich im Herbst orangerot färben. Im Mai weiße Blütenglocken. Sonne oder Halbschatten, windgeschützt. 2–6 m x 2–3 m.

Eucryphia* x *intermedia ❄ ➤: hoch aufgeschossener Baum mit immergrünem Laub, dreizähliges Blatt, im August große, weiße Blüten. Sonne oder Halbschatten, leichter, frischer Boden. 2–5 m x 2–3 m.

Pterostyrax hispida ➤: große, spitz-ovale Blätter, hellgrün und im Herbst gelb. Kleine, weiße, duftende Blüten, Anfang Juni. Sonne oder Halbschatten, windgeschützt. Kalkarmer oder kalkfreier Boden, humusreich und frisch. 6–8 m x 3–5 m. *P. corymbosa* treibt 2–3 Wochen früher. *P. psilophyllus* 2–3 Wochen später.

Stewartia pseudocamellia ➤: kleiner, schlanker Baum mit zimtfarbener Rinde, die sich in Platten ablöst, im Juli und August ungefüllte, weiße Blüten, Herbstfarbe Kupferrosa, je nach Boden und Jahren unterschiedlich. Sonne oder Halbschatten, saurer, humusreicher Boden, dauerfrisch, aber ohne Staunässe. 3–6 m x 3 m.

Styrax japonicus ➤: kleiner, unauffälliger Baum, im Juni jedoch unzählige kleine, duftende, hängende Blütenglocken voller Nektar unmittelbar unter den Blättern. Große, spitz-ovale Blätter, im Sommer dunkelgrün und im Herbst goldgelb. Sonne oder Halbschatten. Frischer, kalkloser Boden. 5–8 m x 3–4 m.

Weitere Bäume: *Cornus florida, C. nuttallii, Cryptomeria, Magnolia, Nothofagus, Prunus incisa, Sciadopitys.*

STRÄUCHER

Andromeda polifolia ➤: niedrige Sträucher ähnlich wie Heide, das Laub größer und bei 'Glauca' blau. Rosa oder weiße Blütenglöckchen im Mai/Juni. Sonne, feuchter Boden. 30 cm x 40 cm.

***Camellia* sp.** ❄ ➤: immergrüne; blüht von Oktober bis April, je nach Sorte einfache, halbgefüllte oder gefüllte Blüten in Rosa, Rot, Weiß oder panaschiert. Schatten oder Halbschatten, leichter, tiefgründiger Boden. Die Knopsen erfrieren bei –4 bis –5 °C, die Blätter und Äste bei etwa –10 °C. Der Stock treibt danach gewöhnlich wieder aus. Gedeiht als Kübelpflanze, ungeheizt hinter Glas geschützt überwintern.

Acer palmatum 'Osakazuki'

Eucryphia × *intermedia*

Styrax japonicus

Pterostyrax hispida

Stewartia pseudocamellia

Andromeda polifolia

Camellia 'St Ewe'

Camellia 'Donation'

CAMELLIA	HERBST (*C. SASANQUA*)	WINTER (*C. JAPONICA*)	FRÜHLING (HYBRIDEN)
Rot	'Hiryu' 'Yuletide' ➤	'Adolphe Audusson' 'Bob's Tinsie' 'Sylvia' 'Mathotiana'	'Freedom Bell' 'Night Rider' 'Ruby Wedding'
Pink	'Cleopatra' 'Kanjiro' 'Pink Pearl' 'Vicomte de Noailles'	'Furo-an' 'Gloire de Nantes' 'Scentsation'	'Debbie' 'Leonard Messel' 'St Ewe' ▲
Rosa	'Narumigata' 'Plantation Pink' 'Maiden's Blush'	'Berenice Boddy' 'Hagoromo'	'Donation' ▲ 'Fragrant Pink' 'J.C.Williams' ➤ 'Waterlily'
Weiß	'Narcissiflora' 'Versicolor'	'Madame Lourmand' 'Silver Waves' ➤	'Francis Hanger' 'Bridal Gown' 'Cinnamon Cindy'
Panaschiert	'Totenko'	'Contessa Lavinia Maggi' 'Donckelaari' 'Silver Ruffles'	

Cephalanthus occidentalis: kugelförmige, weiße Blütenstände von Juni bis August, auf Busch mit großen, kräftig grünen Blättern. Sonne, feuchter Boden. 3 m × 3 m. Leicht wuchernd durch Ausläufer.

Drimys lanceolata ❄ ➤: im April und Mai zahlreiche kleine, cremeweiße Blüten. Immergrünes Laub, wohlriechend, im Frühling kupferfarben, später rötlich. Säulenförmig und schlank aufragend. Sonne, vor kaltem Wind geschützt, kalkfreier, feuchter Boden. 3 m × 1,50 m.

Fothergilla major ➤: dicke, ovale Blätter. Blüten gebündelt in cremeweißen, aufrechten Sträußen, im April und/oder Mai noch vor Blattaustrieb. Sonne oder Halbschatten, frischer, kalkfreier Boden. Prachtvolle Herbstfärbung gelb und orange. Langsamer Wuchs, 1,50 m × 1 m. 'Blue Shadow' mit blausilbrigem Laub, im Sommer grüner. *F. gardenii*: kleiner (1 m × 0,80 m).

Gaultheria procumbens: kriechende Zweige mit kleinen, wohlriechenden Blättern, im Winter mit dekorativen, roten Früchten (ungiftig). Halbschatten, saurer, frischer Boden. *G. shallon*: große, zähe Blätter, immergrün, glockenförmige Blüten und Früchte wie Preiselbeeren. 1,20 m. *G. mucronata* (= *Pernettya mucronata*) mit roten, rosa oder weißen Früchten, immergrün, kleine Blätter.

Kalmia latifolia ➤: ein- oder zweifarbige Blüten (innen anders als außen), in endständigen Sträußen an den Ästen, Juni. Große Blätter wie Lorbeer, weicher, dunkelgrün und bei starkem Lichteinfall gelblich. Schatten oder Halbschatten. 1,50–2 m. Schwieriger zu halten als die meisten Rhododendren.

Leucothoe fontanesiana ➤: kleine, weiße Glocken im Mai, Laub dunkelgrün, im Winter mehr oder weniger pupurn, lange, aufrechte und dann überhängende Zweige. Schatten oder Halbschatten, feuchter oder frischer Boden. 1,50 m × 2 m und mehr. 'Rainbow' mit gelb, kupferfarben und rosa marmoriertem Blatt, 'White Water' mit rosa-weiß umrandetem Blatt. 'Scarletta'® ist von Juli bis März rot belaubt, mäßig ausläuferbildend.

***Pieris* sp.** ◄: immergrüne Sträucher, bekannt für ihre Austriebe in Rosa, Gelb, Orange oder Rot. Rispen oder Trauben mit perlmuttweißen, rosa oder granatroten Blütenglocken. Halbschatten, kühle oder feuchte Lagen, humusreicher Boden. Die Größe variiert je nach Sorte:

PIERIS	GROSS (1,50–3 M)	ZWERGFORM (1–1,50 M)
Rote Austriebe	'Katsura' 'Moutain Fire' 'Jermyns' 'Red Mill' 'Wakehurst'	'Bonfire' 'Little Heath Green' 'Cupido' 'Prelude' 'Sarabande' 'White Pearl'
Rosa Austriebe	'Forest Flame' 'Pink Delight' 'Flamingo' 'Bert Chandler' ➤	
Panaschiertes Laub	'Mouwsvila' ➤ 'Flaming Silver' 'Variegata'	'Little Heath'
Rote Blüten	'Valley Valentine' 'Christmas Cheer' 'Dorothy Wickoff' 'Passion' 'Rosalinda'	'Ralto'

Pieris sp.

Camellia sasanqua 'Yuletide'

Camellia x *williamsii* 'J.C. Williams'

Camellia japonica 'Silver Waves'

Drimys lanceolata

Fothergilla major

Kalmia latifolia

Leucothoe fontanesiana

Pieris 'Bert Chandler'

Pieris 'Mouwsvila'

Rhododendron: Sträucher oder Stauden, immergrün oder laubabwerfend (ein Teil der Azaleen), mit prächtigen Blüten, meistens in endständigen, doldenartigen Trauben. Kalkfreier Boden, oberflächlich reiner Humus, den man leicht durch Aufbringen auf den vorhandenen Boden erhält. Klimatisch kühle und feuchte Standorte, windgeschützt. 0,30–7 m und mehr.
Die Zwergformen der Rhododendren schätzen freie Standorte mit Morgen- oder Nachmittagssonne. Sie vertragen auch Wind, aber kein Austrocknen.

ZWERGFORM (< 1 M)	JAN.-APRIL	MAI	JUNI-SEPT.
Weiß	'Dora Amateis'	*R. yakushimanum* ➤	
Rot		'Bengalen' 'Elisabeth' 'Sneezy'	
Rosa	'Wee Bee' 'Winsome'	'Dreamland' 'Kalinka' 'Percy Wiseman' *R. williamsianum*	
Orange		'Golden Gate'	'Fabia Tangerine'
Gelb	'Shamrock'	'Golden Torch'	
Malvenblau	*R. impeditum* 'Azuro' 'Blue Diamond'		

Die großen Rhododendren lieben schattige Standorte unter großen Bäumen, die sie gleichzeitig vor Wind und praller Sommersonne schützen. Ihre Blüten entfalten sich in dicken Büscheln endständig an den Zweigen und sind prachtvoll. Manche Sorten ('Polar Bear') wachsen zu Bäumen mit üppigem Laub heran und sind auch außerhalb der Blütezeit attraktiv.

GROSSE R. (1–7 M)	JAN.-APRIL	MAI	JUNI-SEPT.
Weiß	'Boddaertianum' 'Nobleanum Album' 'Cunningham's White' 'Sir Charles Lemon'	'Halopeanum' 'Gomer Waterer' 'Manon' 'Phyllis Korn' 'Sappho'	'Mme Masson' 'Polar Bear'
Rot	'Taurus'	'Halfdan Lem' 'Markeeta's Prize' 'Black Magic'	'Lord Roberts' 'Moser's Maroon'
Rosa	'Christmas Cheer' ➤ 'Cosmopolitan' *R. mucronulatum* *R.* × *praecox*	'Albert Schweitzer' 'Anne Rose Witney' 'Brigitte' 'Eucharistis' 'Germania' 'Mrs GW. Leak' 'Cynthia' ➤	'Midsummer'
Orange	'Odee Wright' 'Viscy'	'Horizon Monarch' 'Nancy Evans' 'Olga' 'Ring of Fire'	'Old Cooper' 'Tortoiseshell Orange'
Gelb	'Goldkrone' 'Safran Queen' *R. lutescens*	'Haida Gold'	
Malvenblau	*R. augustinii*	'Arthur Bedford' 'Blue Peter' 'Marcel Menard'	*R. catawbiense* 'Grandiflorum'

Die laubabwerfenden Azaleen sind anmutige Sträucher und einfacher zu kultivieren als die Rhododendren. Viele duften und ihre großen, zarten Blätter färben sich in schönen Herbsttönen. Die sogenannten Japanischen Azaleen tragen zähe, kleine Blätter, von denen ein Teil am Strauch überwintert. Ihre Blüte ist sehr üppig. Sie lassen sich, falls nötig, schön zu Kugeln trimmen.

AZALEEN	APRIL-MAI JAPAN-AZALEEN	ENDE APRIL-MAI	JUNI-JULI
Weiß	'Dorothy Haiden' 'Palestrina' 'White Lady'	'Delicatissima' 'Persil'	*R. viscosum* ➤ *R. arborescens*
Rot	'Arabesk' 'Fête des Mères' 'Hino Crimson' 'Hot Shot' 'Toreador'	'Fireball'	
Rosa	'Amoena' 'Hatsugiri' 'Kirin' 'Mme A. Van Hecke' 'Rosebud' 'Sylvester'	'Berry Rose' 'Cecile' 'Homebush' 'Jolie Madame' 'Fanny' 'Soir de Paris' ➤	*R.* × *occidentale*
Orange	'Blaauw's Pink' 'Orange Beauty'	'Balzac' 'Coccinea Speciosa' 'Gibraltar' 'Klondike'	*R. kiusianum* *R. prunifolium*
Gelb		'Daviesii' 'Arpège' 'Golden Sunset' 'Narcissiflora' *R. luteum* ➤	
Violett	'Koromo Shikibu' 'Blue Danube'		

Skimmia japonica ➤: zweihäusiger Strauch, d.h. Pflanzen mit nur männlichen und Pflanzen mit nur weiblichen Blüten. Im Februar und März große, endständige Rispen, Maiglöckchenduft (männliche Blüten). Rote oder weiße Früchte, die fast den ganzen Winter über an den weiblichen Pflanzen hängen. Eiförmig-elliptisches, zähes Laub, immergrün. Schatten oder Halbschatten, frischer, saurer bis neutraler Boden, verträgt geringen Kalkgehalt. Zahlreiche Sorten von 0,50–2 m Höhe und Breite.

Zenobia pulverulenta ➤: weiße Blütenglocken im April, längliche, blaugrüne Blätter, unterseits weiß. Aufrechte Zweige, später gebogen, im Winter schöne, zimtfarbene Rinde. Halbschatten, humusreicher, frischer Boden ohne Kalk. 1,50 m × 1,50 m. 'Blue Sky' mit stahlblauem Laub.

Weitere Sträucher: *Calluna* sp., *Camellia* sp., *Clethra* sp., *Cleyera* sp., *Cornus canadensis*, *C. florida*, *C. nuttallii*, *Daboecia* sp., *Disanthus* sp., *Edgeworthia chrysantha*, *Erica* sp., *Hamamelis* sp., *Hoheria* sp., *Hydrangea* sp., *Ilex crenata*, *Illicium* sp., *Itea* sp., *Magnolia* sp., *Photinia villosa*, *Prunus incisa*, *Skimmia japonica*, *Vaccinium corymbosum*.

Rhododendron yakushimanum

Rhododendron 'Christmas Cheer'

Rhododendron 'Cynthia'

Rhododendron viscosum

Rhododendron 'Soir de Paris'

Rhodoendron luteum

Skimmia japonica 'Veitchii'

Zenobia pulverulenta

STAUDEN

Blechnum spicant ➤: lange, biegsame Wedel, dunkelgrün glänzend und ausdauernd. Schatten. 50 cm x 50 cm. Vermehrt sich leicht. Alle Rippenfarne brauchen saure, feuchte Böden. *B. chilense*: mit standfesten, sehr hohen Wedeln (1 m), beim Entfalten kupferfarben. *B. penna-marina*: niedrig, wuchert durch Ausläufer.

Corydalis 'Chocolate Star': junges Laub schokoladefarben, ab März, dann im April/Mai blaue Blüten. Vegetationspause im Juli. Rhizom mit dicken, schuppigen Knospen. Sonne oder Halbschatten. Frischer, humoser und durchlässiger Boden. 45 cm x 50 cm.

Disporum cantoniense ➤: beeindruckende Pflanze mit langen, überhängenden Trieben, lanzettliche, spitze Blätter. Blüten öffnen sich an den jungen Trieben, meistens endständig. Danach weitere Knospung. Schatten oder Halbschatten. Humusreiche, feuchte oder frische Böden (nicht austrocknend). 0,50–1,50 m x 0,80 m. 'Aureovariegata': gelb panaschiert, vor allem im Frühling. 'Green Giant': sehr wüchsig (1,50 m x 1 m). 'Night Heron': purpurschwarze Jungtriebe.

Epimedium wushanense: sternförmige Blüten in lichten Blütenständen an über das Blatt ragenden Stängeln, aprikosen-orangefarben. Längliche, spitze, asymmetrische Blätter, immergrün. Dichte Horste, die sich langsam ausbreiten. Schatten oder Halbschatten. Humusreicher Boden, sauer oder neutral, dauerfrisch ohne Staunässe. 0,60–1 m. Verwandte Arten und Sorten sind *E. davidii*, *E. grandiflorum*, *E. omeiense*, *E. myrianthum*, *E. ogisui*, *E. franchetii*, *E. illicifolium*, *E. latisepalum*, *E. leptorrhizum* und *E.* 'The Giant'.

Imperata cylindrica 'Red Baron' ➤: aufrechte Blätter, im Frühling hellgrün, ab Frühsommer rot. Mäßig ausläuferbildend. Sonne (nicht zu prall). Lockerer, frischer und nahrhafter Boden. 40 cm x 30 cm.

Libertia formosa ❄: immergrün; Büschel grober Blätter in dunklem Grün, Stängel mit Dutzenden kleiner, weißer Blüten, Mai bis Juli. Volle Sonne oder Halbschatten. Feuchter Boden. Erfriert unter −10 °C.

Meconopsis betonicifolia ➤: große, königsblaue Blüten mit dekorativen, gelben Staubblättern, endständig an rauen, kaum beblätterten Stängeln, diese erscheinen zusammen mit großen, blaugrünen, goldfarben behaarten Blättern. Halbschatten (nicht als Unterpflanzung), saurer, humoser und feuchter Boden, durchlässig. 45 cm x 20 cm. *M. grandis* ist ähnlich, etwas größer.

Pachyphragma macrophylla ➤: Büschel herzförmiger, halbimmergrüner Blätter und schneeweiße Blütensträuße von März bis Ende April. Schatten oder Halbschatten. Frischer Boden. 25 cm x 30 cm. Wunderbar als Bodendecker.

Reineckea carnea ➤: schmale, aufrechte Blätter, rosa Blüten in kleinen Blütenständen an der Basis der Blätter, Juni oder Juli. Prächtiger, kaum bekannter Bodendecker. Schatten oder Halbschatten. Mit Humus angereicherter Boden. Gedeiht wunderbar unter Nadelbäumen. 30 cm x 30 cm und mehr.

Rumex sanguineus ➤: schmale, lange, senkrechte Blätter, kräftig grün mit blutroter Äderung. Sonne oder Halbschatten. Frischer, lehmiger und tiefgründiger Boden. 30 cm x 20 cm. Versamt sich.

Saxifraga fortunei ➤: Büschel mit dicken, grünen oder purpurnen Blättern, zwischen August und November unregelmäßig angeordnete Blüten, weiß, rosa, rot oder grün. Schatten oder Halbschatten. Dauerfeuchter, aber durchlässiger Boden. 30 cm x 35 cm.

Weitere Stauden: *Aconitum* sp., *Ajuga*, *Anemone*-Hybriden, *Aquilegia vulgaris*, *Astelia nervosa*, *Astilbe* sp., *Carex*, *Deschampsia flexuosa*, *Equisetum* sp., *Liriope* sp., *Molinia caerulea*, *Ophiopogon* sp., *Pachysandra terminalis*, *Persicaria* sp., *Podophyllum*.

ZWIEBELN, EIN- UND ZWEIJÄHRIGE

Digitalis purpurea: im ersten Jahr eine graugrüne Blattrosette, im folgenden Juni/Juli ein traubiger Blütenstand mit fingerhutähnlichen Blüten, rosa mit purpurnen Saftmalen. Halbschatten, normaler, humusreicher Boden. 1,50–2 m x 30 cm.

Lilium auratum: sehr große Blüten mit 10–15 cm Durchmesser, weiß, jedes Blütenblatt zur Mitte hin gelb gezeichnet, Ende Juli bis Ende August. Halbschatten, tiefgründiger, frischer Boden, durchlässig und reich an organischen Stoffen. 2 m x 0,50 m. Zwiebeln möglichst im Herbst oder vor Mitte April zwischen 20 und 25 cm tief pflanzen.

Lupinus polyphyllus: große Blütentrauben mit ein- oder zweifarbigen Blüten, blau, lila, rosa, gelb, weiß oder alle Schattierungen, auf kräftigen, hohlen Stängeln inmitten eines Büschels eleganter, gefiederter Blätter, Juni. Volle Sonne. Normaler, tiefgründiger, nährstoffreicher Boden ohne Kalk. 60–120 cm x 80 cm.

Trillium grandiflorum ➤: 3 Laubblätter und weiße Blüten mit je 3 Kelch- und Kronblättern. Schatten oder Halbschatten. Leichter, tiefgründiger, humusreicher Boden, während der Vegetationsphase frisch oder feucht, kann im Sommer austrocknen. Pflanzung im Frühling während der Vegetationsphase. *T. chloropetalum* und *T. sessile*: große, rote Blüten inmitten von bronzefarben marmorierten Blätterm. *T. luteum* ist ähnlich, gelb.

Weitere Zwiebeln: *Allium ursinum*, *Anemone nemorosa*.

Weitere Ein- und Zweijährige: *Claytonia perfoliata*, *Montia sibirica*, *Smyrnium perfoliatum*.

Blechnum spicant

Disporum cantoniense

Imperata cylindrica 'Red Baron'

Meconopsis betonicifolia

Pachyphragma macrophylla

Reineckea carnea

Rumex sanguineus

Saxifraga fortunei

Trillium grandiflorum

Stark kalkhaltige Böden

BÄUME

Acer campestre ➤: kleine, fünflappige Blätter, im Frühling hellgrün, im Sommer dunkelgrün und im Herbst goldgelb. Schnellwüchsig. Normaler Boden, neutral oder kalkhaltig. Die Sorten mit farbigem Laub ('Carnival', panaschiert; 'Postelense', goldfarben; 'Pulverulenta', marmoriert; 'Royal Purple', im Frühling purpurn) ersetzen sehr vorteilhaft die Fächer-Ahorne (*A. palmatum*) auf kalkhaltigen Böden. 6–10 m x 3–5 m.

Acer pseudoplatanus 'Brilliantissimum'

***Acer pseudoplatanus* 'Brilliantissimum'** ◄: frische Blatttriebe sind intensiv rosa, werden ab Juni gelbgrün. Halbschatten, 4 m x 2 m. 'Prinz Handjery': ähnlich, aber wüchsiger.

Cercis siliquastrum ➤: üppige, leuchtend rosa Blüte im April und Anfang Mai, unmittelbar an den Ästen bis hin zum Stamm. Fast kreisförmige Blätter in schönem Grün. Volle Sonne, durchlässiger Boden. 10 m x 4 m.

Ficus carica ❄: Blätter unterschiedlich fiederteilig oder gelappt, in Form und Größe je nach Sorten verschieden, teils auch auf ein und demselben Baum. Essbare Blüten und Früchte, manche wegen der panaschierten Färbung oder bei Reife schwarzen Farbe attraktiv. Volle Sonne, vor kaltem Wind geschützt. Tiefgründiger, durchlässiger Boden. 3–5 m x 3–5 m. 'Brown Turkey' ➤: die robusteste Sorte.

Sorbus aria ➤: große, graue Blätter, die Rückseite weiß und flaumig. Dichte, weiße Blütenstände an der Spitze der kurzen Zweige, danach Sträuße dicker Früchte, erst gelb, dann orange und rot. Sonne, tiefgründiger Boden. Schöner Baum mit dichter, rundlicher Krone. 6–10 m x 3–5 m. 'Lutescens': im Frühling stärker leuchtendes Laub.

Weitere Bäume: *Ailanthus, Albizia, Betula pendula, Carpinus betulus, Celtis australis, Cornus mas, Corylus colurna, Crataegus laevigata, Cytisus battandieri, Fagus sylvatica, Fraxinus excelsior, Gleditsia, Juglans regia, Laburnum, Laurus nobilis, Malus, Mespilus, Olea europaea, Phellodendron amurense, Platanus, Populus, Prunus* (alle auf *P. avium* veredelten Sorten), *Quercus robur, Robinia pseudoacacia, Sambucus nigra, Tilia, Ulmus.*

KONIFEREN

Abies pinsapo ➤: kurze Nadeln, zahlreich, blaugrün, dicht und spiralig an den Ästen. Bei jungen Bäumen etwas eckige Statur, später biegsamer. Volle Sonne (luftig und frei stehend), normaler, durchlässiger Kalkboden. 15–25 m x 3–5 m. *A. concolor*, mit langen, bläulichen Nadeln, braucht ebenfalls alkalische Böden.

Juniperus chinensis: weiche Nadeln, kräftig grün oder bläulich. Die Form des Buschs in freier Natur vielgestaltig. Sonne oder Halbschatten. Durchlässiger, nicht zu trockener Boden. 'Blaauw', 'Blue Alps': säulenförmig (1–2 m x 1 m); 'Kaizuka' ➤: offen vielgestaltig (3 m x 3 m). *J. communis* braucht ebenfalls Kalkboden.

Picea omorika ➤: hoch aufwachsender Baum von pyramidalem Wuchs, mit aufwärts geschweiften Zweigen (wie die Dächer von Pagoden). Nadeln weiß und bläulich. Blaue Zapfen, v.a. in der Wipfelzone. Sonne, nicht zu zugig. Tiefgründiger Boden. 10–15 m x 2 m.

***Pinus mugo* 'Mughus'**: paarige, kurze, feste Nadeln, dunkelgrün. Dichter Wuchs, eher breit. Volle Sonne. 1,50–2 m x 2 m. 'Pumilio': noch kompakter (1 m x 1,20 m); 'Ophir', 'Sunshine', 'Winter Gold' sind im Winter goldfarben (0,80 m x 1 m).

Taxus baccata ➤: einer oder mehrere senkrechte Stämme mit schöner, rötlicher Rinde, die Seitenzweige waagerecht. Weiche Nadeln, dunkelgrün. Kräftiges und weitläufiges Wurzelwerk, sowohl tief als auch oberflächlich. Schatten oder Halbschatten (vor allem in jungen Jahren). Normaler, eher frischer Boden. 8–20 m x 4–10 m. 'Fastigiata' ist säulenförmig mit aufrechten, dunkelgrünen Zweigen. 3–5 m x 2 m. 'Fastigiata Aurea': ebenso, aber goldfarben.

Weitere Koniferen: *Calocedrus decurrens, Cedrus libani* subsp. *atlantica* Glauca-Gruppe, *Cupressus, Pinus nigra* var. *austriaca, Thuja*.

Acer campestre

Cercis siliquastrum

Ficus carica 'Brown Turkey'

Sorbus aria

Abies pinsapo

Juniperus chinensis 'Kaizuka'

Picea omorika

Taxus baccata 'Fastigiata Aurea'

STRÄUCHER

Buxus sempervirens ➤: immergrün; Blätter eiförmig bis länglich-elliptisch, dunkelgrün. Langsamer, ausdauernder Wuchs. Sonne, luftig. 'Rotundifolia': rundliche Blätter, 3- bis 5-mal größer, wüchsigerer Strauch, nicht anfällig für Buchsbaumzünsler.

***Brachyglottis greyi* 'Sunshine'** ➤: eiförmige Blätter mit silbergrauer Oberseite, unterseits weiß und flaumig. Margeritenähnliche, aber gelbe Blütensträuße im Juli, nach dem Blühen die Blütenstände entfernen. Volle Sonne, durchlässiger Boden. 1 m x 1,50 m.

Cotoneaster franchetii ➤: spitze, elliptische Blätter, bläulich grün und unterseits silbrig, weiße Blüten im Mai/Juni, orangefarbene Früchte, lichter, überhängender Wuchs. Alle Lagen, 2 m x 2 m. Alle anderen *Cotoneaster* gedeihen ebenfalls auf alkalischen Böden.

Colutea arborescens: im Mai/Juni gelbe Blüten, Früchte ähneln kleinen, aufgeblasenen Ballons, Juli und August. Gefiedertes, hellgrünes Blatt. Alle Lagen, alle gut durchlässigen Böden, selbst karge. 3 m x 3 m.

Euonymus europaeus: großer, laubabwerfender Strauch, manchmal auch ein kleiner Baum. Große, rosa Fruchtstände mit orangefarben umhüllten Samen. Volle Sonne oder Halbschatten, Kalk-Lehm-Böden, nicht zu trocken im Sommer. 3 m x 2 m. 'Red Cascade' fruchtet regelmäßig. *E. alatus* bevorzugt ebenfalls Kalkböden.

Garrya elliptica ➤: Blüten in weiblichen und männlichen Kätzchen auf getrennten Pflanzen, Januar/Februar. Zähe, immergrüne Blätter, unterseits weißlich. Volle Sonne, vor kalten Winden geschützt. Gut durchlässiger, eher trockener Boden. 3 m x 2 m.

Kolkwitzia amabilis: kleine, glockenförmige Blüten, zartrosa und sehr reichlich, Juni. Eleganter Strauch mit schirmförmigem Habitus. Sonne oder Halbschatten. 2 m x 1,50 m.

Photinia serratifolia ❄ ➤: Blätter mehr oder weniger gekräuselt, junge Austriebe orange oder kupferfarben, ziemlich früh, aber widerstandsfähig bei Frost. Sonne oder Halbschatten. 3 m x 3 m. 'Curly Fantasy' (Kolcurl) ❄ mit fein gezähnten Blättern, im Frühling kupferorange.

Weitere Sträucher: *Abelia*, *Aesculus parviflora*, *Arbutus unedo*, *Artemisia*, Bartblumen, *Berberis thunbergii*, *Buddleja davidii*, *Choisya*, *Colutea* x *media*, *Cotinus coggygria*, *Cytisus nigricans*, *C.* x *praecox*, *Deutzia*, *Dipelta floribunda*, *Elaeagnus*, *Erica carnea*, Forsythien, *Fuchsia magellanica*, *Hibiscus syriacus*, *Lavatera*, Lavendel, Liguster, *Lonicera*, *Mahonia aquifolium Paeonia suffruticosa*, *Philadelphus*, *Rosmarinus officinalis*, *Rubus*, Säckelblume, *Sarcococca*, *Spartium junceum*, *Stachyurus*, *Symphoricarpos*.

KLETTERPFLANZEN

Clematis viticella ➤: endständige Blüten in Form violetter, rosaroter oder weißer Glocken, Juli/August. Sonne oder Halbschatten, frischer, aber durchlässiger Boden. 3–4 m. Alle veredelten Waldreben gedeihen gut auf Kalkboden.

Humulus lupulus ➤: krautige Schlingpflanze mit gelappten Blättern ähnlich wie Weinlaub. Im Frühling schnell wachsende Triebe. Weibliche Blütenstände ähneln kleinen Koniferenzapfen, Spätsommer. Sonne oder Halbschatten, frischer, tiefgründiger Boden. 'Aureus': goldfarbenes Laub.

Weitere Kletterpflanzen: *Akebia quinata*, *Aristolochia macrophylla*, *Campsis radicans*, *Celastrus orbiculatus*, Geißblatt, *Hedera helix*, Jasmin.

Humulus lupulus 'Aureus'

STAUDEN

Achillea millefolium ➤: bei der Wildform Blüten in rosa oder weißen Trugdolden; Züchtungen blühen rot, orange, bordeauxrot oder pink, je nach Sorte. Längliches, mehrfach fiederteiliges Blatt. Normaler, lehmiger Boden mit oder ohne Kalk. 50 cm x 40 cm und mehr. Breitet sich mäßig durch Ausläufer aus.

Brunnera macrophylla ➤: herzförmige Blätter und unzählige kleine, blaue (oder weiße) Blüten, März bis Mai. Schatten oder Halbschatten, normaler Boden, im Sommer auch trocken. 45 cm x 60 cm.

Buxus sempervirens

Brachyglottis greyi 'Sunshine'

Cotoneaster franchetii

Clematis viticella

Garrya elliptica

Photinia serratifolia

Achillea millefolium

Brunnera macrophylla mit *Geranium macrorrhizum*

Stark kalkhaltige Böden

Euphorbia amygdaloides ➤: dunkelgrüne oder rötliche Blätter, in der Natur an Gehölzrändern auf Kalk-Lehm-Böden zu finden. Kräftige Stängel mit gelbgrünen Blüten, April/Mai. Sonne (nicht zu prall) oder Halbschatten, normaler Boden. 60 cm x 50 cm. Die meisten Euphorbien bevorzugen Kalkböden.

Iris barbata ➤: große Blüten mit 3 zurückgebogenen Hängeblättern und 3 aufrechten Domblättern, einfarbig, zweifarbig, ganzrandig oder gefranst. Büschel standfester, aufrechter Blätter in bläulichem Grün. Volle Sonne, durchlässiger Boden, steinig und wenn möglich kalkhaltig. 80–100 cm x 30 cm. Hunderte Sorten und Farbtöne.

Leucanthemum x **superbum** ➤: weiße Margeriten auf kaum verzweigten Stängeln, Juli und August. Volle Sonne. Normaler, mit Kompost angereicherter, durchgearbeiteter Boden. 70 cm x 50 cm. *L. vulgare* ➤ blüht im Mai/Juni.

Nepeta x **faassenii**: Sträuße blauer Blüten von Mai bis Juli, nochmals im September. Eiförmige bis lanzettliche Blätter, bläulich grau und wohlriechend. Sonne, nährstoffreicher, durchlässiger Boden. 30 cm x 40 cm. Nepeta 'Six Hills Giant' ist himmelblau, 'Walker's Low' ➤ etwas kräftiger blau.

Scabiosa caucasica: veilchenfarbene oder weiße Blüten, endständig an kahlen Stängeln über einer Rosette von Blättern. Sonne, normaler Boden, eher lehmig und kalkhaltig, doch nicht zu schwer oder nass im Winter. 50 cm x 50 cm.

Weitere Staudengattungen: *Acanthus, Anthemis, Artemisia, Aster, Campanula, Centaurea, Chrysanthemum, Coreopsis, Dianthus, Doronicum, Erodium, Geranium, Gypsophila, Helleborus, Hemerocallis, Kniphofia, Linum, Origanum, Paeonia, Papaver, Phlomis, Primula veris* und *P. auricula, Pulsatilla, Salvia, Saponaria, Scutellaria, Sedum, Stachys*.

Gräser: *Calamagrostis, Cortaderia, Festuca, Pennisetum, Sesleria, Sorghastrum, Stipa*.

Farne: *Asplenium, Dryopteris, Polypodium*.

ZWIEBELN

Anemone blanda ➤: sternförmige, blaue, weiße oder rosa Blüten ab März/April, die sich abends schließen. Sonne oder Halbschatten, frischer, durchlässiger Boden. 10 cm. Im September 5 cm tief setzen.

Eranthis hyemalis: kleine, gelbe Blüte inmitten zartgrüner Blätter, die einen Kragen bilden. Versamt sich problemlos und bildet einen Teppich. Halbschatten, frischer, aber durchlässiger Boden. 15 cm. Ab September pflanzen.

Lilium candidum: weiße, duftende Blüten in Trichterform an der Spitze eines rauen Stängels mit kurzen Blättern. Sonne, durchlässiger Boden, 1 m. Zwiebeln im August/September auf gleicher Höhe mit dem Erdboden setzen. *Lilium regale* ➤ mit längeren Blütenkronen, fühlt sich auch in Kalkböden wohl, nur nicht zu trocken.

Ornithogalum umbellatum ➤: im Mai und Juni weiße Blüten, nachts fest geschlossen und nur bei voller Sonne zwischen 10–11 Uhr und 16–17 Uhr geöffnet. Leuchtend grünes Laub, ab Mitte Juli fällt die gesamte Pflanze in Vegetationsruhe. Volle Sonne, durchlässiger Boden. 15 cm. Pflanzung im Oktober, 5 cm tief.

Weitere Zwiebeln: *Allium, Anthericum liliago, Crocus, Cyclamen, Hyacinthus, Narcissus, Oxalis, Scilla, Tulipa*.

EIN- UND ZWEIJÄHRIGE

Anchusa italica ➤: enzianblaue Blüten, große samtige Blätter, manchmal grau gesprenkelt. Versamt sich leicht. Sonne oder Halbschatten, tiefer Boden. 60 cm. Aussaat oder Pflanzung im September.

Catananche caerulea: je nach Sorte violette, blaue oder weiße, papierähnliche Blüten, die sich von Juni bis September öffnen. Sonne, 60 cm. Aussaat März/April oder September.

Centaurea cyanus: Kornblume, je nach Sorte in Blau- und Rotschattierungen, auf Stängeln mit grün-silbrigem Laub. Wächst gut auf Boden, der im Winter umgegraben wurde. Sonne. 60 cm. Aussaat im September oder Februar/März.

Papaver rhoeas ➤: Klatschmohn, je nach Sorte mit roten, rosa oder weißen Blüten, Mai/Juni. Sonne, im Herbst umgegrabener Boden. 50 cm.

Weitere Ein- und Zweijährige: *Alcea, Aquilegia, Rudbeckia, Tagetes, Verbascum, Verbena bonariensis, Zinnia*.

WIE ERKENNT MAN KALKHALTIGEN BODEN?

- Die Blätter der nicht verträglichen Bäume werden gelb.
- Die Hortensien bleiben rosa.
- Lupinen gedeihen nur schlecht.
- Im Boden gibt es viele weiße, kreideähnliche Steinchen.

Euphorbia amygdaloides 'Black Bird'

Iris barbata

Leucanthemum vulgare

Nepeta × faassenii 'Walker's Low'

Anemone blanda

Lilium regale

Ornithogalum umbellatum

Anchusa italica

Papaver rhoeas

Wasserdurchlässige Böden*

* sandig, steinig, trocken; z.B. in Kies- oder Trockengärten (ohne Bewässerung)

BÄUME

Acer monspessulanum ❄ ➤: kleine, gelappte, grüne Blätter, die sich im Herbst orange und rot färben. Südeuropäische Verwandte des Feld-Ahorns, verträgt Trockenheit und Hitze. Sonne, durchlässiger Boden. 5–6 m x 3 m. Erfriert bei Temperaturen unter −15 °C.

Elaeagnus angustifolia: im Mai und Anfang Juni kleine, cremefarbene Blüten in den Blattachseln, Duft ähnlich dem Jasmin. Längliche, silbrige Blätter wie bei Olivenbäumen. Sehr winterhart, volle Sonne, alle gut durchlässigen Böden. 2,50–4 m x 3 m.

Genista aetnensis ❄: unzählige gelbe Blüten auf den dünnen, überhängenden, stets grünen Zweigen. Rascher Wuchs und lockerer, etwas „trauernder" Habitus. Sonne, leichter oder steiniger Boden. Erfriert bei Temperaturen unter −15 °C.

Ostrya carpinifolia ❄ ➤: zartgrüne, gesägte Blätter, ähnlich wie bei der Hainbuche. Zapfenförmige Blüten, ähnlich wie Hopfen. Sonne oder Halbschatten, durchlässiger Kiesboden. 6–10 m x 4 m. Südliches Äquivalent zur Hainbuche.

Quercus ilex ❄: ovale, regelmäßig gezähnte Blätter, ähnlich wie *Ilex*, aber matter grün und mit weißlicher Unterseite. Volle Sonne. Normaler Boden mit oder ohne Kalk, sehr gut durchlässig. 4–10 m x 3–5 m. *Q. suber* ❄ ➤: Aussehen ähnlich, dicke Borke.

Weitere Bäume: *Albizia julibrissin, Cercis siliquastrum, Cytisus battandieri, Olea europaea.*

STRÄUCHER

Arbutus unedo ❄ ➤: im Herbst glockenförmige, weiße Blüten zugleich mit den Früchten aus dem Vorjahr. Rinde löst sich in Fetzen ohne Farbenspiel. Sonne, durchlässiger Boden. 2–5 m x 3 m. Winterhart bis −15 °C. 'Compacta' ist dichter und windverträglicher.

Ballota pseudodictamnus ❄ ➤: herzförmige, dicke, watteweich behaarte Blätter auf biegsamen Stängeln. Einzigartiger Busch, der sich neben Lavendel und Rosmarin mit den feineren Blättern gut macht. Sonne, steiniger Boden.

Caesalpinia gilliesii ❄ ➤: prächtige Blütensträuße mit deutlich sichtbaren, roten Staubblättern. Aus sehr feinen Blättchen zusammengesetztes Blatt. Volle Sonne, Boden nicht zu kalkhaltig. 1,50–3 m x 1,50 m. Erfriert bei −2 °C.

Cistus albidus ❄ ➤: große, rosa, zerknittert aussehende Blüten, dicke, blaugrüne, geruchsintensive Blätter, April bis Juni. Sonne, leichter, steiniger Boden. Trockener, luftiger Standort. 80 cm x 80 cm. Viele andere rosa oder weiß blühende Zistrosen sind für mediterrane Gärten interessant. Sehr junge Pflanzen setzen.

Correa alba ❄ ➤: weiße Blütenglocken, hängend, im Herbst und Winter. Eiförmige, grüngraue Blätter. Sonne, eher nährstoffreicher Boden. 1,20 m x 1,50 m. Erfriert bei −12 °C.

Dorycnium hirsutum ❄: im Juni und Juli unauffällige, weiß-rosa Blüten. Laub graugrün und samtig bepelzt, das ganze Jahr hindurch hübsch. Volle Sonne, luftig. Gut durchlässiger Boden, neutral oder alkalisch. 60 cm x 60 cm.

Helichrysum italicum ❄: kleine, gedrungene Büsche, die an Lavendel erinnern, aber kräftig leuchtendes, silbriges Laub haben und intensiv nach Curry duften. Im Juli gelbe Blütenknöpfe. Volle Sonne, gut durchlässiger Boden. 40 cm x 60 cm. Im Frühling zurückschneiden und im Sommer als Kugel trimmen.

Hyssopus officinalis ▼: dunkelblaue Blütenähren im August und September. Kleine immergrüne Blätter, kräftig grün und wohlriechend. Volle Sonne. Normaler (Kalk-)Boden, durchlässig. 50 cm x 50 cm. Subsp. 'Aristatus' ist gedrungener (30 cm), 'Albus' blüht weiß und 'Roseus' rosa.

Hyssopus officinalis subsp. 'Aristatus'

Lavandula* x *intermedia ➤: blaue, lila, weiße oder rosa Blüten, wohlriechendes Laub, von Natur aus kugelförmiger Wuchs. Volle Sonne, luftig, Boden nicht zu nährstoffreich, eher kalkhaltig und völlig wasserdurchlässig. 60 cm x 80 cm.

Acer monspessulanum

Ostrya carpinifolia

Quercus suber

Arbutus unedo

Ballota pseudodictamnus

Caesalpinia gilliesii

Cistus albidus

Correa alba

Lavandula x intermedia

***Perovskia* 'Blue Spire':** große, luftige Sträuße leuchtend blauer Blüten, endständig an den aufrechten Jahrestrieben, Juli bis Oktober. Fiederschnittige, hellgraue Blätter, im Winter weiße Zweige. Volle Sonne, steiniger oder sandiger Boden. 1,20 m × 0,60 m.

***Phillyrea angustifolia* ➤:** ein rundlicher, kompakter, immergrüner Busch mit schmal länglichen Blättern, dunkelgrün. Gelbe, unauffällige, stark duftende Blüten im Mai/Juni. Alle Lagen, alle durchlässigen Böden. 1,50 m × 1,50 m. Schnittverträglich, ist trotz der anspruchslosen Kultur und guten Winterhärte noch unbekannt.

***Phlomis fruticosa* ❄ ➤:** Blätter auf der Oberseite silbrig grau, unterseits flaumiger und gelblicher. Gelbe Blüten, kugelförmig in Etagen um die Stängel gruppiert, August. Volle Sonne, gut durchlässiger Boden. 1 m × 1,20 m.

***Rhamnus alaternus* ❄ ➤:** immergrün; lanzettliche bis eiförmige, dunkelgrüne Blätter, unauffällige Blüten, im Juli und August rote Früchte. Sonne oder Halbschatten, durchlässiger Boden. 2 m × 2 m. Schnellwüchsig. 'Argenteovariegatus' ist weiß panaschiert.

***Rosmarinus officinalis* ❄ ➤:** raue, schmal linealische, oberseits dunkelgrüne Blätter, unterseits silbrig, kräftiger Duft. Himmelblaue (auch rosa oder weiße) Blüten. März bis Mai. Aufrechter Wuchs. Volle Sonne, völlig durchlässiger Boden. 1 m × 1 m. 'Corsican Blue' ❄ und 'Repens' ❄ sind überhängend oder kriechend.

***Salvia officinalis* ❄ ➤:** halbimmergrün; grünlich graue Blätter, ätherisch duftend. Blaue, weiße oder rosa Blüten quirlig an einem Blütenstand, Mai bis Juli. Sonne, gut durchlässiger Boden. 50 cm × 70 cm. 'Berggarten' mit großen, sehr samtig bepelzten Blättern.

***Teucrium flavum* ❄ ➤:** immergrüner Busch mit leuchtend grünem Laub, ätherisch duftend. Endständige Blütenstände mit blassgelben Blüten im Juli und August. Sonne oder Halbschatten, normaler, durchlässiger, kalkhaltiger Boden. 60 cm × 60 cm.

***Vitex agnus-castus* 'Latifolia':** endständige, rispenartige Blütenstände mit kräftig blauen Blüten, August bis Oktober. Große, gefingerte Blätter mit scharfem Aroma. Am besten an einer Südwand pflanzen. Volle Sonne, durchlässiger Boden. 2 m × 2 m. 'Alba', 'Silver Spire': weiße Blüten.

***Yucca filamentosa*:** kräftige, standfeste Blätter mit seidiger Behaarung an den Rändern, cremefarbene Blüten in Rispen, 1–1,20 m hoch, sogar bei jungen Pflanzen. Volle Sonne, normaler, durchlässiger Boden, 0,60 m × 1 m. Empfehlenswerte Sorten: 'Bright Edge', 'Color Guard' ➤, 'Variegata'.

Weitere Sträucher(-Gattungen): *Ajania pacifica, Artemisia, Atriplex, Brachyglottis, Buddleja alternifolia, Buxus, Callistemon, Caryopteris, Ceanothus, Colutea, Coronilla, Cotinus, Genista, Myrtus, Pistacia, Santolina, Spartium, Thymus, Xanthoceras.*

KONIFEREN

***Calocedrus decurrens* ➤:** reingrünes, leuchtendes, duftendes Laub, rötliche Rinde, schön bei jungen Exemplaren. Wächst schnell, verträgt aber keinen regelmäßigen Schnitt. Sonne, normaler, durchlässiger Boden, auch kalkhaltig. 8–12 m × 2 m.

***Cupressus arizonica* ❄ ➤:** feines, mehr oder weniger bläuliches Laub. Relativ große Früchte, wie Murmeln (1–1,5 cm). Kräftige Säule oder Pyramide, schöne, braunrote Rinde, die sich in relativ langen Schuppen ablöst und hellere Felder hinterlässt. Volle Sonne, lockerer Boden. 15–20 m × 4–6 m. *C. arizonica* var. *glabra* 'Pyramidalis' ❄ (Syn.: 'Conica') ist dichter und kegelförmig.

***Juniperus communis*:** spitze, stechende Nadeln, hellgrün oder bläulich. Bläuliche, sehr aromatische Früchte (Wacholderbeeren). Volle Sonne, alle Böden, bevorzugt jedoch kalkhaltige, durchlässige Böden. *J. oxycedrus* (Rotbeeriger Wacholder) hat größere Nadeln, eine lockere, baumähnliche Statur und große Früchte. 5 m × 3 m.

Weitere Koniferengattungen: *Cedrus, Pinus.*

KLETTERPFLANZEN

***Akebia quinata* ➤:** halbimmergrün; Blätter zusammengesetzt, 3- bis 5-zählig, rau, im April vor dem Blattaustrieb purpurne oder weiße Blüten. Sich windende Liane. Alle Lagen, durchlässiger Boden.

***Campsis radicans*:** große, orangefarbene, rote oder gelbe Trompetenblüten, die endständig an den Trieben stehen. Gefiederte, faltige Blätter. Junge Triebe mit Haftwurzeln, lösen sich später von der Rankhilfe, wenn sie verholzt sind. Sonne, normaler Boden, im Winter leicht feucht. 5 m.

***Clematis cirrhosa*:** von Dezember bis April cremeweiße Blütenglocken, manchmal rot gefleckt. Gefiederte Blätter mit eleganten, kleinen Blättchen. Sonne, steiniger, durchlässiger Boden. 6 m. *C. flammula* mit weißen, duftenden Blüten im Juli bis September, sehr trockenheitsverträglich.

***Lathyrus latifolius*:** Blüten wie bei Erbsen, pink, hellrosa oder weiß, auf geflügelten, mit Ranken versehenen Stängeln. Volle Sonne, kalkhaltiger, durchlässiger Boden. 3 m. Klettert über Büsche oder breitet sich auf dem Boden im Gras aus.

Weitere Kletterpflanzen: *Bignonia capreolata, Hedera canariensis, Jasminum officinale, Vitis vinifera.*

Phillyrea angustifolia

Phlomis fruticosa

Rhamnus alaternus

Rosmarinus officinalis

Teucrium flavum und Salvia officinalis 'Tricolor'

Yucca filamentosa 'Color Guard'

Calocedrus decurrens 'Aureovariegata'

Cupressus arizonica

Akebia quinata

STAUDEN

Achillea filipendulina ➤: robustes, standfestes Laub, leuchtend gelbe Blütenstände. Die Blüten halten sich gut den Winter hindurch getrocknet an der Pflanze. Volle Sonne, leichter oder steiniger Boden. 1 m. 'Parker's Variety' ist gedrungener (70 cm).

Asphodeline liburnica ➤: Stängel voller zarter, blassgelber Blüten, abends von Anfang Juni bis Ende Juli. Sehr feine, blaugraue Laubblätter, ab Oktober. Sonne, leichter Boden. 70 cm x 25 cm.

Calamintha nepeta ➤: unzählge, kleine, weiße Blüten von Ende Juli bis zum Frost, zum Herbst bläuliche Färbung, Laub mit intensivem Minzgeruch, schönes Lichtspiel. Volle Sonne, normaler, durchlässiger Boden. 35 cm x 35 cm.

Crocus chrysanthus: blaue, cremefarbene, violette oder panaschierte Blüten in Form kleiner, langgestreckter Becher, dicht aneinandergelehnt. Sonne, normaler, durchlässiger Boden. 10 cm. Im September oder Oktober 3 cm tief einpflanzen.

Dictamnus albus: im Juni oder Juli Trauben duftender, weißer Blüten, bei *D. albus* var. *purpurea* rosa. Kräftiges, tiefwurzelndes Büschel mit breiten Blättern, die bei Trockenheit schon vor dem Spätsommer verwelken. Volle Sonne, leichter, tiefgründiger Boden. Klein auspflanzen. 80 cm x 60 cm.

Erigeron karvinskianus ➤: winzige Blüten, ähnlich wie Gänseblümchen, weiß, dann rosa und später rötlich, in ununterbrochener Folge von Mai bis zum Frost, auf dünnen Stängeln. Sonne, steiniger Boden, im Winter gut durchlässig. 10 cm x 50 cm.

Geranium sanguineum ➤: fast kreisrunde Blüten, magenta, zartrosa oder weiß, bis fast zum Grund geteiltes Blatt, insgesamt rundlich und dunkelgrün, schöne Herbstfärbung. Volle Sonne oder Halbschatten, normaler Boden. Gut trockenheitsverträglich, auch trockene Schattenlagen. 20 cm x 30 cm.

Helleborus argutifolius ➤: von Januar bis April apfelgrüne Blütenstände, kräftige Stängel, anfangs aufrecht, dann niederliegend, immergrüne, dreizählig gefiederte Blätter, rau. Volle Sonne oder Halbschatten, steiniger Boden. 80 cm x 80 cm.

Iris stylosa ➤: blaue Blüten von Januar bis März bei jeder Erwärmung, schmale Blätter. Volle Sonne, warmer Standort, gut durchlässiger Boden (sandig, steinig oder Kalkboden). 30 cm x 25 cm.

Phlomis russeliana: Bälle blassgelber Blüten, die sich später orange färben, Juni bis August. Spitze, graugrüne Blätter, bepelzt. Volle Sonne, normaler, durchlässiger Boden 60–100 cm x 60 cm.

Sedum kamtschaticum: zartgrüne Blattrosetten, im Juni/Juli gelbe Blütenstände. Guter Bodendecker. 30 cm x 30 cm. Klein bleibende *Sedum*-Arten vertragen die Trockenheit besser als die großen.

Stipa tenuissima ➤: sehr feine Blätter, Blüten auf silbrig-goldfarbenen Halmen, bis in den Spätwinter ansehnlich. Sonne, steiniger oder sandiger Boden, vollkommen durchlässig. 60 cm x 60 cm.

Teucrium hircanicum: dunkel magentafarbene Blüten, Mitte Juli bis Oktober, eiförmige bis lanzettliche, gekerbte Blätter. Sonne oder Halbschatten, normaler Boden. 45 cm x 30 cm. Versamt sich.

Triteleia laxa: sehr winterharte Zwiebelpflanze mit blauvioletten Blütendolden im Juli/August, ähnlich wie Schmucklilien. Volle Sonne, Boden darf im Sommer austrocknen. 30 cm x 25 cm. Zwiebeln zwischen März und Mai 5 cm tief pflanzen.

Weitere Stauden: *Acanthus, Agapanthus, Centranthus ruber, Cerastium tomentosum, Ceratostigma plumbaginoides, Cynara cardunculus, Dianthus, Delosperma cooperi, Echinops, Epilobium canum, Eragrostis curvula, Eryngium, Euphorbia characias, E. cyparissias, E. myrsinites, Leymus arenarius, Melianthus major, Nepeta, Origanum, Papaver orientale, Romneya coulteri, Salvia pratensis, Saponaria, Sempervivum, Stachys byzantina, Stipa gigantea.*

Weitere Zwiebeln: *Cyclamen, Ornithogalum umbellatum, Oxalis adenophylla, Tulipa.*

EIN- UND ZWEIJÄHRIGE

Eschscholzia californica ➤: leichte Blütenkronen, orange oder cremefarben, die sich zur sonnigsten Tageszeit öffnen, feines fiederteiliges, silbriges Blatt. Ausgebreiteter Wuchs, Volle Sonne, leichter Boden. 25 cm x 40 cm. Vor Ort aussäen, Pikieren nicht nötig.

Gaura lindheimeri: sehr leichte, reinweiße Blüten, ähnlich wie Schmetterlinge, auf sehr dünnen Stängeln, Juni bis Oktober. Schmal elliptische Blätter, vor allem an der Sprossbasis der Pflanzen. Volle Sonne, normaler Boden, vollkommen durchlässig. 60 cm x 60 cm. Wird auf gut durchlässigen Böden eine langlebige Staude oder verwildert.

Gazania rigens: Blütenkörbchen mit leuchtend gefärbten Strahlenblüten, gelb, orange, rot, zweifarbig, auf kriechenden Stängeln, silbrige Blätter. Volle Sonne, nährstoffreicher, aber steiniger Boden. 15 cm x 40 cm. Bei sehr mildem Klima langlebige Staude.

Senecio cineraria ➤: Laub grausilbrig, je nach Sorte unterschiedlich stark gebuchtet bis gefiedert. Im Spätsommer unscheinbare, gelbe Blüten. Sonne, leichter Boden. 40 cm x 50 cm. Überlebt bei milden Wintern mehrere Jahre.

Weitere: *Alcea rosea, Daucus, Echium.*

Calamintha nepeta und Erigeron karvinskianus

Achillea filipendulina

Asphodeline liburnica

Geranium sanguineum

Helleborus argutifolius und Iris stylosa

Stipa tenuissima

Eschscholzia californica

Senecio cineraria

Lehmige Böden

BÄUME

Aesculus pavia **➤:** großer Strauch oder kleiner Baum mit gefingerten Blättern, widerstandsfähig gegen Miniermotten, Blatttriebe erst rosa, dann purpurn. Blüten rosa oder orange. Sonne, alle nicht zu trockenen Böden. 4–5 m × 3–4 m.

***Malus* 'Evereste' ➤:** Blütenknospen rosa, später üppige, weiße Blütenbüschel, April/Mai. Von September bis Januar zahlreiche, orangerote Früchte. Sonne, gehaltvoller, tiefgründiger Boden, frisch. 3–5 m × 3 m. Wüchsigkeit und Größe der Apfelbäume hängen von der Veredelungsunterlage ab.

***Prunus* 'Accolade':** gefüllte, relativ große, zartrosa Blüten in lockeren Sträußen entlang der gesamten Äste, kleine, gezähnte, zartgrüne Blätter. Breitwüchsige, offene Krone, daher lichter Schattenspender. Sonne, vor trockenem Wind geschützt. 4–6 m × 3–5 m. Alle japanischen Kirschen, die auf Vogel-Kirsche (*Prunus avium*) veredelt sind, wachsen auf lehmigem Boden sehr kräftig.

***Zelkova serrata*:** von Natur aus breitwüchsig, eiförmig-elliptische, gezähnte Blätter mit schöner, eher dunkler Herbstfärbung in Purpur, Weinrot und Orange. Glatte Rinde, die sich in Platten ablöst. Sonne oder Halbschatten, normaler, tiefgründiger, frischer Boden. 8–15 m × 6–10 m.

Weitere Baumgattungen: *Acer, Aralia, Catalpa, Magnolia* (sehr flach pflanzen), *Populus, Robinia, Tilia, Ulmus*.

STRÄUCHER

***Abelia* × *grandiflora*:** halbimmergrüner Busch, lange währende Blütezeit im Sommer. Kleine unterschiedlich kräftig rosafarbene Blüten. Sonne oder Halbschatten. Alle Böden. 1,50–2 m × 1,50–2 m.

Choisya ternata **➤:** weiße, nach Orangenblüten duftende Blüten, Mai und erneut August/September. Immergrün; wohlriechende Blätter, dreizählig gefiedert, smaragdgrün glänzend. Alle Lagen, auch trockener Schatten. 1,50 m × 1,50 m, ohne Schnitt auch mehr.

***Euonymus alatus*:** Äste mit Korkleisten. Laubabwerfend, Blätter im Herbst rot, nach einem trockenen Sommer rosa. Früchte mit orangefarben ummantelten Samen. Sonne oder Halbschatten, normaler Boden, auch kalkhaltig. 2 m × 2 m. 'Compactus' ist dichter, 1,50 m × 1,50 m.

***Hypericum* 'Hidcote' ➤:** große, goldgelbe Blüten, mit einem Büschel hervorstehender Staubblätter. Laub im Frühling bronzegrün. Volle Sonne oder Halbschatten, normaler Boden, verträgt gelegentliche Trockenheit. 1,20 m × 1,20 m. 'Sungold' ist sehr ähnlich.

***Lonicera tatarica* 'Hack's Red':** zahlreiche, rosarote, geruchlose Blüten im Mai und Juni. Eiförmige, bläulich grüne Blätter. Halbschatten oder Sonne, normaler Boden. 2 m × 2 m.

Spiraea japonica **➤:** flache Blütenstände in Rosa oder Weiß an der Spitze der Jahrestriebe, Juli und August, größer und später nach Rückschnitt im Frühling. 80 cm × 80 cm. 'Goldflame', 'Goldmund' usw.: goldfarben schimmernde Blätter.

Weitere Strauchgattungen: *Aronia, Aucuba, Berberis, Buxus, Callicarpa, Cornus, Corylus, Cotinus, Cotoneaster, Deutzia, Forsythia, Ilex, Hibiscus, Osmanthus, Philadelphus, Potentilla, Ribes, Rosa, Rubus, Symphoricarpos, Syringa, Viburnum, Weigela*.

KONIFEREN

***Cryptomeria japonica*:** dichte Bäume oder Sträucher mit weichem, zartgrünem Laub und wunderbar rötlichen Stämmen. Sonne (nicht zu heiß), Halbschatten oder Schatten. Feuchter oder frischer Boden. 0,50–8 m. 'Elegans' mit feinen, zugespitzten Nadeln, im Winter bronzefarben, 6–8 m. 'Vilmoriniana' ➤: dichter, kompakter Wuchs, 80 cm × 80 cm.

***Pinus nigra* subsp. *nigra* (*P. austriaca*) ➤:** lange, dunkelgrüne Nadeln, etwas gekrümmt, schlanke Gestalt mit regelmäßig angeordneten Ästen (bei jungen Bäumen). Braungraue Rinde mit tiefen Furchen, bei alten Exemplaren bilden sich daraus graue Platten. Volle Sonne, normaler, eher kalkhaltiger Boden. 15–35 m × 4–10 m. Für die meisten Gärten zu groß, aber gut in Gruppen als Windschutz oder als wunderbare Solitäre in Parkanlagen.

Taxus baccata **➤:** dunkelgrüne Nadeln, zweizeilig. Früchte bestehen aus einem giftigen Kern, umhüllt von einer fleischigen, roten Schicht, die essbar ist. Alle Lagen und Böden, auch Kalk, nur nicht zu nass.

Weitere Koniferen: *Abies, Picea, Thuja occidentalis, T. plicata, Thujopsis*.

Aesculus pavia 'Carnea'

Malus 'Evereste'

Choisya ternata

Hypericum 'Hidcote'

Spiraea japonica

Cryptomeria japonica 'Vilmoriniana'

Pinus nigra subsp. *nigra*

Taxus baccata

KLETTERPFLANZEN

***Parthenocissus tricuspidata* 'Veitchii'** ➤: gelappte, raue Blätter, grün mit roter und orangefarbener Herbstfärbung. Heftet sich durch Ranken und Haftscheiben an. Alle Lagen. 10 m. Sorten mit purpurnem Laub ('Atropurpurea'), goldfarben ('Fenway Park') oder klein ('Lowii').

Rubus hybridus ➤: Brombeere ohne Stacheln, üppige weiße oder rosa Blüte im Juni, dicke, schwarze Früchte auf den langen Vorjahrestrieben, bei Vollreife sehr schmackhaft. Sonne oder Halbschatten, normaler Boden. 4 m.

Weitere Kletterpflanzen: *Celastrus orbiculatus, Fallopia aubertii, Hedera helix, Humulus lupulus, Wisteria* sp.

STAUDEN UND ZWIEBELN

Aconitum napellus: Laub und Blüte sehr früh (Juni), Veilchenblau, Grau, Weiß oder Rosa. Handförmig geteiltes Blatt. Sonne oder Halbschatten, nährstoffreicher, frischer Boden. 80 cm × 30 cm.

Alchemilla mollis ➤: große, gelappte Blätter, samtig bepelzt, schöner, matter Grünton. Sträuße gelbgrüner Blüten, Juni bis August. Sonne oder Halbschatten, frischer Boden. 50 cm × 50 cm.

***Allium hollandicum* 'Purple Sensation'**: dichte Blütenkugeln von 7–8 cm Durchmesser, hübsches Purpurrosa, Vertreter der Art sind heller und sehr selten. Vermehrungsfreudig. 60 cm × 10 cm.

Baptisia australis ➤: blaue, gelbe oder lila Blüten, ähnlich wie Lupinen; bläulich grünes Laub, tiefe und ausdauernde Wurzeln. Volle Sonne, tiefgründiger, nährstoffreicher, durchlässiger Boden, kalkfrei. 80–1,20 m × 60 cm.

Campanula glomerata: violette, weiße oder rosa Blüten, an der Spitze blattloser Stängel in Knäueln gebündelt. Ausläufer. Sonne. Normaler, frischer Boden. 50 cm × 30 cm.

Crocosmia* × *crocosmiiflora ➤: kleine Blüten in warmem Orange auf verzweigten Stängeln, Mitte Juli bis Mitte September. Aufrechte, zartgrüne Blätter, im Herbst rostrot. Alle Lagen. Alle Böden, nur nicht zu trocken. 60 cm × 50 cm und mehr.

Eupatorium purpureum: große, rosa oder weiße Blütenstände, lange, spitze Blätter, wirtelig am Stängel. Sonne oder Halbschatten. Normaler oder feuchter Boden. 1,60–2 m × 1 m.

***Euphorbia griffithii* 'Fireglow'**: purpurne und kupferfarbene Blätter, endständige Blütenstände in leuchtendem Orange, April bis Juni. Wuchert durch Ausläufer. Sonne oder Halbschatten, eher feuchter Boden, neutral oder sauer. 80 cm × 80 cm und mehr.

Inula magnifica ➤: große, zartgrüne Blätter, Stängel mit orangegelben, margeritenartigen Blüten, Juli und August. Volle Sonne oder Halbschatten, nahrhafter Boden. 1,50–2 m × 1 m.

Persicaria (Bistorta) amplexicaulis: Blüten in roten, rosa oder weißen, ährenähnlichen Rispen, von Juli bis zum ersten Frost. Große, spitze Blätter am Sprossgrund. Sonne oder Halbschatten, normaler, frischer, nahrhafter Boden. 80 cm × 80 cm.

Phlox paniculata: Blüten in kugeligen Ständen, hohe, standfeste, dicht beblätterte Stängel. Sonne oder Halbschatten. Normaler, nährstoffreicher Boden, im Sommer frisch. 60–120 cm × 40 cm.

Rheum palmatum ➤: große, fiederschnittige Blätter, im Austrieb rot, manchmal auf der Innenseite auch später noch rot. Hohe Schäfte mit cremeweißen oder roten Blüten, Mai und Juni. Volle Sonne. Normaler Boden, besser lehmig und tiefgründig. 1–2,50 m × 1,50 m.

Schizostylis coccinea: Blüten karminrot, rosa oder weiß, zwischen Juli bis Oktober. Blätter grasähnlich. Sonne oder Halbschatten. Normaler Boden, dauerfrisch oder feucht. 60 cm × 30 cm.

Gräser und Farne: *Arundo, Calamagrostis, Carex, Dactylis, Dryopteris, Leymus, Miscanthus, Onoclea, Phalaris, Phragmites, Polystichum.*

Weitere Stauden und Zwiebelpflanzen: *Achillea millefolium, Agapanthus, Anemone*-Hybriden, *Angelica, Arum italicum, Aster, Astrantia, Bergenia, Brunnera, Camassia, Centaurea, Eupatorium, Galanthus, Geranium* × *oxonianum, G. pratense, Helenium, Helianthus, Hosta, Iris sibirica, Leucanthemum, Leucojum, Lysimachia, Ligularia, Mentha, Muscari, Narcissus, Origanum vulgare, Paeonia, Physostegia, Primula, Pulmonaria, Ranunculus, Rheum, Rumex, Scilla, Silphium, Solidago, Stachys, Symphytum.*

EIN- UND ZWEIJÄHRIGE

Malva moschata ➤: immergrün; rundliche, z.T. geteilte Blätter, Blüten silbrig rosa oder weiß, von Juli bis zum Frost. Sonne, normaler, besser Kalk-Lehm-Boden. 50 cm × 50 cm. Versamt sich.

Verbena bonariensis ➤: dünne Stängel mit endständigen, malvenfarbenen Blüten, Mitte Juli bis zum ersten Frost. Sonne, normaler Boden, im Sommer feucht, im Winter durchlässig. 1–1,50 m × 0,50 m.

Weitere: *Lupinus polyphyllus, Mimulus guttatus.*

Parthenocissus tricuspidata 'Veitchii'

Rubus hybridus

Alchemilla mollis

Baptisia australis

Crocosmia × crocosmiiflora

Inula magnifica

Rheum palmatum

Malva moschata und Origanum vulgare

Verbena bonariensis

Dauerfeuchte Böden

BÄUME

***Acer negundo*:** kräftiger, rasch wachsender Baum mit breiter Krone. Gefiedertes Blatt mit 3 oder 5 Fiederblättchen, zartgrün, im Herbst blassgelb. Alle Lagen. 10 m x 4 m. 'Aureovariegatum' mit gelb umrandetem Blatt, 'Elegantissimum' ist weiß panaschiert, 'Flamingo' ➤ ebenso, im Schatten rosa. 'Kelly's Gold' und 'Auratum' sind goldfarben schimmernd; bei 'Winter Lightning' sind die 1–3 Jahre alten Äste im Winter leuchtend gelb.

Alnus glutinosa **➤:** aufragender Wuchs, große Blätter, die im Herbst lang grün bleiben. Schnellwüchsig. Sonne oder Halbschatten. 8 m x 2 m. 'Imperialis' hat tief eingeschnittene Blätter, die einen leichten Schatten werfen.

Betula nigra **➤:** Rinde in hellem Cremegelb, färbt sich im Alter von etwa 25 Jahren braunschwarz. Blätter rautenförmig. Sonne oder Halbschatten, sumpfiger Boden, wenn der Baum auf eigenen Wurzeln wächst (Stecklinge). Auf *B. pendula* gepfropfte Exemplare gedeihen in normalem Boden. 10 m x 5 m. Heritage® 'Cully' hat eine hübsche Rinde, die sich stark schält, 'Black Star' ebenso. 'Summer Cascade' ist eine Trauerform.

***Prunus padus* 'Watereri'** **➤:** weiße Blüten in Trauben von 10–25 cm Länge je nach Sorte, kurz nach den Spätfrösten. Blätter mittelgrün und im Herbst kupferfarben. Wurzeln relativ oberflächennah, vor allem, wenn der Unterboden undurchdringlich oder staunass ist, bei geringster Verletzung bilden sich Ausläufer. Sonne oder Halbschatten, normaler Boden, eher lehmig und feucht. 10 m x 4 m. 'Albertii' ist vergleichbar; 'Colorata' blüht rosa, mit purpurnem Laub.

***Salix alba*:** oft als Kopfweide kultiviert, der Stamm wird dazu auf etwa 2 m Höhe regelmäßig eingekürzt. Grüne, silbrige oder goldfarbene Blätter, schmal länglich. Sonne, normaler, dauerfeuchter Boden. 4–15 m x 2–8 m. 'Aurea' hat goldfarbenes Laub, 'Liempde' und var. *sericea* silbriges. 'Chermesina' und 'Nova' haben orangefarbene Äste, 'Vitellina' hat gelbe. 'Vitellina Pendula' ➤ ist eine Trauerform, gelbes Holz. 'Dart's Snake', 'Erythroflexuosa' und 'Carradoc' sind gewunden.

Weitere Bäume: *Clethra barbinervis, Drimys winteri* und *D. lanceolata, Magnolia virginiana, Oxydendrum arboreum, Pterocarya* x *rehderiana, Quercus palustris*.

KONIFEREN

Metasequoia glyptostroboides **➤:** laubabwerfende Konifere, schlank, kräftig und schnellwüchsig, bildet eine wunderbare natürliche Säule. Rötliche Rinde, prächtig nach dem Regen. Laub im Frühling zartgrün, im Sommer dunkler und im Herbst rostfarben. Sonne oder Halbschatten, tiefgründiger Boden. 20–30 m x 3–5 m. 'Amber' hat kupferfarbenes Laub, 'Gold Rush' oder 'Ogon' goldfarbenes. 'White Spot' ist weiß panaschiert.

Taxodium distichum **➤:** schlanke, laubabwerfende Konifere, erst zartgrün und im Herbst wunderschön rostrot. Schnellwüchsig. Die oberflächennahen Wurzeln bilden Pneumatophoren, das sind knieförmige Auswüchse die Luftsauerstoff aufnehmen können. Sonne, nasser Boden oder im Wasser. 15–25 m x 3–5 m. Die Sorte var. *imbricarium* 'Nutans' hat aufrechte, später nickende Zweige; 'Pendula' ist eine Trauerform.

STRÄUCHER

***Aronia melanocarpa*:** kleiner, Ausläufer bildender Strauch mit weißen Blüten im Mai, schwarzen Früchten im August und schöner, orangeroter Herbstfärbung im September. Schatten oder Halbschatten, normaler Boden. 1,20 m x 1,50 m. *A. arbutifolia* 'Brilliant' hat rote Früchte.

***Calycanthus floridus*:** laubabwerfender Busch, attraktive Sorten mit dunkelpurpurnen, weißen oder gelbgrünen Blüten. Die Neuzüchtung *C.* x *raulstonii* hat das Interesse an dieser Gattung durch riesige Blüten mit 4–5 cm Durchmesser belebt. Sonne oder Halbschatten, normaler, frischer Boden ohne Staunässe. 1,80 m x 1,80 m.

Cephalanthus occidentalis **➤:** Blüten in weißen Kugeln an der Spitze der jungen Triebe, August/September. Schöne, kupfergelbe Herbstfärbung des Laubs. Alle Lagen, solange der Boden gut feucht ist. 1,80 m x 2 m.

Cephalanthus occidentalis

Acer negundo 'Flamingo'

Alnus glutinosa

Betula nigra

Prunus padus 'Watereri'

Taxodium distichum

Salix alba 'Vitellina Pendula'

Metasequoia glyptostroboides

Clethra alnifolia: aufrechte Trauben mit weißen, süß duftenden Blüten, Juli bis September. Zartgrünes Laub, im Herbst goldgelb. Sonne oder Halbschatten. Feuchter Boden. 1,50 m x 2 m. Breitet sich durch Ausläufer aus. *C. tomentosa* ähnelt der Art, das Laub ist flaumiger (grau). 'Ruby Spice', 'Rosea': rosa Blüten.

> BEIM PFLANZEN ZU BEACHTEN
> Setzen Sie junge Sträucher leicht erhöht (Erdhaufen), damit der Wurzelhals nicht im Wasser steht, während die Pflanzen anwurzeln.

Comptonia peregrina ➤: länglich-lanzettliche, fiederspaltige Blätter ähnlich wie ein Farn, intensiver Kräutergeruch. Breitet sich wenig aus. Sonne oder Halbschatten, leichter, kalkloser, feuchter Boden. 1 m x 1 m.

Cornus alba ➤: alle Sorten mit farbigen Ästen oder bunten Blättern sind perfekt für feuchte Standorte. *C. sericea* (= *C. stolonifera*) gedeiht sogar mit den Wurzeln im Wasser. Alljährlicher Schnitt empfiehlt sich dringend, weil *Cornus* bei ausreichender Wasserversorgung sehr schnell wächst. Die Herbstfarben zeigen weniger Rosatöne.

Diervilla sessilifolia* und *D. splendens: Laubaustrieb violett. Kleine, röhrenförmige Blüten in Sträußen an den Blattachseln der Zweigspitze, Juni und Juli. Halbschatten, alle frischen Böden. 1 m x 1 m und mehr. Mehr oder weniger Ausläufer. 'Butterfly' blüht lange. 'Cool Splash' ➤ und 'LPDC Podaras' haben weiß umrandete Blätter, 'Kodiak' hat sehr dunkles und 'Honeybee' goldfarbenes Laub.

Physocarpus opulifolius: Blätter mit 3–5 Spitzen, weiß-rosa Blüten in kugeligen Trugdolden, Mai oder Juni, danach hübsche Früchte. Zimtfarbene Rinde. Wunderbar. Keine pralle Sonne, Halbschatten. 2,50 m x 2 m. 'Dart's Gold' ➤, 'Golden Nugget', 'Angel Gold' (= 'Minange') haben goldfarbene Blätter, Diable d'Or® ('Mindia') ist kupferfarben, 'Diabolo' ist purpurschwarz. 'Little Devil', 'Donna May', 'Summerwine' haben kleine Blätter und bleiben niedrig, 1 m x 1 m.

Spiraea salicifolia: kräftig rosa Blüten in aufrechten Ständen, Juli und August. Ausläufer. Feuchter Boden. 1,50 m x 2 m und mehr. *S. douglasii* und *S.* x *billardii* 'Triumphans' sind vergleichbar, 'Alba' ➤ hat weiße Blüten.

Weitere Sträucher: *Amelanchier, Gaultheria, Itea, Myrica, Neillia, Rhododendron atlanticum, R. arborescens, R. viscosum, Rosa palustris, Sorbaria, Symphoricarpos, Vaccinium, Viburnum opulus.*

STAUDEN

Astilbe x *arendsii*

Astilbe* x *arendsii ◄: Blütenstände rispig, zusammengesetzte, grüne Blätter, im Frühling manchmal rötlich, allgemein aber glatt und leuchtend. Sonne oder Halbschatten, nährstoffreicher Boden. 0,30–1,20 m. Höhe, Farbe und Blühperiode hängen stark von der Art oder Sorte ab. *A. chinensis* hat matte, rauere, festere Blätter und verträgt weniger feuchte Böden.

Athyrium filix-femina ➤: Frauenfarn mit fein gefiederten Wedeln, zartgrün und im Herbst kupferfarben. Sonne oder Halbschatten.

***Carex elata* 'Bowles Golden'** ➤: Segge, im Frühling bis Juni leuchtend gelb, bildet dicke, standorttreue Büschel. Sonne oder Halbschatten. 1 m x 0,80 m.

***Cirsium rivulare* 'Atropurpureum'** ➤: dunkelrote Distelblüten, auf verzweigten Stängeln über rosettigen Blättern, hellgrün, ohne Stacheln. Längere Lebensdauer bei guter Wasserversorgung, ohne Probleme aber zwei- bis dreijährig. Sonne oder Halbschatten.

Darmera peltata: im April rosa Blütenstände, runde Blätter, im Sommer dunkelgrün, im Herbst orange, gelb und rostrot. Alle Lagen. 1 m x 50 cm. Bildet rasch schöne Kolonien.

Euphorbia palustris ➤: sehr große Blütenstände an der Spitze breiter Stängel, April bis Juni. Blätter von schöner, seegrüner Farbe. Sonne, tiefer Boden. 1,20 m. Sehr beeindruckend, prächtig. 'Walenburg Glory' mit rosa oder roter Herbstfärbung. *E. griffithii* liebt den gleichen Bodentyp.

Comptonia peregrina

Cornus alba 'Aurea'

Diervillea 'Cool Splash'

Spiraea salicifolia 'Alba' und *Physocarpus* 'Dart's Gold'

Athyrium filix-femina

Carex elata 'Bowles Golden'

Cirsium rivulare 'Atropurpureum'

Euphorbia palustris

***Filipendula rubra* 'Venusta'** ➤: im Juli große Blütenstände aus leuchtend rosa Blüten an der Spitze dunkler Stängel mit gefiederten Blättern, Laub im Frühling purpurn, im Sommer rot überlaufenes Grün, im Herbst kupferfarben. 1,80–2 m × 0,60 m und mehr. *F. purpurea* ist dunkler (0,80 m), *F. camtschatica* blüht weiß (2,50 m).

Lythrum salicaria ➤: große, aufrechte Pflanze, schnellwüchsig, die Stängel mit langen, magentafarbenen Blütenständen. Die Basis der Stängel verholzt strauchähnlich. Sonne oder Halbschatten. 1,50–2 m × 1,50 m. 'Blush' blüht blassrosa, graues Laub.

Matteuccia struthiopteris ➤: Wedel zartgrün, dicht nebeneinander angeordnet, bilden Kolonien, im Herbst rostbraun. Volle Sonne meiden. 1 m × 0,50 m und mehr. Breitet sich wuchernd aus.

Persicaria amplexicaulis ➤: Blüten in roten, rosa oder weißen Ähren, von Juli bis zum ersten Frost. Große, spitze Blätter am Sprossgrund, kleiner an den Blütenstängeln. Sonne oder Halbschatten, 50–100 cm × 80 cm. Einfach und leicht zu pflanzen.

***Phragmites australis* 'Variegata'** ➤: Schilf mit grün-gelb gestreiften Blättern, dadurch sehr hell. Im August purpurne Blütenstände, im Herbst silbrig. Rhizom sehr hart und wuchernd (schwächer als die Wildpflanze). Sonne oder Halbschatten. 1,50 m × 1,50 m und mehr.

Primula japonica: aufrechte Stängel mit mehreren „Lagen" von Blüten, Mitte Mai bis Ende Juni. Viele Farbnuancen von kräftigem Rosa, Hellrosa und Weißrosa bis Weiß und mehr. Sonne oder Halbschatten. Nah verwandte Arten: *P. pulverulenta* ➤ (dunkles Rosarot), *P. bulleyana* (orange oder gelb), *P. beesiana* (malvenfarben mit orangefarbenem Auge), *P.* × *bullesiana* (viele Schattierungen).

Weitere Stauden: *Astilboides tabularis, Blechnum chilense, Cardamine raphanifolia, Carex* sp., *Chelone obliqua, Chrysosplenium davidianum, Epilobium angustifolium, Equisetum hyemale* var. *camtschaticum, Eupatorium purpureum, Geranium palustre, Geum rivale, Gunnera* sp., *Houttuynia cordata, Iris ensata, I. laevigata. I. pseudacorus, Ligularia* sp., *Lysimachia* sp., *Lychnis flos-cuculi, Onoclea sensibilis, Persicaria* sp., *Petasites* sp., *Physostegia virginiana, Ranunculus rivularis, Rodgersia podophylla, Salvia uliginosa, Strobilanthes attenuata*.

ZWIEBELN

Camassia leichtlinii: lavendelblaue Blüten in Trauben, etwa 8–10 Tage lang im Mai. Sonne, normaler oder feuchter Boden. 60 cm × 30 cm. Pflanzung im September/Oktober. Vermehrung durch Aussaat oder Teilung der Ballen am Ende der Blütezeit. 'Alba Plena' ➤ hat gefüllte, weiße Blüten, 15–20 Tage lang. Pflanzung im Oktober 10 cm tief.

Colchicum autumnale: becherförmige Blüten, ähnlich wie Krokus aber höher, erscheinen unmittelbar aus dem Boden, September/Oktober. Das Laub entwickelt sich im Frühling und verwelkt im Juni. Sonne oder Halbschatten. 20 cm × 20 cm. Pflanzung zwischen Mai und September, 5 cm tief.

Fritillaria meleagris ➤: Blütenglocken weiß oder dunkelpurpurn mit Rosa, April oder Anfang Mai. Sonne oder Halbschatten, normaler Boden, im Sommer nicht zu trocken. 20 cm × 5 cm. Verwildert durch Samen, selbst im Gras oder in Beeten mit frischem Boden. Pflanzung im September, 5 cm tief.

Leucojum aestivum: Stängel tragen bis zu 5 weiße Blütenglocken mit einem grünen Fleck an jedem Blütenlappen, April bis Mai, 2–3 Wochen lang. Kräftige, smaragdgrüne Blätter. Volle Sonne. 50 cm. Pflanzung im Oktober, 10 cm tief.

Schizostylis coccinea ➤: Blüten erinnern an einen karminroten, rosa oder weißen Krokus, auf Stängeln wie die von Gladiolen, in einem Horst grasähnlicher Blätter, Juli bis Oktober. Sonne oder Halbschatten. 60 cm × 30 cm. Im Frühling wie eine Staude pflanzen. Zwiebelig verdicktes, Ausläufer treibendes Rhizom.

Zantedeschia aethiopica ➤: große, trichterförmige Blütenstände aus einem weißen Hochblatt und einem gelben Blütenkolben an der Spitze dicker Stängel, Ende Mai bis Ende August. Büschel großer, pfeilförmiger Blätter in schönem Dunkelgrün. Sonne oder Halbschatten. 1–1,50 m × 0,80 m. Rhizome oder Jungpflanzen im April oder Mai setzen.

Weitere Zwiebeln: *Allium schoenoprasum, Nectaroscordum siculum, Zephyranthes candida*.

Schizostylis coccinea

Filipendula rubra 'Venusta'

Lythrum salicaria

Matteuccia struthiopteris

Persicaria amplexicaulis 'Inverleith'

Phragmites australis 'Variegata'

Primula pulverulenta

Camassia leichtlinii 'Alba Plena'

Fritillaria meleagris

Zantedeschia aethiopica

Wasser- und Sumpfpflanzen

AUS DEM WASSER RAGENDE WASSERPFLANZEN

Calla palustris ➤: Blütenstand mit weißem Hochblatt und grüngelbem Blütenkolben, Mai und Juni. Blätter rundlich herzförmig, an dicken Stängeln. 20 cm.

Hydrocotyle vulgaris: der Gewöhnliche Wassernabel hat kleine, schildförmige, gekerbte Blätter an kriechenden, schnell wachsenden Stängeln. Kalkloser Boden. 5 cm. 'Variegata' mit gelb geränderten Blättern, Halbschatten.

Menyanthes trifoliata ➤: Fieberklee, zarte, weiße Blütentrauben, dreizähliges Blatt entlang der über die Wasseroberfläche gebreiteten Stängel. 20 cm.

Nymphoides peltata ➤: Gewöhnliche Seekanne, Blätter wie eine Miniatur-Seerose, rosettenartig verbunden, von Juni bis August gelbe Blüten, überwintert in Form von Knospen. 10 cm.

Polygonum amphibium (= Persicaria amphibia): Wasser-Knöterich blüht von Juni bis September in aufrechten, rosa Blütenständen über den auf dem Wasser schwimmenden Blättern. 5 cm. Bildet einen Teppich in der Uferzone.

Ranunculus aquatilis: Gewöhnlicher Wasserhahnenfuß, weiße Blüten mit gelbem Auge über einem Teppich nierenförmiger, gelappter Blätter an der Wasseroberfläche. Sehr fruchtbares, sauerstoffhaltiges, leicht fließendes Gewässer.

SUMPFPFLANZEN MIT WURZELN IN 0–5 CM WASSERTIEFE

Alisma plantago-aquatica: Froschlöffel hat winzige, weiße Blüten in großer Zahl auf verzweigten Stängeln ähnlich wie ein großes Schleierkraut. 1 m. Prächtig als Masse.

Cyperus longus: Hohes Zypergras ist ähnlich wie die Papyrus-Zimmerpflanze, aber winterhart. Bis 1,20 m.

Equisetum hyemale var. camtschaticum ➤: Riesen-Schachtelhalm mit standfesten, hohlen Stängeln, kräftig grün mit schwarzen Ringen. Flachwurzelnd. 1,50–1,80 m.

Juncus 'Carmen's Grey': Binse mit röhrigen Blättern, bläulich graugrün, immergrün, Blüten unscheinbar. 70 cm. Schöne, für feuchte Standorte seltene Färbung, im Winter interessant.

Mentha aquatica ➤: Wasser-Minze, das junge Laub eiförmig, bepelzt und purpurn, mit kräftigem Mentholaroma. Malvenfarbene Blütenstände, August und September. 60–100 cm. Flachwurzelnd.

Pontederia cordata ➤: Herzförmiges Hechtkraut, mit blauen Blütenständen in der Blattachsel der schmal lanzettlichen, am Grund herzförmigen Blätter, August und September. Hoch aufgeschossene, kräftige Büschel. *P. lanceolata*: ähnlich, nicht so kräftig blau. 1 m.

Sagittaria sagittifolia: Pfeilkraut, Ähren weißer, ungefüllter Blüten im Juli. Aus dem Wasser ragende Blätter wie Lanzenspitzen, die untergetauchten und schwimmenden langgestreckt. 50 cm. Ausläufer. *S. japonica* 'Plena' ist wüchsiger, hat reinweiße, gefüllte Blüten und überwintert als Knolle.

Saururus cernuus: Amerikanischer Molchschwanz hat länglich herzförmige Blätter an langen, knotigen, aufrechten Stängeln. Blüten cremeweiß in überhängenden Ähren, Juni bis September. Schatten oder Halbschatten. 40–100 cm. Flachwurzelnd.

Schoenoplectus lacustris: Die Teichsimse hat hohe, zylindrische Stängel mit einem unscheinbaren Blütenstand, August. Sonne oder Halbschatten. 1–2 m. 'Albescens' ist deutlich in Längsrichtung panaschiert, wirkt dadurch hell. 'Zebrinus' ➤ hat gelbe Querstreifen, kuriose Wirkung.

Typha latifolia: Breitblättriger Rohrkolben hat lange, bandförmige, aufrechte Blätter von etwa 20 cm Breite, die die länglichen, braunen Blütenstände umhüllen, August und September. Im Herbst Schwarzfärbung der Kolben. 2 m. Wuchert kräftig durch Ausläufer. 'Variegata' hat in Längsrichtung cremefarben gestreifte Blätter, ist nicht so invasiv. *T. angustifolia* hat 1 cm breite, lange Blätter, 1,50 m. *T. minima* hat 5 mm breite Blätter, 60 cm.

SCHWIMMBLATTPFLANZEN

Aponogeton distachyos ❈ ➤: Kap-Wasserähre, weiße, v-förmige Blüten, stark duftend, April bis September, die schwimmenden Blätter länglich, im Frühling bronzegrün. Sonne oder Halbschatten. Wassertiefe 20–40 cm. Die einzige stark duftende Wasserpflanze.

Nelumbo sp. ❈ ➤: Lotos hat schildförmig runde, an der Oberfläche treibende und später herausragende Blätter, blaugrün, auf einem kräftigen, biegsamen Stängel. Sehr große, zartrosa, kräftig rosa, gelbe oder weiße Blüten, Juli bis September. 1,50–2 m. Wassertiefe 10–50 cm. Wucherndes, aber empfindliches Rhizom, je nach Sorte unterschiedlich winterhart, frostgeschützt setzen.

Calla palustris

Menyanthes trifoliata

Nymphoides peltata

Equisetum hyemale subsp. *camtschaticum*

Mentha aquatica

Pontederia cordata

Schoenoplectus lacustris 'Zebrinus'

Aponogeton distachyos

Nelumbo sp.

Nuphar lutea: Gelbe Teichrose, mit großen, herzförmigen Blättern, dick und grün. Blüten in Form gelber Kugeln, Juni bis August. Volle Sonne. Sehr wüchsig, eignet sich nur für große Naturteiche. Wassertiefe 40–100 cm.

***Nymphaea*-Hybriden**: Seerose, schildförmige, kräftig grüne oder bräunliche Blätter, die auf dem Wasser treiben. Treibende Blüten, einfach, halbgefüllt oder gefüllt, in den Farben Rosa, Rot, Gelb, Orange oder Weiß. Volle Sonne. Jede Sorte wächst in eigener, bevorzugter Tiefe. Empfehlenswerte Sorten siehe nebenstehende Tabelle.

Potamogeton natans ➤: Schwimmendes Laichkraut, mit schönen, elliptischen, olivgrünen Blättern, die auf der Oberfläche treiben. Blüten in grünlichen Ähren, unscheinbar. Wassertiefe 15–30 cm.

NYMPHAEA	20–40 CM TIEFE	40–80 CM TIEFE
Weiß	'Albatros' *N. candida* 'Hermine' 'Lactea' *N. odorata* var. *minor*	'Caroliniana Nivea' 'Gladstoniana' 'Wilfron Gonnère' ➤ 'Marliacea Albida' *N. odorata*
Rot	'Froebeli' 'Ellisiana' 'James Brydon' 'Gloriosa' 'Laydekeri Fulgens' 'Laydekeri Purpurea' 'Maurice Laydeker'	'Attraction' 'Atropurpurea' 'Charles de Meuville' 'Escarboucle' 'Vésuve'
Rosa	'Laydekeri Lilacea' 'Fabiola' 'Masianello' 'Odalisque'	'Amabilis' 'Marliacea Carnea' 'Marliacea Rosea' 'Mrs Richmond'
Gelb, kupferfarben	'Aurora' 'Graziella' 'Helvola' 'Solfatare'	'Colonel A.J. Welch' 'Marliacea' 'Chromatella' 'Moorei'

SAUERSTOFFLIEFERNDE PFLANZEN

Komplett untergetaucht, sind diese Pflanzen nicht besonders dekorativ, aber für den Sauerstoffgehalt des Wassers essenziell. Sie dienen zudem als Versteck und Nahrung für Fische in einer Tiefe zwischen 20 und 40 cm.

Elodea canadensis: Kanadische Wasserpest, völlig untergetauchte, weiche Stängel, dicht bestanden von kurzen Blättern. Sehr produktiv, nützlich als Sauerstoffspender im Wasser.

Hippuris vulgaris: Tannenwedel, untergetauchte Stängel mit feinen, lienalischen Blättern, entwickelt im Sommer aufrechte, aus dem Wasser ragende Triebe, ähnlich wie Schachtelhalm. 40 cm.

Hottonia palustris: Die Europäische Wasserfeder hat untergetauchte Stängel mit kammförmig gefiedertenen Blättern, die Blüten stehen quirlig in Etagen auf senkrechten Stängeln, Mai und Juni.

Myriophyllum verticillatum ➤: Quirliges Tausendblatt, mit sehr feinen Blättern quirlständig an den biegsamen, verzweigten Stängeln. Es gibt Formen mit purpurnen Blättern. Starke Sauerstoffabgabe.

Potamogeton crispus: Krauses Laichkraut hat lange, vollständig untergetauchte Blätter, purpurn und gekräuselt, treibt schlaff unter der Oberfläche. Von Fischen gerne verzehrt.

SCHWEBEPFLANZEN

Viele Wasserpflanzen leben frei schwimmend und sind nicht im Gewässergrund verwurzelt. Wenn sie sich vermehren, bilden sie große Teppiche aus Blättern und Blüten.

Azolla caroliniana ❄ ➤: winziger, einem Moos ähnelnder Farn, der im Sommer eine dünne, zartgrüne Schwimmblattdecke auf der Wasserberfläche bildet, im Winter rot, winterhart und sehr produktiv.

Eichhornia crassipes ❄ ➤: Wasserhyazinthe, mit einer an der Basis wulstigen Blattrosette, blaue Blüten im Juli oder August, für 1–2 Tage. Nicht kälteverträglich.

Lemna minor: Kleine Wasserlinse, winzige, runde Blätter von 1–3 mm Durchmesser, als dünne Decke auf der Wasseroberfläche. Überzieht die gesamte Wasserfläche und verdunkelt das Wasser, daher verringerter Wuchs von Wasserpflanzen. Ziemlich winterhart.

Pistia stratiotes ❄ ➤: Wassersalat mit großen, zartgrünen Blättern, deutlich geädert. Frostempfindlich.

Salvinia natans ❄ ➤: Schwimmfarn, mit „Ähren" kleiner, gefalteter Blätter, die sich rasch als Teppich auf dem Wasser ausdehnen. Frostempfindlich.

Stratiotes aloides ➤: Wasser-Aloe, mit Rosetten länglicher, dicker und gezähnter Blätter, ähnlich wie Bromelien. Weiße, aus dem Wasser ragende Blüten, Juli und August. Sinkt im Winter auf den Grund. Ziemlich winterhart.

Andere halb-aquatische Pflanzen: *Acorus calamus, A. gramineus, Astilbe, Carex elata, Glyceria aquatica, Gunnera manicata, Houttuynia cordata, Iris ensata, I. laevigata, I. pseudacorus, Lysichiton, Lysimachia, Osmunda regalis, Trapa natans* (Wassernuss), *Zantedeschia.*

Potamogeton natans

Nymphaea 'Wilfron Gonnère'

Myriophyllum verticillatum

Azolla caroliniana

Eichhornia crassipes

Pistia stratiotes

Salvinia natans

Stratiotes aloides

Pflanzen, die den Boden düngen

BÄUME

***Alnus* sp.**: Erlen sind Pionierarten, die sich rasch auf feuchten Brachen oder kargen Flächen ansiedeln und zur Bodenbefestigung sowie (dank der Bakterien auf ihren Wurzeln) -anreicherung dienen. Freie Stellen mit frischem oder feuchtem Boden. Sie wachsen während der ersten 3–5 Jahre 50–60 cm jährlich. Empfohlene Sorten: *Alnus incana* 'Aurea', *Alnus glutinosa* ➤ 'Imperialis'.

Cercis siliquastrum: lange, bohnenähnliche, flache Hülsen von etwa 1 cm Breite öffnen sich bei Reife und entlassen Samen, nur nach heißen Sommern. Sonne, durchlässiger Boden. 2–6 m x 3 m.

Gleditsia triacanthos* var. *inermis ➤: Bäume mit feinem Laub, daher kaum beschattend, grün, goldfarben ('Sunburst') oder purpurn ('Ruby Lace'), je nach Sorte, ohne Dornen. Schneller Wuchs. Sonne, normaler, durchlässiger Boden. 3–15 m x 3–6 m.

Maackia amurensis ➤: frisches Laub silbriggrau, später grün. Im Sommer aufrechte Blütenstände weißer, nektarreicher Blüten. Volle Sonne. Normaler, tiefgründiger, frischer und durchlässiger Boden, auch Kalk. 3–5 m x 3 m.

***Sophora japonica* (Syn.: *Styphnolobium japonicum*)**: kräftiger Baum mit langen, biegsamen, im ersten Jahr grünen Zweigen. Kleine, zusammengesetzte Blätter. Sonne, frischer, durchlässiger Boden. 10 m x 5 m. Exemplare mit Kopfschnitt zeigen schöneres Holz. *S. tetraptera* ❄ ➤: buschiger, gelbe Blüten, winterhart bis –12 °C.

Weitere Baumgattungen: *Acacia, Albizia, Cladrastis, Gymnocladus, Robinia, Sambucus.*

STRÄUCHER

Caragana arborescens ➤: kleine, gefiederte Blätter und im Mai gelbe Blüten. Volle Sonne, durchlässiger, auch kalkhaltiger Boden. Schnellwüchsig, auch in sehr schlechtem Boden. 2 m x 2 m.

Colutea arborescens: Blasenstrauch mit Früchten in Form von aufgeblasenen Hülsen, die beim Platzen ein heftiges Geräusch machen, unmittelbar nach der gelben Blüte. Sonne, normaler, auch schlechter Boden. 2,50 m x 2 m. Rascher Wuchs. *Colutea* x *media* 'Copper Beauty' ➤ hat kupferfarbene Blüten.

Ginster (*Cytisus* ➤, *Genista, Spartium, Ulex*): schnellwüchsige Sträucher, die auf karge, leichte, sandige Böden angewiesen sind und diese anreichern. Üppige Blüten bei allen Frühlingssorten, danach etwas lichter verteilt. Gut für schnelle Wirkung, aber nicht so ausdauernd (8–10 Jahre). Besonders gut zur natürlichen Bodenverbesserung in neuen Gärten. Volle Sonne, entfernt von Bäumen, leichter, sandiger Boden. 1,50 m x 1,50 m.

Desmodium elegans

Desmodium elegans ◄: pinkfarbene oder etwas hellere Blütenstände an der Spitze der Jahrestriebe, Juli bis September. 1,50 m x 1,50 m.

Dorycnium hirsutum ❄: weißrosa, unauffällige Blüten, Juni/Juli. Das graugrüne, samtige Laub ist das ganze Jahr hindurch attraktiv. Volle Sonne, luftig. Gut durchlässiger, neutraler oder alkalischer Boden. 60 cm x 60 cm.

Hippophae rhamnoides ➤: Sanddorn hat dornige Äste und schönes, grausilbriges Laub, die weiblichen Exemplare tragen reichlich orangegelbe Früchte auf den Zweigen des Vorjahres. Essbar und reich an Vitamin C. Volle Sonne, alle kargen, leichten, sandigen Böden. 2,50 m x 2,50 m. Ausläufer.

Indigofera tinctoria: üppig am Vorjahresholz blühende Büsche (im Frühling einkürzen). Volle Sonne, karger Boden. 1,50 m x 1,50 m. Ähnliche Arten sind *I. amblyantha, I. kirilowii* ➤.

Lespedeza thunbergii: große, magentafarbene Blütenstände an der Spitze junger, biegsamer Triebe, die sich unter dem Gewicht niederbiegen, Herbst. Sonne, durchlässiger, frischer Boden. 1,50 m x 2 m. Alljährlich im Frühling bis auf den Boden zurückschneiden. 'Edo Shibori': zweifarbige Blüten, kleinwüchsig.

Alnus glutinosa

Gleditsia triacanthos var. *inermis*

Maackia amurensis

Sophora tetraptera

Caragana arborescens

Colutea × *media* 'Copper Beauty'

Cytisus battandieri

Hippophae rhamnoides

Indigofera kirilowii

Myrica gale ➤: Blüten in kupfern schimmernden, purpurnen Kätzchen an der Spitze der Zweige, März und April. Verkehrteiförmige, graugrüne, wohlriechende Blätter. Ausläufer bildender Strauch. Sonne, frei stehend. Kalkfreier, feuchter Boden. 1,20 m × 1,50 m und mehr. *M. pensylvanica*: immergrün. *Comptonia peregrina*: längliche, dunkelgrüne Blätter.

Rhamnus alaternus ➤: immergrünes Laub, bronzegrün, länglich. Unauffällige Blüte, im Juli und August rote Früchte. Sonne oder Halbschatten. Durchlässiger Boden. 2 m × 2 m. Wächst rasch. 'Argenteovariegata' mit weiß panaschiertem Laub.

Weitere Bäume: *Ceanothus, Dryas, Elaeagnus, Lupinus arboreus, Lycium barbarum, Sheperdia.*

KLETTERPFLANZEN

Lathyrus latifolius ➤: Schmetterlingsblüte in Zartrosa, Magenta oder Weiß, geruchlos, auf krautigen Trieben. Sonne, normaler Boden, eher kalkhaltig und im Sommer trocken. 2 m. Versamt sich. *L. odoratus* ist die wirklich stark duftende Platterbse, aber einjährig, nicht frostverträglich, daher im Frühling säen.

***Wisteria* sp.** ➤: Glyzinen bilden oft lange, etwa 2 cm breite, flache Hülsen, in großer Masse, sehr hübsch im Spätsommer. Sonne, normaler Boden. 10–15 m.

Weitere Kletterpflanzen: *Apios americana, Phaseolus coccineus.*

STAUDEN

Baptisia australis ➤: Blüten ähnlich wie bei Lupinen, blau, gelb oder violett; das Laub bläulich grün; tiefe, ausdauernde Wurzeln. Volle Sonne, tiefgründiger, nährstoffreicher Boden, gut durchlässig und kalkfrei. 80–120 cm × 60 cm. Lockert den Boden auf und reichert ihn mit Stickstoff an.

Lathyrus vernus ➤: kleine Trauben von bläulich rosa Blüten, auch heller oder weiß, ab März. In mehr oder weniger dichten Haufen. Halbschatten oder Schatten. 25 cm × 30 cm. *L. aureus* ist ähnlich, mit Blüten in Orangegelb. Reichert den Boden mit Stickstoff an.

Lupinus polyphyllus ➤: große, spitze Trauben blauer, weißer, rosa oder roter Blüten, ein- oder zweifarbig. Blätter gefingert. Widerstandsfähige Pflanze zur Düngung von kalkfreien Böden. Volle Sonne, überlebt manchmal 3 Jahre. 60–120 cm.

Symphytum grandiflorum ➤: röhrenförmige, als Knospen rötliche, rosa oder bläuliche Blüten, die sich cremeweiß öffnen, über kurzen, verzweigten Stängeln mit großen Blättern. Dichter, bodendeckender Teppich. Alle Lagen, lehmige, dauerfrische oder feuchte Böden. 25–30 cm × 50 cm und mehr. Reichert den Boden mit den Spurenelementen Kupfer, Eisen und Magnesium an.

Trifolium repens ➤: Blatt mit 3 Teilblättchen, grün, je nach Sorte auch silbrig, goldfarben, schwarz, rot oder purpurn gezeichnet. Weiße Blüten, manchmal rosa oder rot. Sonne, normaler Boden. 10 cm × 25 cm. Reichert den Boden mit Stickstoff an.

Weitere Stauden: *Glycyrrhiza, Medicago sativa, Thermopsis, Urtica.*

GRÜNDÜNGUNGSPFLANZEN

So werden schnellwüchsige Ein- oder Zweijährige genannt, die eine große Menge organischen Materials bilden oder den Boden durch ihr Wurzelwerk lockern. Sie werden reif gerodet und als Gründung auf dem Boden belassen.

Trifolium rubrum (Rot-Klee)
Klee mit roten Blütenkugeln, Aussaat im Frühling oder Spätsommer. *T. rubens* (Inkarnat-Klee): länglichere Blütenstände, dunkler rot.

Melilotus albus (Steinklee)
Kleine Blätter, weiße Blüten (bei *M. luteus* gelb) mit feinem Duft. Hoch wachsend, sandiger Boden. Saat von März bis September.

Phacelia tanacetifolia (Büschelschön)
Reichlich blaue, nektarhaltige Blüten, dicke, gefiederte Blätter. Schnellwüchsig, Saat zwischen Mai und September.

Fagopyrum esculentum (Buchweizen)
Blätter mehr oder weniger dreieckig, endständige, weiße Blütensträuße im Spätsommer. Saat April/Mai.

Myrica gale

Rhamnus alaternus

Lathyrus latifolius

Wisteria floribunda

Baptisia australis

Lathyrus vernus

Lupinus polyphyllus

Symphytum grandiflorum

Trifolium repens 'Quadrifolium Purpureum'

Töpfe, Kübel und Patio

BÄUME

***Acer palmatum*:** alle eignen sich für Topfkultur. Gehaltvolles, leichtes Substrat (Lehm + Sand + Torf). Alle Farben und Größen.

***Amelanchier alnifolia* 'Obelisk' ➤:** im April weiße Blüten, Früchte wie Heidelbeeren im Juni, Herbstfärbung September/Oktober. Sonne oder Halbschatten. Gehaltvolles Substrat. 3–5 m × 2 m. Mehrstämmige Exemplare als kleine Bäume geeignet, aber oft zu groß.

***Aralia elata*:** Sträuße weißer Doldentrauben inmitten riesiger Blätter (80–100 cm). Herbstfärbung gleichzeitig mit schwarzem Fruchtschmuck im September. Sonne oder Halbschatten. Normale Pflanzenerde. 3–4 m × 2 m.

***Cornus alternifolia* 'Argentea':** kleine Blätter mit feinem, weißem oder rosafarbenem Rand, etagenförmige Statur. Lichtes Aussehen, schnellwüchsig. Halbschatten, frisches Substrat. 3 m × 2 m.
***C. kousa* var. *chinensis* ➤:** Strauch oder kleiner Baum mit spektakulärer Blüte, je nach Sorte Mai, Juni oder Juli. Sonne (nicht zu prall) oder Halbschatten, normale Pflanzenerde, im Sommer nicht zu trocken. 3–5 m × 2 m.

***Lagerstroemia indica* ❄ ➤:** Blütenstände in Rot, Pink, Rosa oder Weiß, ab Mitte Juli. Ovale, dunkelgrüne oder purpurne Blätter, im Herbst scharlachrot. Schöne Rinde. Volle Sonne, lehmhaltiges Substrat. 3–5 m × 2–3 m.

***Stewartia pseudocamellia*:** kleiner, schlank aufragender Baum mit zimtfarbener Rinde, in Platten ablösend. Weiße, ungefüllte Blüten im Juli und August. Herbsfärbung kupferrosa, je nach Boden und Jahr unterschiedlich. Sonne oder Halbschatten, Substrat auf der Basis von Lehmboden und Torf. 3–6 m × 3 m.

Weitere Bäume: *Cercis, Cryptomeria, Magnolia grandiflora, Pinus densiflora, P. parvifolia, Prunus incisa, Sciadopitys.*

STRÄUCHER

***Abelia* × *grandiflora* ❄ ➤:** halbimmergrüner Busch, Blütezeit im Juni und Juli. Kleine, zart- bis kräftigrosa Blüten. Sonne oder Halbschatten, normales Pflanzensubstrat. 1,50–2 m × 1,50–2 m.

***Arbutus unedo* ❄:** kleine, weiße Blütenglocken, leicht duftend und sehr nektarreich, gleichzeitg mit dem Heranreifen der Früchte. Immergrünes Laub. Sonne. Durchlässiges (mit Steinen vermischtes) Substrat. 2–5 m × 3 m.

***Camellia* sp. ❄ ➤:** Sträucher oder kleine Bäume, Blüte im Herbst, Winter oder Frühling, je nach Sorte. Immergrünes Laub, matt oder glänzend, dunkelgrün. Schatten oder Halbschatten. Substrat auf der Basis von Torf, lehmhaltige Humuserde. 2–6 m × 3 m.

***Choisya* × *dewitteana* ❄ ➤:** weiße, nach Orangenblüten duftende Blüten, im Mai und erneut im August/September. Immergrünes, wohlriechendes Laub, dreizählig, smaragdfarben glänzend. Alle Lagen, auch trockener Schatten, normales Pflanzensubstrat. 1,50 m × 1,50 m, ohne Schnitt auch größer.

***Fatsia japonica* ❄:** immergrün; große gefingerte Blätter, dunkelgrün glänzend. Weiße Blüten in kugeligen Ständen, September/Oktober. Schatten, Halbschatten, durchlässiges Substrat. Vor kaltem Wind schützen (Innenhof). 2 m × 1,50 m.

***Hedera helix* 'Arborescens':** grüne Blütensträuße im Oktober/November. Rundliche oder rautenförmige Blätter an aufrechten Zweigen. Schwarze Früchte von Februar bis Mai. Volle Sonne, normales, kalkhaltiges Substrat. 120 cm × 120 cm. 'Arbori Compacta': 80 cm × 80 cm. *H. colchica* 'Arborea': größere Blätter.

***Hydrangea macrophylla* ❄ ➤:** laubabwerfende Büsche mit flachen Blütenständen (mittig fruchtbare Blüten umgeben von sterilen Blüten) oder kugeligen Blütenständen (nur sterile Blüten), gewöhnlich rosa, bei sauren Böden blau (Heideboden mit Kompost und Lehm). Keine pralle Sonne oder Halbschatten. 70 cm × 80 cm. Zahlreiche Sorten, die kompakten eignen sich am besten für Topfkultur.

***Lavandula* × *intermedia*:** Blüten blau, violett, weiß oder rosa, wohlriechendes Laub, von Natur aus kugeliger Wuchs. Volle Sonne, luftig, Substrat nicht zu nahrhaft, eher kalkhaltig und gut durchlässig. 60 cm × 80 cm.

***Leucothoe fontanesiana*:** kleine, weiße Glocken im Mai, die Blätter dunkelgrün und im Winter mehr oder weniger purpurn, lange gebogene Zweige. Schatten oder Halbschatten, normales, frisches Substrat, 50 cm × 80 cm.

***Leycesteria formosa* ➤:** weiße Blüten in überhängenden Ständen an der Spitze der Äste, August bis November. Dann dunkelpurpurne, fast schwarze, essbare Früchte. Äste mit grüner Rinde, schirmförmig. Schatten oder Halbschatten, normales, frisches Substrat. 2 m × 1,50 m.

***Nandina domestica* ➤:** immergrün; feines Laub, je nach Sorte grün, goldfarben, purpurn oder kupferfarben. Rispen orangeroter Früchte nach den Sommer- und Herbstblüten. Alle Lagen und Substrate. 0,50–2 m × 1 m.

Amelanchier alnifolia 'Obelisk'

Cornus kousa var. *chinensis*

Lagerstroemia indica

Abelia × grandiflora und *Ceratostigma*

Camellia hiemalis

Choisya × dewitteana 'Aztec Pearl'

Hydrangea 'Selina'

Leycesteria 'Golden Lantern'

Nandina domestica

***Prunus incisa* 'Kojou-no-mai':** geringe Wuchshöhe, Aussehen eines Bonsais. Hübsche, sehr frühe, weiße Blüten, Februar/März. Prächtige, purpurrote Herbstfarben im Oktober/November. 1,50 m × 1,50 m.

Vaccinium corymbosum ➤: Heidelbeere mit großen Früchten, bläulichem Laub und schöner Herbstfärbung. Sonne oder Halbschatten, dauerfrisches oder nasses Substrat. 1 m × 0,80 m.

Weitere Stauden: *Acer palmatum* 'Dissectum' , *Buxus, Daphniphyllum macropodum, Lavandula, Lonicera, Mahonia, Osmanthus, Robinia pseudoacacia* 'Twisty Baby', *Sarcococca, Sciadopitys verticillata, Spiraea, Skimmia, Viburnum plicatum* 'Watanabe', *Viburnum tinus*.

STAUDEN

Aspidistra elatior ❄ ➤: immergrün; lange, spitze und zähe Blätter, dunkelgrün oder panaschiert. Blüten dicht auf dem Boden, Juni. Schatten oder Halbschatten, frisches, durchlässiges Substrat. 60 cm × 60 cm. Die Blätter erfrieren zwischen −5 und −10 °C, die Wurzel leidet unterhalb von −15 °C.

Astelia chathamica ❄: immergrün; silbrige Blätter, als Büschel spektakulär. Schatten oder Halbschatten, saures, humusreiches, frisches Substrat. 1 m × 1,50 m. Die Blätter vertragen bis −6 °C, die Pflanze stirbt bei −10 °C. 'Bronze Spear': Blätter purpur-bronzefarben.

Calamintha nepeta ➤: unzählige kleine, weiße, im Herbst bläuliche Blüten, Ende Juli bis zum Frost. Kräftig nach Menthol duftende Blätter. Volle Sonne, durchlässiges Substrat. 35 cm × 35 cm.

Dianella tasmanica ❄ ➤: Büschel zäher Blätter, das obere Drittel bogig überhängend. Winzige, violette Blüten in lockeren Rispen. Sonne, saures, frisches, humoses Substrat. 60 cm. × 50 cm. 'Variegata' mit prächtigem, leuchtendem Laub.

Erigeron mucronatus ➤: im Sommer kleine, den Gänseblümchen ähnliche Blüten, erst weiß, später rosa. Niederliegender Wuchs. Versamt sich reichlich. Sonne, durchlässiges Substrat. 15 cm × 20 cm.

Fascicularia bicolor ❄ ➤: winterharte, erdwurzelnde Bromelie mit langen, schmalen, gezähnten Blätter, die in Rosetten dicht beieinander stehen. Manche Blätter um den mittigen Blütenstand färben sich im Spätsommer rot. Sonne oder Halbschatten, leichtes Substrat. Erfriert völlig bei −12 °C.

***Heuchera*-Hybriden** ➤: Blätter grün oder gelb, kupferfarben, rot, purpurn oder silbrig gezeichnet. Von Mai bis Oktober weiße, rosa oder rote Blütenstände. Alle Lagen (je nach Laubfarbe), normales, frisches, durchlässiges Substrat. 50 cm × 70 cm. Große Sortenauswahl.

Hosta ➤: Pflanzen mit prächtigem Laub und interessanten, weißen oder malvenfarbenen, teils duftenden Blüten. Heute viele hundert Sorten aller Größen und Farben. Normales Substrat gemischt mit Gartenerde. 20–120 cm × 20–100 cm. Überlebt selbst ohne Umtopfen mehr als 5 Jahre. Sorten mit duftenden Blüten bevorzugen.

***Phormium* sp.** ❄: aufrechte, bandähnliche Blätter, steif oder biegsam, grün, purpurn oder mehrfarbig in einem attraktiven, bunten Büschel, zahlreiche panaschierte Sorten. Sehr hübsche, aufrechte Sommerblüte, jedoch nicht alljährlich. Sonne, frisches oder feuchtes Substrat ohne Kalk. Winterhart bis −12 °C.

DIE BESTEN GRÄSER FÜR DIE TOPFKULTUR

Arundo donax 'Variegata'
Pfahlrohr mit weiß geränderten Blättern. Sonne oder Halbschatten, nährstoffreiches, frisches oder feuchtes Substrat. 3 m × 2 m und mehr.

Carex sp.
Immergrüne Blätter, dunkelgrün, auch weiß umrandet ('Evereste', 'Silver Sceptre'), goldfarben ('Everillo') oder mit gelber Äderung ('Evergold'). Normales, frisches Substrat. 30 cm × 30 cm.

Hakonechloa macra
Lange, biegsame, smaragdgrüne Blätter, auch gelb ('All Gold') oder panaschiert ('Aureola'). Alle Lagen. Normales, lockeres, frisches Substrat. 80 cm × 80 cm.

Stipa tenuissima
Sehr feines Laub, die Blüten auf dünnen, silbrig-goldfarbenen Halmen. Sonne, steiniges oder sandiges Substrat, vollkommen durchlässig. 60 cm × 60 cm.

Weitere Stauden: *Bergenia, Carex, Geranium* 'Rozanne', *Houttuynia, Libertia, Liriope, Oenothera speciosa, Ophiopogon, Sedum, Sempervivum, Tiarella, Tolmeia*.

Vaccinium corymbosum

Aspidistra elatior

Calamintha nepeta

Dianella tasmanica

Erigeron mucronatus

Fascicularia bicolor

Heuchera-Hybriden

Hosta fortunei 'Aureomarginata'

Hecken

BÄUME

Acer campestre ➤: laubabwerfend; kleine, gelappte Blätter, die im Herbst goldgelb werden, Zweige mit Korkleisten, sehr rascher Wuchs. Volle Sonne, lehmige Böden. 2,5–4 Pfl./m. Im Süden und bei sehr trockenen Standorten durch *Acer monspessulanum* ersetzen.

Carpinus betulus ➤: laubabwerfend; zartgrüne, doppelt gesägte Blätter. Sonne oder Halbschatten, normaler Boden, auch kalkhaltig. 2,5–4 Pfl./m.

Crataegus laevigata ➤: kleine, gebuchtete Blätter, dornige Zweige, im Mai weiße Blüten, im September/Oktober roter Fruchtschmuck, bei geschnittenen Hecken spärlich. Sonne oder Halbschatten, alle Böden, auch kalkhaltig oder trocken. 1–2 Schnitte pro Jahr (Juli bis September). 2–5 Pfl./m.

Fagus sylvatica ➤: laubabwerfend; Blätter kräftig grün, glatt und ganzrandig. Sonne oder Halbschatten, frische, durchlässige Böden, kühles Klima. 2,5–4 Pfl./m.

Ilex aquifolium: immergrün; zähe, dornig gezähnte Blätter, im Herbst und Winter rote Früchte auf den weiblichen Pflanzen. Sonne oder Halbschatten. Normale, frische Böden, feucht-frisches Klima. 2–5 Pfl./m.

Weitere Bäume: *Laurus nobilis* ❄, *Quercus cerris, Q. robur, Ostrya carpinifolia, Ulmus minor* var. *vulgaris*.

KONIFEREN

× ***Cupressocyparis leylandii***: feine Zweige, mattgrün, geruchlos. Sonne, normaler, tiefgründiger Boden ohne Staunässe. Verträgt Temperaturen unter −20 °C und Seewind schlecht. 2 Pfl./m. Treibt aus altem, kahlem Holz nicht neu aus. 'Hercules' ist zwergenhafter und kompakter.

Cupressus macrocarpa: feine Zweige, olivgrün oder bläulich, je nach Sorte. Geruchsintensiv. Sonne, leichter, durchlässiger und tiefgründiger Boden. 1–2 Pfl./m. Verträgt Hitze und Trockenheit. Treibt aus altem, kahlem Holz nicht neu aus.

Taxus baccata ➤: Nadeln zweizeilig entlang der Äste, dunkelgrün. Sonne oder Schatten, normaler, lehmiger Boden, mit oder ohne Kalk. Scheut die Hitze. 45–80 cm jährlich. 3 Pfl./m. *T.* × *media*: gerader, senkrechter Wuchs.

***Thuja plicata* 'Atrovirens'**: leuchtend grüne, wohlriechende Zweige (balsamisches Aroma). Sonne oder Halbschatten, normaler Boden, nicht zu trocken. Sehr frostverträglich (−20 bis −30 °C). 2 Pfl./m.
***T. occidentalis* 'Brabant'**: matteres Laub, im Winter rostbraun, verträgt Feuchtigkeit besser. 'Emeraude' (= 'Smaragd') wächst säulenförmig, muss in der Breite nicht geschnitten werden. 2–3 Pfl./m.

Weitere Koniferen: *Chamaecyparis lawsoniana, Cupressus arizonica, Larix decidua, Picea abies, Tsuga canadensis*.

STRÄUCHER

Abelia* × *grandiflora: im Sommer zahlreiche, hellrosa Blütenglocken auf einem halbimmergrünen Busch mit kleinen Blättern. Sonne, normaler Boden. 1–2 Pfl./m.

***Berberis* × *ottawensis* 'Superba'**: verkehrt-eiförmige bis rundliche, purpurne Blätter, im April gelbe Blüten, sehr dornige Zweige. Rascher, vom Boden her dichter Wuchs. Sonne oder Halbschatten, normaler Boden, 2–3 Pfl./m. *B.* × *chenaultii* und *B. julianae* ➤ sind die besten dornigen Immergrünen für eine Hecke.

Buxus sempervirens ➤: kleine, eiförmige bis länglich-elliptische Blätter, dunkelgrün oder bläulich. Sonne, durchlässiger, alkalischer Boden. 2–5 Pfl./m. 'Rotundifolia' ist kräftiger, mit großen, runden, bläulichen Blättern, eignet sich für Hecken über 2 m Höhe. 'Suffruticosa' wächst langsam, für niedrige Hecken. 7–10 Pfl./m. *B. microphylla* 'Faulkner' hat fast kreisrunde, hellere und leuchtendere grüne Blätter im Sommer, die im Winter rostrot werden. Bevorzugt Schatten und frische Böden, ist schädlingsresistent.

Elaeagnus* × *ebbingei: dicke, dunkelgraue Blätter mit silbriger Unterseite, duftende Blüten im Herbst. Volle Sonne und Wind, karger Boden. 2–3 Pfl./m. Sehr schnellwüchsig (1 m pro Jahr).

Fargesia robusta: kräftiger, aber standorttreuer Bambus. Halm goldgelb, Blätter mittelbreit. 4–6 m. 1–2 Pfl./m. *F.* 'Jiuzhaigou' mit purpurroten Halmen und sehr schmalen Blättern. *F. rufa* mit kupferfarbenem Halm und schmalem Blatt. 1–2 Pfl./m.

Ligustrum ovalifolium ➤: elliptische Blätter, im Juni duftende, weiße Blüten, wenn selten geschnitten. Sonne oder Schatten, normaler Boden. 2–5 Pfl./m. *L. vulgare*: feinere Blätter. *L. lucidum*: glänzende Blätter, für mildes Klima und frei wachsende Hecken.

Acer campestre

Carpinus betulus (charmille)

Crataegus laevigata

Fagus sylvatica

Taxus baccata

Berberis julianae

Buxus sempervirens

Ligustrum ovalifolium 'Aureum'

Photinia* × *fraseri: junge Triebe im Frühling und im Sommer nach Schnitt im Juni/Juli. 'Red Robin' ➤ ist die geläufigste Sorte, aber andere ermöglichen ein Farbspiel der Austriebe. Sonne oder Halbschatten, normaler Boden. 2–5 Pfl./m.

Pittosporum tobira ➤: große, längliche bis verkehrt-eiförmige Blätter, an der Spitze größer. Im Frühling duftende Blüten. Sonne oder Schatten, durchlässiger Boden, mildes Klima. 2 Pfl./m.

Prunus laurocerasus ➤: das ganze Jahr über kräftig grünes, glänzendes Laub, Blüten im Mai auf nicht geschnittenen Exemplaren. Sonne oder Schatten, normaler Boden, kalkarm. Scheut trockenes Klima. 2–3 Pfl./m. Genolia® 'Mariblon' und 'Greentorch' haben rötliche Blattaustriebe, sind gedrungener. *P. lusitanica* ❄: länglich-eiförmige, dunkelgrüne, glänzende Blätter, elegant. Blüten in duftenden, weißen Trauben, Juni, auf kaum geschnittenen Pflanzen. 2–4 Pfl./m. Leidet bei Frost (–15 °C).

Pyracantha rogersiana ➤: lange, biegsame Äste mit großen Dornen. Im Mai weiße Blütenstände (Trugdolden), die Früchte gelb, rot oder orange. Sonne oder Halbschatten, normaler Boden. 2–4 Pfl./m.

Viburnum tinus ❄ ➤: elliptische Blätter, im Winter weiße Blüten, bläuliche Früchte. Sonne oder Schatten, trockener, steiniger, durchlässiger (Kalk-)Boden. 2–5 Pfl./m.

Weitere Sträucher: *Choisya ternata*, *Cornus mas*, *Corylus avellana*, *Griselinia littoralis*, *Escallonia*-Hybriden, *Hippophae rhamnoides*, *Mahonia aquifolium*, *Rhododendron ponticum*, *Rosa*, *Ulex europaeus*.

ALTERNATIVEN ZU BUCHSBAUM

Viele Sträucher ähneln dem Buchs und können als Ersatz für ihn verwendet werden. Allerdings ist keiner so vielseitig, daher sollte man die Art sorgfältig je nach geplantem Standort auswählen.

Euonymus fortunei, *E. japonicus* 'Pulchellus'
Sie wachsen schnell und durch Schnitt kann man sie gut in Form halten. 2–5 Pfl./m.

Lonicera nitida (L. pileata) ❄
Wächst sehr schnell und muss daher 3- bis 4-mal geschnitten werden. Leidet ab –15 °C. 1–6 Pfl./m.

Luma apiculata
Immergrüne, elliptische Blätter, im Juli weiße Blüten, aromatische, blaue Früchte. Für mild-feuchtes Klima. 2–5 Pfl./m.

Osmanthus × *burkwoodii*
Schnellwüchsig, im April und Mai duftende Blüten. Für mild-feuchtes Klima. 2–3 Pfl./m.

Weitere Alternativen zu Buchs:

- *Hebe* sp. ❄: je nach Art, kann als Einfriedung, einzeln oder als Zierschnitt im Topf verwendet werden. Nicht sehr langlebig (3–5 Jahre), erfriert unter –5 bis –10 °C. Ich verwende sie nur in Töpfen und Blumenkästen, besser als Zierschnitt denn als Hecke.
- *Ilex crenata*: wächst nur in sauren, feuchten Böden gut. 3–6 Pfl./m.
- *Myrsine africana* ❄: dichter Busch mit rundlichen Blättern. Wenig winterhart, eignet sich nur für sehr mildes Klima und geschützte Stellen. 3–5 Pfl./m.
- *Myrtus communis* subsp. *tarentina* ❄: niedriger und dichter als die gewöhnliche Myrte, für niedrige Hecken bei Mittelmeerklima. 3–5 Pfl./m.

KLETTERPFLANZEN

Wenn man Kletterpflanzen an einer Treillage aufbindet, entsteht rasch eine raumsparendere Hecke als üblich.

Hedera hibernica ➤: große, grüne Blätter, kräftiger Wuchs (1,50 m pro Jahr). Sonne oder Schatten. 1–3 Pfl/m. *H. canariensis* 'Gloire de Marengo' hat große, weiß marmorierte und geränderte Blätter, mildes Klima. *H. colchica* 'Dentata Variegata' hat große, cremefarben marmorierte und panaschierte Blätter. 'Dendroidea' ➤ wächst baumähnlich, mit herzförmigen Blättern, ideal an Treillagen, aber noch selten.

Hydrangea petiolaris ➤: große, flache, weiße Blütenstände im Mai/Juni, bleiben getrocknet im Sommer und Winter hängen. Schöne, buttergelbe Herbstfärbung. Schatten oder Halbschatten, frischer Boden. 1 Pfl./m. *H.* 'Semiola' ist immergrün mit festem, mattem Laub.

Weitere Kletterpflanzen: *Trachelospermum jasminoides*, *Lonicera japonica*.

Photinia x fraseri 'Red Robin'

Pittosporum tobira

Prunus laurocerasus

Pyracantha rogersiana

Viburnum tinus

Hydrangea petiolaris

Hedera hibernica

Hedera colchica 'Dendroidea'

Bodendecker

IM SCHATTEN

PFLANZENDICHTE
Die angegebene Pflanzendichte sorgt ausgehend von Topfpflänzchen innerhalb von 2 Jahren für eine optimale Bedeckung des Bodens. Die Zahlen können reduziert werden, wenn man kräftigere Individuen setzt.

Sträucher

Euonymus fortunei **➤:** lange Triebe mit Haftwurzeln. Dichter, immergrüner Bodendecker, sehr winterhart, je nach Sorte kleine oder große Blätter. Mehrere weiß panaschierte oder goldfarbene Sorten. Alle Böden. 25 cm. 5 Pfl./m^2.

Hedera helix **➤:** lange, biegsame Triebe, große, glänzend dunkelgrüne Blätter. Gute Bedeckung, zahlreiche Sorten mit farbigem Blatt. Alle Böden. 30 cm. 3–5 Pfl./m^2.

***Sasa veitchii*:** Zwergbambus mit großen, im Sommer dunkelgrünen Blättern, im Winter weiß umrandet (am Blattrand sterben die Zellen ab). Frischer Boden. 1 m. 3 Pfl./m^2.

***Stephanandra incisa* 'Crispa' ➤:** kupferfarbene Äste mit kleinen, gelappten Blättern, im Sommer zartgrün, im Herbst kupfergelb. Im Mai oder Juni cremeweiße Blüten. Sonne oder Halbschatten, frischer Boden. 50 cm. 3 Pfl./m^2.

Symphoricarpos × ***chenaultii* 'Hancock' ➤:** lange Triebe mit kleinen, zartgrünen Blättern, laubabwerfend. Im Herbst rosa Früchte. Alle Böden. 60 cm. 3 Pfl./m^2.

Stauden

***Carex morrowii* 'Ice Dance':** immergrün; dichte, feste Blätter, dunkelgrün mit cremeweißem Rand. Langsame Ausbreitung. Schatten oder Halbschatten. Normaler oder feuchter Boden. 30 cm. 9 Pfl./m^2. *C.* 'Silver Sceptre': feinere Gestalt, zarter, niedriger.

Epimedium × ***perralchicum* 'Frohnleiten' ➤:** große, zusammengesetzte Blätter in schönem, glänzendem Dunkelgrün. Blüten mit großen, goldgelben Kronblättern, April und Mai. Alle Böden. 40 cm. 7–9 Pfl./m^2.

***Lamium galeobdolon* 'Florentinum' ➤ (Syn.: *Lamiastrum galeobdolon*):** grünes Laub, oft silbrig gesprenkelt, an langen, kriechenden Stängeln; im April/Mai gelbe Blüten. Normaler, humusreicher Boden. 25 cm. 3–5 Pfl./m^2.

***Ophiopogon japonicus* (Syn.: *Liriope graminifolia*) ➤:** immergrün; linealische Blätter ähnlich wie Gras, im Juni malvenfarbene Blütenstände, im Herbst türkisfarbene Beeren. Normaler, humusreicher Boden, eher frisch. 15 cm. 7–9 Pfl./m^2.

Pachysandra terminalis **➤:** Rosetten dicker, dunkelgrüner Blätter, im Mai kleine, weiße Blüten. Normaler, humusreicher Boden. 15 cm. 9 Pfl./m^2.

***Vinca minor*:** immergrün; biegsame Stängel mit festen, kleinen, dunkelgrünen, eiförmigen Blättern. Blaue Blüten an der Spitze der jungen Triebe, Februar bis Mai. Alle Böden. 5 cm. 5 Pfl./m^2.

IM HALBSCHATTEN

Sträucher

***Cotoneaster dammeri*:** Blätter von 1–2 cm Länge, weiße Blüten, viele glänzend rote Früchte im Herbst, die im Winter lange hängen bleiben. Bei var. *radicans*, 'Eichholz' und 'Skogholm, die Triebe auf dem Boden aufliegend. *C. adpressus* ist ähnlich, kleinere Blätter.

***Itea virginica* 'Henry's Garnet' ➤:** Trauben weißer, duftender Blüten, Juli und August. Rotes Herbstlaub, hält sich lange. Normaler Boden, mit oder ohne Kalk, frisch oder feucht. 1,50 m. 3 Pfl./m^2.

***Rubus* 'Betty Ashburner' ◄:** kleine, dicht stehende, runzelige Blätter. Ziemlich winterhart und wüchsig. Alle Böden. 20 cm. 5 Pfl./m^2. *R.* × 'Tricolor' mit größeren, glänzenden Blättern und rötlichen Trieben. Wüchsiger, 40 cm. 3 Pfl./m^2.

Rubus 'Betty Ashburner'

Euonymus fortunei 'Emerald Gaiety'

Hedera helix

Stephanandra incisa 'Crispa'

Symphoricarpos × *chenaultii* 'Hancock'

Epimedium × *perralchicum* 'Frohnleiten'

Lamium galeobdolon 'Florentinum'

Ophiopogon japonicus

Pachysandra terminalis

Itea virginica 'Henry's Garnet'

***Hydrangea* 'Semiola':** immergrüne Kletterpflanze, die wunderbar Böschungen überzieht. Eiförmige bis elliptische Blätter, fest, dunkelgrün. Von Juni bis August weiße Blüten. Kalkarme Böden. 25 cm. 1 Pfl./m^2. *H. seemannii* etwas besser kälteverträglich.

***Microbiota decussata*:** breitwüchsige Konifere, ähnelt kriechendem Wacholder. Zartgrünes Laub im Sommer, im Winter bronzefarben. Normaler Boden, mäßig trocken. 20 cm. 1 Pfl./m^2.

Stauden

***Ceratostigma plumbaginoides* ◄:** holzige Triebe, die sich alljährlich erneuern. Enzianblaue Blüten an der Spitze junger Sprosse, August und September, Herbstfärbung orangerot. Normaler, durchlässiger Boden. 30 cm. 5 Pfl./m^2.

***Euphorbia amygdaloides* var. *robbiae* ➤:** Blätter dunkelgrün glänzend, an kurzen Stängeln mit grünen Blüten, April bis Juni. Ausläufer. Kalk-Lehm-Boden oder leichter Boden. 45 cm. 5 Pfl./m^2.

***Geranium macrorrhizum* ➤:** flaumige, geruchsintensive Blätter, halbimmergrün. Blüten zartrosa, magentafarben oder weiß, Mai bis Anfang Juni. Alle Böden. 25 cm. 7–9 Pfl./m^2.

***Persicaria affine* 'Superbum':** kriechende Stängel, lanzettliche, spitze Blätter, kräftig grün, im Winter rostfarben. Blütenstände mit rosa oder rötlichen Blüten, von Juni bis Frost. 15 cm. 5–7 Pfl./m^2. 'Kabouter': rosa, größere Blütenstände.

***Symphytum azureum*:** röhrenförmige, azurblaue Blüten, Blätter lanzettlich, graugrün. Breitet sich mit Hilfe des Rhizoms aus. Normaler, eher lehmiger Boden. 45 cm. 3 Pfl./m^2.

Ceratostigma plumbaginoides

IN DER VOLLEN SONNE

Sträucher

***Ceanothus thyrsiflorus* var. *repens* ❄:** immergrün; blauviolette Blüten in ovalen Sträußen über dem dunkelgrün glänzenden Laub, Mai/Juni, manchmal erneute Blüte im Herbst bei mildem Klima. Volle Sonne, Südwand, steiniger und/oder gut durchlässiger Boden. 1 Pfl./m^2. 'Puget Blue' ➤ winterhart bis –15 °C.

***Erica carnea* und *E.* × *darleyensis*:** Blüten von Dezember bis Ende März. Niedrige, kompakte und üppig blühende Pflanzen, absolut winterhart. Alle Böden, auch lehmig und etwas kalkhaltig (mit Kompost verbessert). 30 cm. 7–9 Pfl./m^2.

***Juniperus virginiana*:** feine, weiche Blätter eng an den Zweigen anliegend. Die sekundären Verzweigungen waagerecht oder überhängend. Kalkfreier, durchlässiger, aber frischer Boden. 50–100 cm. 1 Pfl./m^2. Bei Kalkböden auf *J. communis* 'Repanda' oder 'Green Carpet' ausweichen.

***Muehlenbeckia axillaris* ❄ ➤:** kleine, eiförmige bis fast kreisrunde Blätter auf fadendünnen, schwarzen Zweigen. Wirkt sehr leicht, aber kompakt. 50 cm. Gut schnittverträglich. 1 Pfl./m^2. *M. complexa* ❄ sieht ähnlich aus.

***Teucrium chamaedrys* ➤:** Ausläufer bildender Busch mit kleinen, leuchtenden, immergrünen Blättern. Im Juli und August rosa Blüten. Normaler, durchlässiger Boden mit Hang zum Austrocknen. 30 cm. 5–7 Pfl./m^2.

Stauden

***Acaena microphylla* 'Kupferteppich' ➤:** ganz kurze Stängel, gefiederte, kupferfarbene Blätter, moosähnliche Textur. Kleine, struppige Blütenstände im Frühsommer. Sonne oder Halbschatten. Leichter, steiniger Boden. 5 cm. 5 Pfl./m^2.

***Cerastium tomentosum* var. *columnae* ➤:** kleine, flaumige Blätter, weiß-silbrig, auf kurzen, aufrechten Stielen. Teppichbildender Wuchs, dichter als die Art selbst. Im Mai/Juni weiße Blüten. Steiniger Boden. 7 Pfl./m^2.

***Sedum floriferum* 'Weihenstephaner Gold':** längliche, dunkelgrüne Blätter an biegsamen, halbaufrechten Stängeln, im Juli und August mit endständigen, gelben Blütensträußen. 10 cm. 5 Pfl./m^2. *Sedum spurium* und *S. kamtschaticum* eignen sich ebenso gut.

***Stachys byzantina* 'Silver Carpet' ➤:** lanzettliche Blätter, dicht bepelzt und sehr weich. Blüht nicht und bleibt ohne Pflege sehr dicht. Durchlässiger Boden. 10 cm. 7 Pfl./m^2.

***Thymus serpyllum*:** niederliegend, kriechende Stängel mit glänzenden Blättern, wohlriechend, je nach Sorte dunkelgrün oder heller. Weiße, rosa oder rote Blüten. Durchlässiger Boden. 5 cm. 9 Pfl./m^2.

Euphorbia amygdaloides var. *robbiae*

Geranium macrorrhizum

Ceanothus 'Puget Blue'

Muehlenbeckia axillaris

Teucrium chamaedrys

Acaena microphylla 'Kupferteppich'

Cerastium tomentosum var. *columnae*

Stachys byzantina 'Silver Carpet'

Bei einer gelungenen Pflanzung sind Licht und Schatten sowie die Farben der Blätter und der Blüten im Gleichgewicht. Sie eröffnet durch Überraschungen schöne Ansichten und spielt mit Masse, wobei eine gewisse natürliche und künstlerische Unschärfe gewahrt bleibt.

Register

D

E

Dank

Ein riesiges Dankeschön geht an meine Frau, die mir bei der Realisierung aller Facetten dieses Projekts geholfen hat und meine Launenhaftigkeit während der neunmonatigen Umsetzungszeit ertrug.
Mein Dank geht auch an die Mitarbeiter von Editions Ulmer, mit denen ich immer gerne zusammenarbeite: Antoine, der immer ein offenes Ohr für mich hat und mit Enthusiasmus zur Stelle ist (meistens jedenfalls!), Raphaèle, Guillaume, Julia, Camille, Laurent, Agathe, Lise, Emmanuelle, Marie, nicht zu vergessen die kaufmännische Truppe mit David, Ludovic, Laurent, Christine und Thierry.
Ich möchte in besonderem Maße Prinzessin Irène Sturdza für ihr Vertrauen und die Zustimmung zur Publikation der in ihrem Park Le Vasterival in Sainte Marguerite-sur-Mer aufgenommenen Fotos danken. Dabei vergesse ich auch nicht Aurélie, Chantale, Dominique, Frédérick und Bertrand, die sich dort tagtäglich um die Pflanzen und die Anlage kümmern.
Ein Dank geht auch an Christophe und Marie Guichard, deren morgendliche Gespräche mit mir dazu beitrugen, kritische Phasen bei der Ausarbeitung des Buchs zu überwinden. Im Gegenzug hoffe ich, dass das Buch ihnen bei der erfolgreichen Umsetzung ihrer zahlreichen Projekte helfen wird.
Mein Dank geht auch an die Besitzer und Verantwortlichen der Gärten, in denen einige der Pflanzenporträts aufgenommen wurden: Arboretum Kreftenbroek und Wespelaar (Belgien), Crarae Gardens, Branklyn Gardens, Benmore Botanical Gardens und Botanischer Garten Edinburgh (Schottland), Ville de Québec, Botanischer Garten Montréal, Botanischer Garten Chenshan (Shanghai, China), und in Frankreich der Garten von Yves und Danièle Brouart, Le Bois Marquis, Jardin du Rayol, Baumschule Sandrine und Thierry Delabroye, Chateau du Lude, Jardins de Maizicourt, Gartenschau Chaumont-sur-Loire.

Bildnachweis

Alle Aufnahmen stammen vom Autor.
Sie wurden im eigenen Versuchsgarten, in freier Natur, in einem der oben angeführten Gärten und Parks oder der Parkanlage Le Vasterival (www.vasterival.fr) aufgenommen.

Anmerkung zur Schreibweise (Gendering): Gendergerechtigkeit und Inklusion sind bei uns gelebte Praxis – bei der Auswahl unserer Themen, bei der Recherchearbeit, in der Gestaltung. Unsere Texte meinen alle. Damit unsere Inhalte jedoch gut lesbar bleiben, verzichten wir in diesem Werk auf die jeweilige Mehrfachnennung oder Anpassung der Schreibweise bestimmter Bezeichnungen an die weibliche, männliche oder diverse Form.

Bibliografische Information der Deutschen Nationalbibliothek
Die Deutsche Nationalbibliothek verzeichnet diese Publikation in der Deutschen Nationalbibliografie; detaillierte bibliografische Daten sind im Internet über http://dnb.d-nb.de abrufbar.

Die französische Originalausgabe erschien unter dem Titel Didier Willery, Toutes les plantes pour toutes les envie & toutes les situations.

www.editions-ulmer.fr

Wollgrasweg 41, 70599 Stuttgart (Hohenheim)
E-Mail: info@ulmer.de
Internet: www.ulmer.de
Übersetzung: Sabine Hesemann
Projektleitung: Doris Kowalzik, Saskia Hoen
Lektorat: Sabine Drobik
Herstellung: Silke Reuter
Umschlag-Gestaltung: Verlag Eugen Ulmer
Satz: r&p digitale medien, Echterdingen
Druck und Bindung: Firmengruppe APPL, aprinta Druck, Wemding
Printed in Germany

ISBN 978-3-8186-1649-6

Dieses panaschierte Kaukasusvergissmeinnicht (*Brunnera* 'Dawson's White') hellt zusammen mit einer *Iris foetidissima* den Boden unter einer kleinen Rosskastanie (*Aesculus parviflora*) auf.

SO GELINGT DIE GARTENPLANUNG

Verwirklichen Sie Ihre Gartenideen und Heimwerker-Projekte: Gartenwege, Sitzplätze und Terrassen anlegen, Treppen, Zäune, Gartenmauern und Sichtschutz errichten, den Vorgarten neu gestalten, einen Carport selber bauen oder einen Gartenteich anlegen. Erfahren Sie, wie Sie Ihre Gartenbewässerung optimieren und wie Sie die Gartenbeleuchtung effektvoll anlegen. Dieses Buch zeigt Ihnen, worauf Sie bei der Gartenplanung achten und mit welchen Kosten Sie rechnen müssen.

Der neue große Gartenplaner. P. Wirth (Hrsg.). 2., erweiterte Auflage 2019. 448 Seiten, 232 Farbfotos, 164 farbige Zeichnungen, 50 Tabellen, geb. ISBN 978-3-8186-0714-2.